STARK

Tobias Meier

Training Assessment-Center

Die Schritt-für-Schritt-Anleitung für ein erfolgreiches Assessment-Center

STARK

Bildnachweis
Umschlagbild: DexonDee/Shutterstock.com

Inhalt

Vorwort 3
Ihr individueller Trainingsplan 6
Assessment-Center – was ist das? 13
Vorbereitung auf ein Assessment-Center 23
Auftreten im Assessment-Center 27
Aufgabentypen im Assessment-Center 39

Die Selbstpräsentation
Worum geht es bei der Selbstpräsentation im Assessment-Center? 41
Wie läuft eine Selbstpräsentation ab? 42
Wie gelingt mir eine gute Selbstpräsentation? 43
Zusammenfassung 55
Übungsaufgaben 56

Das Interview
Noch ein Interview? – Die Unterschiede zu den vorangegangenen Vorstellungsgesprächen 63
Wie präsentiere ich mich im Interview optimal? 67
Typische Fragekategorien und Beispiele für gelungene Antworten 84
Zusammenfassung 91
Übungsaufgaben 92

Das Rollenspiel
Worum geht es beim Rollenspiel im Assessment-Center? 99
Wie läuft ein Rollenspiel ab? 101
Wie löse ich ein Rollenspiel? 103
Die vier Schritte im Rollenspiel 126
Die verschiedenen Varianten des Rollenspiels 127
Zusammenfassung 139
Übungsaufgaben 140

Die Fallstudie
Worum geht es bei der Fallstudie im Assessment-Center? 143
Wie läuft eine Fallstudie ab? 146
Wie löse ich eine Fallstudie? 148
Zusammenfassung 158
Übungsaufgaben 159

Die Präsentation

Worum geht es bei der Präsentation im Assessment-Center? 165
Wie läuft eine Präsentation ab? 168
Wie halte ich eine Präsentation? 169
Zusammenfassung 191
Übungsaufgaben 192

Die Gruppendiskussion

Worum geht es bei der Gruppendiskussion im Assessment-Center? 195
Wie läuft eine Gruppendiskussion ab? 197
Wie löse ich eine Gruppendiskussion? 200
Zusammenfassung 228
Übungsaufgaben 229

Die Postkorbübung

Worum geht es bei der Postkorbübung im Assessment-Center? 233
Wie läuft eine Postkorbübung ab? 235
Wie löse ich eine Postkorbübung? 237
Zusammenfassung 249
Übungsaufgabe 250

Persönlichkeitstests und kognitive Leistungstests

Was sind Persönlichkeitstests und kognitive Leistungstests? 259
Wie laufen Persönlichkeitstests ab? 262
Wie beantworte ich Persönlichkeitstests? 266
Wie laufen kognitive Leistungstests ab? 267
Wie beantworte ich kognitive Leistungstests? 269
Mit welchen Tests ist außerdem zu rechnen? 272
Zusammenfassung 274
Übungsaufgaben 275

Abschlussgespräch und Ausblick

Feedback zu Ihrer Leistung 283
Die Hürde Assessment-Center überwinden – Ihre nächsten Schritte 289
Weiterführendes Material 291

Lösungen zu den Übungsaufgaben 293

Stichwortverzeichnis 327

Über den Autor

Tobias Meier hat neun Jahre als Führungskraft im Marketing und Vertrieb eines der weltweit größten Konsumgüterkonzerne gearbeitet und dort selbst Mitarbeitende rekrutiert. Mittlerweile bereitet er seit über zehn Jahren in der „Assessment Center Academy" Fach- und Führungspersonal auf Assessment-Center vor. Hunderte Personen aller Karrierestufen haben seine Trainings bereits durchlaufen und ihr Assessment-Center erfolgreich bestanden. Tobias Meier kennt beide Seiten des Auswahlprozesses, die des Bewerbenden und die des Arbeitgebers. Seine langjährige Praxiserfahrung unterscheidet seine Lösungsansätze von denen der vielen reinen Karriereberater, die selbst noch nie in großen Unternehmen gearbeitet und Teams rekrutiert haben. Seine Methoden sind praxiserprobt und darauf ausgelegt, in allen Aufgabenvariationen und unabhängig vom Verhalten anderer Teilnehmer verlässlich zu funktionieren und Sie effektiv durch Ihr Assessment-Center zu bringen.

Mehr über den Autor und weiterführende Assessment-Center-Materialien finden Sie unter:
www.assessmentcenteracademy.de

» Vorwort

Ihre Herausforderung Assessment-Center

Sie haben eine Einladung zum Assessment-Center (AC) oder Development-Center erhalten und stehen nun vor der Aufgabe, sich in kürzester Zeit darauf vorbereiten zu müssen. Diese Prüfungssituation ist für Sie ungewohnt oder gar völlig neu.

Für Sie steht viel auf dem Spiel. Das Assessment-Center ist eine Hürde auf dem Weg zum neuen Job oder um die nächste Karrierestufe zu erreichen. Möglicherweise geht es für Sie um Ihren Traumjob – eine einmalige Gelegenheit, die Sie nicht verpassen dürfen.

Ich gratuliere Ihnen zur Entscheidung, sich mit diesem Buch vorzubereiten. Das Buch habe ich genau mit Ihrer Situation im Hinterkopf geschrieben. Ich verspreche Ihnen, dass ich Sie bestmöglich auf Ihr Assessment-Center vorbereite. Mein Ziel ist es, dass Sie Ihr AC erfolgreich bestehen.

Warum Sie das richtige Buch lesen

Ich bereite seit 2012 Kandidatinnen und Kandidaten in der „Assessment Center Academy" in Einzel-, Gruppen- und Onlinetrainings auf Assessment-Center vor. Zu meinem Kundenstamm gehören Angehörige verschiedenster Branchen und aller Karrierelevel – vom Einsteiger über Fach- und Führungspersonal bis zur Geschäftsführungs- und Vorstandsebene.

Mein Berufshintergrund liegt in der Industrie. Daher kenne ich die Auswahlprozesse aus der Praxis. Ich bin kein typischer Karriereberater, sondern war jahrelang als Führungskraft in einem Großkonzern tätig. Viele meiner Kolleginnen und Kollegen in der Karriereberatung haben – leider – noch nie selbst Mitarbeitende in einem Konzernumfeld rekrutiert und kennen die Unternehmenspraxis nicht aus eigener Erfahrung.

Auf der anderen Seite setzt das Assessment-Center-Training viel Erfahrung in der Arbeit mit Bewerbenden voraus. Wie sind die Denkmuster, was sind typische Fallstricke und welche Ansätze haben sich in echten Assessment-Centern unter Druck bewährt? Auch hier biete ich Ihnen an mancher Stelle andere Ansätze, als Sie sie in vielen Ratgebern lesen. Was in der Theorie gut klingt, kann im Assessment-Center schwer anwendbar sein. In anderen Büchern können Sie beispielsweise lesen, dass es gut wirkt, die Gruppendiskussion zu moderieren. Das ist zwar richtig. Was tun Sie aber, wenn drei andere die gleiche Idee haben und diese Strategie plötzlich nicht mehr umsetzbar ist, da die Moderatorenrolle schon vergeben ist?

Die bei uns in der „Assessment Center Academy“ entwickelten, getesteten und bewährten Ansätze sind so gestaltet, dass sie unabhängig vom Verhalten anderer funktionieren. Das macht Sie im Assessment-Center sicherer und gibt Ihnen konkrete Handlungsoptionen, die selbst dann noch funktionieren, wenn andere dasselbe Buch wie Sie gelesen haben.

Meine Erwartung an Sie

Dieses Buch ist keine Lektüre, in der Sie abends im Bett ein paar Seiten lesen. Es ist ein Handbuch, das als pragmatische Unterstützung bei Ihrer Vorbereitung gedacht ist. Sie erwartet keine theoretische Aufarbeitung des Themas Assessment-Center, sondern eine persönliche Begleitung in den Wochen und Tagen vor Ihrem AC. Sie werden mit diesem Buch in die Lage versetzt, souverän in Ihr Assessment-Center zu gehen. Sie erlernen alle relevanten Methoden für die typischen Aufgaben und um Ihr AC erfolgreich zu bestehen.

Allerdings setze ich voraus, dass Sie die Methoden und Strategien dieses Buches nicht nur lesen, sondern mithilfe der Übungsaufgaben selbst durcharbeiten, üben und auf Ihre individuelle Situation und Ihr individuelles Profil anpassen. Das ist nicht schwer, erfordert jedoch über das Lesen hinaus ein paar Stunden zusätzlichen Aufwand, der sich aber lohnt.

Um Sie zu motivieren, machen Sie mit mir ein kleines gedankliches Experiment. Stellen Sie sich vor, es ist der Abend nach Ihrem Assessment-Center. Sie haben gerade den Anruf erhalten, dass Sie Ihr AC bestanden haben und das Unternehmen Ihnen in den nächsten Tagen ein Angebot für Ihren (Traum-)Job zuschickt. Eine damit einhergehende deutliche Gehaltserhöhung inklusive. Sie sind hocherfreut. Aber auch nicht wirklich überrascht. Schließlich waren Sie bestens vorbereitet. Sie kannten die zu erwartenden Aufgaben. Sie hatten für alle wichtigen Aufgaben Strategien in Ihrem mentalen Werkzeugkoffer dabei. Sie wussten, wie Sie sich in bestimmten Schlüsselsituationen verhalten und wie Sie sich selbst präsentieren wollen. Dadurch waren Sie zwar angespannt, aber bei Weitem nicht mehr so nervös wie am Tag der Einladung. Das Assessment-Center hat Ihnen sogar ein bisschen Spaß gemacht und Sie konnten es als persönliche Herausforderung sehen. Entsprechend selbstbewusst sind Sie aufgetreten. Sie freuen sich auf die Herausforderung in Ihrer neuen Rolle.

Wie viel besser ist dieses Gefühl, sich in der entscheidenden Prüfungssituation Assessment-Center souverän präsentiert zu haben, als sich nach einem nicht bestandenen AC fragen zu müssen: Habe ich wirklich alles getan, um mein Ziel zu erreichen?

Kommen wir nach dieser gedanklichen Zeitreise wieder zurück ins Hier und Jetzt. Ich möchte mit Ihnen eine Abmachung treffen. In diesem Buch habe ich Ihnen alle Hinweise und Methoden zusammengestellt, die Sie benötigen, um sich schnell und effektiv auf Ihr Assessment-Center vorzubereiten. Im Gegenzug möchte ich von Ihnen Ihr Versprechen, dass Sie die für Sie relevanten Kapitel intensiv durcharbeiten: das heißt, die Kapitel nicht nur zu lesen, sondern bewusst zu reflektieren, wie Sie meine Hinweise und Methoden auf Ihre individuelle Situation anwenden können.

TIPP: ***Den größten Effekt Ihrer Vorbereitung wird die praktische Übung der Aufgaben und die Anwendung des Erlernten haben, nicht das reine Methodenwissen.***

Arbeiten Sie die zugehörigen Übungsaufgaben unter realistischen Bedingungen durch und üben Sie so die praktische Anwendung. Es ist etwas völlig anderes, meine Hinweise zum Rollenspiel zu lesen oder diese einmal mit anderen durchzuspielen. Arbeiten Sie an Ihrer Selbstpräsentation. Füllen Sie die Fragebögen zu Ihrem Profil oder Ihren Projekterfahrungen in Ruhe aus, absolvieren Sie einige kognitive Leistungstests und nehmen Sie sich zwei Stunden Zeit, um eine Fallstudie unter Assessment-Center-Bedingungen durchzuarbeiten. Ich verspreche Ihnen, dass sich dieser Aufwand lohnen wird.

Sie absolvieren mit dem Assessment-Center eine wichtige Prüfung. Genau wie sich Sportler*innen auf einen wichtigen Wettkampf vorbereiten, müssen auch Sie sich intensiv auf die Prüfungssituation AC vorbereiten. Unvorbereitet oder nur mit theoretischem Wissen – ohne praktisches Training – in ein wichtiges Turnier zu gehen, wäre für Sportler genauso absurd, wie es eine ausschließlich theoretische Auseinandersetzung – ohne selbst zu üben – mit den Aufgaben aus dem Assessment-Center für AC-Kandidatinnen bzw. Kandidaten ist.

Versprechen Sie mir und vor allem sich selbst jetzt und hier, die relevanten Kapitel Ihres individuellen Trainingsplans durchzuarbeiten und die begleitenden Übungen zu machen.

Habe ich Ihr Versprechen? Dann geht es jetzt los. Für Ihre Vorbereitung und für Ihr Assessment-Center wünsche ich Ihnen viel Erfolg.

Ihr Tobias Meier

Eine Zusammenfassung dieses Kapitels mit persönlichen Empfehlungen des Autors finden Sie im Video-Begleitmaterial: stark-verlag.de/qrcode/b20701_01

Der Zugang zum Online-Content endet ein Jahr nach Produktionsende dieses Buchs mit der rückseitig angegebenen Verlags-Nr.

Ihr individueller Trainingsplan

Bevor Sie anfangen, das Buch von vorne bis hinten zu lesen, möchte ich Ihnen eine deutliche Vereinfachung Ihrer Vorbereitung nahelegen: Ihren individuellen Trainingsplan. Nicht jedes Kapitel in diesem Buch ist für Sie gleich wichtig. Insbesondere die Bedeutung der unterschiedlichen Aufgaben, die ich im Laufe des Buchs vorstelle, variieren von Leser zu Leser stark. Daher starten wir mit einer Auswahl der für Sie – ganz individuell – wichtigsten Kapitel dieses Buches. Mit diesen Kapiteln sollten Sie anfangen und sich darauf fokussieren. Sprich: Arbeiten Sie diese Kapitel intensiver durch als die anderen. Möglicherweise können Sie einige Themen sogar überspringen, sofern Sie unter Zeitdruck stehen. Welche Inhalte für Sie besonders relevant sind, erfahren Sie in diesem Kapitel.

TIPP: ***Fokussieren Sie Ihre Vorbereitung auf die für Sie persönlich wichtigen Aufgaben.***

Wie Sie dieses Buch optimal nutzen

Sie können Ihren Lernerfolg mit diesem Buch mit drei einfachen Methoden steigern:

1. Fokussieren Sie sich auf die relevanten Kapitel.
2. Reflektieren Sie die Inhalte nach dem Lesen.
3. Nutzen Sie die Übungsaufgaben.

Diese drei Methoden möchte ich Ihnen kurz vorstellen und erläutern.

Fokussieren Sie sich auf die relevanten Kapitel

Es bringt Ihnen nichts, wenn Sie in der kurzen Zeit, die Ihnen vermutlich bis zu Ihrem Assessment-Center bleibt, das ganze Buch von vorne bis hinten lesen und nur ein Bruchteil der Methoden und Tipps in Ihrem Gedächtnis bleibt. Viel sinnvoller ist es, vorab eine Auswahl zu treffen, welche Aufgaben in Ihrem speziellen Assessment-Center mit großer Wahrscheinlichkeit drankommen. Ebenso gibt es andere Aufgaben, die in Ihrem individuellen Fall mit geringer Wahrscheinlichkeit zu erwarten sind.

Natürlich kennen weder Sie noch ich Ihr AC vorab. Jedoch hat sich in meiner Beratungspraxis gezeigt, dass sich die Kernaufgaben eines Assessment-Centers anhand weniger Kriterien, wie z. B. Ihrem Karrierelevel oder dem Format des ACs, recht gut voraussagen lassen. Eine Garantie, dass andere Aufgaben nicht vorkommen werden, kann ich Ihnen selbstverständlich nicht geben. Idealerweise sind Sie auf jede Eventualität vorbereitet und kennen alle Aufgaben dieses Buches. Das ist in vielen Fällen aber weder effizient noch bei kurzen Vorläufen vor einem Assessment-Center machbar. Daher empfehle ich Ihnen, einen **Schwerpunkt auf die Aufgaben zu legen, die für Sie eine höhere Relevanz haben**. Bleibt Ihnen dann noch Zeit, ergänzen Sie Ihre Vorbereitung um weitere Aufgaben.

TIPP: *Zu Beginn jedes Kapitels finden Sie eine Skala, wie häufig diese Aufgabe in Assessment-Centern vorkommt und für welche Arten von Assessment-Centern sie besonders relevant ist.*

Zu Beginn jedes Kapitels finden Sie eine **Skala mit der Bedeutung der Aufgabe** in Assessment-Centern. Je höher die Einordnung, desto häufiger kommt die Aufgabe in ACs vor. Ebenso gebe ich zu Beginn des Kapitels an, **für welche Art von Assessment-Center** (Führungskräfte-ACs, Standard-ACs, Online-ACs) diese Aufgabe wichtig ist. Diese Indikation hilft Ihnen bei der Auswahl weiterer sinnvoller Kapitel.

Reflektieren Sie die Inhalte nach dem Lesen

Arbeiten Sie sich **kapitelweise** vor. Legen Sie nach der Lektüre jedes Kapitels eine Pause ein und reflektieren Sie, wie Sie die Tipps, Inhalte und Methoden des Kapitels **auf Ihre individuelle Situation und Ihr individuelles Profil anpassen** können. Ergibt eine Beispielformulierung auch für Sie Sinn? Dann übernehmen Sie diese gerne in Ihr Repertoire. Ist Ihr Profil aber ganz anders, dann nutzen Sie meine Beispiele als Inspiration für Ihre eigenen Formulierungen. Oft bedarf es nur weniger kleiner Änderungen, um ein Beispiel oder eine Formulierung auf Sie zuzuschneiden.

Das Gleiche gilt auch für die vorgestellten Methoden. Die Methoden in diesem Buch sind so gestaltet, dass sie grundsätzlich unabhängig von der Situation funktionieren. Dennoch fühlen Sie sich vielleicht besser damit, wenn Sie meine Vorschläge an mancher Stelle etwas adaptieren. Jede bzw. jeder ist anders und hat unterschiedliche Ansichten und Geschmäcker. Übernehmen Sie daher die Strategie und die Logik einer Lösung. Adaptieren Sie die Ausgestaltung der Methode aber gerne so, dass Sie diese authentisch annehmen und umsetzen können. Achten Sie dabei darauf, dass die Aspekte, die für eine positive Bewertung wichtig sind, erhalten bleiben.

Nutzen Sie die Übungsaufgaben zum Training

Ein reines Methodenwissen reicht im Assessment-Center nicht zum Bestehen. Es ist die sichere **Anwendung der Methoden**, die erfolgreiche Kandidatinnen und Kandidaten von nicht erfolgreichen unterscheidet.

Das Rollenspiel ist dafür ein sehr gutes Beispiel. Sie werden in dem Kapitel dazu konkrete Formulierungen für die Gesprächsführung erlernen, die Ihnen beim reinen Lesen vielleicht banal vorkommen mögen. In meinen Trainings kommt es regelmäßig vor, dass Klientinnen und Klienten die richtige Formulierung nach der Vorbesprechung zwar kennen, in der direkt folgenden simulierten Gesprächssituation dann aber nicht abrufen können. Warum? Der Kontext ändert sich: Anders als in der klaren und theoretischen Vorbesprechung sitzen sie einer echten Person gegenüber und die Situation entwickelt sich dynamisch. Plötzlich weichen sie von ihrer eigenen Lösungsstrategie ab. Nach zwei oder drei Probedurchgängen ist das schnell beseitigt. Die meisten sind von diesem Effekt jedoch sehr überrascht.

Das macht die Anwendung und das Üben der Methoden in diesem Buch so wichtig. Sie steigern Ihre Wirkung im Assessment-Center nach Absolvierung der praktischen Übungsaufgaben deutlich. Machen Sie von der Möglichkeit unbedingt Gebrauch und absolvieren Sie die Übungsaufgaben nach jedem Kapitel, bevor Sie zum nächsten Thema weitergehen.

Ihr individueller Trainingsplan

Wie oben bereits ausgeführt: Nicht alle Assessment-Center-Aufgaben sind gleich wichtig. Je nach Ihrer individuellen Situation kommen einige Aufgaben mit einer größeren Wahrscheinlichkeit vor als andere. Welche Aufgaben für Sie individuell besonders wichtig sind, hängt von der Art Ihres Assessment-Centers ab. Bestimmen Sie zunächst anhand der folgenden Profile, welche Art von Assessment-Center Sie erwartet.

Lesen Sie die folgenden stereotypen Profile durch und **wählen Sie das für Ihre Situation am besten passende Profil aus**. Dabei reicht es, wenn einige der Kriterien erfüllt sind; Sie müssen nicht allen Aussagen zustimmen. Im jeweiligen Profil erfahren Sie, welche Aufgaben in diesem Assessment-Center typischerweise zu erwarten sind. Diese Aufgaben sollten den Schwerpunkt Ihrer Vorbereitung bilden.

Ich unterscheide zwischen drei Arten von Assessment-Centern: dem Standard-AC, dem Führungskräfte-AC und dem Online-AC.

Standard-AC

Das Standard-AC ist die Grundform eines umfassenden Assessment-Centers. Diese Art von Assessment-Center sollten Sie als Basis Ihrer Vorbereitung wählen, wenn Sie:

- sich auf eine **Einstiegsstelle** bewerben,
- sich noch am Anfang Ihrer Karriere befinden und **wenig Berufserfahrung haben**,
- mit Berufserfahrung auf gleichem Karrierelevel in ein anderes Unternehmen wechseln,
- zu einem **Präsenz-Assessment-Center** eingeladen wurden,
- zu einem **Gruppen-Assessment-Center** eingeladen wurden, also gleichzeitig mit anderen Kandidatinnen und Kandidaten geprüft werden,
- sich **nicht sicher sind**, welche der anderen Assessment-Center-Arten auf Sie zutreffen.

Die typischen Aufgaben eines Standard-ACs sind:

- Selbstpräsentation
- Interview
- Rollenspiel
- Fallstudie
- Präsentation
- Postkorbübung
- Gruppendiskussion
- Kognitive Leistungstests (oft einige Tage vorab online)

Fach- oder Führungskräfte-AC

Ein Fach- oder Führungskräfte-AC, im Verlauf des Buches kurz „Führungskräfte-AC“ genannt, erwartet Sie, wenn Sie:

- spezielle Berufserfahrung haben und sich auf eine **Fachkräfteposition** bewerben,
- sich auf eine **Führungsposition** bewerben,
- zu einem **Einzel-AC** eingeladen wurden, Sie also der einzige Kandidat bzw. die einzige Kandidatin im AC sind,
- sich in einer **Aufstiegssituation** befinden, also intern oder extern eine höhere Karrierestufe anstreben,
- **viel Berufserfahrung** mitbringen oder sich **auf einem hohen Karrierelevel** befinden.

Die typischen Aufgaben eines Fach- und Führungskräfte-ACs sind:

- Selbstpräsentation
- Interview
- Rollenspiel (oft mehrere)
- Fallstudie
- Präsentation
- Persönlichkeitstests (meist einige Tage vorab online)
- Kognitive Leistungstests (meist einige Tage vorab online)

Die Methoden zur erfolgreichen Bearbeitung eines Fach- und Führungskräfte-ACs unterscheiden sich nicht von denen eines Standard-ACs. Lediglich die Erwartungen an Sie und die Auswahl der Bewertungskriterien können variieren und auf die zukünftige Fach- oder Führungsrolle zugeschnitten sein.

Online-AC

Das Online-AC zeichnet sich dadurch aus, dass es rein virtuell stattfindet. Sie nehmen über eine Videokonferenz an dem Assessment-Center teil. Diese Assessment-Center ist einem Standard-AC ähnlich, durch den Online-Charakter werden aber andere Schwerpunkte in den Aufgaben gesetzt. Sie erwartet ein Online-AC, wenn Sie:

- zu einer rein **digitalen Version** eines Assessment-Centers eingeladen wurden,
- **keinen Präsenzteil** erkennen, auch nicht nach virtuellen Vorab-Aufgaben,
- sich **nicht in einem Fach- oder Führungskräfte-AC** befinden, die ebenfalls online stattfinden können.

Die typischen Aufgaben eines Online-ACs sind:

- Selbstpräsentation
- Interview
- Rollenspiel (manchmal mehrere)
- Präsentation (oft vorab erarbeitet)
- Kognitive Leistungstests (meist einige Tage vorab online)

Seltener:

- Postkorbübung (elektronisch)

Durch den virtuellen Charakter des Online-ACs ist die Bandbreite an möglichen Aufgaben eingeschränkt. Gruppenaufgaben werden durch weitere Einzelaufgaben ersetzt und Bearbeitungszeiten werden möglicherweise in das Vorfeld des Assessment-Centers verlagert. Die Methoden zur Bearbeitung der einzelnen Aufgaben sind im Online-AC jedoch identisch zu Präsenz-ACs. Ihre Kommunikation müssen Sie durch das Video-Format an mancher Stelle anpassen. Darauf gehe ich in den einzelnen Kapiteln, wo immer nötig, besonders ein.

Ihr individuelles Assessment-Center

Jedes Assessment-Center ist anders

Natürlich kann ich nicht die Inhalte Ihres individuellen Assessment-Centers vorhersagen. Das geht schon deshalb nicht, weil Assessment-Center nicht standardisiert sind und von jedem Unternehmen frei gestaltet werden können. Die oben genannten Profile sind daher nur als Anhaltspunkt und Hilfe für Sie zu verstehen, die auf meiner Erfahrung basieren und Ihnen bei der Priorisierung der Aufgaben helfen sollen. Gerade wenn Ihnen wenig Zeit zur Vorbereitung bleibt, kann die Auswahl der richtigen Aufgaben, mit denen Sie sich befassen sollten, erfolgsentscheidend sein. Nichtsdestotrotz kann Ihnen auch in einem Standard-AC ein Persönlichkeitstest oder in einem Führungskräfte-AC eine Postkorbübung begegnen. Idealerweise bereiten Sie sich auf alle Eventualitäten vor, setzen aber Schwerpunkte bei den Aufgaben, die mit hoher Wahrscheinlichkeit vorkommen.

Assessment-Center im öffentlichen Dienst

Auch bei Einstellungen im öffentlichen Dienst, z. B. bei Behörden, werden Assessment-Center eingesetzt. Grundsätzlich unterscheiden sich diese ACs nicht von denen in der freien Wirtschaft: Die einzelnen Aufgaben und Methoden, die Sie in diesem Buch kennenlernen, **gelten genauso im öffentlichen Dienst**. Das ist auch nur logisch, da die Prüfungen im Assessment-Center auf die Beurteilung von Anforderungen ausgelegt sind, die sowohl von Kandidierenden im privaten als auch im öffentlichen Bereich gefordert werden.

In meiner Beratungspraxis zeigen sich dennoch kleinere **Besonderheiten** in der Gestaltung von ACs im öffentlichen Dienst, auf die ich Sie hinweisen möchte. Sie können Ihren individuellen Trainingsplan so, falls nötig, adaptieren.

Assessment-Center im öffentlichen Dienst sind oft umfangreicher und ausgedehnte, mehrstufige Verfahren sind dort noch weiter verbreitet als in der Industrie, die zunehmend auf kürzere Auswahlen setzt. Daher sollten Sie im öffentlichen Dienst mit einem **größeren Umfang an Aufgaben** rechnen. Meiner Erfahrung nach kommen dort in allen drei Assessment-Center-Profilen regelmäßig **Personalfragebögen** und **kognitive Leistungstests** vor. Ebenfalls spielt die Prüfung von **Fachwissen** sowie **Prozesswissen**, z. B. Kenntnisse über die gesetzlichen Rahmenbedingungen und Verwaltungsvorschriften, eine besondere Rolle. Sie müssen viel häufiger als im privaten Sektor mit der Prüfung dieser Aspekte rechnen.

Diese Nuancen sind in den Besonderheiten der Anforderungen an Bewerber*innen im öffentlichen Dienst begründet. Außerdem sind die Anforderungen an die Objektivität des Auswahlverfahrens in Ämtern, Behörden und Dienststellen besonders hoch, was zu intensiveren Auswahlprozessen führt.

Recherchieren Sie die Inhalte Ihres Assessment-Centers

TIPP: ***Suchen Sie im Internet nach Hinweisen auf die Inhalte Ihres ACs.***

Nehmen Sie die Möglichkeit wahr, online nach Informationen zu Ihrem Assessment-Center zu suchen und die Auswahl relevanter Aufgaben dadurch weiter zu verfeinern. Nutzen Sie dazu eine **Google-Suche** nach *„Assessment-Center + Unternehmen“*, also z. B. *„Assessment-Center Siemens“* oder *„Assessment-Center Anton Winkler AG“*. Meist lassen sich Hinweise von früheren Teilnehmenden finden. Achten Sie darauf, dass die Informationen aktuell und für Ihren Bereich und Ihr Karrierelevel relevant sind. Gerade bei Großkonzernen gibt es teils beträchtliche Unterschiede in der Art und Weise der Durchführung zwischen unterschiedlichen Standorten. Ein Automobilhersteller setzt bei der Einstellung in der zentralen Verwaltung andere Schwerpunkte als für Fachkräfte in der Produktion in einem Werk. Eine Eingrenzung Ihrer Suche nach Position oder Standort kann dort helfen: *„Assessment-Center Trainee Porsche“* oder *„Assessment-Center Referendar Innenministerium“*.

TIPP: ***Fragen Sie Bekannte, die dasselbe AC bereits vor Ihnen durchlaufen haben, nach Tipps zur Vorbereitung.***

Ihr Netzwerk ist eine andere gute Anlaufstelle für **Erfahrungsberichte** voriger AC-Teilnehmer*innen. Selbstverständlich sollten Sie keine offizielle Anfrage an die Personalabteilung richten, da diese Sie ja schließlich prüft und Ihnen vorab keine Tipps mitteilen wird. Möglicherweise hat aber eine befreundete Kollegin das AC vor Kurzem durchlaufen und ist bereit, Ihnen ein paar Tipps für Ihre Vorbereitung zu geben? Machen Sie von dieser Möglichkeit Gebrauch. Es ist für Ihre Vorbereitung hilfreich zu wissen, ob im Rollenspiel ein Mitarbeiter-, ein Verkaufsgespräch oder beides drankommt. Es geht nicht darum, dass die Kollegin Ihnen alle Details des ACs verrät, sondern darum, Ihre Vorbereitung auf die wichtigen Inhalte einzugrenzen.

Nachdem Sie nun Ihren individuellen Trainingsplan zusammengestellt haben, lassen Sie uns mit Ihrer Vorbereitung auf Ihr Assessment-Center beginnen.

Eine Zusammenfassung dieses Kapitels mit persönlichen Empfehlungen des Autors finden Sie im Video-Begleitmaterial:
stark-verlag.de/qrcode/b20701_02

» Assessment-Center – was ist das?

Auf den folgenden Seiten erfahren Sie, was Sie in einem Assessment-Center überhaupt erwartet und warum Sie dazu eingeladen wurden. Ein Grundverständnis über den Auswahlprozess, in dem Sie sich befinden, hilft Ihnen, die in den folgenden Kapiteln vorgestellten Aufgaben besser einordnen zu können.

Was ist ein Assessment-Center?

Das Assessment-Center hat viele Namen

Ihre Einladung trägt vielleicht gar nicht den Namen Assessment-Center. Sie fragen sich: Ist mein … überhaupt ein Assessment-Center? Fast immer lautet die Antwort: ja. Assessment-Center haben bei Bewerbern keinen guten Ruf. Das ist kein Wunder, schickt man sie doch in eine Prüfungssituation, bei denen Ihnen die Bewertungskriterien nicht immer offengelegt werden. Diese „Black Box" eines Testverfahrens führt bei vielen zu Unbehagen. Daher nennen Unternehmen Assessment-Center gerne anders und präsentieren sie den Kandidatinnen und Kandidaten als Möglichkeit zur Weiterentwicklung. Häufig verwendete **alternative Bezeichnungen** lauten *Development-Center, Potenzialanalyse, Auswahltag, Management Audit, Personalentwicklungs-Workshop* oder *Nachwuchsförderungsseminar.* Lassen Sie sich davon nicht verwirren. Wenn Sie zu einer Veranstaltung eingeladen werden, in der Ihre **Fähigkeiten beurteilt werden sollen**, dann steht Ihnen ein Assessment-Center bevor. Das englische *„to assess"* heißt nichts anders als *beurteilen.*

TIPP: Assessment-Center werden unter ganz unterschiedlichen Namen durchgeführt. Wenn Ihre Fähigkeiten beurteilt werden, befinden Sie sich in einem AC.

Strukturierter Auswahlprozess

Das Assessment-Center ist ein **strukturiertes Auswahlverfahren**, bei dem **Situationen aus dem Berufsalltag** simuliert werden. Man möchte Ihr Verhalten in verschiedenen Situationen beobachten und bewerten. Ein besonderer Fokus liegt dabei auf den **sozialen Kompetenzen**, also Ihrer Interaktion mit anderen.

Strukturiertes Auswahlverfahren

Das Assessment-Center gilt als strukturiertes Auswahlverfahren, weil alle Aspekte des Auswahlprozesses **bereits im Vorfeld detailliert festgelegt** wurden. Sie durchlaufen ein genau geplantes Konzept aus vorselektierten Aufgaben mit festen Zeitkontingenten, anhand derer Sie mithilfe von vorab festgelegten Beurteilungskriterien bewertet werden. Auf den ersten Blick wird nichts dem Zufall überlassen. Das Unternehmen, das Sie einlädt, hat sich im Vorfeld genau überlegt, welche Eigenschaften ein Wunschkandidat mitbringt und wie die Bewerber daraufhin geprüft werden können.

Situationen aus dem Berufsalltag

Im Assessment-Center setzt man eine Reihe von bewährten Aufgaben zur Bewertung der Teilnehmenden ein. Diese **simulieren Situationen aus dem Berufsalltag.** Das Ziel ist es, schon vor Ihrer Einstellung zu erfahren, wie Sie sich später im Berufsleben verhalten werden. Das Assessment-Center wird unter der Annahme geführt, dass Sie sich später im Beruf so verhalten werden, wie Sie es auch im AC tun – und umgekehrt. Daher leitet man aus Ihrem Verhalten in den Assessment-Center-Aufgaben ab, dass Sie ein bestimmter Typ sind, z. B. kommunikationsstark, empathisch oder strukturiert. Ein gewisses Schubladendenken in Stereotypen ist bei einer solchen Vereinfachung von Charakterbewertungen anhand nur weniger Übungen und Beobachtungen natürlich vorprogrammiert.

Soziale Kompetenz

Bei der Auswahl der Aufgaben eines Assessment-Centers spielt die **Beobachtung von sozialen Kompetenzen** eine besondere Rolle. Ihre fachliche Eignung geht meist schon aus Ihren Unterlagen wie Ihrem Lebenslauf und Ihren bisherigen Erfahrungen und Qualifikationen hervor. Auch konnte diese bereits in Vorstufen des Auswahlprozesses, z. B. einem bereits von Ihnen absolvierten Vorstellungsgespräch, sichergestellt werden. Im Assessment-Center beobachtet man nun insbesondere Ihre **Soft Skills**. Wie interagieren Sie mit anderen? In Gruppen-ACs kann man Sie in der direkten Interaktion mit anderen Kandidatinnen und Kandidaten beobachten und vergleichen. Aber auch in Einzel-ACs sind Sie im Rollenspiel in der Interaktion mit dem Rollenspieler. In der Präsentation stellen Sie Ihre Kommunikationsfähigkeiten vor einem Publikum aus Beobachtern unter Beweis. All diese Situationen erfordern von Ihnen ein hohes Maß an sozialer Kompetenz, die in einer Vielzahl an Bewertungskriterien von Empathie bis Durchsetzungsstärke bewertet wird.

Assessment-Center versus Vorstellungsgespräch

Der wesentliche Unterschied eines Assessment-Centers zu einem Vorstellungsgespräch liegt darin, dass man im Assessment-Center Ihr **Verhalten beobachten** kann. Das ist ein ganz wesentlicher Unterschied zu der vergleichbar einfachen Frage-Antwort-Situation in einem Vorstellungsgespräch oder Interview.

In einem Interview muss ich mich als Interviewer entscheiden, ob ich Ihnen Ihre Antwort glaube. Schließlich können Sie mir ja irgendetwas erzählen, von dem Sie glauben, dass es Ihnen einen Vorteil verschafft. In einem Assessment-Center ist es nicht ganz so leicht, die Beobachter zu täuschen. Hier reicht eine verbale Anpassung der Antwort nicht mehr, sondern Sie müssen tatsächlich **praktisch zeigen, was Sie können**. Natürlich kann man sich auch im Assessment-Center zu einem gewissen Grad verstellen. Das ist jedoch deutlich schwieriger und anstrengender als in einem Interview. Außerdem müssen Sie trotzdem das gewünschte Verhalten zeigen. Entspricht das nicht Ihrem Naturell, werden Sie mit der praktischen Umsetzung Probleme haben.

> **TIPP:** ***Im Assessment-Center wird Ihr beobachtbares Verhalten beurteilt.***

Stellen Sie sich nur mal das Thema *Teamfähigkeit* vor. In einem Interview könnte ein nicht geübter Interviewer Sie direkt nach Ihrer Teamfähigkeit fragen. Ich kennen niemanden, der in einem Vorstellungsgespräch nicht antworten würde, dass er oder sie ein absoluter Teamplayer ist und gerne in Teams arbeitet. Gute Antworten würden dies noch anhand eines Beispiels erläutern und weiter ausführen. Es fällt Ihnen aber sicherlich nicht schwer, sich vorzustellen, wie auch unsoziale Menschen oder Eigenbrötler mit etwas Vorbereitung auf diese Frage eine gute Antwort finden.

In einem Assessment-Center muss diese Fähigkeit praktisch unter Beweis gestellt werden. So können die Beobachterinnen und Beobachter sich in der Gruppendiskussion selbst ein Bild davon machen, wie Sie in Teams mit anderen arbeiten. Hören Sie zu? Versetzen Sie sich in die Lage anderer? Argumentieren Sie schlüssig? Machen Sie eigene Vorschläge? Sind Sie kompromissbereit? Lösungsorientiert? Offen für andere Meinungen? Es entsteht ein viel detaillierteres und differenzierteres Bild als Basis einer Bewertung, als es in einer reinen Antwort auf eine Frage möglich wäre. Das macht das Assessment-Center zu einem **anspruchsvolleren, präziseren und valideren Auswahlverfahren** als das Vorstellungsgespräch.

> **TIPP:** ***Ein Assessment-Center liefert bessere Ergebnisse als ein Interview. Es spiegelt aber nicht immer Ihr wahres Potenzial wider.***

Obwohl Assessment-Center bessere Ergebnisse als Interviews liefern, spiegelt Ihr Abschneiden im AC nicht immer zuverlässig Ihr wirkliches Potenzial wider. Das Assessment-Center ist schließlich auch eine **stark vereinfachte Simulation der Realität**, die durch Ihre Tagesform, Prüfungsangst oder Nervosität verfälscht sein kann. Sind Sie nicht ausgeruht, abgelenkt oder anderweitig am Tag des ACs nicht in Höchstform, wird man das in Ihren Ergebnissen sehen. Assessment-Center sind für Unternehmen dennoch die beste Form, um potenzielle Mitarbeiter*innen vor einer Einstellung möglichst umfassend kennenzulernen.

Wie läuft ein Assessment-Center ab?

Damit Sie sich gedanklich auf die Assessment-Center-Situation einstellen können, schauen wir uns an, wie Assessment-Center typischerweise ablaufen.

Auf wen Sie im Assessment-Center treffen

Im Assessment-Center treffen Sie auf verschiedene Beteiligte. Im Gruppen-AC lernen Sie die **anderen Teilnehmenden** kennen und absolvieren gemeinsam einzelne Aufgaben wie die Gruppendiskussion. Typische Gruppen-ACs finden mit vier bis sechs Teilnehmenden statt. In Einzel-ACs treffen Sie nicht auf Ihre Mitbewerber*innen.

Eine **Moderatorin** bzw. ein **Moderator** führt Sie und ggf. die anderen Teilnehmenden durch den Tag und weist Ihnen Aufgaben, Bearbeitungszeiten und Räume zu. Der Moderator ist im Assessment-Center Ihr Hauptansprechpartner. Fragen können Sie an diese Person richten.

Je nach Ausgestaltung des Assessment-Centers und Anzahl der Kandidaten sind mehrere **Beobachter*innen** zugegen. Dies sind die Personen, die Ihr Verhalten in den Assessment-Center-Aufgaben bewerten. Daher werden sie auch Assessorinnen bzw. Assessoren genannt. Diese können Angestellte aus der Personalabteilung, externe Berater, die mit der Durchführung des ACs beauftragt wurden – meist Psychologen –, oder Führungskräfte aus dem einstellenden Unternehmen sein. Diese Beobachter sind speziell darauf geschult, die Kandidaten fair und objektiv zu beurteilen. Typische ACs haben mindestens genauso viele Beobachter wie Kandidaten.

Sind Rollenspiele vorgesehen, werden Sie auch noch auf **Rollenspieler*innen** treffen. Diese kommen oft aus dem Kreis der Beobachter oder aus der Personalabteilung. Manchmal werden dafür auch professionelle Schauspieler*innen engagiert. Rollenspieler sind ebenfalls darauf sensibilisiert, mit Ihnen ein objektiv vergleichbares Gespräch zu führen.

Wo Ihr Assessment-Center stattfindet

Ihr Assessment-Center findet entweder in Präsenz an einem Veranstaltungsort oder virtuell in einem Online-Konferenzraum statt.

Der Veranstaltungsort (Präsenz-ACs)

Ihr Präsenz-AC findet normalerweise an einem von drei möglichen Orten statt: in den **Konferenzräumen** des einstellenden Unternehmens, im **Tagungsbereich eines Hotels** oder Veranstaltungszentrums oder in den **Büros** eines durchführenden Dienstleisters. Den genauen Ort erfahren Sie mit der offiziellen Einladung zum AC. Waren bis vor einigen Jahren noch Konferenzbereiche in Hotels sehr beliebt, finden die meisten ACs aus Kostengründen mittlerweile in den eigenen Räumen des einstellenden Unternehmens statt. Das hat für Sie den Vorteil, dass Sie gleich noch ein paar Einblicke in die Firma erhalten. Meist bekommt man bei einem ganztägigen Aufenthalt in der Firmenzentrale oder einem Standort mehr Eindrücke von der Firmenkultur als in einem neutralen Tagungshotel.

In der Regel stehen für das Assessment-Center an dem Tag **mehrere Räume** im Konferenzbereich für die Teilnehmenden und Beobachtenden bereit. Dadurch können verschiedene Abläufe parallel stattfinden. Dazu erhalten alle Teilnehmenden jeweils eine individuelle, zeitversetzte Agenda. Während Sie noch die Fallstudie bearbeiten, präsentiert eine andere Kandidatin bereits Ihre Ergebnisse. Sie sind anschließend dran, während die andere Kandidatin sich schon auf das Rollenspiel vorbereitet.

Der virtuelle Konferenzraum (Online-ACs)

Für ein online stattfindendes Assessment-Center erhalten Sie mit der Einladung alle für die Teilnahme benötigten **technischen Informationen**. Manchmal ist es notwendig, eine bestimmte **Software** herunterzuladen und zu installieren. Dies ist stets kostenlos und die nötigen Links werden Ihnen von der Firma zur Verfügung gestellt. Häufig können Sie auch direkt über Ihren **Internetbrowser** an der Videokonferenz teilnehmen.

Die virtuellen Konferenzräume bieten Ihnen in der Regel die Möglichkeit, Ihren Bildschirm zu teilen und so eventuell vorbereitete **Präsentationscharts** zu **zeigen**.

Beispielhafte Abläufe von Assessment-Centern

Die meisten Assessment-Center finden an einem einzigen Tag statt. Sie haben vielleicht schon von zwei- oder auch dreitägigen ACs gehört oder gelesen. Diese langen und intensiven Assessment-Center sind heute kaum mehr anzutreffen. Zum einen ist die Organisation eines ACs sehr aufwendig und teuer – denken Sie nur an die Unterbringung und die Verpflegung der Kandidaten und die Schwierigkeit, Führungskräfte als Beobachter mehrere Tage aus ihren Jobs zu nehmen. Zum anderen sind mehrtägige ACs in ihrer Aussagekraft nicht so viel valider, als dass sich der erhöhte Aufwand lohnen würde. Aus diesem Grund können Sie, sofern Sie keine anderslautenden Informationen haben, ein eintägiges Assessment-Center erwarten. Im weiteren Verlauf des Buchs gehe ich daher ebenfalls von eintägigen ACs als Standardfall aus.

Die folgenden zwei Beispiele von Assessment-Center-Abläufen geben Ihnen einen Eindruck davon, wie Ihr AC in der Praxis aussehen könnte. Das erste Beispiel ist ein Gruppen-AC in Präsenz, das zweite ein Einzel-AC online.

Beispiel – Ablauf eines Gruppen-ACs (Präsenz)

08:30 Uhr –	*Ankunft der Teilnehmenden und Begrüßung*
08:45 Uhr –	*Vorstellungsrunde / Selbstpräsentation (je Teilnehmer*in ca. 3 Minuten)*
09:15 Uhr –	*Vorbereitung auf die Gruppendiskussion (einzeln)*
09:45 Uhr –	*Gruppendiskussion*
10:15 Uhr –	*Pause*
10:30 Uhr –	*Postkorbübung (Bearbeitung)*
11:00 Uhr –	*Lösungsvorstellung Postkorbübung (Ergebnispräsentation vor Beobachtern)*
11:30 Uhr –	*Fallstudie (Bearbeitung)*
12:30 Uhr –	*Mittagspause*
13:00 Uhr –	*Präsentation der Fallstudien-Ergebnisse*
13:30 Uhr –	*Vorbereitung auf ein Mitarbeitergespräch*
14:00 Uhr –	*Mitarbeitergespräch*
14:30 Uhr –	*Pause*
15:00 Uhr –	*Kognitive Leistungstests (elektronisch vor Ort)*
15:30 Uhr –	*Interview*
16:30 Uhr –	*Verabschiedung und Ende*

Beispiel – Ablauf eines Einzel-ACs (Online)

Per E-Mail ca. eine Woche vor dem Assessment-Center:

- *Persönlichkeitstest / biografischer Fragebogen (elektronisch vorab)*
- *Kognitive Leistungstests (elektronisch vorab)*
- *Erstellung einer Präsentation zu einem Fachthema*

Im Assessment-Center:

09:00 Uhr	–	*Beginn der Videokonferenz und Begrüßung*
09:05 Uhr	–	*Selbstpräsentation*
09:15 Uhr	–	*Fachpräsentation*
09:35 Uhr	–	*Diskussion und Fragen zur Präsentation*
09:45 Uhr	–	*Pause*
09:50 Uhr	–	*Vorbereitung auf Rollenspiel 1 / Mitarbeitergespräch*
11:05 Uhr	–	*Rollenspiel 1 / Mitarbeitergespräch*
11:35 Uhr	–	*Vorbereitung auf Rollenspiel 2 / Kundengespräch*
11:50 Uhr	–	*Rollenspiel 2 / Kundengespräch*
12:20 Uhr	–	*Pause*
13:30 Uhr	–	*Interview*
14:30 Uhr	–	*Feedback*
15:00 Uhr	–	*Verabschiedung und Ende*

Ein Einzel-AC in Präsenz würde dem der Onlineversion sehr ähnlich sein. Auch in Präsenz-Einzel-ACs werden die Themen Persönlichkeitstest, Leistungstest und Präsentationsvorbereitung häufig bereits vor dem eigentlichen AC-Termin durchgeführt. In einem Präsenz-Einzel-AC könnte noch eine Fallstudien-Bearbeitung hinzukommen.

Ihnen ist vielleicht aufgefallen, dass das virtuelle Assessment-Center etwas kompakter ausfällt. Das ist ganz typisch, da viele der sonst üblichen Vorbereitungszeiten für Aufgaben wie die Fallstudie, Präsentation oder kognitive Leistungstests ins Vorfeld des ACs vorgezogen sind.

Ihr AC kann den hier vorgestellten Beispielen ähneln oder ganz anders aussehen. Jedes Assessment-Center ist anders und wird auf Basis der relevantesten Bewertungskriterien zusammengestellt.

Bewertungskriterien

Anhand welcher Bewertungskriterien wird Ihre Eignung für die Stelle beurteilt? Die Kriterien möchte ich Ihnen in diesem Abschnitt kurz vorstellen.

Wie Sie beurteilt werden

Die Bewertung Ihrer Leistung erfolgt anhand eines vorab festgelegten **Katalogs an Beurteilungskriterien**. Diese basieren auf den Anforderungen des Arbeitgebers an die Position. Die Definition der Bewertungskriterien bestimmt auch die Auswahl der Aufgaben, mit denen die Teilnehmenden getestet werden. Für jedes Beurteilungskriterium werden mehrere Aufgaben herangezogen. Das heißt, Ihre Bewertung in einem Bereich hängt nicht ausschließlich an Ihrer Leistung in einer spezifischen Übung. Kommunikationsstärke lässt sich z. B. in der Präsentation, in der Gruppendiskussion oder im Rollenspiel bewerten; ebenso Durchsetzungsstärke oder Empathie. So entsteht aus mehreren Situationen im Assessment-Center und den Eindrücken mehrerer Assessorinnen und Assessoren im Laufe des AC-Tages ein Bild Ihres Profils.

Die Beurteilung erfolgt dabei auf einer **Skala**, z. B. von 1–5. Dabei ist jedem Skalenwert ein Vergleichsmaßstab an Verhaltensweisen zugeordnet. Bevor eine Bewertung vorgenommen wird, muss in einer Übung zunächst eine Mindestanzahl an Verhaltensweisen beobachtet werden.

Beispiel

… für erwünschte Verhaltensweisen des Kriteriums „Ergebnisorientierung"

1 = zeigt die Verhalten gar nicht;
5 = zeigt fast alle Verhalten über die ganze Dauer hinweg

Im Rollenspiel:
verfolgt eine klare Gesprächsstrategie, fasst Ergebnisse zusammen, vereinbart Folgetermine, lenkt das Gespräch bewusst zu relevanten Themen

In der Gruppendiskussion:
nennt Ziele, hinterfragt Sinnhaftigkeit von Vorschlägen zur Zielerreichung, ermutigt die Gruppe, Entscheidungen zu treffen, fasst ähnliche Vorschläge zusammen, bewertet

Im Interview:
verliert sich nicht in Details, belegt Erfolge durch Beispiele, quantifiziert Ergebnisse, verfolgt klare Karriereziele, nutzt Stärken bewusst zum eigenen Vorteil

Die Grundidee der Bewertungskriterien ist, dass die Beurteilung von Kandidatinnen und Kandidaten **fair und objektiv** erfolgen kann. Diese Methode ist strukturierter, als ein reines Vorstellungsgespräch zu führen und auf dieser Basis eine Entscheidung zu fällen. Dennoch sind auch die Beobachterinnen und Beobachter nur Menschen und lassen sich von der eigenen Tagesform, Gefühlen und Eindrücken beeinflussen. Zum Teil können Sie das für sich nutzen, z. B. indem Sie auch außerhalb der Aufgabenblöcke auf Ihr Auftreten achten. Dort erfolgt zwar keine offizielle Bewertung, dennoch erwecken Sie durch Ihren ersten Eindruck am Morgen, Ihr Verhalten in der Kaffeepause oder ein interessiertes Nachfragen zwischendurch in den Köpfen der Assessorinnen und Assessoren unbewusst Sympathie. Wenn Sie die häufigsten Bewertungskriterien kennen, können und sollten Sie im ganzen Assessment-Center darauf achten, in diesen Bereichen aus Ihrem authentischen Profil auch einige Facetten zu zeigen.

Beispiele für Bewertungskriterien

Was sind das nun für Bewertungskriterien, die zur Beurteilung Ihrer Eignung für die Stelle herangezogen werden? Es gibt eine fast unerschöpfliche Anzahl möglicher Eigenschaften. Eine Auswahl möglicher Kriterien finden Sie in der folgenden Liste.

TIPP: *Als Kandidatin/Kandidat wissen Sie in der Regel nicht, welche exakten Beurteilungskriterien in Ihrem AC wichtig sind.*

Beispiele

… für Beurteilungskriterien

Analytische Fähigkeiten	*Fachwissen*
Arbeitsorganisation	*Flexibilität*
Auffassungsgabe	*Fähigkeit zu priorisieren*
Auftreten	*Führungskompetenz*
Ausdrucksvermögen	*Geduld*
Belastbarkeit	*Handlungsorientierung*
Durchsetzungsstärke	*Integrität*
Eignung/Qualifikation	*Kombinationsfähigkeit*
Emotionale Stabilität	*Kommunikationsstärke*
Empathie/Einfühlungsvermögen	*Konzeptionelles Arbeiten*
Entscheidungsfreude	*Kreativität*
Ergebnisorientierung	*Kritikfähigkeit*

Kundenorientierung
Leistungsorientierung
Logisches Denken
Motivation
Problemlösungskompetenz
Sorgfalt
Souveränität und Selbstvertrauen
Strategisches Denken
Stressresistenz
Strukturiertes Denken und Handeln
Teamfähigkeit
Umgang mit schwierigen Situationen
Unternehmerisches Denken und Handeln
Zeitmanagement
Ziel- und Ergebnisorientierung
Überzeugungs- und Begeisterungsfähigkeit

Welche Kriterien in Ihrem speziellen Assessment-Center wichtig sind, hängt von der Branche, dem Unternehmen, der Position und ggf. weiteren Faktoren ab. Sie werden vermutlich nicht anhand Dutzender Kriterien beurteilt, sondern anhand einer kleineren Auswahl der besonders für Ihre Stelle relevanten Eigenschaften. Stellen Sie sich vor, Sie sollen als Beobachter an einem AC-Tag mehrere Teilnehmende mit allen oben aufgelisteten Kriterien bewerten. Das wäre schlicht nicht praktikabel. Daher werden im Vorfeld **fünf bis zehn für die Stelle besonders relevante Kriterien** ausgewählt.

Die Auswahl der Kriterien bestimmt auch die **Auswahl der Aufgaben**, die Sie im Assessment-Center absolvieren müssen. Stehen Kommunikationsaufgaben mit viel Überzeugungsarbeit im Fokus Ihres zukünftigen Jobs, wird man mehrere Rollenspiele und Präsentationen nutzen, um eben dieses Verhalten in verschiedenen Situationen beobachten und bewerten zu können. Stehen dagegen Ihre analytischen und schlussfolgernden Fähigkeiten im Mittelpunkt, so können Sie mit kognitiven Leistungstests und einer detaillierten Fallstudie rechnen. Diese Darstellung ist natürlich nur beispielhaft, da Sie im Assessment-Center fast immer mit einem Mix aus unterschiedlichen Bewertungskriterien zu tun haben werden, der zu einem Mix an AC-Aufgaben führt.

Es bringt Ihnen allerdings nicht viel, wenn Sie sich den Kopf über die zugrunde liegenden Kriterien zerbrechen. Konzentrieren Sie sich lieber auf Ihre Vorbereitung der zu erwartenden Aufgaben. In den jeweiligen Kapiteln zu den Aufgaben zeige ich Ihnen, auf welche Kriterien die Beobachter in der jeweiligen Übung besonders achten.

Eine Zusammenfassung dieses Kapitels mit persönlichen Empfehlungen des Autors finden Sie im Video-Begleitmaterial: stark-verlag.de/qrcode/b20701_03

» Vorbereitung auf ein Assessment-Center

Ihre Vorbereitung lässt sich in drei wesentliche Schritte zusammenfassen: Recherche über das Unternehmen, Reflexion über sich selbst und die Vorbereitung.

Recherche – lernen Sie das Unternehmen kennen

Befassen Sie sich im Vorfeld des Assessment-Centers umfassend mit dem Unternehmen. Gerade im Interview-Teil des Assessment-Centers können Sie durch Kenntnisse der aktuellen Unternehmenssituation punkten. Ich empfehle Ihnen, sich konkret mit drei Themen in Ihrer Recherche zum Unternehmen auseinanderzusetzen: der Branche, der Firma und dem Job.

Branche

Schauen Sie sich aus einer relativ hohen Abstraktionsebene an, was die Branche, in der Sie sich bewerben, in den letzten fünf bis zehn Jahren besonders bewegt hat. Große **Themen** können je nach Bereich beispielsweise der Klimawandel, die Digitalisierung oder die Internationalisierung sein. Welche Herausforderungen gibt es in Ihrer Branche? Welche Konsequenzen ergeben sich daraus für den Standort, die Investitionen oder die Produkte?

Beispiel

Die Automobilindustrie befindet sich aktuell im Umbruch.
Der Verbrennungsmotor wird zunehmend durch Elektromotoren ersetzt.
Die Hersteller entwickeln die nötigen Technologien und befinden sich im Wettbewerb um die Vorreiterrolle in der Elektromobilität.
Dies hat weitreichende Folgen für die Investitionen, Profitabilität, Innovationen, das Produktportfolio und die Zukunftsaussichten.

Firma

Schauen Sie sich als Nächstes an, wie das Unternehmen, bei dem Sie sich bewerben, im Vergleich zu den anderen Unternehmen derselben Branche dasteht. Handelt es sich um einen Vorreiter, einen Nachzügler oder befindet sich die Firma im Mittelfeld? Wie kommt es dazu? Welche **Herausforderungen** ergeben sich daraus? Ordnen Sie das Unternehmen für Ihre Vorbereitung in die großen Branchenbewegungen ein.

Nun können Sie sich – stehts aus dieser Perspektive – mit dem **Produktportfolio** der Firma befassen. Was sind Topseller? Wofür ist das Unternehmen bekannt? Was sind kleinere Marken oder Produkte? Welche **Märkte** und **Kundensegmente** bedient es? Versuchen Sie, Antworten auf die wichtigsten Fragen zu finden, statt kontextloses Wissen anzuhäufen. Vielmehr geht es darum, über einige ausgewählte Medien- oder Geschäftsberichte so viel über die Firma oder Institution zu erfahren, dass Sie in einer Interview-Situation die Herausforderungen des Unternehmens realistisch darstellen können und ein Gefühl für die intern wichtigsten Themen haben. So können Sie sich als motivierte*r Kandidatin bzw. Kandidat präsentieren, die/der sich detailliert mit dem zukünftigen Arbeitgeber auseinandergesetzt hat.

Job

Zu guter Letzt recherchieren Sie den Kontext Ihrer zukünftigen Position. Mit welchen Themen hat der Bereich, in dem Sie sich bewerben, zu tun? Mit welchen Herausforderungen aus Ihrer Recherche zur Branche und zur Firma hat Ihre Abteilung **Berührungspunkte**? Keine Sorge – Sie müssen keine detaillierten Antworten auf diese Fragen finden. Schließlich haben Sie keinen Zugang zu Interna oder Details der Stelle. Versuchen Sie dennoch Annahmen für diese Themen zu treffen. Das versetzt Sie in die Lage, kluge spezifische Fragen zu stellen: *„Werde ich als Abteilungsleiter im Bereich Qualitätssicherung auch mit der Entwicklung von alternativen Antrieben zu tun haben, die ja gerade läuft?“*

TIPP: *Recherchieren Sie typische Jobbezeichnungen unterschiedlicher Karrierelevel in Ihrer Wunschfirma durch eine Suche auf LinkedIn oder XING.*

Ein weiterer Aspekt der Recherche von Job-Details ist die Benutzung korrekter **Jobbezeichnungen**. Aus meiner Zeit als Konzernmanager erinnere ich mich noch gut an Bewerber*innen, die in ihren Ausführungen zu ihren Zukunftswünschen die bei uns korrekte Bezeichnung *„Brand Manager“* (Englisch für Markenmanager) benutzten. Bei anderen Firmen trägt dieselbe Position einen deutschen Namen und ist nicht nach den verantworteten Marken, sondern nach Produkten benannt: *„Produktmanager“*. Wieder andere Unternehmen nutzen den englischen Begriff: *„Product Manager“*. Eine fünfminütige Recherche auf Karrierenetzwerken wie LinkedIn oder XING liefert Ihnen Insights in die bei Ihrem Wunsch-Arbeitgeber üblichen Bezeichnungen.

Natürlich sind das Nuancen, die Ihnen weder den Job sichern noch Sie aus dem Rennen werfen, wenn Sie hier nicht die korrekte Bezeichnung kennen.

Aber: Sie verpassen damit die Chance, sich als hochmotivierte*r Kandidatin bzw. Kandidat zu präsentieren, die/der sich mit den Details Ihrer Wunschposition genau auseinandergesetzt hat.

Reflexion – kennen Sie sich selbst

TIPP: *Überlegen Sie sich Schwerpunkte Ihres Profils, die Sie unbedingt zeigen und kommunizieren möchten.*

Neben der Beschäftigung mit dem Unternehmen sollten Sie sich vor Ihrem Assessment-Center mit Ihrem **eigenen Profil** beschäftigen. Überlegen Sie sich, was Sie von anderen Kandidatinnen und Kandidaten unterscheidet und welche Faktoren für Ihre Einstellung sprechen. Wie wollen Sie sich präsentieren, um einen guten Eindruck zu hinterlassen? Als kreativen Problemlöser oder eher als empathischen Kommunikator? Setzen Sie **Schwerpunkte** in der Präsentation Ihres Profils. Machen Sie sich Ihre **Erfahrungen** und **Highlights aus dem Lebenslauf** bewusst und überlegen Sie sich bereits im Vorfeld, mit welchen **Beispielen** und **Anekdoten** Sie sich geschickt in Szene setzen können.

Die Reflexion und Schärfung Ihres Profils wird Ihnen sowohl in der Selbstpräsentation als auch im Interview-Teil helfen. Daher gehe ich in diesen beiden Kapiteln näher darauf ein, wie Sie sich gezielt mit der Definition des roten Fadens Ihres Profils und einer Beispielliste vorbereiten können.

In meinen Trainings kommt immer wieder die Frage auf, ob man **sich verstellen** sollte, um das Assessment-Center zu bestehen. Das kann ich klar verneinen: Bitte verstellen Sie sich nicht. Nicht nur aus ethischen Überlegungen, sondern aus ganz praktischen. Denn es besteht die Gefahr, dass Sie gleich zweifach einen schlechten Eindruck machen: Entweder Sie wirken nicht authentisch oder aber Ihnen gelingt die Täuschung und Sie wecken Erwartungen beim Arbeitgeber, die Sie später im Job nicht erfüllen können. Das wird weder Sie noch den Arbeitgeber glücklich machen und sicherlich nicht zu einer erfolgreichen Karriere im Unternehmen beitragen. Es ist besser, sich so zu präsentieren, wie man ist, und den Job nicht zu bekommen, als sich zu verstellen und im falschen Job zu landen.

Je besser Sie sich und Ihr Profil kennen, desto leichter wird es Ihnen fallen, Ihre echten Vorzüge herauszuarbeiten. So können Sie authentisch und souverän auftreten, ohne sich verstellen zu müssen.

Vorarbeit – kennen Sie die Aufgaben

Die dritte Komponente einer erfolgreichen Vorbereitung auf das Assessment-Center ist die Beschäftigung mit den zu **erwartenden Aufgaben**. Dieses Thema stellt den Kern dieses Buches dar. Sie lernen die relevanten AC-Aufgaben im Detail kennen. Eignen Sie sich aber nicht nur Wissen zu den typischen Aufgaben an, sondern absolvieren Sie diese auch praktisch. Bearbeiten Sie die Übungsaufgaben und **simulieren Sie die Prüfungssituation** des Assessment-Centers unter realistischen Bedingungen.

Viele Assessment-Center-Aufgaben können leicht geübt werden und schon ein einmaliges Bearbeiten eines Aufgabentyps kann einen großen Übungseffekt bringen. Gerade die Übungsaufgaben werden oft übersprungen und die Kapitel einfach eines nach dem anderen gelesen. Mit diesem Vorgehen lassen Sie Ihr effektivstes Werkzeug der Vorbereitung aus! Ein Assessment-Center ist eine praktische Prüfungssituation. Sie wollen neu erlernte Lösungsstrategien nicht zum ersten Mal in der Live-Prüfung ausprobieren. Denken Sie daran: Eine Sportlerin geht auch nicht nach der Lektüre eines Buches, ohne zu trainieren, in einen Wettkampf. Sie wird neue Techniken vorher ausprobieren – idealerweise mehrfach und in unterschiedlichen Situationen. Genauso sollten Sie Ihr Assessment-Center auch behandeln. Lesen Sie die Kapitel durch, reflektieren Sie dann und absolvieren Sie die Übungsaufgaben, bevor Sie mit dem jeweils nächsten Thema weitermachen.

Eine Zusammenfassung dieses Kapitels mit persönlichen Empfehlungen des Autors finden Sie im Video-Begleitmaterial: stark-verlag.de/qrcode/b20701_04m

» Auftreten im Assessment-Center

Ihre Außenwirkung hat großen Einfluss darauf, wie Sie von den Beobachtern wahrgenommen und bewertet werden. Daher sollten Sie Ihr Auftreten mit in Ihre Assessment-Center-Vorbereitung aufnehmen. Positive Aspekte, die Ihrem Naturell entsprechen, können Sie sich bewusst machen und im AC zu Ihrem Vorteil einsetzen. Aspekte, die Ihnen eher schwerfallen, können Sie vor dem Assessment-Center üben und optimieren.

Mentale Vorbereitung

TIPP: ***Die mentale Vorbereitung sollte ein wichtiger Baustein Ihres AC-Trainings sein.***

Sie erlernen mit diesem Buch jede Menge Methoden, um sich in den Assessment-Center-Aufgaben optimal zu präsentieren. Ebenso wichtig wie die inhaltliche Auseinandersetzung ist die richtige Einstellung zur Prüfungssituation Assessment-Center: das *Mental Game* eines AC. Für viele Kandidatinnen und Kandidaten ist es gar nicht so einfach, mental mit der Prüfungssituation Assessment-Center umzugehen. Der Druck ist enorm und vielleicht kommen alte Prüfungsängste aus Schule oder Studium wieder hoch. So manchem Kandidaten wurde die fehlende mentale Stärke trotz hervorragenden inhaltlichen Methodenwissens zum Verhängnis. Denn wenn Sie am Tag des ACs das Erlernte wegen Ihrer Nervosität nicht abrufen und anwenden können, bringt Ihnen all das Wissen nichts.

Das Assessment-Center als sportliche Herausforderung

Ich empfehle meinen Coaching-Klienten, das Assessment-Center wie einen sportlichen Wettkampf zu sehen. Wie Hochleistungssportler für einen wichtigen **Wettbewerb** trainieren, so sollten Sie sich ebenfalls intensiv auf Ihr AC vorbereiten. Wer es schafft, sich an diesem einen Tag in Höchstform zu präsentieren, hat sehr gute Chancen, das Assessment-Center erfolgreich zu absolvieren. Wie auch im Sport gewinnt nicht immer nur derjenige mit den besten physischen Voraussetzungen, wie größter Ausdauer oder Bandbreite an Fähigkeiten, sondern häufig derjenige, der während des Wettkampfes **mentale Stärke** beweist, seine Kräfte gut einteilt, an den richtigen Stellen Akzente setzt und sich von Rückschlägen nicht unterkriegen lässt.

TIPP: ***Sehen Sie das Assessment-Center wie einen sportlichen Wettbewerb, in dem Sie gegen andere in festgelegten Disziplinen antreten und bestehen müssen.***

Umgang mit anderen Kandidatinnen und Kandidaten

Die Sportanalogie hilft Ihnen auch bei der Frage, wie Sie mit anderen Teilnehmenden in einem Gruppen-AC umgehen sollen. Hier ist die richtige Balance wichtig. Natürlich sind die anderen Teilnehmenden Konkurrenz und Sie stehen im Wettbewerb zueinander. Auf der anderen Seite sitzen Sie alle im selben Boot, haben ähnliche Ziele und können sich gegenseitig unterstützen. Wenn Sie sich einen olympischen Wettkampf vorstellen, wie gehen die Teilnehmenden dort miteinander um? In aller Regel **respektvoll, höflich, aber auch leicht distanziert**. Jeder Athlet konzentriert sich auf die eigene Leistung. Man wirft sich interessierte Blicke zu, wechselt mal ein paar Worte und begrüßt sich freundlich. Aber dabei bleibt es dann meist auch, tiefgreifendere Gespräche finden erst nach dem Wettkampf statt.

Dieses Verhalten und diesen Blickwinkel können Sie für Ihr Assessment-Center übernehmen. Begrüßen Sie die anderen freundlich und respektvoll, wechseln Sie ein paar nette Worte *(„Wo kommen Sie her?“; „Was haben Sie für einen Hintergrund?“)*. Machen Sie aus dem AC aber keine soziale Veranstaltung. Die anderen werden ähnlich angespannt sein wie Sie.

Beurteilen Sie bei Betreten des Raums, welche Stimmung dort herrscht. Sind schon einige Teilnehmende da, unterhalten sich aber nicht und es ist angespannt ruhig, dann passen Sie sich daran an. Sie können dann einfach „Guten Morgen“ in die Runde sagen und sich einen Platz suchen. Stehen die anderen Kandidatinnen und Kandidaten dagegen alle zusammen und sind in einer lockeren Unterhaltung, lassen Sie sich auch darauf ein: Gehen Sie souverän auf die Gruppe zu, sagen Sie „Guten Morgen“, stellen Sie sich dazu und nehmen Sie an der Unterhaltung teil. Bringen Sie sich in die bestehende Gruppendynamik ein.

Spielen Sie Szenarien gedanklich durch

Die Bedeutung des Assessment-Centers für Ihre Karriere und der Charakter einer Prüfungssituation sind bereits Grund genug, am Tag des ACs angespannt und leicht nervös zu sein. Das ist ganz normal. Was darüber hinaus zu Nervosität führen kann, ist die Unsicherheit, was einen erwartet. Bis zu einem gewissen Grad können Sie diesen Aspekt beeinflussen. Die Unsicherheit entsteht meiner Erfahrung nach durch zwei wesentliche Einflussfaktoren: die fehlende Erfahrung im **Umgang mit den Aufgaben** sowie die Sorge vor **unerwarteten Situationen**. Den ersten dieser beiden Faktoren können Sie durch die Vorbereitung der Aufgaben und das Absolvieren der Übungen in diesem Buch weit-

> **TIPP:** ***Bereiten Sie sich gedanklich auf möglichst viele unterschiedliche Szenarien vor.***

gehend reduzieren. Unerwartete Situationen können dagegen auch nach intensiver Vorbereitung auftreten.

Rechnen Sie mit Unerwartetem

Rechnen Sie bereits in Ihrer Vorbereitung mit **unerwarteten Situationen**. Das mag erstmal widersprüchlich klingen: Wenn ich mit einer Situation rechne, dann ist sie ja nicht mehr unerwartet. Genau darum geht es. Versuchen Sie, im Vorfeld so viele Szenarien wie möglich gedanklich durchzuspielen. Was mache ich, wenn ich einen Blackout habe? Wie gehe ich mit unfreundlichen oder innerhalb einer Aufgabe aggressiv auftretenden Teilnehmern um? Welche kritischen Fragen könnte ein Interviewer stellen, um mich unter Druck zu setzen? Was würde ich machen, wenn ich versehentlich ein Glas Wasser verschütte? Lassen Sie solche Gedanken zu, sammeln oder notieren Sie sie und beantworten Sie für sich gedanklich die Frage, wie Sie sich verhalten würden, wenn die Situation tatsächlich eintritt. Diese Beschäftigung mit mal wichtigen, mal banalen, aber untypischen Situationen wird Ihnen helfen, sich mental auch auf Unerwartetes einzustellen. Sie trainieren Ihr Gehirn darauf, schnell Lösungen für diese potenziellen Fallstricke zu finden. So wird es Ihnen auch in Ihrem Assessment-Center gelingen, in ähnlichen, ganz neuen Situationen schnell zu reagieren und zu mentaler Stärke zurückzukehren. Dass ein Kandidat ein Glas Wasser verschüttet oder eine Teilnehmerin mal den sprichwörtlichen Gesprächsfaden verliert, ist ganz normal. Wie Sie damit umgehen, macht den Unterschied zwischen einem souveränen und professionellen oder einem schwachen Auftreten.

Versetzen Sie sich gedanklich ins Assessment-Center

Auch erwartbare Situationen können und sollten Sie vorab einmal durchdenken. Dazu gehören typische Elemente eines Assessment-Centers, sei es live vor Ort oder virtuell, im Einzel- oder im Gruppen-AC: der erste Eindruck, den Sie vermitteln wollen, die Begrüßung eines Moderators, der Beobachter und ggf. der Teilnehmenden, Ihr Verhalten in Pausen, zwischen Aufgaben oder im Feedbackgespräch.

> ***Beispiel – mentale Vorbereitung auf den ersten Eindruck***
>
> *Wenn ich morgens am Empfang der Firma von einem Assessment-Center-Vertreter abgeholt werde, achte ich darauf, gleich vom ersten Augenblick an sympathisch und aktiv zu wirken. Ich werde aufstehen, lächeln, Augenkontakt suchen, meine Hand zum begrüßenden Handschlag ausstrecken und „Guten Morgen, schön, Sie kennenzulernen!“ sagen.*

> *Meine Jacke und Tasche habe ich dabei schon zum Losgehen bereit in der anderen Hand. Auf dem Weg zum Konferenzbereich werde ich etwas Small Talk initiieren, z. B. kann ich fragen: „Wie häufig finden solche Assessment-Center wie meins bei Ihnen statt?". Nach der Ankunft im AC-Wartebereich bedanke ich mich freundlich: „Vielen Dank!"*

Diese Technik wird ebenfalls von Sportlerinnen und Sportlern angewendet. Viele Spitzensportler visualisieren den gesamten Wettkampf vorab in allen Details. Je detaillierter Sie den Ablauf des Assessment-Centers gedanklich durchspielen, desto weniger überraschende Momente werden auftreten. Natürlich können Sie keinen exakten Verlauf vorhersehen, insbesondere, wenn das Ihr erstes AC ist. Dennoch können Sie viele Momente mental durchspielen. So haben Sie im AC eine ganze Reihe an Verhaltensweisen parat, die Sie in der jeweiligen Situation nur noch abrufen müssen.

Umgang mit Zeitdruck und Stress

Ein weiterer Faktor Ihrer mentalen Vorbereitung ist der Umgang mit großem Zeitdruck und Stress. Dieser entsteht im Assessment-Center automatisch durch die engen Zeitvorgaben für die Lösung der Aufgaben sowie den Charakter des gesamten ACs als Prüfungssituation. Die Zeitvorgaben bei Aufgaben sind nicht nur aus Gründen der Agendaplanung knapp gewählt, sondern auch ganz bewusst, um über den gesamten Verlauf des Assessment-Centers hinweg Ihren Umgang mit Stress bewerten zu können. Der Berufsalltag wird später ebenfalls durch Deadlines und eine Fülle unterschiedlicher Themen und Aufgaben geprägt sein. Ihr Umgang mit diesem Druck ist für die meisten Jobs daher ein wesentlicher Erfolgsfaktor, der auch im Assessment-Center gerne eingebaut wird.

Rechnen Sie daher von vornherein mit sehr knapp und in manchen Aufgaben sogar bewusst zu knapp bemessenen Zeitvorgaben. Sie haben richtig gelesen. In manchen Aufgaben ist der Zeitrahmen so gewählt, dass Sie den Umfang der Aufgabe nicht vollständig abarbeiten können. Ein anschauliches Beispiel dafür sind kognitive Leistungstests: In manchen Tests wird bewusst geprüft, wie viele einzelne Aufgaben Sie in einer bestimmten Zeit lösen. Der Test ist von vornherein so ausgelegt, dass die Zeit endet, bevor die vermeintlich letzte Aufgabe beantwortet ist. Ein anderes Beispiel ist die Postkorbübung, in der die Zeitvorgabe manchmal ebenfalls nicht zur detaillierten Sichtung aller Informationen reicht. Hier geht es vor allem darum, ob Sie in einer Schnelldurchsicht wichtige von unwichtigen Informationen unterscheiden

> **TIPP:** ***Manche Aufgaben sind so gestaltet, dass sie nicht in der vorgesehenen Zeit gelöst werden können. Lassen Sie sich davon nicht verunsichern.***

und unter Unsicherheit entscheiden können. Detaillierte Lösungshinweise zu diesen Formaten erhalten Sie natürlich in den jeweiligen Kapiteln.

Rechnen Sie damit, auf solche Stresssituationen zu treffen, und bereiten Sie sich mental darauf vor, sich davon nicht aus der Ruhe bringen zu lassen. Sie haben in einer solchen Aufgabe nicht versagt, wenn Sie nicht alles vollständig bearbeitet haben. Das war Teil des Tests! Gerade perfektionistisch veranlagte Menschen haben mit dieser Art von Aufgaben häufig Probleme und lassen davon ihre Leistung in den Folgeaufgaben negativ beeinflussen. Sie hängen mental in der vorigen Aufgabe fest und verlieren ihre Konzentration. Jetzt, da Sie dieses Fettnäpfchen kennen, können Sie es bewusst umgehen. Überlegen Sie sich, wie Sie sich in einer solchen Situation verhalten wollen, und rechnen Sie damit in Ihrem Assessment-Center.

Kleidung, Auftreten und Körpersprache

Ihre Wirkung im Assessment-Center wird ganz wesentlich durch Ihre Kleidung, Ihr Auftreten und Ihre Körpersprache beeinflusst.

Kleidung

Eine Frage, die mir in meinen Trainings immer wieder begegnet, ist die nach der richtigen **Kleidung** für das Assessment-Center. Sie sollten gut sitzende Kleidung wählen, in der Sie sich wohlfühlen. Mit Ihrer Kleidung ist auch ein **Statement über Ihre Motivation** verbunden: *„Ich habe mich für Sie schick gemacht, weil ich einen guten Eindruck hinterlassen möchte."* Nutzen Sie diese Möglichkeit, Ihre Motivation zu kommunizieren. Dies ist ein weiteres Puzzleteilchen in Ihrer Gesamtpräsentation.

TIPP: ***Wählen Sie Ihre Kleidung im Assessment-Center bewusst aus, um Ihre Motivation zu unterstreichen.***

In den letzten Jahren haben sich die formellen Anforderungen an die Kleidung im Assessment-Center vermeintlich etwas gelockert. Viele Kandidatinnen/Kandidaten und auch zunehmend mehr Unternehmensvertreter sehen einen formellen Dresscode als nicht mehr so bedeutend an. Ich schreibe hier bewusst: „vermeintlich". Denn die Bedeutung mag zwar etwas abgenommen haben, der Anteil der Unternehmensvertreter, die aber weiterhin sehr wohl auf die Kleidung der Teilnehmenden achten – zumindest unbewusst – ist weiterhin sehr hoch und nicht zu unterschätzen. Daher empfehle ich Ihnen den Grundsatz: **lieber overdressed als underdressed**, oder etwas holpriger klingend auf deutsch: lieber zu förmlich als zu leger gekleidet.

TIPP: *Folgen Sie dem Grundsatz: lieber overdressed als underdressed, und wählen Sie einen Business-Dresscode.*

Was das genau bedeutet, hängt von Ihrer Branche ab. Während auf der einen Seite des Spektrums in Banken, Beratungs- und Finanzunternehmen ein recht konservativer, strikter Business-Dresscode gilt, geht es auf der anderen Seite z. B. in Kreativ-Agenturen informell zu und legere Kleidung ist üblich. Beide Stile können von Kandidatinnen/Kandidaten im Bewerbungsprozess übernommen werden. Die Auflistung dieser beiden Extreme wird Ihnen bei der eigenen Kleiderwahl aber nur bedingt helfen, wenn Sie sich nicht gerade in einem der genannten Bereiche bewerben. Daher möchte ich Ihnen eine konkrete Empfehlung für Ihr Assessment-Center geben: Wählen Sie einen konservativen **Business-Dresscode**.

Die **Herren** sollten im Assessment-Center einen klassischen dunklen Anzug wählen. Dunkelblau, schwarz, grau und anthrazit wären sichere Farbwahlen. Dazu passende Lederschuhe und einen passenden Gürtel, ein weißes oder hellblaues Hemd und eine schlichte Krawatte ohne Motiv.

Die **Damen** können im Assessment-Center einen Hosenanzug, ein Kostüm oder eine Kombination aus Hose und Blazer wählen. Die Farbauswahl bei den Damen ist etwas flexibler, bleiben Sie aber bei eher dezenten Farben. Dazu ebenfalls eine weiße oder hellblaue Bluse.

Frauen können lange Haare offen oder geschlossen tragen, wobei geschlossen in der Regel etwas seriöser wirkt und daher meine Empfehlung an Sie ist. Körperschmuck können Sie mit Ausnahme von Gesichts- und Zungenpiercings ebenfalls tragen. Handtaschen dürfen Sie natürlich mit ins Assessment-Center nehmen. Allerdings empfehle ich Ihnen, sie an der Garderobe aufzuhängen und dort das gesamte Assessment-Center über zu lassen. In der Regel gibt es einen Gruppenraum, in dem die Sachen sicher sind. Dennoch sollten Sie auf unnötige Wertsachen verzichten. Es kann unpraktisch sein, die Handtasche mit in die einzelnen Übungen zu nehmen. Auch im Berufsleben bleibt die Handtasche schließlich am Schreibtisch und wird nicht in jedes Meeting mitgenommen.

Zur Kleidung bekomme ich in meinen Trainings gerade von Jüngeren die meisten kritischen Rückfragen. Typische Anmerkungen sind: *„Gilt das auch in meiner Situation/in meiner Branche/in meinem Unternehmen?“, „Muss das wirklich sein?“, „Reicht nicht auch ...?“, „Kann ich die Krawatte weglassen?“* usw. Natürlich kann es in Ihrem speziellen Fall ausreichend sein, einen Anzug ohne Krawatte zu tragen oder nur mit einem Blazer ins Assessment-Center zu gehen. Meiner Erfahrung nach werden diese Arten von Rückfragen meistens aus Bequemlichkeit gestellt. Vernachlässigt wird dabei, dass Sie mit der Kleidung gerade einen Akzent setzen können, der Sie von anderen Kandidatinnen und Kandidaten unterscheidet. Sie kommunizieren damit, dass Sie alles tun, um einen guten Eindruck zu machen. Nutzen Sie diese Chance! Sie dürfen natürlich gerne von meiner Empfehlung abweichen, wenn Sie den sicheren Eindruck haben, dass es in Ihrem speziellen Fall unangemessen und legerere Kleidung angebrachter wäre.

Assessment-Center werden häufig von externen Agenturen durchgeführt. Dabei handelt es sich meistens um Beratungsunternehmen. Sie werden also vermutlich auf Assessorinnen und Assessoren treffen, die selbst Business-Dresscode tragen. Sie finden sich also möglicherweise in einer Situation wieder, in dem die Assessorinnen und Assessoren besser gekleidet sind als Sie als Kandidatin/Kandidat. Das wäre nicht angemessen und es ist durchaus zumutbar, dass Sie für Ihren Auswahltag in einen Business-Dresscode schlüpfen. Auf der anderen Seite wäre es nicht schlimm, wenn Sie als Bewerber*in besser gekleidet sind als andere Teilnehmende oder die Assessoren. Schließlich kennen Sie die Unternehmenskultur noch nicht und folgen dem Grundsatz, lieber zu förmlich gekleidet zu sein als zu leger.

Eine Ausnahme von meinen Ausführungen bildet das **Online-Assessment-Center**. Da Sie dazu in Ihren eigenen Räumlichkeiten sitzen, würde bei den Herren hier ein dunkler Anzug mit Krawatte oft zu steif wirken. Für eine Videokonferenz empfehle ich Ihnen daher, die Krawatte wegzulassen und sich stattdessen in Hemd und Jackett zu präsentieren. Bei den Damen ändert sich dagegen nicht viel, die Bluse mit Blazer ist hier ebenfalls angemessen.

Auftreten

Ein wesentlicher Aspekt Ihrer **nonverbalen Kommunikation** ist Ihr Auftreten. Ich werde darauf immer wieder in einzelnen Kapiteln zurückkommen, um Sie auf konkrete Verhaltensweisen im Auftreten aufmerksam zu machen, mit denen Sie in den unterschiedlichen Aufgaben punkten können.

Einige Aspekte können Sie in Ihrem gesamten Assessment-Center anwenden. Machen Sie sich diese Aspekte bewusst und versuchen Sie, dieses Verhalten an geeigneten Stellen im Assessment-Center immer wieder zu zeigen und anzuwenden.

Seien Sie freundlich

Es versteht sich von selbst, dass Sie im Assessment-Center freundlich auftreten sollten. Es ist jedoch wichtig, sich dieses Verhalten bewusst zu machen und es gezielt zu Ihrem eigenen Vorteil einzusetzen. Nehmen Sie sich beispielsweise vor, sich auch in schwierigen Situationen wie einem konfliktreichen Rollenspiel oder in der Interaktion mit aggressiven Mitbewerbern in der Gruppendiskussion freundlich zu verhalten und gerade dann den Beobachterinnen und

Beobachtern dieses Verhalten bewusst zu zeigen. In solchen Momenten zahlt es sich aus, eine im Vorfeld bewusst gewählte Taktik im Hinterkopf zu haben und auch unter Druck umsetzen zu können – auch wenn sie Ihnen zunächst banal erscheint. Wie lässt sich dieses Verhalten veranschaulichen? Lächeln Sie. Halten Sie Augenkontakt. Seien Sie offen für andere Meinungen. Respektieren Sie Gegenargumente, auch wenn Sie inhaltlich anderer Meinung sind und diese auch vertreten. Lassen Sie sich auch unter Druck nicht aus der Ruhe bringen. Bleiben Sie stets ruhig, sachlich und behalten Sie einen kühlen Kopf.

Bleiben Sie authentisch

Ein authentisches Auftreten macht Sie glaubwürdig und nahbar. Sie sollten sich im Assessment-Center nicht verstellen. Natürlich präsentieren Sie sich von Ihrer besten Seite. Vertrauen Sie darauf, dass Ihr Profil, so wie es ist, ausreichend für die Position ist. Versuchen Sie nicht dem Idealbild aus dem Stellenprofil in allen Details zu entsprechen, wenn dem nicht so ist. Das kann kaum jemand. Meistens wirkt es nicht glaubwürdig, wenn Sie sich als Idealkandidat ohne jede Macke oder Nachteile präsentieren. Fokussieren Sie sich auf Ihre Stärken. Kandidierende, die sich verstellen, wirken selten über den ganzen langen Tag eines ACs authentisch. Man merkt, dass etwas nicht stimmt. Außerdem kostet es unheimlich viel Kraft, sich als jemand zu präsentieren, der oder die man nicht ist. Diese Energie brauchen Sie für Ihre Leistung in den Aufgaben. Außerdem wecken Sie sonst Erwartungen an Ihre Person, die Sie später im Job nicht erfüllen können. Ein authentisches Auftreten ist also die bessere Strategie.

Präsentieren Sie sich souverän

Stehen Sie zu Ihren Stärken und Schwächen und gehen Sie damit offen und professionell um. Niemand ist in allen Dingen gut. Die Dinge, die Sie gegenüber anderen auszeichnen, sollten Sie auch offensiv nutzen und kommunizieren. Zeigen Sie, dass Sie damit gegebenenfalls andere, schwächere Aspekte ausgleichen. Machen Sie deutlich, dass Ihnen Ihr Profil mit allen Ausprägungen bewusst ist und Sie stolz darauf sind.

Ein souveräner Auftritt gelingt Ihnen zudem durch folgende Verhaltensweisen:

- **Selbstvertrauen:** Stehen Sie aufrecht, halten Sie Blickkontakt und sprechen Sie klar und deutlich.
- **Gelassenheit:** Bleiben Sie auch in stressigen Situationen ruhig und gelassen.
- **Präsenz:** Hören Sie aufmerksam zu, nehmen Sie aktiv an Gesprächen teil und zeigen Sie Interesse an den Anliegen anderer.
- **Entscheidungsfreude:** Treffen Sie klare und überlegte Entscheidungen. Zeigen Sie, dass Sie in der Lage sind, verantwortungsbewusst zu handeln.

Körpersprache

Ein weiterer wichtiger Aspekt Ihrer nonverbalen Kommunikation ist Ihre Körpersprache. Damit ist der Gesamteindruck Ihrer Haltung, Ihrer Gesten und Ihrer Mimik gemeint. Eine ausdrucksstarke Körpersprache beeinflusst den Eindruck auf die Beobachter positiv und stärkt Ihre Präsenz im Raum.

TIPP: ***Setzen Sie Ihre Haltung, Gestik und Mimik bewusst ein.***

Eine gute **Körperhaltung** erreichen Sie, indem Sie:
- aufrecht stehen, also nicht gekrümmt nach vorne gelehnt stehen,
- Ihre Schultern leicht zurückziehen, um eine offene und selbstbewusste Körperhaltung zu zeigen,
- Ihren Kopf gerade halten,
- den Raum um sich nutzen, z. B. im Stehen mal ein paar Schritte zur Seite machen oder sich an verschiedene Ansprechpartner im Raum wenden,
- gerade sitzen und ein übermäßiges Zurücklehnen oder Zusammenfallen vermeiden.

Achten Sie bei Ihrer **Gestik**, also den Bewegungen mit Ihren Armen und Händen, darauf, dass Sie:
- eine offene Armhaltung beibehalten, z. B. neben dem Körper,
- die Arme nicht verschränken oder in die Hosentaschen stecken,
- Handbewegungen einsetzen, um Ihre verbale Kommunikation zu unterstützen,
- Dynamik in Ihre Kommunikation bringen, indem Sie Ihre Hände im Gespräch zur Verdeutlichung einsetzen, z. B. durch Zeige-/Aufzählungsgesten,
- die Hände gelegentlich in eine Ruheposition vor sich legen,
- nicht aus Verlegenheit mit Ihren Haaren spielen oder sich ins Gesicht fassen,
- im Online-Assessment-Center Ihre Gestik etwas höher, fast schon vor dem Gesicht, ausführen, damit diese noch über den eingeschränkten Kamerabereich sichtbar wird.

In Ihrer **Mimik**, also Ihrem Gesichtsausdruck, können Sie die folgenden Aspekte umsetzen:
- lächeln Sie,
- suchen Sie Blickkontakt,
- nicken Sie regelmäßig, wenn Sie jemandem zuhören,
- zeigen Sie durch Ihren Gesichtsausdruck Interesse an Ihrem Gegenüber.

Im **Kapitel „Präsentation"** habe ich für Sie eine **ganze Reihe weiterer konkreter Tipps** für Ihr Auftreten, Ihre Körpersprache, Gestik und Mimik sowie die Besonderheiten im Online-Assessment-Center zusammengestellt. Am Beispiel der Präsentationsaufgabe lassen sich diese sehr gut nachvollziehen. Letztendlich ist das ganze Assessment-Center eine Präsentation Ihrer Person und Ihres Profils und Sie können die Hinweise dort leicht auf andere Übungen übertragen.

Pausen und Small Talk

Der Mythos, dass man Sie im Assessment-Center auch in den Pausen oder beim Mittagessen genau beobachtet und bewertet, hält sich hartnäckig. Das ist in kaum einem AC der Fall. Welche Aussagekraft für Ihre Eignung soll auch eine Bewertung Ihrer Tischmanieren oder Ihre Themenwahl beim Small Talk haben? Die Assessorinnen und Assessoren sind selbst auch nur Menschen und freuen sich genauso wie Sie über eine kurze Verschnaufpause zwischen den anstrengenden Aufgaben.

Obwohl keine offizielle Bewertung stattfindet, kann und wird ein kurzer Plausch mit einem Beobachter oder Ihr Verhalten auf dem Flur, das eine Assessorin mitbekommt, natürlich deren Bild von Ihnen bewusst oder unbewusst beeinflussen. Verhalten Sie sich daher auch in den Pausen stets so, wie Sie sich in den offiziellen Teilen des Assessment-Centers präsentieren möchten.

Ein kurzer informeller Austausch an der Kaffeemaschine oder am Buffet mit anderen Teilnehmenden oder Assessorinnen/Assessoren kann hilfreich sein, um eine gute Atmosphäre zu schaffen oder sich – ganz informell – als sympathischen Kommunikator zu präsentieren. Steht ein Assessor direkt vor Ihnen in der Schlange an der Kaffeemaschine, können Sie eine solche Gelegenheit natürlich zum Small Talk nutzen. Achten Sie aber darauf, dass Sie nicht das Gegenteil erreichen, wenn Sie einer Assessorin, die mal kurz bei einer Tasse Kaffee ihre privaten Handynachrichten checken möchte, mit einer künstlichen Konversation auf die Nerven gehen. Hören Sie auf Ihre Intuition. Manchmal sollte eine Pause auch einfach nur eine Pause sein.

Oft sind die Beobachter während Ihrer Pausen in anderen Übungen oder Nachbesprechungen. Rechnen Sie also damit, dass Sie außerhalb der Aufgaben die Assessoren nur selten zu Gesicht bekommen.

Online-Assessment-Center

Online-Assessment-Center haben in den letzten Jahren stark an Bedeutung gewonnen. Damit sind ACs gemeint, die rein virtuell stattfinden und an denen Sie am heimischen Computer oder Tablet teilnehmen. Dieses Format erfordert ein paar besondere Vorbereitungen.

Online-Assessment-Center finden in einem virtuellen Konferenzraum statt. Die Zugangsdaten sowie weitere benötigte Informationen dafür erhalten Sie einige Tage vorab in einer Einladungs-E-Mail.

Achten Sie darauf, dass Sie einen modernen Browser in einer möglichst aktuellen Version benutzen, um technische Probleme zu vermeiden. Wenn Sie die Alternative zwischen einer Teilnahme über den Browser oder einer separaten Software haben, installieren Sie die Software. Diese ist in der Regel kostenlos und die sicherste Variante, alle Funktionen des Konferenzraums nutzen zu können.

Testen Sie spätestens einige Tage vor dem Assessment-Center, ob Sie **Zugang** zu der Konferenzplattform oder -software haben und ob Sie vorab eine Software installieren müssen. Die meisten Plattformen bieten dazu schon vor dem eigentlichen AC-Termin die Möglichkeit. So sehen Sie z. B. in einem virtuellen Wartebereich, ob Ihre Kamera und Ihr Ton einwandfrei funktionieren. Sie sollten ebenfalls Ihre **Kameraperspektive und Ihr Mikrofon einrichten und testen**. Je nach dem von Ihnen benutzten Computer oder Tablet können Sie die eingebaute Technik nutzen. Bei älteren Modellen kann es sich lohnen, in eine externe Kamera zu investieren.

TIPP: ***Testen Sie Ihre gesamte Technik rechtzeitig vor dem Assessment-Center, damit Sie am Tag des ACs keine Überraschungen erleben.***

Entscheidend ist neben einer ausreichenden Bild- und Soundqualität auch die Position der Kamera. Sie können Ihre Wirkung deutlich verbessern, wenn Sie die **Kamera auf Augenhöhe** bringen. Bei einem Laptop-Computer mit eingebauter Linse am oberen Rand ist das meist durch ein Aufstellen des Laptops auf einem Ständer oder einem Stapel Bücher möglich. Bei einer externen Kamera am Desktop-PC müssen Sie möglicherweise die Position des Bildschirms anpassen oder die Kamera anderweitig befestigen, um die Höhe verstellen zu können. Häufig ist die Position auf einem großen Bildschirm zu hoch. Der flexible Arm einer Schreibtischlampe kann sich dafür eignen oder die Anschaffung einer einfachen Halterung für die Webcam.

Während der Videokonferenz können Sie den direkten **Augenkontakt simulieren**. Achten Sie bei der Interaktion darauf, Ihre Ansprechpartner*innen nicht im Bild auf Ihrem Bildschirm anzusehen, sondern Ihre Augen direkt auf die Kameralinse zu richten. Zwei kleine gemalte Augen, die Sie links und rechts neben der Kamera aufkleben, erinnern Sie während des Gesprächs daran, wohin Sie schauen müssen. Probieren Sie den Effekt dieser einfachen Maßnahme vor dem Assessment-Center aus und nehmen Sie ein kurzes Video auf, um den Unterschied Ihrer Blickrichtung selbst in der Aufzeichnung sehen zu können – die Wirkung ist verblüffend.

Probieren Sie bei der gleichen Gelegenheit aus, wie weit die Kameraposition Ihre **Gestik mit den Armen und Händen** erfasst. Meist ist der sichtbare Ausschnitt kleiner, als man denkt. Wenn Sie Gesten bewusst einsetzen möchten, müssen Sie die Hände oft schon fast vor Ihr Gesicht halten, damit diese für Ihr Publikum noch sichtbar sind. Üben Sie das vorher einmal unter realistischen Bedingungen.

Achten Sie auf einen neutralen und aufgeräumten **Hintergrund**. Das kann eine neutrale Wand sein, aber auch ein ordentlich aussehender Schrank oder ein Bücherregal. Vermeiden Sie dagegen sichtbare unprofessionelle Umgebungen wie Küche oder Schlafzimmer – auch wenn Sie von da aus an der Videokonferenz teilnehmen.

Wenn Sie keinen geeigneten Hintergrund haben, nutzen Sie die digital einblendbaren Hintergründe der Konferenzsoftware. Bereiten Sie sich auch darauf vor und testen Sie, wie Sie diese Funktion aktivieren und welchen Hintergrund Sie einblenden möchten. Rechnen Sie damit, dass die Funktion versagen kann – in diesem Fall sollte der Hintergrund immer noch ausreichend professionell wirken.

Zu guter Letzt prüfen Sie, ob Ihre **Beleuchtung** ausreichend und angemessen ist. Betrachten Sie sich dafür ebenfalls in der Kameraperspektive. Vernachlässigen Sie dabei nicht den Tageszeitpunkt: Morgens sieht vielleicht alles perfekt aus, am Mittag dagegen blendet Sie die Sonne oder man sieht Sie nur noch als schwarze Silhouette, weil die Sonne von hinten auf Ihren Rücken scheint und Ihre Kamera stört. All das lässt sich einfach testen und vermeiden. Eine einfache, helle Lichtquelle von vorne, wie ein Ringlicht oder ein LED-Panel, ist günstig in der Anschaffung und einfach einzusetzen. Es verbessert Ihre Wirkung vor der Kamera teils deutlich. Sparen Sie nicht an diesen einfachen Möglichkeiten, sich im Assessment-Center im wahrsten Sinne des Wortes in ein besseres Licht zu setzen.

Eine Zusammenfassung dieses Kapitels mit persönlichen Empfehlungen des Autors finden Sie im Video-Begleitmaterial: stark-verlag.de/qrcode/b20701_05

» Aufgabentypen im Assessment-Center

Die Aufgaben des Assessment-Centers lassen sich in zwei Kategorien einteilen: **Einzelaufgaben** und **Gruppenaufgaben**.

Einzelaufgaben absolvieren Sie alleine. Dazu gehören die (Selbst-)Präsentation, die Fallstudie oder die Postkorbübung. Sie haben keinerlei Kontakt mit anderen Teilnehmenden oder Beobachterinnen/Beobachtern. In den Gruppenaufgaben interagieren Sie dagegen mit anderen Personen. Die wohl bekannteste Gruppenaufgabe ist die Gruppendiskussion. In dieser treffen Sie direkt auf andere Kandidierende und müssen gemeinsam als Team eine Problemlösung erarbeiten. Eine andere Gruppenaufgabe ist das Rollenspiel. Hier interagieren Sie mit Rollenspielern als Austauschpartnern.

Alle Aufgaben im Assessment-Center sind darauf ausgelegt, Ihr **Verhalten in vorher festgelegten Situationen zu beobachten.** Die Einzelaufgaben zielen dabei auf Ihre Fähigkeiten in der eigenen Anwendung von Methoden und Wissen ab, während die Gruppenaufgaben auf kommunikative und kooperative Verhaltensweisen ausgerichtet sind.

Die beiden im Assessment-Center beliebten Teile *Interview* und *Leistungstests* sind als ergänzende Bewertungselemente eines ACs zu verstehen, da in diesen beiden AC-Teilen kein Verhalten beobachtet werden kann und sie nicht unter die klassische Definition von AC-Aufgaben fallen. Dennoch sind sie ein fester und sinnvoller Bestandteil Ihres Assessments.

Ihre Aussagen im Interview und Ihre Ergebnisse in Leistungstests werden mit dem beobachtbaren Verhalten und daraus resultierenden Bewertungen verglichen. Passen Ihre Aussagen im Interview zu Ihrem Auftreten und Ihrem Handeln in den AC-Situationen? Passt Ihr Eigenbild zum Fremdbild, z. B. in der Führung von Mitarbeitenden? Passen Ihre Ergebnisse in Leistungstests – zum Beispiel analytische Fähigkeiten – zu den in der Fallstudie gezeigten Leistungen? Die Assessorinnen und Assessoren erhalten durch die Einbindung dieser beiden Aufgaben mehr Datenpunkte zur ganzheitlichen Bewertung. Daher behandeln wir das Interview und die Leistungstests wie jede andere Einzel- oder Gruppenaufgabe als eigenständige Assessment-Center-Komponente.

In Laufe des Buchs stelle ich Ihnen alle typischen Aufgaben eines Assessment-Centers im Detail vor. Dennoch kann es vorkommen, dass Sie in Ihrem Assessment-Center mit einer Variation oder einer **ganz anderen Aufgabe** konfrontiert werden. Ein Assessment-Center ist kein klar definierter Prozess und jedes Unternehmen kann eigene Schwerpunkte setzen und eigene Aufgabenkreationen in sein AC einbauen. Keine Sorge – das kommt relativ selten vor.

Dennoch berichten mir meine Klientinnen und Klienten ab und zu von neuen Aufgaben im AC, die wir in der Form so zuvor noch nicht gesehen haben oder die nicht zum klassischen Kanon an Aufgaben zählen – sei es die spontane Entwicklung eines Geschäftsmodells oder die Kommentierung eines Zeitungsartikels zur Geschäftsentwicklung. Seien Sie mental darauf vorbereitet, dass es kleinere Überraschungen geben kann. Mit der Vorbereitung, die Sie mit diesem Buch absolvieren, werden Sie auch unerwartete Aufgaben meistern. Die relevanten Beobachtungskriterien und die erwarteten Verhaltensweisen sind identisch; sie werden nur über andere Aufgaben geprüft. Im Kern lässt sich die Entwicklung eines Geschäftsmodells mit der Erarbeitung einer Präsentation und die Kommentierung eines Zeitungsartikels zur Geschäftsentwicklung mit der Analyse von Zahlen und Informationen innerhalb einer Fallstudie vergleichen. Sie haben also in Ihrem Assessment-Center das Handwerkszeug, um auch unerwartete Aufgaben gut lösen zu können.

In den folgenden Kapiteln stelle ich Ihnen die typischen Aufgaben eines Assessment-Centers nacheinander im Detail vor.

» Die Selbstpräsentation

Bedeutung: ■ ■ ■ ■ ■

wird angewendet bei:		*andere Bezeichnungen für Selbstpräsentation:*
Führungskräfte-ACs	✓	*Selbstdarstellung, Vorstellung, Vorstellungsrunde, Kurzdarstellung, Highlights des Lebenslaufs, Werdegang, Curriculum Vitae (CV)*
Standard-ACs	✓	
Online-ACs	✓	

Worum geht es bei der Selbstpräsentation im Assessment-Center?

TIPP: ***Die Selbstpräsentation ist für alle Assessment-Center relevant. Sie kommt in jedem AC vor.***

Bei der Selbstpräsentation handelt es sich um eine **kurze Vorstellung Ihres persönlichen Profils**. Was sollte das Unternehmen über Sie wissen? Welche Schwerpunkte aus Ihrem Werdegang sind besonders relevant, um Sie kennenzulernen und Ihre Eignung für die Stelle zu beurteilen?

Der Rahmen, in dem Sie Ihre Selbstpräsentation halten, kann ganz unterschiedlich sein. Er reicht von einer informellen Kurzvorstellung zu Beginn des Assessment-Centers über einen Unterpunkt innerhalb des Interviews bis hin zu einer formellen Aufgabe auf der Agenda. Stellen Sie sich darauf ein, dass Sie Ihre Selbstpräsentation **spontan abrufen** müssen. Typische Formulierungen im Interview, die für Sie ein Signal für Ihre Selbstpräsentation sind, lauten:

- *„Stellen Sie sich bitte kurz vor."*
- *„Erzählen Sie mir von sich."*
- *„Gehen Sie kurz auf die Highlights Ihres Lebenslaufs/Werdegangs/CVs ein."*
- *„Gehen Sie bitte kurz auf Ihren Lebenslauf ein."*
- *„Wer sind Sie und was macht Sie aus?"*

Die Selbstpräsentation ist für Sie eine gute Möglichkeit, **Schwerpunkte Ihres Profils** klar hervorzuheben und zu zeigen, was Sie von anderen Kandidatinnen und Kandidaten unterscheidet. Sie stellen sich anhand des „roten Fadens" Ihres Profils vor. Folgende Kriterien werden besonders **bewertet:**

- Auftreten
- Kommunikationsstärke
- Strukturiertes Denken und Handeln
- Strategisches Vorgehen
- Begeisterungsfähigkeit
- Ergebnisorientierung/Zielstrebigkeit
- Motivation

Wenn die Selbstpräsentation nicht als offizielle Übung auf der Agenda steht, sondern nur als Auflockerung in der Vorstellungsrunde oder als Frage im Interview genutzt wird, findet keine separate Bewertung statt. Ihre Leistung fließt dann, teilweise unbewusst, in Ihre Gesamtbeurteilung ein.

Dennoch ist die Bedeutung der Selbstpräsentation nicht zu unterschätzen. Sie findet **meistens zu Beginn** des Assessment-Centers statt. Zum einen kann ein gelungener Start Ihre Nervosität lindern. Zum anderen setzen Sie Anknüpfungspunkte für das Interview und den Small Talk zwischen den Aufgaben. Außerdem können Sie durch einen positiven ersten Eindruck wichtige Sympathiepunkte sammeln.

Wie läuft eine Selbstpräsentation ab?

TIPP: ***Bereiten Sie eine 3-minütige Vorstellung Ihres Profils vor.***

Für eine Selbstpräsentation ist im AC **keine Vorbereitungszeit** vorgesehen. Man geht davon aus, dass Sie sich und Ihr Profil spontan kurz vorstellen können.

Der Ablauf ist einfach: Sobald Sie im AC dazu aufgefordert werden, sich vorzustellen, beginnen Sie mit Ihrer Selbstpräsentation. Diese ist eher ein kurzer, verbaler Vortrag als eine klassische Präsentation mit Medieneinsatz. Im **Standardszenario** – von dem Sie ausgehen sollten, wenn in Ihrer Einladung nichts anderes steht – ist eine **Länge von drei Minuten** ideal.

In manchen Assessment-Centern werden Sie im Vorfeld gebeten, eine 10- oder 15-minütige Selbstpräsentation vorzubereiten. In diesem Fall handelt es sich um eine offizielle Übung, die separat bewertet wird. Bei einer vorher angekündigten Selbstpräsentation können Sie auch Medien einsetzen, die Sie zum Assessment-Center mitbringen oder vorab einsenden.

Ablauf einer Selbstpräsentation		
Selbstpräsentation		3–15 Minuten

Wie gelingt mir eine gute Selbstpräsentation?

Die Vorbereitung

Ihre Selbstpräsentation bereiten Sie vorab zu Hause vor. Für die Vorstellungsrunde oder die Lebenslauf-Frage im Interview ist sie hochrelevant. Lassen Sie sie in Ihrer Vorbereitung daher auf keinen Fall aus.

Keine Kurzform Ihres Lebenslaufs!

Zunächst lösen Sie sich gedanklich von Ihrem formellen Lebenslauf, wie Sie ihn für Ihre Bewerbung zu Papier gebracht haben. Ihre Selbstpräsentation ist keine Kurzform Ihres Lebenslaufs. Da dies ein häufiger Fehler ist, lassen Sie mich den Unterschied kurz verdeutlichen.

TIPP: ***Vermeiden Sie es, in Ihrer Selbstpräsentation Ihren Lebenslauf vorzustellen.***

Ihr Lebenslauf hatte eine einzige Aufgabe: Ihre Eignung für die Position zu verdeutlichen und darüber eine Einladung zum Vorstellungsgespräch bzw. Assessment-Center zu erhalten. An dieser Stelle sind Sie jetzt. Wenn Sie eingeladen worden sind, steht Ihre fachliche Qualifikation nicht mehr infrage. Ihre Ausbildung und Ihr bisheriger Werdegang haben bereits die Überprüfung bestanden. Sie brauchen Ihre formelle Eignung nicht mehr zu beweisen!

Dieser **Perspektivwechsel** ist vielen nicht bewusst, da im Interview immer noch über Erfahrungen und Ereignisse im Lebenslauf gesprochen wird. So kann der Eindruck entstehen, dieser Inhalt sei für die Einstellungsentscheidung genauso relevant wie in einer früheren Auswahlphase. Diese Fragen werden im Assessment-Center aber aus anderen Gründen gestellt, sei es zur Auflockerung zu Beginn des Gesprächs oder um ein Thema zu haben, über das Kandidaten spontan einiges erzählen können. Um Ihre Eignung geht es dabei höchstens am Rande. Tatsächlich interessieren sich die Beobachterinnen und Beobachter für andere Aspekte: Wo setzen Sie eigene Schwerpunkte? Was für ein **Persönlichkeitstyp** sind Sie? Wie motiviert sind Sie? Was treibt Sie an? Wie verhalten Sie sich in bestimmten Situationen? Wie strukturiert und ergebnisorientiert sind Sie?

Ihre Selbstpräsentation sollte diese neue Perspektive berücksichtigen. Setzen Sie daher bewusst Schwerpunkte, die den Beobachtern im Kopf bleiben und ein klares Bild von Ihnen zeichnen. Heben Sie Ihre Stärken hervor und beschränken Sie sich auf wesentliche Punkte, die Sie im Assessment-Center weiterbringen.

Die drei Aspekte einer gelungenen Selbstpräsentation

TIPP: *Arbeiten Sie den roten Faden Ihres Profils heraus: Wählen Sie drei Punkte aus, die aufeinander aufbauen und eine zusammenhängende Geschichte erzählen.*

Ihr Ziel ist es, einem Fremden in nur drei Minuten anhand einer interessanten Geschichte die wichtigsten Informationen über Ihre Person zu vermitteln. Das folgende Schema gibt Ihnen eine klare Struktur, nach der Sie Ihre Selbstpräsentation aufbauen können, um dieses Ziel zu erreichen.

Wir sind alle stolz auf die Erfolge, die wir im Laufe unseres Lebens erreicht haben. Oft haben uns einzelne Stationen im Werdegang mehrere Jahre und viel Kraft gekostet. Da ist es verständlich, dass wir diese persönlichen Erfolge mitteilen wollen. Aber sind diese für den zukünftigen Arbeitgeber überhaupt relevant? Wenn die Antwort nein lautet, haben sie in der Selbstpräsentation nichts zu suchen. Lassen Sie bewusst Informationen weg, die für die Entscheidung, Sie einzustellen, keine oder nur eine geringe Bedeutung haben. Fokussieren Sie sich auf die Aspekte, die für die angestrebte Position **relevante Eigenschaften hervorheben**.

Beispiel

Eine 40-jährige Ingenieurin bewirbt sich auf eine Teamleiterposition in der Energiebranche.

Relevant:

- *Langjährige Erfahrung im Energiebereich bei Wettbewerber*
- *Führungserfahrung auf Abteilungsebene mit x Mitarbeitenden*
- *Persönliches Interesse an nachhaltiger Energieproduktion, belegt durch Zusatzqualifikation in diesem Bereich*

Nicht relevant:

- *Arbeit im Consulting in ersten drei Berufsjahren*
- *Zunächst Studium der Rechtswissenschaften, Ingenieurswesen als späteres Zweitstudium*
- *Promotion zum Thema statistische Modelle*

Die Beschränkung auf nur drei Punkte soll Ihnen eine klare Orientierung geben. Es kann sein, dass bei Ihrem individuellen Profil vier Punkte optimal sind. Hinterfragen Sie aber, ob jeder Punkt, den Sie nennen, wirklich relevant genug ist, um es in Ihre Selbstpräsentation zu schaffen. Die Aufgabe ist es, sich als Topkandidat*in für die zu besetzende Stelle zu positionieren. Nennen Sie nur Punkte, die alle für sich genommen diesem Ziel dienen.

Bis hierher habe ich meist von „Punkten" gesprochen statt von „Stationen". Das ist bewusst so gewählt, da die Punkte **nicht zwingend Stationen Ihres Lebenslaufs** sein müssen. Es können auch Erlebnisse, Erfahrungen, Qualifikationen oder andere, relevante Themen sein, die erklären und belegen, warum Sie die beste Besetzung für die offene Position sind.

Bauen Sie Ihre Punkte aufeinander auf

Die drei Punkte, die Sie auswählen, sollen alle aufeinander aufbauen, das heißt in einem **Zusammenhang** zueinander stehen. Eine Erfahrung hat Sie ermutigt, die nächste Station anzugehen. Diese Station hat Sie darin bestärkt, den folgenden Punkt in Angriff zu nehmen. Finden Sie solche Zusammenhänge zwischen Ihren Punkten.

Erzählen Sie eine zusammenhängende Geschichte

Versuchen Sie diesen Zusammenhang zwischen Ihren Punkten zu benennen. Was ist das **übergreifende Thema**? Was verbindet all Ihre Aspekte? Denken Sie dabei nicht zu sehr in klassischen Kategorien, sondern suchen Sie ruhig einen kreativen Oberbegriff für das, was Sie in Ihrer Karriere bisher gemacht haben. Sind Sie beispielsweise eine Problemlöserin, die gerufen wird, wenn andere nicht mehr weiterwissen? Oder haben Sie sich jeher für bestimmte Produkte begeistert, mit denen Sie auch heute noch im Beruf zu tun haben? Oder liegt Ihre Stärke darin, bestehende Prozesse zu analysieren und zu verbessern? Dieser Oberbegriff ist der rote Faden Ihrer Selbstpräsentation.

Beispiele für den roten Faden einer Selbstpräsentation

- Begeisterung für die Branche/Produkte
- Spannende Herausforderungen
- Prozessoptimierung
- Arbeitsinhalte (Projektmanagement, Team)
- Konflikte beseitigen
- Automatisierung und Vereinfachung
- Fachfremde Ideen von außen einbringen
- Kombination von Themen X und Y
- Blick fürs große Ganze
- Neue Märkte erschließen
- Kreative Lösungen
- Neues ausprobieren
- Wissenstransfer aus der Forschung
- Menschen zusammenbringen

Sofern sich ein Thema durch Ihren Werdegang zieht, benennen Sie dieses und erzählen Sie anhand dieses **roten Fadens** Ihre Geschichte.

> ***Beispiel***
>
> ***Forschungsstelle bei einem Gentechnik-Labor***
> ***Roter Faden: Begeisterung für Biotechnologie***
>
> *„Schon früh habe ich mich für Biologie interessiert. Die Zusammenhänge von chemischen Reaktionen in der Körperfunktion haben mich besonders interessiert, weil einfach alles in unserem Leben davon beeinflusst wird. Die Möglichkeit, eines Tages in der Lage zu sein, in diese grundlegenden Vorgänge des Lebens einzugreifen und möglicherweise Krankheitsverläufe beeinflussen oder Krankheiten sogar vermeiden zu können, hat mich angesprochen. Deshalb habe ich mich nach meinem Biologiestudium für eine Karriere in diesem Bereich entschieden.*
>
> *Zunächst war ich als Research Assistent am Hornhöfer Institut über drei Jahre in der Grundlagenforschung zum Thema Zelltherapien tätig. Dort habe ich mich mit … beschäftigt.*
>
> *Diese Arbeit wollte ich vertiefen und die Umsetzung unserer Ergebnisse in ein konkretes Medikament vorantreiben. Die Medical Solutions AG bot mir dazu das perfekte Umfeld. Innerhalb kürzester Zeit konnten wir vier Medikamente in die Pipeline des Konzerns bringen. Aktuell tragen diese maßgeblich zur Verbesserung der … bei.*
>
> *Bei der Medical Solutions AG hatte ich erstmals mit Gentechnik-Anwendungen zu tun. Besonders die Arbeit mit der Genschere hat uns völlig neue Therapiemöglichkeiten eröffnet. In den letzten vier Jahren habe ich mich intensiv diesem Thema gewidmet und dabei … erreicht.*
>
> *Die Biotechnologie und die damit verbundenen Herausforderungen und Möglichkeiten begeistern mich. Die Forschungsstelle bei Ihnen reizt mich, weil … Meine langjährige Erfahrung möchte ich bei Ihnen im Bereich der … anwenden und die XY-Forschung aktiv vorantreiben.“*

Das Beispiel zeigt, wie die Reduktion des Werdegangs auf **nur wenige Punkte** (Biologiestudium, Research Assistent, Arbeit bei der Medical Solutions AG und Arbeit mit Gentechnik-Anwendungen) ein hohes Maß an Motivation für die Arbeit in diesem Sektor zeigt. Gerade durch das Weglassen unnötiger Aspekte gewinnt das Profil an Schärfe. Viele Details, die Kandidaten oft einbauen, fehlen hier, z. B. die Schwerpunkte im Studium, die Bezeichnung der verschiedenen Positionen innerhalb der Medical Solutions AG oder deren Dauer. Der **Fokus liegt auf der Geschichte**, die man auf Basis dieser Erfahrungen erzählen kann. Diese Geschichte dreht sich im Beispiel um große Motivation und Begeisterung für die Biotechnologie.

Diese Kandidatin bewirbt sich nicht wahllos oder aufgrund der guten Karrieremöglichkeiten bei diesem Unternehmen, sondern weil die Arbeitsinhalte sie reizen und sie sich bewusst für diese spannende Aufgabe entschieden hat. Sie ist mit ihrer Selbstbeschreibung aus Sicht des Unternehmens eine interessante Kandidatin. Das sind beste Voraussetzungen, um im Assessment-Center einen guten ersten Eindruck von sich zu vermitteln.

Der Effekt dieses Ansatzes wird besonders deutlich, wenn Sie sich zwei unterschiedliche Selbstpräsentationen zu ein und demselben Lebenslauf im direkten Vergleich ansehen. Denken Sie an einen jungen Bewerber um eine Trainee-Stelle in der Automobilbranche, der sich und sein Profil vorstellt.

So oder so ähnlich laufen die meisten Selbstpräsentationen ab:

Negativbeispiel

„Mein Name ist Johann Herzog. Ich bin 1989 in Dortmund geboren. Wir sind früh nach München umgezogen. Mein Abitur habe ich am Schiller-Gymnasium in München mit der Abschlussnote 1,7 gemacht. Dann bin ich für mein Studium nach Berlin gegangen. Dort habe ich Betriebswirtschaft an der Universität Berlin studiert. Meine Schwerpunkte waren Marketing und Medien. Meine Bachelorarbeit habe ich zum Thema Markentreue geschrieben. Anschließend habe ich ein Urlaubssemester für ein sechsmonatiges Praktikum gemacht. Das Praktikum habe ich bei Volkswagen in Wolfsburg absolviert. Dort war ich im Marketing eingesetzt und habe ein Projekt zur Werbewirkung von TV-Spots betreut. Anschließend begann ich mein Masterstudium mit den Schwerpunkten Marketing und Recht, welches ich in sechs Monaten mit dem Masterabschluss beenden werde.“

Welchen Eindruck hinterlässt der Kandidat bei Ihnen? Welche Informationen bleiben Ihnen leicht im Gedächtnis? Nach einer Vorstellungsrunde mit fünf oder sechs Kandidierenden werden Sie dieses Profil nur noch schwer von den anderen unterscheiden können.

Ganz anders wirkt dagegen die folgende Selbstpräsentation, obwohl sie von demselben Kandidaten mit demselben Lebenslauf stammt. In dieser Version beschränkt er sich nämlich auf drei wesentliche Punkte, die aufeinander aufbauen und eine Geschichte erzählen.

> ***Beispiel***
>
> *„Mein Name ist Johann Herzog. Ich habe mich schon früh für Autos begeistert. Mein Vater hatte immer das neueste Modell von BMW und der Funke ist auf mich übergesprungen. Mich hat fasziniert, wie Marken wie BMW, Mercedes oder Audi es schaffen, so eine starke emotionale Bindung zu ihren Käufern herzustellen. Deshalb habe ich mich im BWL-Studium für den Schwerpunkt Marketing entschieden. Gerade die psychologischen Aspekte des Marketings fand ich spannend. Parallel zum Studium habe ich in einem Autohaus gejobbt. Dort hatte ich direkten und intensiven Kontakt mit der Zielgruppe der Autokäufer und konnte noch besser verstehen, wie Entscheidungsprozesse ablaufen und welche Rolle die Marken dabei spielen. Ich wollte aber auch einen der großen Player im Automobilsektor von innen kennenlernen. Deshalb habe ich mich für ein Praktikum bei Volkswagen entschieden. Das war für mich sehr spannend und ich war beeindruckt von den langfristig angelegten Methoden des Markenaufbaus und der Markenpflege. Das hat mich in meinem Willen bestärkt, eine Karriere in diesem Bereich anzustreben. Nach meinem Abschluss möchte ich mein Wissen im Automobilsektor anwenden und erweitern. Deshalb reizt mich die Trainee-Stelle bei Ihnen sehr."*

TIPP: *Durch Weglassen von Themen schärfen Sie Ihr Profil.*

Welchen Eindruck hinterlässt dieser Kandidat bei Ihnen? Welche Informationen bleiben Ihnen im Gedächtnis? Auch nach mehreren anderen Selbstpräsentationen werden Sie sich erinnern, dass dieser junge Mann echte Begeisterung für die Automobilbranche und ein hohes Maß an Motivation mitbringt.

Haben Sie gemerkt, dass viele der Informationen aus dem Negativbeispiel fehlen? Durch **Weglassen irrelevanter Informationen** wie Wohnort, Abiturnote, Bachelorarbeit oder Schwerpunkten wurde das Profil deutlich geschärft. Noten und Schwerpunkte sind aber doch relevant, könnten Sie einwenden. Tatsächlich sind sie bei der Bewerbung wichtig, um die Eignung der Kandidierenden festzustellen. Im Assessment-Center steht aber die Motivation im Vordergrund. Daher sind die weggelassenen Punkte hier nicht mehr ausschlaggebend.

Dagegen taucht in der zweiten Selbstpräsentation ein Nebenjob auf, der in der ersten Version fehlte und vielleicht nicht einmal im Lebenslauf aufgeführt war. Dennoch hat er hier eine wichtige Funktion: Er untermauert das Interesse des Kandidaten an den Produkten und der Branche. Alles, was dem roten Faden dient, ist relevant. Alles, was mit dem roten Faden nichts zu tun hat, dürfen Sie weglassen.

Beachten Sie die **emotionalen Wendungen** wie *„hat mich begeistert"*, *„fand ich spannend"* oder *„hat mich gereizt"*. Dadurch wird die Motivation glaubhaft. Außerdem sind **aktive Formulierungen** hilfreich. *„Ich entschied mich für …"* klingt zielstrebiger und bewusster als *„habe absolviert"* oder (noch schwächer) *„es ergab sich"*. Kommunizieren Sie bewusst und zeigen Sie, dass Sie die wichtigen Entscheidungen Ihres Lebens aktiv getroffen haben.

> **TIPP:** ***Setzen Sie bewusst emotionale und aktive Sprache ein.***

Der Start fällt leichter, wenn Sie sich vorab einen konkreten **Einstiegssatz** überlegt haben. Das kann eine banale Vorstellung mit Ihrem Namen sein: *„Hallo, mein Name ist …"* Ein solcher Satz unterstützt Sie dabei, zu Beginn in den Rhythmus zu kommen. Noch wichtiger finde ich einen zuvor definierten **Schlusssatz**. Dieser hilft Ihnen und den Zuhörenden, das Ende Ihrer Selbstpräsentation zu erkennen und diese mit einem Highlight abzuschließen. Der letzte Satz kann eine Zusammenfassung sein (*„All das macht mich zu einer optimalen Kandidatin für die Position als X."*), noch stärker wirkt aber eine Bekräftigung Ihrer Motivation: *„Ich freue mich darauf, bei Ihnen als X den Bereich der Y weiter voranzubringen."* Oder, wenn Ihnen das zu forsch ist: *„Die Stelle als X bei Ihnen reizt mich sehr und ich freue mich schon heute auf die neue Herausforderung."*

> **TIPP:** ***Überlegen Sie sich einen konkreten Satz für den Beginn und den Schluss.***

Nachdem Sie die oben genannten Beispiele gelesen haben, denken Sie jetzt möglicherweise *„Hilfe, ich kenne meinen roten Faden nicht!"* oder *„Mein Lebenslauf hat keinen roten Faden!"*. Das ist normal. Ich kann Ihnen versichern, dass sich auch in Ihrem Profil ein solcher **roter Faden** entdecken lässt. Sie müssen nur erst kreativ werden, um dafür einen Namen zu finden. In meinen Coachings kommt diese Frage häufig in Kombination mit einem Lebenslauf auf, der nicht ganz gradlinig ist und verschiedene Arbeitsgebiete oder Abteilungen umfasst. Natürlich ist die Begeisterung für eine bestimmte Branche nicht glaubwürdig und vermutlich auch nicht vorhanden, wenn man bereits mehrfach die Bereiche gewechselt hat. Der rote Faden liegt dann meist in eher **abstrakten Konzepten** wie *Begeisterung für neue Themen* oder *Aufbau von Strukturen*. Im Übungsteil am Ende dieses Kapitels finden Sie einen Fragebogen, der Ihnen hilft, Ihren roten Faden zu identifizieren.

> **TIPP:** ***Für jedes Profil lässt sich ein roter Faden finden.***

Beispiel – Quereinsteigerin mit unkonventionellem Lebenslauf

Abteilungsleitung kommunaler Wohnungsbau
Roter Faden: komplexe Herausforderungen

„Guten Morgen, mein Name ist Gisela Wall und ich freue mich, mich Ihnen als Kandidatin für die Stelle als Abteilungsleiterin im Bereich Kommunaler Wohnungsbau in der Bezirksverwaltung vorzustellen.

Das Spannendste an mir ist sicherlich, dass ich nicht den klassischen Werdegang im öffentlichen Dienst hinter mir habe. Das sehe ich aber als besondere Stärke von mir. Mich reizen neue und komplexe Herausforderungen. Warum, das möchte ich Ihnen gerne kurz anhand von drei Punkten vorstellen.

Eine der prägendsten Erfahrungen für mich war ein Auslandsaufenthalt während der Schulzeit. Für ein Jahr ging ich im Rahmen eines Austauschs nach Kolumbien und besuchte dort die Schule. Die Erfahrung, mit gerade einmal 16 Jahren in einem völlig fremden Land zu sein, eine neue Sprache zu lernen und eine andere Kultur zu erleben, hat mir gezeigt, dass es viele Wege gibt, ein Ziel zu erreichen. Man muss es nur wollen!

In meiner ‚ersten Karriere' arbeitete ich im sozialen Bereich. In einer großen gemeinnützigen Organisation war ich für die Durchführung von Entwicklungsprojekten im In- und Ausland zuständig. Dort war ich früh für große Teams von bis zu 80 Mitarbeitenden und große Budgets von bis zu 20 Mio. € je Projekt verantwortlich. Ein typisches Projekt dauerte 24 Monate und hatte klare Entwicklungsziele zu erfüllen, z. B. die Stärkung der Friedensbewegung im Nahen Osten durch den Bau einer multinationalen Universität. Dabei lernte ich die komplexen Entscheidungswege in den unterschiedlichsten Verwaltungen kennen.

Nach einigen Jahren haben mich andere Themen gereizt. Daher habe ich meine ‚zweite Karriere' gestartet, in einem völlig anderen Bereich. Die letzten acht Jahre war ich als Projektmanagerin beim Weltwirtschaftsforum in Davos an der Organisation der jährlichen Konferenz beteiligt, auf der sich die globalen Spitzenvertreter aus Politik und Wirtschaft austauschen. Besonders die Aspekte des politischen Umfelds und der unterschiedlichen Zielsetzungen der Teilnehmer waren eine große Herausforderung, die wir stets berücksichtigen mussten.

Die Position als Abteilungsleiterin Kommunaler Wohnungsbau reizt mich sehr, da ich dort meine Stärken optimal nutzen kann. In den vergangenen Jahren scheiterten immer wieder große soziale Bauvorhaben an den politischen und wirtschaftlichen Hürden, die solche Projekte mit sich bringen. Meine umfassende Erfahrung im Management großer Projekte, meine Führungserfahrung und mein umfangreiches Netzwerk machen mich zu einer optimalen Kandidatin für diese Stelle. Die hohen Verwaltungshürden kenne ich aus meiner Zeit im Entwicklungssektor sehr gut.

Die Herausforderung, der wir im kommunalen Wohnungsbau gegenüberstehen, muss man mit neuen Ansätzen und Ideen bewältigen. Das möchte ich gemeinsam mit Ihnen angehen."

Medieneinsatz

Ob Sie Medien wie vorbereitete Charts oder ein Flipchart nutzen können, hängt von der Art der Selbstpräsentation ab.

Unangekündigte Selbstpräsentation

Steht in Ihrer Einladung zum Assessment-Center nichts über eine geplante Selbstpräsentation, dann stellen Sie sich auf eine circa 3-minütige Kurzvorstellung im Rahmen einer Vorstellungsrunde oder am Beginn eines Interviews ein. In diesem Szenario brauchen Sie **keine Medien** vorzubereiten. Sie haben schlichtweg keine Möglichkeit, diese einzusetzen, und es würde aufgrund der Kürze der Zeit auch keinen Sinn ergeben. Machen Sie sich Stichpunkte und merken Sie sich diese, sodass Sie Ihre Selbstpräsentation jederzeit spontan halten können.

Angekündigte Selbstpräsentation

Wird die Selbstpräsentation bereits in Ihrer Assessment-Center-Einladung erwähnt, nimmt sie in der Regel etwas mehr Zeit in Anspruch. Mit der Ankündigung erhalten Sie auch den zeitlichen Rahmen, meist 10–15 Minuten. Dieses im Vergleich zur unangekündigten Kurzdarstellung formellere Format erlaubt Ihnen den Einsatz von Medien.

Häufig wird darauf ebenfalls in der Einladung eingegangen, zum Beispiel in Form eines Hinweises, dass Sie vorbereitete Charts vorab einsenden können oder Ihnen am Tag des Assessment-Centers für diese Übung ein Flipchart zur Verfügung steht. Ich empfehle Ihnen, auf Basis dieser Formulierungen zu entscheiden, ob Sie Charts nutzen oder nicht. Lässt sich eine klare Erwartungshaltung aus der Formulierung lesen, bereiten Sie Charts vor *(„Ihre Charts senden Sie bitte vorab an Frau Kloster.")*.

TIPP: ***Für Ihre Selbstpräsentation benötigen Sie meist keine Medien.***

Sind Charts möglich, aber nicht zwingend erforderlich, **empfehle** ich, **auf den Medieneinsatz zu verzichten** *(„Am Tag des ACs stehen Ihnen auf Wunsch ein Präsentationslaptop und ein Flipchart zur Verfügung.")*. Das Risiko ist hoch, dass ansonsten die Aufmerksamkeit statt auf Ihnen auf Ihren Charts liegt. Sicher kennen Sie diesen Effekt aus Ihrem Arbeitsalltag. Charts mögen Ihnen etwas Halt und dadurch mehr Sicherheit bieten. Diese Sicherheit hat aber ihren Preis. Sie wirken weniger souverän als mit einer komplett frei gehaltenen Selbstpräsentation. Außerdem werden Sie es schwerer haben, die Aufmerksamkeit der Zuhörenden zu halten. Zu guter Letzt setzen Sie sich dem Risiko aus, dass die Technik nicht einwandfrei funktioniert. Der Einsatz von

TIPP: ***Falls Sie bei Ihrer Selbstpräsentation Medien einsetzen, beherzigen Sie den Grundsatz „weniger ist mehr".***

Medien erhöht die Komplexität und Sie vergeben die Chance, frei zu sprechen und sich als kommunikationsstark zu präsentieren.

Möchten Sie dennoch auf den Einsatz von vorbereiteten Charts nicht verzichten, halten Sie diese so knapp wie möglich. **Wenige Stichpunkte je Chart** und **wenige Charts** sind hier der richtige Ansatz. Möglicherweise können Sie Ihre Punkte statt mit Worten mit Bildern ausdrücken. Dann bekommen die Charts eine sinnvolle Funktion: Sie ergänzen Ihre verbale Präsentation visuell. Das Gleiche gilt für Ihre Stichpunkte. Kurze und klare Zusammenfassungen unterstreichen das Gesagte.

Wenn Sie Medien einsetzen möchten, sollten Sie auch das **Flipchart** in Erwägung ziehen. Hier können Sie spontan Stichpunkte aufschreiben, idealerweise die drei Punkte Ihrer Selbstpräsentation. Diese können Sie beim Sprechen an der passenden Stelle kurz notieren. Es sollten jeweils nur ein oder zwei Wörter sein, damit Ihr Vortrag nicht durch das Schreiben unterbrochen wird. Durch das Notieren können Sie die wesentlichen Punkte und Ihren roten Faden noch deutlicher, nämlich visuell, herausarbeiten.

Als letzten Schritt Ihrer Vorbereitung üben Sie Ihre Selbstpräsentation zwei oder drei Mal – nicht häufiger, da sie **nicht auswendig gelernt klingen** soll. Das Ziel ist, griffige und gute Formulierungen zu finden und die Selbstpräsentation in der vorgegebenen Zeit flüssig und ansprechend zu präsentieren. Sie können Ihre Übungsdurchgänge filmen und so selbst Verbesserungsmöglichkeiten entdecken.

Manchmal werden Sie in der Einladung zu Ihrem Assessment-Center aufgefordert, sich **anhand eines Gegenstands vorzustellen**, der Sie repräsentiert. Dieses Stilmittel wird insbesondere bei Assessment-Centern für Ausbildungen oder Einstiegspositionen genutzt und soll den Kandidierenden einen Anknüpfungspunkt für den Einstieg in die Selbstpräsentation geben. Auch in dieser Variation bleiben Sie bei drei Punkten, die inhaltlich aufeinander aufbauen und eine zusammenhängende Geschichte erzählen. Der Gegenstand ist dann ein Symbol für Ihren roten Faden. Erinnern Sie sich an unser Beispiel des Trainees im Automobilbereich? Hier wäre ein kleines Modellauto angebracht. Ist Ihr Thema eher abstrakt, wie das Lösen von komplexen Herausforderungen, dann müssen Sie kreativ werden. Ein kurzes Stück Seil mit einem großen, kompliziert aussehenden Knoten in der Mitte wäre ein passendes Symbol für das Lösen von Herausforderungen. Niemand bewertet Ihren Gegenstand isoliert. Er ist nur ein Sinnbild für die Geschichte, die Sie erzählen.

Die Präsentation

Jetzt wird es Ihnen leichtfallen, Ihre Selbstpräsentation zu halten. Sie haben sich im Vorfeld überlegt, welche Aspekte Ihres Profils Sie besonders hervorheben möchten, und die Formulierungen einige Male geübt. Im Assessment-Center müssen Sie diesen Kurzvortrag nur noch abrufen.

In der Vorstellungsrunde

In der Regel ist die Selbstpräsentation keine eigene Aufgabe, sondern findet am Anfang des ACs in Form einer Vorstellungsrunde mit allen Beteiligten statt. Formulierungen wie *„Möchten Sie sich kurz vorstellen?“* oder *„Können Sie ein paar Sätze über sich sagen?“* sind Ihr Signal, Ihre Kurzvorstellung zu nutzen.

Wie ausführlich Sie Ihre Selbstpräsentation gestalten, hängt vom Kontext und der Atmosphäre ab. Spüren Sie keine besondere Eile, dann sind **ca. drei Minuten** ideal. Die Beobachter stellen sich möglicherweise auch vor. Es ist normal, dass diese sich kürzer fassen als die Kandidatinnen und Kandidaten – es geht ja schließlich um Sie!

Beginnen Sie direkt mit Ihrer Selbstpräsentation, sobald Sie an der Reihe sind. Ihr Startsatz hilft Ihnen dabei, den richtigen Einstieg zu finden. Ihr klar definierter Schlusssatz macht allen in der Runde deutlich, dass Sie fertig sind.

Erwarten Sie an dieser Stelle keine Rückfragen oder Feedback. Sie haben sich nur vorgestellt, dabei aber bereits wichtige Eigenschaften bewiesen, u. a. strukturiertes Arbeiten, Ergebnisorientierung, Zielstrebigkeit, hohe Motivation. Außerdem haben Sie bei den Beobachtern gleich zu Beginn einen guten Eindruck hinterlassen und somit die Chance der eigentlich informellen Vorstellungsrunde optimal genutzt.

Im Interview

Beginnt Ihr Assessment-Center mit einem Interview, entfällt möglicherweise die Vorstellungsrunde und Sie finden sich direkt im Gespräch wieder. Gerade bei Einzel-Assessments kommt dieser Ablauf häufig vor. In diesem Szenario erfüllt die Selbstpräsentation die gleiche Funktion wie die Vorstellungsrunde bei einem Gruppen-Assessment. In fast jedem Interview stellt man Ihnen zu Beginn einige **Fragen zu Ihrem Lebenslauf**. Innerhalb dieses Blocks sind Auflockerungsfragen beliebt, in denen man Ihnen viel Freiraum gibt. *„Stellen Sie sich bitte kurz vor“*, *„Erzählen Sie uns von sich“* oder *„Gehen Sie bitte kurz auf Ihren Werdegang ein“* sind typische Formulierungen. Diese sind Ihr Signal, Ihre Selbstpräsentation zu nutzen.

In einigen Assessment-Centern gibt es morgens die oben erläuterte **Vorstellungsrunde und** später ein **Interview**, in dem Ihnen eine der beschriebenen Lebenslauf-Fragen gestellt wird. Was nun? Sollen Sie exakt das Gleiche noch einmal erzählen? Ja und nein. Die Struktur und die Auswahl der drei Punkte, die aufeinander aufbauen und eine Geschichte erzählen, greift auch hier. Sie nutzen also ein zweites Mal Ihre vorbereitete Selbstpräsentation. Es macht nichts, dass Sie nochmals die gleichen Punkte als Highlights auswählen. Danach wurde ja spezifisch gefragt! Der rote Faden bleibt gleich und den wiederholen Sie auch gerne – schließlich ist das Ihr Profil und lässt Sie in einem guten Licht erscheinen. Es gibt aber eine Einschränkung: Haben Sie sich vor den gleichen Personen bereits vorgestellt, dann formulieren Sie Ihre Selbstpräsentation jetzt ein wenig anders. Variieren Sie die Länge und den Detailgrad.

Im Beispiel des Trainees in der Automobilbranche könnte eine angepasste Formulierung im zweiten Durchgang so klingen:

Beispiel

„Mein Lebenslauf ist geprägt von meiner Begeisterung für Autos. Wie ich heute Morgen in der Vorstellungsrunde schon erzählt habe, begann das schon in meiner Kindheit. Mein Vater war begeisterter BMW-Fan. Neben dem Familienauto hatte er auch einen Oldtimer, an dem wir oft zusammen kleinere Reparaturen durchgeführt haben. Das hat mich mehr geprägt, als mir zu der Zeit bewusst war, und hat mich letztendlich meine ganze Karriere über begleitet. Was mich noch mehr als die Technik reizte, war die Ausstrahlungskraft der Marken im Automobilsektor. Wie schaffen es gerade die Premiummarken, dass die Kunden sich teils über Jahre und Jahrzehnte immer wieder für die gleiche Marke entscheiden? Wie kreiert man so eine Marke? Wie lädt man ein praktisches Produkt wie einen Pkw so mit Emotionen auf? Das hat mich fasziniert. Deshalb habe ich mich in meinem BWL-Studium für den Schwerpunkt Marketing entschieden."

Sie erkennen klar den Ansatz und das Profil aus unserem Beispiel oben wieder, hier aber mit anderen und ausführlicheren Formulierungen. Durch zusätzliche Details wird der Ablauf etwas verändert und bleibt für die Zuhörenden interessant. Sie hören nicht zweimal denselben Vortrag, sondern einen ähnlichen, der für den zweiten Durchgang neu interpretiert wurde.

Als eigener Agendapunkt

Wurde die Selbstpräsentation in der Einladung angekündigt und hat sie einen eigenen Punkt auf der Tagesordnung, dann steht Ihnen dafür **mehr Zeit** zur Verfügung, in der Regel **10–15 Minuten**.

Sie werden aus dem Pausenraum in den Präsentationsraum geführt. Haben Sie im Vorfeld Charts eingesandt, können Sie davon ausgehen, dass Ihre Präsentation bereits geöffnet für Sie bereitsteht. Ist das nicht der Fall, wird die Assessment-Center-Leitung Ihre Charts öffnen. Die bewertete Übung beginnt erst, wenn die Technik läuft und Sie zu präsentieren beginnen. In diesem eher **klassischen Präsentationsformat** können Sie sich an den Tipps im Kapitel „Präsentation“ ab Seite 165 orientieren.

Da für Ihre Selbstpräsentation ein fester Zeitblock eingeplant ist, gibt es nach Ihrer Präsentation möglicherweise **Rückfragen**. In der Regel geht es dabei um Ihre Beweggründe und Motivation (*„Warum haben Sie sich so entschieden?“*) oder um ein Nachhaken bei interessanten Themen (*„Erzählen Sie uns etwas mehr über …“*), seltener um Inhalte der einzelnen Stationen. Beantworten Sie die Fragen unter Beachtung der Hinweise im Kapitel „Interview“ ab Seite 63.

Zusammenfassung «

- Die Selbstpräsentation kommt in jedem Assessment-Center vor und gehört unbedingt in Ihre Vorbereitung.
- Das Format kann variieren: von der informellen Vorstellungsrunde über eine Frage im Interview bis hin zu einem separaten Agendapunkt.
- Ihr Ziel ist es, die Schwerpunkte Ihres Profils in kürzester Zeit vorzustellen und bei den Beobachtern ein bewusstes Bild von sich zu zeichnen – der berühmte erste Eindruck.
- Konzentrieren Sie sich dabei auf den „roten Faden“ Ihres Lebens und Werdegangs. Das kann ein Interessensgebiet sein, aber auch ein bestimmter Ansatz, den Sie in unterschiedlichen Situationen immer wieder zur Lösung einsetzen. In jedem Werdegang lässt sich ein roter Faden finden.
- Beschränken Sie sich auf das absolut Notwendige. Lassen Sie alles weg, was keine Relevanz für die Position hat.
- Wählen Sie drei wesentliche Punkte Ihres Werdegangs aus, die aufeinander aufbauen und eine zusammenhängende Geschichte erzählen.
- Der Fokus Ihrer Selbstpräsentation liegt darauf, sich als hoch motivierte, optimale Besetzung für die Stelle zu zeigen. Ihre fachliche Eignung müssen Sie nicht mehr unter Beweis stellen; die geht bereits aus Ihren Unterlagen hervor.
- Formulieren Sie aktiv und nutzen Sie emotionale Sprache.
- Überlegen Sie sich einen Einstiegs- und einen Abschlusssatz, um Ihnen die Präsentation zu erleichtern.
- Medien (z. B. Charts) sind nicht notwendig, außer sie werden explizit gefordert.

Eine Zusammenfassung dieses Kapitels mit persönlichen Empfehlungen des Autors finden Sie im Video-Begleitmaterial: stark-verlag.de/qrcode/b20701_06

Übungsaufgaben

Die Selbstpräsentation ist keine klassische Aufgabe, die Sie lösen müssen, denn Sie können sie bereits vor dem Assessment-Center vollständig vorbereiten. Dafür möchte ich Ihnen im Folgenden einige Hilfestellungen geben, mit denen Sie den roten Faden, die wesentlichen Aspekte Ihres Werdegangs und schließlich die passenden Formulierungen herausarbeiten können.

Schritt 1: Den roten Faden finden

Die folgenden Fragen sollen Ihnen helfen, den individuellen roten Faden Ihres Lebenslaufs zu finden. Sammeln Sie zunächst Ideen, ohne diese zu bewerten. Je mehr Ihnen einfällt, desto besser. Erst danach sortieren Sie aus und wählen aus, welches Thema Sie als roten Faden präsentieren möchten. Die folgenden Fragen geben Ihnen verschiedene Ansätze dafür. Nehmen Sie ggf. ein zusätzliches Blatt zur Hand.

1. Was macht Ihnen Spaß? Welche Tätigkeiten machen Sie gerne? Was fällt Ihnen leicht?

Diese Punkte müssen keinen Bezug zur Arbeit haben. Alles, was Ihnen Spaß macht, ist erlaubt.

(z. B. mit Menschen arbeiten, an schwierigen Aufgaben tüfteln, IT-Themen)

____________________ ____________________

____________________ ____________________

____________________ ____________________

____________________ ____________________

2. Welche Fähigkeit oder Eigenschaft nutzen Sie in unterschiedlichen Situationen?

Überlegen Sie z. B., welche Fähigkeiten Sie sowohl beruflich als auch privat nutzen. Welche Eigenschaft setzen Sie sowohl in Ihrer Abteilung als auch in übergreifenden Teams ein?

(z. B. Blick für das große Ganze, der Sache auf den Grund gehen, direkte Kommunikation)

____________________ ____________________

____________________ ____________________

____________________ ____________________

____________________ ____________________

3. Mit welcher Art von Problemen oder Fragen kommen andere auf Sie zu?

Was schätzen andere besonders an Ihnen? Mit welchen Problemen kommen sie zu Ihnen?

(z. B. schwierige Entscheidungen, Gesundheitsthemen, kühlen Kopf behalten, Konflikte)

______________________ ______________________

______________________ ______________________

______________________ ______________________

______________________ ______________________

4. Vervollständigen Sie die folgenden Sätze.

Wie verhalten Sie sich fast immer? Was machen Sie jedes Mal auf die gleiche Weise?

(z. B. Ich bin immer: optimistisch, vorbereitet, neugierig; Ich habe stets: einen Plan, mehr Geduld als andere, einen hilfreichen Kontakt)

Ich bin immer … ______________________

Ich bin immer … ______________________

Ich bin immer … ______________________

Ich bin immer … ______________________

Ich habe stets … ______________________

Ich habe stets … ______________________

Ich habe stets … ______________________

Ich habe stets … ______________________

Wenn Sie alle Felder ausgefüllt haben, haben Sie 32 Ansätze, was Ihr roter Faden sein könnte.

Sortieren Sie nun aus. Fragen Sie sich bei jedem Punkt, ob Sie sich damit wohlfühlen würden, wenn jemand Sie nur anhand dieser einen Sache vorstellen würde: *„Das ist Jana. Sie ist besonders gut darin, auch in hitzigen Situationen einen kühlen Kopf zu behalten.“* Wenn nicht, **streichen** Sie den Punkt.

Am Ende sollten Sie eine Auswahl an Möglichkeiten haben. Überlegen Sie, ob einige Punkte in die gleiche Richtung gehen und sich **zusammenfassen** lassen. Beispiel: *Einen Plan haben, Prozesse optimieren, Dinge einordnen* könnte man in den neuen, übergeordneten Punkt *Zusammenhänge erkennen* einsortieren. Das wäre ein geeigneter roter Faden.

Haben Sie an dieser Stelle noch keine guten Ansätze, wiederholen Sie die Übung mit mehr Zeit und Ruhe und versuchen Sie, möglichst viele unterschiedliche Ansätze zu finden, bevor Sie aussortieren. Den roten Faden muss man sich erarbeiten. Das kann durchaus ein paar Stunden dauern. Fragen Sie auch andere, was sie an Ihnen schätzen. Manchmal sieht man selbst nicht, was für Außenstehende offensichtlich ist.

Schritt 2: Drei Punkte festlegen

Basierend auf der vorigen Übung definieren Sie als Nächstes die drei wesentlichen Punkte – Stationen, Erlebnisse oder Facetten –, anhand derer Sie Ihren roten Faden erläutern und vorstellen.

Um Ihnen die Auswahl dieser Punkte zu erleichtern, lösen Sie sich für einen Moment von Ihrem roten Faden. Falls Ihnen die vorige Übung schwerfällt, können Sie auch zuerst mit Ihren drei Punkten weitermachen. Das hilft Ihnen möglicherweise, danach Ihren roten Faden zu finden.
Beantworten Sie die folgenden Fragen. Sammeln Sie zunächst wieder möglichst viele Punkte, ohne auszusortieren. Nehmen Sie ggf. ein leeres Blatt zur Hand.

1. Welche Erlebnisse in Ihrem Leben haben Sie am meisten geprägt?
Was hat Ihr Leben besonders beeinflusst? Was war für Ihre spätere Entwicklung wichtig? Woran denken Sie gerne zurück?
(z. B. als Kind viel draußen gespielt → gerne draußen, Raketenstarts im Fernsehen → Technikbegeisterung, Auslandsaufenthalt → Anpassungsfähigkeit)

______________________ ______________________

______________________ ______________________

______________________ ______________________

______________________ ______________________

2. In welchen Stationen haben Sie besonders viel Zeit verbracht?
Welche Ausbildungen, Jobs, Positionen im Unternehmen haben besonders viel Zeit beansprucht?
(z. B. Studium, Volontariat, 5 Jahre als Sachbearbeiterin, erster Manager-Job)

______________________ ______________________

______________________ ______________________

______________________ ______________________

______________________ ______________________

3. Welche <u>Entscheidungen</u> haben Sie dahin gebracht, wo Sie heute sind?

Welche Gabelungen, an denen Sie sich entscheiden mussten, gab es in Ihrem Werdegang?

(z.B. welche Ausbildung, welche Branche, Ausland ja oder nein, Karrierewechsel)

______________________ ______________________

______________________ ______________________

______________________ ______________________

______________________ ______________________

4. Welche <u>Erkenntnisse</u> waren für Sie besonders wichtig?

Was mussten Sie erst ausprobieren, um es schätzen zu lernen? Welche Ideen, die Sie auf dem Weg kennengelernt haben, nutzen Sie noch heute?

(z.B. Wechsel des Schwerpunkts → Veränderung ist möglich, Vertretung der Chefin nach Unfall → Spaß an Teamführung)

______________________ ______________________

______________________ ______________________

______________________ ______________________

______________________ ______________________

Wenn Sie alle Felder ausgefüllt haben, haben Sie 32 Ansätze, was Ihre drei Punkte für Ihre Selbstpräsentation sein könnten.

Sortieren Sie nun aus. Gehen Sie die Liste noch einmal durch und **streichen** Sie Themen, die nicht mit Ihrem roten Faden aus der vorigen Übung in Verbindung stehen. Gehen Sie alle Ideen durch und **wählen** Sie die drei (bis maximal fünf) Punkte aus, mithilfe derer sich Ihre individuelle Geschichte, Ihr roten Faden am besten erzählen lässt. Denken Sie daran, dass die Punkte inhaltlich aufeinander aufbauen sollten, sodass eine zusammenhängende Geschichte entsteht. Für die detaillierte Ausformulierung können Sie die nächste Übung nutzen.

Schritt 3: Formulierungen überlegen

In den vorigen beiden Übungen sollten Sie einen roten Faden und drei Punkte aus Ihrem Werdegang identifiziert haben, die zusammen Ihre Selbstpräsentation bilden. Diese müssen Sie nun zu einer kurzen und prägnanten Geschichte zusammenfügen. Die folgende Formulierungshilfe unterstützt Sie dabei.

Notieren Sie zunächst Ihre Ergebnisse aus den vorigen beiden Übungen.

Mein roter Faden: ______________________________

Meine drei Punkte: ______________________________

____

____

Überlegen Sie sich einen Einstiegssatz, mit dem Sie Ihre Selbstpräsentation beginnen. Gehen Sie möglichst direkt auf Ihren roten Faden ein.

Mögliche Formulierungen:
„Hallo, mein Name ist ... Mein Profil zeichnet aus, dass ich ...“
„Die Rolle als ... begeistert mich, weil ...“
„Was mich ausmacht, ist ...“
„Ich habe mich schon früh für ... begeistert.“

Mein Einstiegssatz: ______________________________

____

Stellen Sie anschließend kurz Ihre einzelnen Stationen vor. Achten Sie darauf, dass Sie diese nicht chronologisch (*„Erst habe ich X gemacht, dann Y, danach Z.“*) darstellen, sondern in Form einer **Geschichte** (*„X war spannend, weil es mich zu Y gebracht hat.“*). Natürlich dürfen die Stationen zeitlich in der richtigen Abfolge sein. Der Fokus Ihrer Ausführungen liegt auf der Rolle, die die einzelnen Punkte in der Beschreibung Ihrer Person und Ihres Profils einnehmen.

Die erste Station sollte einen direkten Bezug zu Ihrem roten Faden haben. Vielleicht haben Sie dort gemerkt, dass Sie besonderes **Interesse** oder besondere **Fähigkeiten** für ein Thema besitzen.

Mögliche Formulierungen:
„Schon in meiner Kindheit/Jugend/Schule/Familie ...“
„Mein erster Kontakt mit ... war in/bei ...“
„Mein Interesse für ... wurde in/bei ... geweckt.“

Nicht jeder roter Faden ist eine Passion. Sie können auch mit einem **Gegensatz** starten, sofern der Punkt in Ihre übergreifende Geschichte passt.

Mögliche Formulierungen:
„Zunächst war ich in einem ganz anderen Bereich tätig ...“
„Mein Interesse für ... habe ich erst spät entdeckt. Erst ...“

Überlegen Sie, wie Sie Ihre Geschichte sinnvoll mit dem ersten Punkt beginnen können und wie Sie die erste Station dafür beschreiben müssen.

Mein 1. Punkt: ______________________

____

____

____

Finden Sie passende Übergänge zu Ihrem zweiten und dritten Punkt. Machen Sie den Zusammenhang zwischen Ihren Stationen deutlich. Die Abfolge sollte innerhalb Ihrer Geschichte logisch sein. Haben Sie eine Begeisterung für Technik, dann ergibt es sich, dass Sie nach Ihrer Ausbildung in diesem Bereich (Station 1) eine Stelle als Ingenieur (Station 2) antreten. Haben Sie dagegen Freude daran, anderen zu helfen und haben dies in einem Freiwilligen Sozialen Jahr (Station 1) entdeckt, macht es Sinn, dass Sie sich danach für eine Karriere im medizinischen Dienst entschieden haben (Station 2).

Mögliche Formulierungen:
„Das hat mich dazu gebracht …“
„Diese Erfahrung/dieses Wissen wollte ich vertiefen …“
„Dadurch wurde mir klar, dass …“
„Natürlich sollte mein Weg in … weitergehen. Deshalb …“

Mein 2. Punkt: ______________________

____

____

____

Ihr 3. Punkt sollte in der jüngeren Vergangenheit liegen. Es handelt sich dabei möglicherweise um Ihre aktuelle Position. Machen Sie deutlich, dass Sie gerade hier viel für die neue Stelle Relevantes gelernt/vertieft/angewandt haben und dadurch Ihre Motivation für die neue Herausforderung besonders hoch ist.

Mögliche Formulierungen:
„Aktuell bin ich als … bei … tätig. Das Spannendste an dieser Funktion ist …“
„Die aktuellen Herausforderungen im Bereich … reizen mich.“
„Durch meine momentane Arbeit in der … habe ich viele Schnittstellen zu … und daher … kennengelernt.“
„Die Aspekte der … reizen mich sehr. Aktuell habe ich damit in … zu tun.“

Mein 3. Punkt: ______________________

____

____

____

Betonen Sie zum Abschluss Ihrer Geschichte Ihre Motivation für die Position, auf die Sie sich bewerben. Nennen Sie – sofern passend – noch einmal Ihren roten Faden. Es muss deutlich werden, dass Sie sich auf die neue Stelle freuen und große Lust haben, diese Funktion auszufüllen.

Mögliche Formulierungen:
„Ich freue mich auf die Herausforderung, weil ...“
„Die Rolle als ... begeistert mich, weil ...“
„Das alles hat mich heute hierhergebracht. ...“
„Das Feld der ... möchte ich bei Ihnen weiter vorantreiben.“
„Sie als ... sind für mich der ideale Anbieter von ..., weil ...“

Mein Motivationssatz: ______________________________

____

Überlegen Sie sich zuletzt einen Abschlusssatz. Ihre Selbstpräsentation soll mit einem Highlight enden. Außerdem hilft ein klar definierter Abschluss Ihren Zuhörern, das Ende Ihrer Präsentation zu erkennen. Den vorher festgelegten Satz können Sie mit der dazu passenden Tonalität Ihrer Stimme untermauern.

Mögliche Formulierungen:
„Ich freue mich auf die neue Aufgabe als ...“
„All das macht mich zu einer hochmotivierten Kandidatin für ...“
„Ich würde mich freuen, Sie als ... unterstützen zu dürfen.“
„Vielen Dank!“

Mein Abschlusssatz: ______________________________

____

Üben Sie Ihre Selbstpräsentation einige Male, ohne dabei feste Formulierungen auswendig zu lernen. Orientieren Sie sich an Ihren Punkten, **formulieren Sie aber frei**. Am Ende sollte Ihre Selbstpräsentation eine zusammenhängende Geschichte erzählen, die Sie aufgrund Ihres roten Fadens als optimale Besetzung für die neue Position darstellt.

» Das Interview

Bedeutung: ■ ■ ■ ■ ■

wird angewendet bei:		*andere Bezeichnungen für Interview:*
Führungskräfte-ACs	✓	*Strukturiertes Interview, Vorstellungsgespräch, Bewerbungsgespräch, Gespräch, Kennenlerngespräch*
Standard-ACs	✓	
Online-ACs	✓	

Noch ein Interview? – Die Unterschiede zu den vorangegangenen Vorstellungsgesprächen

Das Interview kommt in den allermeisten Assessment-Centern vor, auch wenn Sie bereits im Vorfeld ein oder mehrere Vorstellungsgespräche absolviert haben.

TIPP: ***Das Interview ist für jede Art von Assessment-Center relevant.***

Warum gibt es im Assessment-Center ein weiteres Interview mit Ihnen? Ganz einfach: Sie werden darin von **anderen Personen** befragt und dadurch sind auch die **Schwerpunkte** des AC-Interviews andere als im klassischen Vorstellungsgespräch.

Andere Interviewer

Im AC-Interview werden Sie in der Regel von **speziell dafür geschulten Personen** interviewt. Häufig kommen diese von externen Agenturen, die sich auf die Durchführung von Assessment-Centern spezialisiert haben. Bei großen Unternehmen und Konzernen können es auch eigens geschulte Mitarbeitende der Personalabteilung sein. Diese sind darauf trainiert, Sie objektiv zu beurteilen und mit vielen anderen Kandidaten in einer ähnlichen Situation zu vergleichen.

TIPP: ***Im AC-Interview werden Sie von Assessment-Spezialisten interviewt, in den vorgelagerten Vorstellungsgesprächen von der Personal- und Fachabteilung.***

Die Aufgabe der Assessorinnen und Assessoren ist es, sich ein **ganzheitliches Bild von Ihnen** zu machen und zu beurteilen, inwieweit Sie den Anforderungen der Stelle gerecht werden. Dazu nutzen sie das volle Spektrum an Assessment-Center-Inhalten, von Leistungs- und Persönlichkeitstests bis hin zu Rollenspielen und Fallstudien – und eben auch eine weitere Runde an Interviews. Denn diese Spezialisten waren in der Vorauswahl nicht involviert. Sie machen sich erst im AC-Interview ein eigenes Bild von Ihnen.

Andere Schwerpunkte

Im Assessment-Center sind die Schwerpunkte des Gesprächs andere als in klassischen Vorstellungsgesprächen. Möglicherweise wird Ihnen das gar nicht auffallen. Abhängig vom Verlauf und Inhalt der vorigen Runden können die Fragen und Themen sehr ähnlich sein und sich überlagern. In allen Arten von Interviews geht es thematisch um Ihre Eignung, Ihre Motivation, Ihre Erfahrung, Ihre Qualifikationen, Ihr Profil sowie um Ihre Persönlichkeit. Die Schwerpunkte sind im AC-Interview jedoch andere als in den Vorstellungsgesprächen mit der Personal- und Fachabteilung.

Typische Themen in den vorgelagerten Vorstellungsgesprächen

TIPP: ***Die Fachabteilung interessiert sich besonders für Ihre relevante Arbeitserfahrung und -qualifikation – das Was Ihrer Arbeit.***

Vorstellungsgespräche im Vorfeld eines Assessment-Centers werden meist **durch Fachabteilungen durchgeführt**. Häufig interviewt Sie Ihre zukünftige Vorgesetzte oder Ihr baldiger Vorgesetzter. Die Abteilung, in der Sie später arbeiten, ist selbstverständlich daran interessiert, dass Sie alles mitbringen, um ein produktiver und effektiver Teil des Teams zu werden. Daher liegt in diesen Gesprächen ein besonderer Fokus darauf, was Sie bisher gemacht haben und welche Erfahrungen Sie in die neue Position einbringen. Welche Art von Projekten haben Sie bereits betreut? Welche Tools kennen Sie gut? Welche Entscheidungen mussten Sie in der Vergangenheit treffen, die auch in Ihrer neuen Position auf Sie zukommen? Für diese Themen interessieren sich Vorgesetzte brennend, sind sie doch maßgeblich dafür, wie schnell und wie gut Sie im Team einsetzbar sind. Ich nenne diese Fragen **Was-Fragen:** Was haben Sie bisher gemacht? Darauf basierend entscheidet man, ob man Ihnen die zukünftigen Aufgaben zutraut. Diese Art von Fragen kommt quer durch alle Hierarchieebenen im Unternehmen vor.

Selbstverständlich werden in Vorstellungsgesprächen auch Fragen zum **Wie** gestellt. Wie erreichen Sie Ergebnisse? Wie gehen Sie vor? Ein gut geführtes Vorstellungsgespräch ist von einem AC-Interview kaum zu unterscheiden. Dies ist meiner Erfahrung nach aber keineswegs die Regel. Der Schwerpunkt vieler

Vorstellungsgespräche liegt auf Ihrem Werdegang und den bisherigen Arbeitsinhalten. Im Assessment-Center rückt das Wie in den Fokus.

Typische Themen im Assessment-Center-Interview

Das Assessment-Center-Interview ist ein sogenanntes **strukturiertes Interview**. Der Begriff bezieht sich darauf, dass die gestellten Fragen für alle Kandidierenden für die gleiche Stelle einheitlich sind. Gegebenenfalls deckt sich der Verlauf Ihres AC-Interviews sogar weitgehend mit Auswahlgesprächen für vergleichbare Positionen in anderen Unternehmen (z. B. einheitliche Fragen für Ingenieurinnen/Ingenieure, Führungskräfte oder Verwaltungsangestellte).

> **TIPP:** ***Assessment-Spezialisten interessieren sich besonders dafür, wie Sie Probleme lösen und Ergebnisse erreichen – das Wie Ihrer Arbeit.***

Ein solches strukturiertes Interview **ermöglicht den objektiven Vergleich** zwischen Kandidaten, das sogenannte Benchmarking. Eine gute Antwort ist viel leichter zu erkennen, wenn man dieselbe Frage in derselben Formulierung bereits Dutzenden oder sogar Hunderten vergleichbaren Kandidaten gestellt hat. Je mehr erprobte Fragen in einem Auswahlgespräch zusammenkommen, desto einfacher und zutreffender lassen sich die Bewerberinnen und Bewerber einschätzen.

Ein strukturiertes Interview kann durchaus individualisiert werden. So kann die identische Aufforderung an alle Teilnehmenden lauten: *„Erzählen Sie mir von Ihrer Arbeit bei …“* Eingefügt wird hier die jeweils letzte Position. Oberflächlich betrachtet ähnelt das Interview aus Kandidatensicht somit einem Vorstellungsgespräch aus den vorigen Stufen. Für Kandidaten ist nicht transparent, warum diese Frage gestellt wird. Die *„Arbeit bei …“* dient nur als Aufhänger, ist also ein beliebig festgelegtes Thema. Die Interviews zielen nicht darauf ab, mehr über die Arbeitsinhalte zu erfahren, wie es im Vorstellungsgespräch für die Fachabteilung interessant war. Stattdessen möchte man erfahren, wie der oder die Kandidat*in antwortet. Unter anderem könnte interessant sein, wie eine Kandidatin ihre Antwort strukturiert, wie zielorientiert sie handelt und ob sie ihre Ergebnisse eher als individuelle Erfolge oder Teamleistungen darstellt. Die eigentlichen Arbeitsinhalte dienen nur der Gesprächsführung. Im Assessment-Center liegt ein klarer **Fokus auf dem Wie der Antwort**.

Ob diese Methoden sinnvoll sind, soll uns hier nicht beschäftigen. Nehmen Sie mit, dass der Schwerpunkt des Assessment-Center-Interviews ein anderer ist als bei klassischen Vorstellungsgesprächen. Der Ablauf kann ähnlich sein und die Gespräche können viele Überschneidungen haben. Dennoch werden im AC in der Regel andere Aspekte bewertet als in Ihren Vorgesprächen.

Keine Angst vor Stressinterviews!

Ich werde von meinen Klientinnen und Klienten häufig auf das Thema Stressinterview angesprochen. Damit sind Interviews gemeint, bei denen absichtlich hoher Druck auf Kandidaten ausgeübt wird, sei es durch besonders unangenehme Fragen oder die allgemeine Gesprächsatmosphäre. Die Angst, in ein solches Interview zu geraten, ist groß.

Ich hoffe, ich kann Ihnen diese Angst mit folgender Aussage nehmen: Stressinterviews sind **äußerst selten** und kommen in einem professionellen Assessment-Center so gut wie nie vor. Daher halte ich sie für Ihre Vorbereitung für nicht relevant. Warum ist das so? Ein solches Interviewformat zielt nur auf eine einzige Kompetenz ab: Ihre Stressresilienz. Alle anderen Kompetenzen können kaum noch sinnvoll beurteilt werden, weil alles von der negativen Gesprächsatmosphäre und dem hohen Druck überschattet wird. Somit verliert das Interview jegliche Aussagekraft für die AC-Beobachter und den Arbeitgeber und ist schlichtweg kein effektives Instrument zur Beurteilung von Kandidaten. In der Praxis kommt dieser Interviewtyp daher kaum vor. Fokussieren Sie sich lieber auf Ihre optimale Vorbereitung auf ein typisches Interview.

Ablauf des Interviews

Das Interview besteht ausschließlich aus dem eigentlichen Gespräch; eine Vorbereitungszeit ist nicht vorgesehen. Es dauert in der Regel **30–90 Minuten**.

Die Beobachterinnen/Beobachter **bewerten** insbesondere folgende Kriterien:

- Motivation
- Eignung/Qualifikation
- Strategisches Denken
- Ziel- und Ergebnisorientierung
- Kommunikation
- Abstraktionsfähigkeit
- Priorisierungsfähigkeit
- Überzeugungskraft
- Führungskompetenz
- Kritikfähigkeit

Je nach Fragerichtung können im Interview alle Kriterien des Assessment-Centers abgedeckt werden.

Wie präsentiere ich mich im Interview optimal?

In diesem Kapitel erfahren Sie, wie Sie sich im AC-Interview optimal präsentieren. Natürlich können Sie diese Tipps bereits in den vorgelagerten Auswahlgesprächen anwenden. Sie sind dafür genauso relevant wie für das eigentliche Assessment-Center.

Verstehen Sie, warum eine Frage gestellt wird

TIPP: ***Versuchen Sie, vorab zu verstehen, warum bestimmte Fragearten gestellt werden.***

Während Ihrer Vorbereitung auf das Assessment-Center sollten Sie sich mit den typischen Interviewfragen beschäftigen. Auf den nächsten Seiten stelle ich Ihnen die wichtigsten Fragekategorien vor. Eine effektive Vorbereitung besteht nicht darin, auf alle möglichen Fragen vorab eine Antwort festzulegen. Zum einen kann das nicht gelingen, da jedes Auswahlgespräch anders ist und individuelle Fragen enthalten kann, zum anderen würde ein so vorbereitetes Interview steif und unnatürlich wirken. Von dem immensen Aufwand einmal ganz abgesehen.

Eine bessere Vorbereitung besteht darin, **typische Fragekategorien zu kennen** und sich mit diesen als Gruppe zu beschäftigen.

TIPP: ***Aus der Art und Weise, wie Sie antworten, schließt man auf Ihre Arbeitsweise.***

Versuchen Sie vorab zu verstehen, warum bestimmte Fragearten gestellt werden. Nehmen wir Fragen zu Ihrem Werdegang als Beispiel. Meist geht es nicht mehr darum, die Stationen Ihres Lebenslaufs nachzuvollziehen oder Ihre Qualifikationen mit dem Stellenprofil abzugleichen. Das ist bereits in vorigen Auswahlstufen passiert. Im Assessment-Center dienen Fragen zu Ihrem Werdegang dazu, Ihnen ein Thema zu geben, über das Sie einige Zeit berichten können. Die **Inhalte** sind oft **nachrangig**. Es geht darum, wie Sie erzählen. Ist Ihre Antwort strukturiert? Zeugen Ihre Beispiele von einer ergebnisorientierten Arbeitsweise? Welche Art von Beispiel wählen Sie? Ist Ihre Antwort ausufernd lang oder präzise formuliert? Je nach Position können diese Faktoren wichtiger sein als der Inhalt Ihrer Antwort. Wer über mehrere Fragen hinweg **strukturiert** und **ergebnisorientiert** antwortet, dem wird neben guten Kommunikationsfähigkeiten auch ein strukturierter und ergebnisorientierter Arbeitsansatz unterstellt.

Überlegen Sie sich in Ihrer Vorbereitung auf das Assessment-Center stets, worauf die Interviewer mit einer Frage hinauswollen. Welche Informationen lassen sich aus Ihrer Antwort lesen, nach denen nicht direkt gefragt wird? Um diesen Punkt zu verdeutlichen, stellen Sie sich vor, Sie sind Interviewerin bzw. Interviewer und möchten herausfinden, ob jemand gut im Team arbeiten kann. Direkt danach zu fragen, ergibt keinen Sinn. Ich habe noch nie erlebt, dass jemand in einem Jobinterview auf eine Frage wie: *„Sind Sie ein guter Teamplayer?"* antwortet: *„Nein, absolut nicht. Ich hasse Menschen und möchte mit Teamarbeit nichts zu tun haben."* Kandidaten, die ernsthaft an der Stelle interessiert sind, würden das stets bejahen: *„Ja, natürlich bin ich ein guter Teamplayer. Ich arbeite sehr gerne mit anderen zusammen."* Deshalb werden geschulte Interviewer eine solche Frage nicht stellen. Der Informationswert der Antwort ist gleich null.

TIPP: *Interviewer fragen häufig nicht direkt nach den Themen, die sie interessieren.*

Aus diesem Grund nutzen Interviewer eine **indirekte Fragestellung**. Dafür gibt es verschiedene Möglichkeiten. Innerhalb der Antworten rund um Stationen im Lebenslauf könnten sie auf den Aspekt Teamarbeit besonders achten. Sie könnten auch nach einem Thema fragen, bei dem mit großer Wahrscheinlichkeit Teamarbeit eine wichtige Rolle spielt: *„Erzählen Sie mir von einem großen Projekt, an dem Sie mitgewirkt haben."* Sie können sich nun in der Antwort völlig auf die Beurteilung der Teamfähigkeiten konzentrieren. Nennt ein Kandidat von sich aus öfter den Einsatz des Teams, Schnittstellen und Austausch mit anderen oder sind die Erläuterungen nur selbstbezogen? Sie sehen, dass das Thema, von dem erzählt wird, in den Hintergrund rückt. Es dient nur dazu, die eigentliche Bewertung zum Thema Teamarbeit vorzunehmen.

Sie können aus einer Frage wie *„Erzählen Sie mir von einem großen Projekt, an dem Sie mitgewirkt haben"* nicht sicher ableiten, dass es bei dieser Frage um Teamarbeit geht. Genauso gut könnten Projektmanagement, Zielorientierung oder völlig andere Themen im Fokus stehen. Wie Sie in möglichst vielen dieser Dimensionen punkten, erfahren Sie in den folgenden Abschnitten. An dieser Stelle ist es wichtig zu verstehen, dass Sie keine detailreiche Beschreibung Ihres größten Projektes abgeben müssen, denn die Interviewer sind an den Inhalten nicht interessiert.

TIPP: *Kommunizieren Sie Eigenschaften, die Sie für die Stelle qualifizieren.*

Formulieren Sie Ihre Beispiele (hier das Projekt) **kurz und knapp** und kommunizieren Sie dabei **Eigenschaften Ihres Profils**, die **für die Stelle relevant** sind. Bei der Frage nach einem Projekt können das Ihre strukturierte Arbeitsweise, Ihr kühler Kopf, Ihre Freude an komplexen Herausforderungen und

Ihre Philosophie, große Ziele nur im Team erreichen zu können, sein. Beispiele für Antworten finden Sie im Kapitel „Beispiele für gelungene Antworten auf typische Fragen“. Über mehrere Fragen hinweg decken Sie so die wesentlichen Eigenschaften ab, die typischerweise im Assessment-Center bewertet werden.

Eignung versus Motivation

TIPP: ***Im Assessment-Center-Interview sollten Sie besonders Ihre Motivation hervorheben.***

In Bewerbungsgesprächen sind Eignung und Motivation besonders wichtig. Ihre **Eignung** bezieht sich darauf, ob Sie alle Qualifikationen und Erfahrungen mitbringen, die für die Position erforderlich sind. Haben Sie eine entsprechende Ausbildung genossen? Haben Sie die nötigen Jahre an Berufserfahrung? Haben Sie bereits ausreichend große Teams erfolgreich geführt? Haben Sie wichtige Weiterbildungen absolviert? Ihre **Motivation** bezieht sich darauf, wie sehr Sie die ausgeschriebene Stelle wollen. Reizt Sie die Aufgabe? Haben Sie Lust, in diesem Team, in diesem Unternehmen und in dieser Branche zu arbeiten? Macht es Ihnen Spaß, die Art von Problemstellungen zu bearbeiten, mit denen Sie in der Rolle zu tun haben werden?

Erfolgreiche Kandidaten benötigen beides: eine sehr gute Eignung und ein hohes Maß an Motivation.

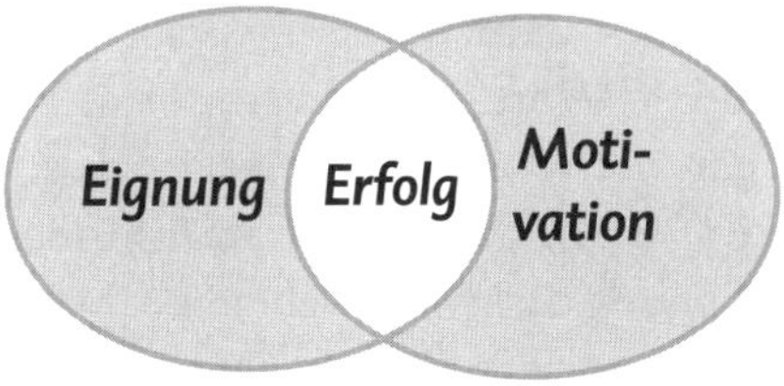

Erfolgreiche Kandidatinnen und Kandidaten sind sowohl sehr gut geeignet als auch sehr motiviert.

Die Motivation spielt dabei die mit Abstand wichtigere Rolle. Bei gleicher Qualifikation erhält eine motiviertere Kandidatin immer das Angebot. Aber sogar bei unterschiedlicher Qualifikation kommt es vor, dass eine etwas weniger geeignete, aber deutlich motiviertere Kandidatin die Stelle bekommt. Natürlich müssen erfolgreiche Kandidaten alle wichtigen Punkte abdecken. Für eine Ingenieursstelle muss ein Ingenieurs- oder ein vergleichbares Studium abgeschlossen worden sein. Haben das aber zwei Personen und Kandidat A hat noch eine relevante Zusatzausbildung gemacht, Kandidatin B zwar nicht, beweist dafür aber ein besonders hohes Interesse an der Position, dann ist es wahrscheinlich, dass Kandidatin B gegenüber Kandidat A den Zuschlag bekommt. Woran liegt das? Kleinere Defizite in der Eignung lassen sich im Praxisalltag

TIPP: ***Eignung lässt sich im Job schnell vermitteln, Motivation nicht.***

schnell ausgleichen. Die Zusatzausbildung – sofern wichtig – kann nachgeholt werden. Ein wenig mehr Berufserfahrung ist nach den ersten Monaten in der neuen Rolle oft nicht mehr relevant und kaum spürbar. Motivation dagegen lässt sich nicht so leicht vermitteln und aufbauen: Entweder jemand hat Interesse und Freude an den Themen oder nicht.

Bei Routineaufgaben wird der Unterschied kaum zu merken sein; bei Hürden und Problemen wird er dagegen sichtbar. Wenn Kandidatin B große Begeisterung für ein Thema hat, wird sie sich von Widerständen und Problemen nicht so leicht abschrecken lassen wie vielleicht Kandidat A. Dieser bringt zwar eine bessere Qualifikation mit, aber weniger Motivation und somit vermutlich auch weniger persönlichen Einsatz bei der Lösung komplexer Probleme. Bei gleicher Eignung und selbst bei einer etwas weniger guten Eignung werden sich die meisten Arbeitgeber eher für eine hochmotivierte Person entscheiden.

Diesen Effekt können Sie sich zunutze machen: **Zeigen Sie Ihr hohes Maß an Motivation.** Im Interview haben Sie dafür vielfältige Möglichkeiten. Schon in der Selbstpräsentation können Sie Ihre Begeisterung für die Produkte oder die Branche kommunizieren. Bei der Beantwortung der Fragen können Sie Ihr Interesse an typischen Problemstellungen und Tätigkeiten oder Ihre Lernbereitschaft betonen. Auch Ihre Rückfragen und Ihr Auftreten geben wichtige Anknüpfungspunkte zur Bewertung Ihrer Motivation.

Ihre Motivation ist aber noch aus einem anderen Grund im Assessment-Center-Interview viel relevanter als Ihre Eignung. **Wären Sie nicht geeignet, hätte man Sie gar nicht erst ins Assessment-Center eingeladen.** Denn die relevanten Informationen zu Ihrer Eignung lassen sich bereits Ihrem Lebenslauf und Ihren Bewerbungsunterlagen entnehmen.

TIPP: ***Ihre Eignung geht bereits aus Ihrer Bewerbung hervor und muss im Interview nicht mehr intensiv geprüft werden.***

Nun könnten Sie anführen, dass doch auch die Motivation aus dem Anschreiben, dem sogenannten Motivationsschreiben, hervorgeht. Das ist jedoch nur eingeschränkt richtig. Das Anschreiben vermittelt im Idealfall bereits ein hohes Maß an Motivation. Anders als die Eignung durch den Lebenslauf lässt sich die Motivation im Anschreiben aber nicht eindeutig durch Fakten belegen. Beispielweise geht für die Position als Verwaltungsfachangestellte aus dem Lebenslauf und den begleitenden Unterlagen zweifelsfrei hervor, ob eine Ausbildung als Verwaltungsfachangestellte erfolgreich abgeschlossen wurde oder nicht.

Das Motivationsschreiben ist etwas anders gelagert. Denken Sie an unser Beispiel von oben (*„Sind Sie ein guter Teamplayer?“*), auf das alle mit Ja antworten. Genauso werden alle im Motivationsschreiben ihr Interesse an der

Stelle – die Motivation – betonen. Die Aussagen im Anschreiben sind somit mit Vorsicht zu genießen, zumal es eine Fülle an Vorlagen und Formulierungshilfen gibt. Schlimmstenfalls liest man im Anschreiben Formulierungen, die ursprünglich gar nicht vom Kandidaten selbst, sondern aus anderen Quellen stammen. Die Motivation ergibt sich also nicht zweifelsfrei aus den Bewerbungsunterlagen und wird deshalb im Interview eigenständig bewertet.

Auch beim Thema Motivation wäre eine direkte Frage nicht zielführend. Die Antwort auf *„Wie motiviert sind Sie, bei uns zu arbeiten?“* können Sie sich denken. Deshalb kommen auch hier **indirekte Fragen** zum Tragen. Beispiele dafür lernen Sie im folgenden Kapitel unter den Motivationsfragen kennen. Neben konkreten Fragen werden unter anderem Ihr Auftreten, die Auswahl Ihrer Beispiele, Ihre Ausstrahlung, Ihre Interaktion, Ihr Einsatz, Ihr Interesse und Ihre eigenen Fragen zur Beurteilung Ihrer Motivation herangezogen.

Legen Sie im Interview ein besonderes Augenmerk darauf, Ihre Motivation zu vermitteln. Über Ihre Eignung werden Sie automatisch sprechen, wenn es um Stationen im Werdegang und relevante Erfahrungen geht. Versuchen Sie nicht, die Interviewer von Ihrer Eignung zu überzeugen. Diese steht im Assessment-Center bereits außer Frage und in der Regel zielen die Fragen auf andere, möglicherweise verborgene Themen ab.

Vorauswahl von Beispielen

Eine konkrete Möglichkeit, sich im Assessment-Center-Interview besser zu präsentieren, ist die Vorbereitung einer Liste mit vorausgewählten Beispielen. Gute Antworten auf Interviewfragen enthalten oft Beispiele wie Arbeitserfahrungen, Situationen oder Projekte. Sich eine passende Veranschaulichung spontan zu überlegen, kann stressig sein und zu schlecht gewählten Beispielen führen. Erstellen Sie daher bereits in Ihrer Vorbereitungsphase auf das AC eine Beispielliste. Solch eine vorbereitete Liste hat mehrere Vorteile.

TIPP: *Bereiten Sie eine Liste von Projekten vor, die Sie als mögliche Beispiele in Ihren Antworten im Assessment-Center nutzen wollen.*

Weniger Stress im Interview

Sie behalten Ihren Stress und Ihre Nervosität im Interview im Griff. Kandidaten fürchten oft, dass ihnen spontan kein Beispiel oder keine gelungene Antwort einfällt. Dies vermeiden Sie mit einer gut vorbereiteten gedanklichen Beispielliste. Bei jeder Interviewfrage müssen Sie lediglich aus der Vorauswahl von Projekten das in der jeweiligen Situation am besten passende auswählen. Das ist deutlich einfacher, als sich spontan ein Beispiel zu überlegen.

Nur positive Beispiele wählen

Indem Sie bereits vor Ihrem Assessment-Center die Auswahl festlegen, vermeiden Sie Fettnäpfchen, insbesondere negative Beispiele. Das sind Beispiele, die nicht als Beleg für Ihre Antwort geeignet sind, die Ihnen aber als erstes einfallen. Dazu zählen nicht erfolgreich abgeschlossene Projekte oder größere Fehler.

Unter Druck fahndet unser Gehirn nach der erstbesten Lösung – irgendeiner Lösung. Nach einem Thema gefragt, suchen Sie hastig nach einem Beispiel für ein komplexes Projekt, für Teamarbeit oder für eine Situation, in der Sie andere überzeugen mussten. Fällt Ihnen etwas ein, sind Sie erleichtert und tragen es vor. Für eine Filterung, ob dieses Beispiel optimal geeignet ist und Sie in allen Aspekten positiv erscheinen lässt, bleibt keine Zeit mehr.

Negativbeispiel

Vor einiger Zeit führte ich mit einem Klienten, der als Bauleiter in einem Konzern tätig war, ein Probeinterview für seine Assessment-Center-Vorbereitung. Nach einem komplexen Projekt mit großem Zeitdruck gefragt, überlegte er kurz und stellte mir dann ein umfangreiches Bauprojekt vor. Er wirkte erleichtert, schnell und spontan ein passendes und vermeintlich schönes Beispiel gefunden zu haben. Ich fragte nach, ob dieses Projekt innerhalb der vorgegebenen Zeit und innerhalb des vorgegebenen Budgets abgeschlossen worden war. Er musste eingestehen, dass sowohl das Budget als auch der Zeitrahmen signifikant überschritten worden waren. Völlig unnötigerweise hat mein Klient hier ein Beispiel gewählt, das er nicht mit Erfolg abgeschlossen hat. Er hätte stattdessen einfach ein anderes – irgendein anderes – seiner vielen Bauprojekte nennen können, das trotz seiner Komplexität erfolgreich verlaufen ist.

Die Auswahl geeigneter Beispiele vor dem Assessment-Center hilft Ihnen, eine Situation wie die im Negativbeispiel geschilderte zu vermeiden. Achten Sie bei allen Beispielen darauf, dass die ausgewählten Themen Sie in einem guten Licht darstellen. Projekte und Themen, die Fragen aufwerfen oder nicht in allen wesentlichen Aspekten positiv verliefen, lassen Sie weg.

Vielfältige Kompetenzen zeigen

Die Vorauswahl erfüllt noch einen weiteren Zweck: Sie decken über die vielen unterschiedlichen Beispiele eine Vielzahl an Kompetenzen ab, die für das Assessment-Center relevant sind. Sie können sich Veranschaulichungen aus verschiedenen Bereichen überlegen, die Ihnen unter Druck vielleicht nicht einfallen würden.

Wo waren Sie detailliert mit Zahlen beschäftigt, wo war die Kommunikation mit anderen besonders wichtig? Wo haben Sie Führungskompetenz bewiesen und wo spezielle Methodenkompetenz? Allen für die Position besonders wichtigen Eigenschaften und typischen Fragen können Sie im Vorfeld ideale Beispiele aus Ihrem Werdegang zuordnen. Im Interview nutzen Sie dann Veranschaulichungen aus unterschiedlichen Kompetenzbereichen und verbessern dadurch Ihre Außenwirkung deutlich.

Die Beispielliste erstellen

Wie erstellen Sie eine Vorauswahl an Beispielen?

Schritt 1

Starten Sie mit einem **breit angelegten Brainstorming**. Nehmen Sie sich ein leeres Blatt Papier und sammeln Sie zunächst so viele Beispiele, Projekte, Themen und Anekdoten aus Ihrem Werdegang wie möglich. Es dürfen ruhig 50 Themen zur Auswahl stehen.

Der Begriff Werdegang bezieht sich hier nicht nur auf Ihren beruflich geprägten Lebenslauf, sondern auf all Ihre bisherigen Erfahrungen. So kann Ihr langjähriges Engagement im Volleyballverein durchaus Relevanz für die Bereiche Teamarbeit oder Organisationstalent haben. Bei jüngeren Kandidaten dürfen gerne auch Nebenjobs im Studium auf der Liste stehen. Ein Job als Bedienung in der Gastronomie kann hervorragend belegen, dass Sie mit Stress umgehen oder den Überblick behalten können. Bei erfahreneren Berufstätigen eignen sich dafür berufliche Situationen noch besser. Lassen Sie in Ihrem Brainstorming zunächst nichts aus, was vermeintlich hilfreich sein könnte. Sammeln Sie alle möglichen Themen und listen Sie sie untereinander auf.

Beispiele für Themen auf Ihrer Liste

Einführung einer neuen Software	*Kostenreduktion durch Ausgabenanalyse*
Führung eines fünfköpfigen Teams	*Auslandsaufenthalt im Studium*
Kundenprojekt erfolgreich umgesetzt	*Konflikt zwischen zwei Teammitgliedern*
Prozessoptimierung in Abteilung	*Umstrukturierung des Bereichs*
Jahresgespräche mit Zulieferern	*Neue gesetzliche Rahmenbedingungen*
Engagement im Beirat eines Vereins	*Weiterbildung neben dem Job*

Anschließend streichen Sie alle Beispiele, die bei näherer Betrachtung nicht ausschließlich positiv sind. **Verzichten Sie auf nicht erfolgreiche oder schwierig zu erklärende Themen.** Das sind Projekte oder Situationen, die Sie nicht zufriedenstellend zu Ende gebracht haben, bei denen Ihnen große Fehler unterlaufen sind oder die nicht gut in den Interviewkontext passen, z. B. weil sie lange zurückliegen oder thematisch weniger relevant sind als andere.

In den Beispielen oben ist ein „Konflikt zwischen zwei Teammitgliedern" aufgeführt. Das ist eine schöne Veranschaulichung für Themen wie Teamführung, Kommunikation oder Konfliktbewältigung – vorausgesetzt, Sie haben die Probleme in Ihrem Team effektiv und erfolgreich gelöst. Zog sich der Konflikt jedoch lange hin und konnte nur durch die Versetzung eines oder einer Beteiligten beigelegt werden, dann streichen Sie dieses Beispiel besser. Seine Wirkung wäre dann nicht mehr positiv, sondern würde Ihre Kompetenz in der effektiven Konfliktbewältigung infrage stellen, ob gerechtfertigt oder nicht.

Übrig bleibt eine Liste an möglichen Beispielen für die Gestaltung Ihrer Interview-Antworten. Schreiben Sie diese nun sauber in die Mitte eines neuen Blatts. Lassen Sie jeweils links und rechts Platz für Anmerkungen.

Schritt 2

Im nächsten Schritt folgt die **Zuordnung zu Stichworten** im Interview. Diese stehen dabei stellvertretend für Themen, zu denen Ihnen Fragen gestellt werden könnten. Oft finden Sie solche Stichworte in Leadership Standards des Unternehmens. Überlegen Sie, für welchen Themenbereich Sie ein konkretes Beispiel nutzen möchten. Vielleicht ist ein Thema perfekt geeignet, um Ihre Führungskompetenz zu belegen, und ein anderes, um Ihre Zielorientierung oder Ihre analytischen Fähigkeiten zu illustrieren.

Beispiele für Stichworte

Strategisches Denken	*Teamentwicklung*
Ergebnisorientierung	*Unternehmerisches Handeln*
Veränderungsmanagement	*Entscheidungsfreude*
Teamführung	*Projektmanagement*
Kooperation	*Kritikfähigkeit*
Beeinflussung	*Operative Exzellenz*

Bei dieser Zuordnung gibt es kein Richtig und Falsch. Es geht darum, Ihre Beispiele bestmöglich den typischen Themenbereichen zuzuweisen, die für die jeweilige Stelle zu erwarten sind. Dabei können Sie auch mehrere dem gleichen Themenkomplex zuordnen. Sie wählen dann im Interview spontan ein im Kontext passendes aus.

Schreiben Sie jeweils ein Stichwort links neben Ihr Beispiel. Denken Sie daran, dass dieses ganz anders lauten kann als Ihr Beispiel. Die unternehmensweite Einführung einer neuen Software könnte als Veranschaulichung für Projektmanagement dienen, ist aber noch besser als Beleg für Ihre Überzeugungsstärke geeignet, wenn Sie im Unternehmen viele Beteiligte von den Vorzügen der Umstellung überzeugen mussten. Die Zusammenstellung der relevanten Stichworte und die Zuordnung der Beispiele obliegt allein Ihnen.

Schritt 3

Der anschließende letzte Schritt ist die **Zuordnung von Kompetenzen** zu jedem Beispiel. Was ist damit gemeint? Sie haben doch gerade schon bei den Stichworten Kompetenzen verwendet! Das ist richtig. Aus diesem Grund heißen die Kompetenzen auf der linken Seite Ihres Zettels Stichworte. Es handelt sich inhaltlich zwar ebenfalls um Kompetenzen, ihre Rolle ist aber eine völlig andere als die der nun festzulegenden, weiteren Kompetenzen. Die Stichworte sind die Aufhänger und Einstiege eines Beispiels – die Kompetenzen, nach denen der Interviewer fragt. *„Erzählen Sie mir von einem Projekt, bei dem Sie andere von Ihren Ideen überzeugen mussten."* Das Stichwort ist hier *Überzeugung* bzw. *Überzeugungsstärke*. Nun tragen Sie Ihr diesem Stichwort zugeordnetes Beispiel vor, etwa *Verkaufstätigkeit im Außendienst*. Hierbei kommen die Kompetenzen zum Tragen, die Sie für jedes Beispiel definieren und in der Spalte rechts dokumentieren. Überlegen Sie sich, welche Kompetenzen Sie neben dem Stichwort noch innerhalb Ihres Beispiels angewendet haben, die Sie **bei Ihrer Beschreibung mitpräsentieren** möchten.

Wenn Sie auf das Stichwort *Überzeugungsfähigkeit* hin von Ihrer *Verkaufstätigkeit im Außendienst* berichten, dann möchten Sie auch erwähnen, dass Sie *eigenständig arbeiten*, *sich gut organisieren* und *empathisch kommunizieren*. Diese drei Kompetenzen schreiben Sie in die rechte Spalte Ihres Zettels.

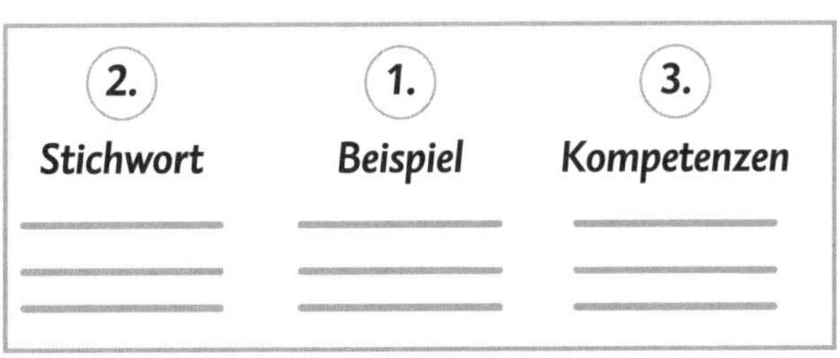

Die Struktur einer vorbereiteten Beispielliste

Die Beispielliste kann in weniger als einer Stunde erarbeitet werden. Der Mehrwert für Ihr Interview ist immens. Egal, welche Frage auf Sie zukommt: Sie haben gedanklich eine lange Liste von Beispielen zur Verfügung und müssen nur noch ein möglichst passendes aussuchen. Für die gängigsten Fragen haben

Sie diese Zuordnung sogar schon vorab vorgenommen. Die Beispiele sind alle positiv, es gibt keine Fallstricke und Sie haben sich möglicherweise schon schöne Formulierungen überlegt. Stellen Sie nun ein ausgewähltes Beispiel (z. B. *Verkaufstätigkeit im Außendienst*) vor und bringen Sie neben dem Aufhänger aus der Frage (z. B. *Überzeugung*) auch weitere für die Stelle relevante Eigenschaften und Kompetenzen mit in Ihrer Antwort unter (z. B. *eigenständiges Arbeiten*, *gute Selbstorganisation* und *Empathie*). Wenn Sie das bei mehreren Fragen machen, können Sie eine Vielzahl von hilfreichen Kompetenzen vermitteln.

Achten Sie darauf, dass die Kompetenzen auf natürliche Weise in Ihre Antwort eingebunden sind. Es geht nicht um eine möglichst lange Auflistung, sondern um eine sinnvolle Ergänzung Ihrer Antwort.

Beispiel

Interviewer: *„Erzählen Sie mir von einem Projekt, bei dem Sie andere von Ihren Ideen überzeugen mussten." [Stichwort: Überzeugungskraft]*

Sie: *„Vor einigen Jahren habe ich für ein Jahr im Vertrieb als Außendienst-Mitarbeiterin [Beispiel] gearbeitet. Das war eine sehr spannende Zeit. Meine Aufgabe war es, unsere Röntgengeräte an Krankenhäuser zu verkaufen. Dabei spielte die Überzeugung [Stichwort] der Klinikleitungen von der Kosteneffizienz für die Kaufentscheidungen eine große Rolle.*

Wie bin ich vorgegangen, um die Kliniken vom Kauf unserer Geräte zu überzeugen? Zunächst habe ich versucht, mich in die Rolle der Geschäftsführung der Krankenhäuser hineinzuversetzen [Empathie]. Das hat mir geholfen, die hohe Bedeutung der Wirtschaftlichkeit von Anschaffungen besser zu verstehen. So konnte ich neben den technischen Vorzügen der Geräte in meinen Präsentationen besonders auf die schnellere Durchführung von Scans hinweisen. Außerdem habe ich schnell gemerkt, dass eine solche Anschaffungsentscheidung nicht spontan getroffen wird, sondern ein komplexer Entscheidungsprozess ist. Oft sind dafür mehrere Termine bei derselben Klinik notwendig. Deshalb habe ich mir einen genauen Plan gemacht, in welchem Entscheidungsstadium sich welche Klinik befindet und wann eine erneute Kontaktaufnahme sinnvoll ist. Mit diesem System konnte ich mich gut strukturieren und sehr effizient alle Klinken in meiner Region abarbeiten [Organisation + eigenständiges Arbeiten].

Im Ergebnis konnte ich dadurch eine hohe Anzahl an Röntgengeräten verkaufen und zur erfolgreichsten Verkäuferin in meinem Team werden."

Im Übungsteil am Ende dieses Kapitels führe ich Sie Schritt für Schritt zu Ihrer individuellen Beispielliste.

Strukturieren Sie Ihre Antwort

TIPP: *Nutzen Sie die Struktur „Ziel – Methode – Ergebnis", um offene Fragen zu strukturieren.*

Die Inhalte einer Frage dienen oftmals nur dazu, Kandidatinnen und Kandidaten über ein beliebiges Thema erzählen zu lassen. Das ist nicht bei jeder Frage so, in strukturierten Interviews aber gerade bei offen gestellten Fragen häufig der Fall. Die Interviewer interessiert, wie das Gegenüber antwortet, nicht was. Wie strukturiert ist die Antwort? Wird Wichtiges von Unwichtigem unterschieden? Wird zielführend kommuniziert? Lässt die Art und Weise der Antwort auf ein ergebnisorientiertes Denken schließen?

Bei offen gestellten Fragen wie *„Erzählen Sie mir von …"* oder *„Was haben Sie bei der Firma X genau gemacht?"* können Sie die Wirkung Ihrer Antworten deutlich stärken, indem Sie sich an die folgende Struktur halten: **Ziel** – **Methode** – **Ergebnis**.

„Ziel – Methode – Ergebnis" als Strukturierungshilfe

Wie funktioniert die Strukturierung nach diesem Aufbau?

Schritt 1: Nennen Sie das Ziel

Beschreiben Sie knapp das Projekt oder Thema, um das es geht. Was war das Ziel? Welche Aufgabe hatten Sie? Welche Herausforderungen oder Probleme galt es zu lösen?

Schritt 2: Nennen Sie die Methode

Nennen Sie die Methoden, die Sie benutzt haben, um das Ziel zu erreichen. Wie sind Sie vorgegangen? Welche Maßnahmen haben Sie ergriffen? Mit wem haben Sie gesprochen, welches Team haben Sie zusammengestellt, welche Daten abgerufen? Was hat den Durchbruch gebracht und wie?

Schritt 3: Nennen Sie das Ergebnis

Nennen Sie zum Abschluss das erreichte Ergebnis. Was hat Ihre Methode bewirkt? Je genauer Ihr Ergebnis zum vorher genannten Ziel passt, desto besser. Können Sie das Ergebnis nicht nur erläutern, sondern auch messbar machen? Gab es einen erreichten oder eingesparten Euro-Wert? Eine prozentuale Verbesserung?

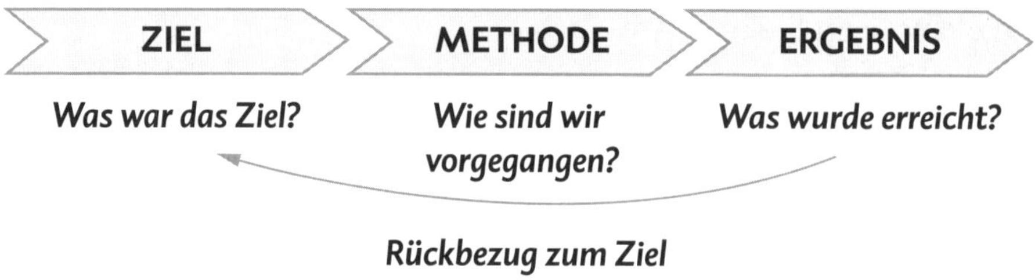

Antwortstruktur für offene Fragen

Ein solches schrittweises Vorgehen unterstützt Sie dabei, Ihre Antwort zu strukturieren. Sie können sich gedanklich an den drei Schritten orientieren und müssen diese nur nacheinander durchlaufen. Das hilft Ihnen, sich nicht in den vielen Details eines Projekts oder einer Station im Werdegang zu verlieren. Ihre Antworten werden **präziser** und **ergebnisorientierter**. Gleichzeitig wirken Sie weniger nervös, wird es doch fast unmöglich, sich zu verzetteln oder etwas zu vergessen. Die Struktur führt Sie durch Ihre Antwort.

Die Struktur „Ziel – Methode – Ergebnis" funktioniert bei allen offen gestellten Fragen, nicht nur bei Projekten, sondern auch bei Berichten über Ihre Arbeitserfahrung. In diesem Fall können Sie statt Ziel einfach die Formulierung *„Meine Aufgabe war es ..."* nutzen.

Beispiel Projekt

„Erzählen Sie mir von einer Situation, in der Sie gemeinsam mit anderen ein Ziel erreichen mussten."

[ZIEL] *„Kürzlich haben wir eine wichtige Kundenpräsentation gehalten, bei der verschiedene Bereiche ihre Produkte vorgestellt haben. Ziel war es, dass der Kunde unser gesamtes Portfolio in sein Sortiment aufnimmt."*

[METHODE] *„Um das zu erreichen, haben wir uns lange vor dem Kundentermin zusammengesetzt und überlegt, was den Kunden antreibt und welche Interessen er verfolgt. Dabei sind uns Probleme mit einigen Bereichen unseres Portfolios aufgefallen. Diese haben wir dann systematisch adressiert, teilweise beseitigt oder uns alternative Umsetzungsmöglichkeiten für den Kunden überlegt, die für ihn sinnvoll sind. Das hat dazu geführt, dass wir in der Kundenpräsentation viel selbstbewusster als sonst auftreten konnten, da unser Vorschlag optimal auf die Bedürfnisse des Kunden abgestimmt war."*

[ERGEBNIS] *„Der Kunde war von den Vorschlägen begeistert und hat sie vollständig angenommen. Dadurch haben wir unseren Umsatz mit dem Kunden in diesem Jahr bereits um 24 % steigern können."*

Beispiel Arbeitserfahrung

„Erzählen Sie mir von Ihrer Arbeit bei der XY AG."

[ZIEL] *„Bei der XY AG war ich zwei Jahre lang als Compliance-Beauftragter tätig. Meine Aufgabe war es sicherzustellen, dass das Unternehmen und alle Mitarbeitenden sich an die gesetzlichen Vorgaben und den Verhaltenskodex halten."*

[METHODE] *„Die Einhaltung der Compliance-Richtlinien habe ich durch mehrere Maßnahmen sichergestellt. Zunächst einmal habe ich gemeinsam mit der Geschäftsführung und den Abteilungen die Richtlinien auf den aktuellsten Stand gebracht. Wir haben sie anschließend in Schulungen vermittelt und allen Mitarbeitenden als Infoheft ausgehändigt. Darüber hinaus haben wir einen Compliance-Check bei allen relevanten Entscheidungs-Meetings als festen Bestandteil der Agenda aufgenommen. Auch in unsere Softwaresysteme haben wir automatisch eingeblendete Hinweise integriert."*

[ERGEBNIS] *„Im Ergebnis konnten nach der Einführung dieser Maßnahmen die messbaren Verstöße gegen interne Richtlinien von zuvor durchschnittlich vier Fällen pro Jahr auf null Fälle im letzten Jahr gesenkt werden. Es gibt einheitliche Compliance-Standards und klare Prozesse für alle Abteilungen."*

An den Beispielen sehen Sie, dass die genutzte Struktur zu einem klaren Antwortschema führt. Zu beiden Themen könnte man sicherlich etliche zusätzliche Informationen geben und sich in Details verlieren. Durch die klare Struktur grenzt man sich selbst ein und **verbessert** so die **Außenwirkung der eigenen Antworten**.

Probieren Sie die Struktur mit einigen Projekten und Arbeitserfahrungen aus Ihrer Beispielliste aus dem vorigen Abschnitt aus. Nach ein paar Durchgängen werden Sie das Schema verinnerlicht haben und im Interview leicht abrufen können.

Nutzen Sie das volle Potenzial jeder Frage

In meinen Coachings erlebe ich häufig, dass Kandidatinnen und Kandidaten das Potenzial einer Frage nicht ausnutzen. Als Interviewer erwarte ich in einem Vorstellungsgespräch oder AC-Interview von Kandidaten, dass sie sich von ihrer besten Seite präsentieren und **viele positive Eigenschaften kommunizieren**. Umso überraschender ist es, dass viele diese Chancen nicht nutzen: Statt mehrerer Stärken wird nur eine genannt, es findet kein Dialog und keine Rückfrage statt oder Kandidaten sind froh, eine Frage zufriedenstellend beantwortet zu haben, statt noch **sinnvolle ergänzende Punkte** anzuführen.

TIPP: *Betrachten Sie jede Frage als Chance, etwas Positives von sich zu erzählen.*

Einige der einfachsten Möglichkeiten, mehr aus einer Frage bzw. Antwort herauszuholen, möchte ich Ihnen hier vorstellen, damit Sie diese in Ihrem eigenen Interview nutzen können.

Belegen Sie Ihre Aussagen durch Beispiele

Für Interviewer kann es schwierig sein, Ihre Antworten zu beurteilen. Stimmt das, was Sie von sich erzählen, wirklich? Auf die Frage *„Wie würden Sie einen Konflikt mit einem Kollegen lösen?"* bekommt man mit sehr großer Wahrscheinlich eine Antwort wie diese: *„Ich würde ein offenes Gespräch mit dem Kollegen suchen. Wir würden uns zusammensetzen, ich würde mir seine Perspektive anhören und wir würden uns gemeinsam eine für beide Seiten sinnvolle Lösung überlegen."* Das klingt gut. Aber würde der/die Kandidat*in das in der Praxis wirklich so machen? Vielleicht ja, vielleicht nein.

TIPP: ***Jede Antwort sollte mithilfe eines Beispiels illustriert werden.***

Helfen Sie den Interviewern bei ihrer Entscheidung. Belegen Sie Aussagen wie diese durch **konkrete Beispiele aus Ihrem Arbeitsalltag**. Eine gute Antwort sollte immer ein Beispiel beinhalten.

> ***Beispiel***
>
> *„Wie würden Sie einen Konflikt mit einem Kollegen lösen?"*
>
> *„Ich würde ein offenes Gespräch mit dem Kollegen suchen. Wir würden uns zusammensetzen, ich würde mir seine Perspektive anhören und wir würden uns gemeinsam eine für beide Seiten sinnvolle Lösung überlegen. [Aussage]*
>
> *Vor ein paar Wochen hatte ich so eine Situation. Zwei Kollegen in meinem Team waren wütend aufeinander. Ich habe das durch einen Kommentar in unserem Teammeeting mitbekommen. Sofort nach dem Meeting habe ich die beiden zur Seite genommen und sie gefragt, was los sei. Nach einigem Zögern haben mir dann beide ihre Perspektive geschildert. Wie sich herausstellte, war ein Missverständnis am Tag zuvor die Ursache. Sie hatten sich schlicht gegenseitig völlig falsch verstanden und gedacht, der jeweils andere wolle sich vor einer arbeitsreichen Aufgabe drücken. Dem war aber gar nicht so. Am Ende waren beide froh, dass sie das Missverständnis klären konnten. Sie haben danach darüber gelacht." [Beispiel]*

Durch das ergänzende Beispiel wird Ihre Antwort glaubwürdiger und detaillierter.

Ergänzen Sie Ihre Antworten um Grundsätze

Aussagen durch ein Beispiel zu belegen, ist ein Standardansatz in der Beantwortung von Interviewfragen.

Eine gute Antwort aber geht noch einen Schritt weiter. Der Interviewer fragt in unserem Beispiel nach Ihrem Ansatz zur Konfliktlösung. Erzählen Sie daher ruhig noch mehr darüber und ergänzen Sie Ihre Antwort um Ihre **Denkweise, Grundsätze oder Ihre Führungsphilosophie**. Auch die **Kompetenzen** aus der rechten Spalte Ihrer Beispielliste können Sie hier unterbringen.

TIPP: *Am Ende können Sie allgemeine Herangehensweisen ergänzen und Ihre Antwort so noch weiter verbessern.*

Beispiel – Fortsetzung

„Mir ist die direkte Kommunikation sehr wichtig. Viele Probleme ließen sich durch eine bessere Kommunikation vermeiden. Das gilt für Kollegen im Team genauso wie zwischen Abteilungen oder zwischen Teamleiter und Teammitgliedern. [Grundsatz]

Aus diesem Grund lege ich Wert auf regelmäßigen Austausch zwischen allen Beteiligten an einem Projekt. Dafür nutze ich beispielsweise wöchentliche Updates mit jedem Teammitglied und ein gemeinsames Teammeeting jeden Montagmorgen, an dem wir uns gegenseitig auf den aktuellen Stand bringen. Mein Team schätzt den offenen Austausch sehr. [Beispiel]

Das würde ich auch hier in der neuen Position gerne fortführen.“ [Ausblick]

Das Beispiel zeigt, wie eine Antwort deutlich verstärkt werden kann, wenn man nach der Aussage und dem belegenden Beispiel noch einen **Grundsatz** ergänzt. Hier wäre das: *„Mir ist die direkte Kommunikation sehr wichtig.“* Auch der Grundsatz wird wieder durch Beispiele als Beleg untermauert: wöchentliche Updates mit allen und regelmäßige Teammeetings.

Wenn es sich anbietet, können Sie noch einen **Bezug zu der zukünftigen Position** herstellen: *„Das würde ich auch hier in der neuen Position gerne fortführen.“*

Das Erweitern Ihrer Aussagen um Grundsätze gibt Ihnen die Möglichkeit, mehr aus der Frage herauszuholen. Sie beantworten nicht nur die Frage und belegen Ihre Antwort, Sie zeigen auch, dass Sie mit Ihrem Ansatz eine konkrete Strategie verfolgen (im Beispiel: offene Kommunikation). Außerdem punkten Sie in dieser Kompetenz (im Beispiel: Führung) ebenso wie im eigentlichen Thema der Frage (im Beispiel: Konfliktlösung).

Nutzen Sie Aufzählungen

Nutzen Sie Aufzählungen *(Erstens, zweitens, drittens ...)*, um mehr Informationen zu kommunizieren. Sie geben sich dadurch selbst eine Struktur, nach der Sie Ihre Antwort aufbauen. Außerdem helfen Sie den Interviewern, Ihnen zu folgen. Ich empfehle, beim Sprechen **an den Fingern mitzuzählen**. Das zwingt Sie förmlich dazu, **mindestens drei Punkte** anzuführen. Außerdem kann man Ihnen durch die Visualisierung leichter zuhören und es wird klar, dass Sie unterschiedliche Einzelpunkte nennen.

Aufzählungen bieten sich bei Fragen nach **spezifischen Eigenschaften** an, zum Beispiel, was Sie besonders an der Stelle interessiert, wie Ihre Kollegen Sie beschreiben oder wie Sie selbst Ihren Arbeitsstil charakterisieren würden. Überall, wo man mehrere kurze Punkte nennen kann, können Sie Aufzählungen einsetzen.

Stellen Sie rhetorische Fragen

Rhetorische Fragen sind ein tolles Instrument, um längere Antworten interessanter zu machen und sie zu **strukturieren**. Es handelt sich dabei um als Fragen formulierte Sätze, auf die Sie keine Antwort erwarten – Sie stellen die Frage nur zur Veranschaulichung und beantworten sie selbst.

Besonders gut passen rhetorische Fragen zu der Ziel-Methode-Ergebnis-Struktur, die Sie zuvor bereits kennengelernt haben. Sie können fragen *„Was war das Ziel?“*, *„Wie bin ich vorgegangen?“*, *„Was haben wir erreicht?“*. Diese Formulierungen machen Ihre Erläuterungen anschaulich und es wird leichter, Ihnen zu folgen.

Andere hilfreiche rhetorische Fragen im Interview können sein: *„Warum ist das von Bedeutung?“* oder *„Wieso habe ich mich für den öffentlichen Dienst entschieden?“*. Auch die Wiederholung der Interviewfrage als rhetorische Frage kann nützlich sein, um sich **mehr Bedenkzeit** zu verschaffen: *„Mmmmmh, worauf bin ich besonders stolz? – Also, ...“*

Kennen Sie die Politikerantwort

TIPP: ***Nach der Beantwortung einer Frage können Sie noch eigene Schwerpunkte aus anderen Bereichen ergänzen.***

Stellen Sie sich eine der großen Nachrichtensendungen am Abend vor. Dort wird eine Parteivorsitzende interviewt und auf einen Streit zwischen zwei anderen Politikern angesprochen: *„Was halten Sie von dem aktuellen Konflikt zwischen ...?“* In aller Regel erhalten Journalisten keine direkte Antwort auf solch eine Frage. Die Parteivorsitzende wird die Reichweite der Nachrichtensendung lieber dazu nutzen, über die für sie wichtigen Themen zu sprechen.

Sie wird wahrscheinlich eine Antwort geben, die ungefähr so klingt: *„Ach, wissen Sie, damit beschäftige ich mich gar nicht. Viel wichtiger ist es doch, dass wir die Arbeitslosenquote senken und neue Arbeitsplätze schaffen.“* Statt einen unwichtigen Konflikt anderer zu kommentieren, nutzt sie die Chance, sich vor Publikum als engagierte Kämpferin für mehr Beschäftigung zu profilieren.

Dasselbe Prinzip können Sie in Ihrem Assessment-Center-Interview nutzen. Die Politikerantwort ist ein Werkzeug, um **Themen** in Ihrer Antwort zu platzieren, **nach denen nicht direkt gefragt wurde**, die Sie aber noch einmal besonders hervorheben möchten. Setzen Sie diese Methode aber **sparsam** ein. Ähnlich wie in einem Politikerinterview kann diese Art von Antwort auf die Zuhörenden schnell frustrierend wirken. Dennoch sollten Sie diese Möglichkeit in Ihrem sprichwörtlichen Werkzeugkoffer haben.

Schritt 1: Beantworten Sie die gestellte Frage kurz
Beantworten Sie die gestellte Frage kurz und knapp. Schließlich können Sie die Frage nicht einfach ignorieren, wie es die Politikerin im Beispiel oben letztlich tut. Das wäre nicht nur unhöflich, sondern auch gefährlich, denn Interviewer stellen jede Frage aus gutem Grund.

Schritt 2: Finden Sie eine sinnvolle Überleitung
Finden Sie einen Anknüpfungspunkt, der sinnvoll zu einem anderen Thema überleitet.

Schritt 3: Erzählen Sie von dem Thema, das für Sie wichtig ist
Nennen und erläutern Sie das Thema, zu dem Sie hingeleitet haben, und führen Sie Punkte aus, die für Sie eine hohe Bedeutung haben.

Beispiel

„Wie kam es dazu, dass Sie zu Beginn Ihrer Karriere zweimal die Branche gewechselt haben?“

„Oh je, das ist lange her. Damals wusste ich noch nicht genau, wo meine Talente liegen und wo ich diese am besten einbringen könnte. Daher habe ich ein paar Dinge ausprobiert, bis ich das gefunden habe, was mir Spaß macht und was ich gut kann. [Schritt 1]

Wie gesagt, das ist lange her und heute ist das natürlich anders. Mittlerweile weiß ich sehr genau, was ich will. [Schritt 2]

Meine zehn Jahre Berufserfahrung in der IT-Sicherheit und mein langjähriges Engagement im Branchenverband haben mir klar gemacht, dass ich die technischen Grundlagen der IT-Sicherheit gerne mehr jungen Wissenschaftlerinnen und Wissenschaftlern vermitteln möchte. Deshalb reizt mich die Position als wissenschaftlicher Beirat in Ihrem Institut so sehr.“ [Schritt 3]

Das von Ihnen in Schritt 3 gewählte Thema muss einen **Bezug zur Frage** haben. Über die Überleitung in Schritt 2 können Sie diesen schaffen. Im Beispiel wurde aus einer kritischen Frage zum Lebenslauf eine Überleitung zur hohen Motivation geschaffen. Vergessen Sie aber auf keinen Fall, die ursprünglich gestellte Frage zunächst ausreichend zu beantworten.

Typische Fragekategorien und Beispiele für gelungene Antworten

Die Fragen im Interview lassen sich in drei Kategorien einordnen: Fragen zur Person, Motivationsfragen und Verhaltensfragen.

Fragen zur Person

In die Kategorie *Fragen zur Person* fallen alle Fragen, die sich auf Ihren Werdegang und Ihr individuelles Profil beziehen. Typische Themen umfassen Ihren **Lebenslauf**, Ihre **Qualifikationen** und Ihre **Erfahrungen**. Fragen zur Ausbildung, zu getroffenen Entscheidungen, zur Berufserfahrung, zu Stärken und Schwächen und Ihren Fähigkeiten gehören dazu.

Mit diesen Fragen möchte man Sie als Person besser kennenlernen. Was macht Sie aus? Wie sehen Sie sich selbst? Wie selbstbewusst, zielstrebig oder selbstkritisch sind Sie? Wie tiefgehend waren Ihre bisherigen Berufserfahrungen oder Qualifikationen?

Beispiele für Fragen zur Person

„Erzählen Sie mir Ihren Lebenslauf."

„Wie würden Ihre Freunde und Kollegen Sie beschreiben?"

„Was genau haben Sie bei der XY GmbH gemacht?"

„Nennen Sie mir zwei Ihrer Stärken."

„Welche Qualifikationen bringen Sie für diese Stelle mit?"

Diese Fragenkategorie kann von Interviewern für verschiedene Ziele genutzt werden. Ganz offensichtlich erfahren sie durch direkte Fragen zum Werdegang und zur Qualifikation mehr über Ihre Eignung. Diese steht im Assessment-Center-Interview aber nicht mehr im Vordergrund. Daher handelt es sich im AC meist um **indirekte Fragen** mit anderen Zielsetzungen, beispielsweise um zu sehen, wie Sie Antworten strukturieren, wie zielstrebig Sie sind oder wie Sie Entscheidungen treffen.

Motivationsfragen

In die Kategorie der *Motivationsfragen* fallen alle Fragen, bei denen es vorrangig um Ihren **Motivationsgrad** geht. Dabei wird man Sie das in der Regel nicht direkt fragen, sondern eine indirekte Frageform wählen. Über Themen wie Entscheidungspunkte im Werdegang, Ihre Pläne für die Zukunft oder Ihre Passung für die Stelle oder in das Unternehmen können Sie zeigen, dass Sie reflektiert und zielstrebig agieren und sich diese Stelle spezifisch ausgesucht haben.

TIPP: *Motivationsfragen sind eine Chance, sich als hochmotiviert zu präsentieren.*

Beispiel für Motivationsfragen

„Warum sollten wir uns gerade für Sie entscheiden?"

„Warum haben Sie sich gerade für diese Stelle beworben?"

„Wo sehen Sie sich in drei/fünf/zehn Jahren?"

„Wieso haben Sie sich damals für die Rechtswissenschaft entschieden?"

Gute Antworten zeigen die hohe Motivation für die Branche, das Unternehmen und die Stelle und **belegen die Aussagen durch Beispiele** und Einblick in die Gedankengänge.

Verhaltensfragen

Hier geht es um alle Fragen rund um Ihr **Verhalten in bestimmten Situationen**. Typisch dafür sind Formulierungen wie *„Erzählen Sie mir von …"* oder *„Stellen Sie sich vor …"*, beispielsweise *„Erzählen Sie mir von einem schwierigen Problem, das Sie lösen mussten"*. Oft wird nach bestimmten Situationen gefragt, in denen Sie sich befunden haben, oder nach Projekten, die Sie bearbeitet haben. Es können aber auch hypothetische Szenarien *(„Was würden Sie tun, wenn …")* oder solche aus dem zukünftigen Berufsalltag in der neuen Stelle sein *(„Stellen Sie sich vor, Sie sind bereits bei uns tätig und folgende Situation tritt ein …")*.

TIPP: In Verhaltensfragen können Sie zeigen, dass Sie die richtigen Entscheidungen treffen und alles mitbringen, was man für die neue Position von Ihnen erwartet.

> ***Beispiele für Verhaltensfragen***
>
> *„Erzählen Sie mir von einer Situation, in der Sie andere überzeugen mussten."*
>
> *„Berichten Sie mir von einem Konflikt, den Sie lösen mussten."*
>
> *„Stellen Sie sich vor, Sie sind für einen Tag Geschäftsführerin unseres Unternehmens. Was würden Sie verändern; welche Initiativen würden Sie starten?"*
>
> *„Was würden Sie tun, wenn Sie zwischen einem wichtigen Briefing Ihrer Chefin und einer ebenfalls wichtigen Anfrage eines Kunden entscheiden müssten?"*

Bei dieser Art der Fragen geht es darum, Ihr Verhalten in verschiedenen Situationen kennenzulernen und es mit den erwarteten Verhaltensmaßstäben abzugleichen. Verfolgen Sie eine Strategie? Wie gehen Sie mit schwierigen oder unbekannten Situationen um? Haben Sie ein gutes Gespür für Zusammenhänge? Behalten Sie auch in komplexen Situationen einen kühlen Kopf?

Die Interviewer möchten beurteilen, ob Ihre Ansätze angemessen und zielführend sind und Sie alle Fähigkeiten mitbringen, um in der zukünftigen Rolle erfolgreich zu sein. Diese Fragen eignen sich gut, um **Führungsverhalten und Soft Skills zu beurteilen**.

Beispiele für gelungene Antworten auf typische Fragen

Einige Fragen tauchen häufig in Interviews auf. Gerade im Assessment-Center sitzen Sie dabei Interviewprofis gegenüber. Daher möchte ich Ihnen einige gelungene Antworten auf typische Fragen mitgeben. Verstehen Sie die hier aufgeführten Fragen und Antworten bitte nur als Beispiele, die Sie zur Inspiration und Formulierung eigener Antworten nutzen können.

Erzählen Sie mir Ihren Lebenslauf!

Diese Frage wird oftmals zu Beginn des Interviews gestellt. Sie ist ein guter **Einstieg ins Gespräch** und kann helfen, eine lockere Atmosphäre zu schaffen. Schließlich ist es einfach, über sich selbst zu erzählen. Machen Sie aber nicht den Fehler, die Frage wörtlich zu nehmen und Ihren gesamten Lebenslauf chronologisch und mit allen Details wiederzugeben. Erinnern Sie sich daran, dass den Interviewern diese Informationen bereits vorliegen. Vielmehr geht es darum, wo Sie eigene Schwerpunkte setzen und wie Sie sich dadurch darstellen. Die Frage ist ein klassischer Einstieg zur **Selbstpräsentation**, die ich in einem eigenen Kapitel beschreibe (siehe S. 41). Im Interview ist das Schema identisch. Eine Kurzversion von ca. drei Minuten stellt eine ideale Länge dar. Ausführliche Beispielantworten für diese Frage finden Sie im Kapitel „Die Selbstpräsentation".

Warum sollten wir uns gerade für Sie entscheiden?

Diese Frage zielt auf Ihre **Motivation** ab. Zeigen Sie, dass Sie diese in einem hohen Maß besitzen und die Aufgaben in der ausgeschriebenen Position spannend finden. Natürlich können Sie auch auf relevante Erfahrungen und Qualifikationen verweisen. Vermeiden Sie aber eine lange Aufzählung an Fakten, die bereits aus Ihren Unterlagen bekannt sind. Reißen Sie diese nur kurz an und legen Sie den Schwerpunkt Ihrer Antwort auf Ihre Motivation.

Beispiel

„Durch meine vier Jahre im Vertrieb der Gesundheit AG und drei Jahre bei der Pillen & Co. KG konnte ich bereits viel Erfahrung im professionellen Pharmamarketing sammeln, die ich nun bei der Pharma-Plus GmbH anwenden und erweitern möchte. Gerade das intensive Trainingsprogramm der Pillen & Co. KG hat mir jede Menge neue Ansätze zur Absatzsteigerung gezeigt, die ich bei Ihnen im Bereich der Apotheken-Ansprache sehr gut anwenden kann. Mit mir bekommen Sie eine hochmotivierte und engagierte Vertrieblerin, die viel Erfahrung mitbringt und richtig Lust auf das Thema Apothekenmarketing hat."

Warum interessieren Sie sich gerade für diese Stelle?

Auch bei dieser Frage geht es wie bei der vorigen um Ihre **Motivation**. Stellen Sie heraus, was Sie besonders an der Branche, dem Bereich, dem Arbeitgeber und der Stelle interessiert. Sie müssen nicht all diese Themen abdecken, aber je mehr Aspekte Sie anreißen können, desto besser.

Beispiel

Der Pharmamarkt interessiert mich auf der einen Seite aufgrund der Herausforderung enger gesetzlicher Reglementierungen und auf der anderen Seite durch das komplexe Entscheidungsgefüge mit Medizinern, Apotheken und Patienten sehr. Das ist eine tägliche Herausforderung, die mich aber gerade reizt.

Außerdem gibt es neben dem Verbrauchermarketing (B2C) auch die wichtige Komponente Ärzte- und Apothekenmarketing (B2B). Die Pharma-Plus GmbH ist im Bereich Apothekenmarketing führend. Die Herausforderung, Apotheker für eine Marke zu gewinnen, finde ich spannend."

Welche Pläne haben Sie für die Zukunft?

In Interview werden Sie klassischerweise irgendwann zu Ihren beruflichen Zielen befragt. Dabei wird überprüft, ob Ihre Erwartungen **realistisch** und erfüllbar sind, aber auch, **wie ambitioniert** Sie sind. Natürlich kommunizieren Sie über Ihre Pläne auch hier wieder Ihre Motivation.

> **Beispiel**
>
> *„In drei Jahren möchte ich nach meinem erfolgreich abgeschlossenen Trainee-Programm als Supply Chain Manager einen der Logistikprozesse, zum Beispiel Einkauf, Produktion oder Disposition, in einer Produktkategorie selbstständig betreuen. In fünf Jahren wäre es toll, die Logistikaktivitäten über zwei oder drei verschiedene Produktkategorien hinweg zu koordinieren und erste Personalverantwortung zu tragen sowie an strategischen Themen mitzuarbeiten. In zehn Jahren möchte ich als Bereichsleiter mit Supply-Chain-Erfahrung in unterschiedlichen Bereichen den Erfolg des Unternehmens maßgeblich mitgestalten dürfen. Das könnte die Leitung eines ganzen Bereichs oder einer ganzen Kategorie sein."*

Erzählen Sie mir von einer Situation …

Fragen wie diese sind sogenannte **Verhaltensfragen**. Bei diesen geht es um Ihr Verhalten in bestimmten Situationen in der Vergangenheit (*„Erzählen Sie mir von einer Situation, in der Sie andere von etwas überzeugen mussten."*) oder in hypothetischen Szenarien in der Zukunft (*„Wie würden Sie vorgehen, wenn …?"*).

Welche beruflichen Fähigkeiten besitzen Sie in hohem Maße?

Eine direktere Formulierung wäre *„Was sind Ihre Stärken?"*. Zeigen Sie den Interviewern, welche Fähigkeiten Sie selbst als **Stärke** sehen. Nutzen Sie Aufzählungen, um mehrere Punkte zu kommunizieren.

Beschränken Sie sich nicht auf die reine Nennung, sondern **erläutern Sie**, wie Sie die Stärke im Berufsalltag nutzen. Führen Sie jeweils ein Beispiel an.

> **Beispiel**
>
> *„Ich kann mich gut in Menschen hineinversetzen [Nennung]. Wenn ich eine Präsentation vorbereite, überlege ich mir schon vorher, welche Rückfragen oder Gegenargumente kommen könnten. Diese nehme ich dann direkt mit in die Präsentation auf. Durch diese Technik erreiche ich fast immer meine Ziele und bekomme die Unterstützung durch andere Abteilungen, die ich brauche [Anwendung].*
>
> *Vor Kurzem hatte ich so eine Situation. Wir mussten Anpassungen an einem Prozess vornehmen, der Auswirkungen auf einen anderen Bereich hat. Ich habe einen Termin mit dem entsprechenden Team gemacht und ihnen sowohl unseren Prozessablauf als auch ihren Prozessablauf gezeigt. So habe ich Verständnis für ihre Abläufe zum Ausdruck gebracht.*

> *Erst danach bin ich auf den Bereich eingegangen, der Probleme macht, und habe eine für beide Seiten sinnvolle Änderung vorgeschlagen. Da ich die Prozesse beider Seiten berücksichtigt habe, war die Bereitschaft zur Unterstützung sehr hoch. Ganz sicher höher, als wenn ich einfach nur aus unserer eigenen Perspektive eine Änderung vorgestellt hätte [Beispiel].“*

Um weitere Stärken aufzuzählen, genügt eine Ergänzung wie *„Eine weitere Fähigkeit, die ich in hohem Maße besitze, ist . . .“*.

Welche Tätigkeiten machen Ihnen keine Freude oder fallen Ihnen schwer?

Diese Frage würde direkter formuliert lauten *„Was sind Ihre Schwächen?“* und führt in meinen Trainings oft zu Unsicherheit. Ich empfehle Ihnen, nicht in **Schwächen** zu denken, sondern sich zu fragen: *Was macht mir keinen Spaß? Worauf habe ich keine Lust? Was kostet mich viel Energie?* Auf diese Fragen findet unser Gehirn viel leichter Antworten. Sie müssen bei der Schwächen-Frage nicht Ihre tiefste innere Unsicherheit oder Ihr größtes Geheimnis preisgeben. Man möchte nur einige Beispiele für Tätigkeiten hören, in denen Sie nicht so gut sind und die Ihnen keine Freude machen. Diese hat jede und jeder, deshalb wäre es unrealistisch, wenn Sie sich als Kandidatin/Kandidat ohne Schwächen präsentieren würden. Beantworten Sie die Frage daher **mit einem echten Beispiel** für etwas, das Ihnen keine Freude macht.

Eine gut geeignete Schwäche **betrifft nicht den Kern der Arbeit** oder Aufgabe. Würde ein Buchhalter angeben, nicht gut mit Zahlen umgehen zu können, wäre das sicherlich kein gutes Zeichen. Hätte die gleiche Person aber keine Freude daran, vor großen Menschenmengen zu sprechen, wäre das für die meisten Buchhaltungsjobs kein Problem. Genau andersherum sähe es bei einer Stelle als Moderatorin aus. Auftritte vor Publikum gehören dort zum Kern der Arbeit, Umgang mit Zahlen ist eher ein Randthema.

Des einen Stärke ist des anderen Schwäche – und umgekehrt. Würden Sie beispielsweise lieber eine dreistündige, detaillierte Zahlenanalyse in einer Tabellenkalkulation durchführen oder an einem dreistündigen, detaillierten Abstimmungsmeeting verschiedener Abteilungen teilnehmen? Einige Leserinnen und Leser würden viel lieber die Zahlenanalyse übernehmen als das Meeting; bei anderen ist es genau umgekehrt. Wenn Sie das Meeting wählen, heißt das nicht, dass Sie nicht gut in Zahlenanalyse sind. Aber vielleicht würde Sie diese Aufgabe mehr Energie kosten und Ihnen weniger Freude bereiten – und sich somit als Schwäche eignen.

Zeigen Sie bei dieser Frage, dass Sie sich Ihres Profils inklusive **eigener Grenzen bewusst** sind, und gehen Sie offen mit Ihren Schwächen um. Wählen

Sie Beispiele aus, die zwar berufsrelevant sind, aber nicht den Kern der Aufgabe betreffen. Berufsrelevant heißt hier, dass unseriöse Spaßantworten wie die Tennisrückhand nichts im Interview zu suchen haben. Jede Schwäche ergänzen Sie um eine **Erläuterung**, wie Sie mit dieser umgehen und diese im Berufsalltag irrelevant machen, sodass die Schwäche im Alltag kein Problem (mehr) darstellt.

> ***Beispiel***
>
> *„Es fällt mir manchmal schwer, mir neue Namen zu merken [Nennung]. Wenn mir auf einer Veranstaltung vier oder fünf Personen in einer Gruppe direkt nacheinander vorgestellt werden, habe ich danach oft keinen der Namen behalten. Das ist unangenehm und auch unhöflich, wenn ich die Namen später nicht mehr weiß [Erläuterung].*
>
> *Deshalb achte ich bei Veranstaltungen jetzt darauf, mir die Namen bewusst zu merken. Sobald mir jemand vorgestellt wird, wiederhole ich den Namen im Kopf dreimal und versuche, ihn direkt einmal auszusprechen, zum Beispiel, indem ich antworte: ‚Frau Kaiser, schön, Sie kennenzulernen!' Auf diese Weise kann ich mir Namen jetzt deutlich besser merken" [Umgang mit der Schwäche].*

Durch einen Umgang mit der Schwäche ist diese nicht behoben. Man hat nur einen Weg gefunden, wie die Schwäche im Alltag kein Problem mehr darstellt.

Auf welche Leistungen sind Sie besonders stolz?

In Ihrer Antwort auf diese Frage können Sie Ihre **Leistungsorientierung und -bereitschaft** zeigen und gleichzeitig ein echtes Highlight Ihres Werdegangs präsentieren. War Ihr Ziel ambitioniert? Wie sind Sie vorgegangen und welche Faktoren waren für den Erfolg entscheidend? Was macht gerade dieses Beispiel für Sie so herausragend? Ihre Antwort kann auf einem der Beispiele Ihrer Liste basieren und nach der Ziel-Methode-Ergebnis-Struktur aufgebaut sein.

> ***Beispiel***
>
> *„Der Aufbau des Referats Digitalisierung in unserer Behörde war sicherlich eines der Highlights meiner Arbeit dort [Nennung]. Das war für mich etwas ganz Besonderes, weil ich erstmals allein verantwortlich für den Erfolg eines großen Projekts war.*
>
> *Das Ziel war, ein neues Referat aufzubauen, das alle Digitalisierungsprozesse unserer Behörde koordiniert und umsetzt [Ziel].*

Wie bin ich vorgegangen? Zunächst habe ich ein Kern-Projektteam zusammengestellt und wir haben intensive Gespräche mit allen Referaten geführt, um die Anforderungen an uns zu sammeln. Danach haben wir die wesentlichen Projektanforderungen definiert und priorisiert. Anschließend habe ich gemeinsam mit dem Projektteam 22 neue Mitarbeitende rekrutiert, teils aus anderen Abteilungen und Behörden, teils von extern. Das war eine intensive Zeit. Parallel dazu haben wir die kritische Infrastruktur aufgebaut. Regelmäßige Abstimmungen und Updates aller Referate haben sich dabei als entscheidend herausgestellt [Methode].

Im Ergebnis konnten wir das neue Referat in Rekordzeit aufbauen. Durch die intensive Einbindung der bestehenden Referate gab es kaum Akzeptanzprobleme und wir konnten nach nur sechs statt der geplanten zwölf Monate unsere reguläre Arbeit aufnehmen. Das Referat leite ich seit letztem Jahr und wir konnten bereits drei größere Projekte realisieren. Darauf bin ich sehr stolz [Ergebnis].“

Zusammenfassung «

- Das Interview ist für alle Arten von Assessment-Centern relevant und kommt in den meisten ACs vor – auch wenn bereits im Vorfeld Vorstellungsgespräche stattgefunden haben.
- Der Unterschied zu den vorgelagerten Vorstellungsgesprächen besteht in der Zielsetzung der Interviewerinnen und Interviewer. Sie interessieren sich nicht mehr im Detail für Ihre bisherigen Stationen, sondern vielmehr dafür, **wie** Sie arbeiten und Problemstellungen lösen.
- Interviewer fragen nicht immer direkt nach den Themen, die sie interessieren, sondern nutzen oft indirekte Fragen.
- Ihre Motivation ist im Interview ein entscheidender Faktor. Legen Sie einen besonderen Fokus darauf, diese zu zeigen.
- Bereiten Sie eine Liste mit Projekten und Situationen vor, die Sie als mögliche Beispiele in Ihren Antworten verwenden können.
- Nutzen Sie die Struktur „Ziel – Methode – Ergebnis“, um Ihre Antworten auf offene Fragen zu gliedern.
- Belegen Sie alle Aussagen mit Beispielen. Ergänzen Sie, wo sinnvoll, Erläuterungen zu den Grundsätzen, die hinter Ihrer Herangehensweise stehen.
- Nutzen Sie zur Strukturierung Aufzählungen und rhetorische Fragen.
- Es gibt drei große Fragekategorien: Fragen zur Person, Motivationsfragen und Verhaltensfragen.
- Sehen Sie die Beispielantworten in diesem Buch als Inspiration und entwickeln Sie eigene, auf Ihr individuelles Profil zugeschnittene Antworten auf typische Fragen.

Eine Zusammenfassung dieses Kapitels mit persönlichen Empfehlungen des Autors finden Sie im Video-Begleitmaterial: stark-verlag.de/qrcode/b20701_07

Übungsaufgaben

Das Interview ist keine klassische Aufgabe, die Sie lösen müssen. Sie können sich bereits vor dem Assessment-Center überlegen, wie Sie auf typische Fragen antworten möchten und welche Beispiele sich dafür eignen. Dafür möchte ich Ihnen im Folgenden einige Werkzeuge an die Hand geben, mit denen Sie eine Themenliste erstellen, Ihre Themen klassischen Stichpunkten im Interview zuordnen und schließlich gelungene Antworten formulieren können, die weitere Ihrer Qualifikationen zeigen.

Schritt 1: Erstellen Sie eine Themenliste

Sammeln Sie zunächst so viele Beispiele, Projekte, Themen und Anekdoten aus Ihrem Werdegang wie möglich. Es dürfen ruhig 50 Themen zur Auswahl stehen. Beschränken Sie sich dabei nicht nur auf Ihren aktuellen Beruf, sondern beziehen Sie auch Sinnvolles aus früheren Arbeitsstellen oder Ihrem Privatleben mit ein. Die folgenden Fragen sollen Ihnen bei Ihrem Brainstorming helfen, neue Themen zu finden.

1. In welchen Jobs haben Sie im Laufe Ihrer Karriere gearbeitet?
Gehen Sie neben Ihrer aktuellen Arbeit ruhig zurück bis an den Anfang Ihrer Karriere.
*(z. B. Führungskraft Konzern, Interims-Manager*in, Trainee, Auszubildende*r)*

______________________ ______________________

______________________ ______________________

______________________ ______________________

______________________ ______________________

2. Welche Ausbildungen und Trainings haben Sie absolviert?

Nennen Sie neben Ihrer formalen Ausbildung auch Ihre beruflichen Zusatzqualifikationen.

*(z. B. Bankausbildung, Ingenieursstudium, Meisterbrief, Rettungsassistent*in)*

______________________ ______________________

______________________ ______________________

______________________ ______________________

3. Welche Hobbys haben Sie? Wo engagieren Sie sich (im Verein, Sport, der Gemeinde)?

Listen Sie hier ruhig erst einmal alles auf – aussortieren können Sie später.

(z. B. Fußball, Reisen, Jugendarbeit, Modellflugverein, Chor, Rotary Club)

______________________ ______________________

______________________ ______________________

______________________ ______________________

4. An welchen prägenden Projekten haben Sie in den letzten Jahren gearbeitet?

Was waren die größten Projekte der letzten drei Jahre? Was waren Meilensteine?

(z. B. Einführung neuer ERP-Software, Prozessentwicklung, Aufbau Südamerika-Geschäft)

______________________ ______________________

______________________ ______________________

______________________ ______________________

5. Sofern Sie viel Erfahrung mitbringen: Blicken Sie bei den prägenden Projekten jetzt noch weiter zurück. Was waren weitere große Meilensteine in Ihren letzten beiden Jobs? Was waren wichtige Stationen zu Beginn Ihrer Karriere oder vor zehn Jahren?

(z. B. Wechsel der Branche, Zeit im Außendienst, großes Missgeschick, erster eigener Kunde)

______________________ ______________________

______________________ ______________________

______________________ ______________________

6. Welche schwierigen Entscheidungen haben Sie getroffen?
Wo gab es Weggabelungen in Ihrem Werdegang? Wo mussten Sie sich zwischen mehreren Alternativen entscheiden?
(z. B. Wechselangebot von der Konkurrenz, Spezialist versus Generalist, Studienfach)

______________________ ______________________

______________________ ______________________

______________________ ______________________

7. Wo haben Sie Führungskompetenz bewiesen?
In welcher Rolle konnten Sie Ihr volles Führungspotenzial erfolgreich zeigen?
(z. B. 5 Jahre als Filialleiter Einzelhandel, 3-monatige Vertretung der Geschäftsführerin)

______________________ ______________________

______________________ ______________________

______________________ ______________________

8. Wann standen Sie vor großen Herausforderungen oder hatten mit Komplexität zu tun?
Wo gab es Probleme, die Sie meistern mussten? Wo gab es schwierige Themen?
(z. B. Umstrukturierung, Audit des Bereichs, schwieriger Kollege, Umzug der Fabrik)

______________________ ______________________

______________________ ______________________

______________________ ______________________

9. In welchen Situationen waren Sie mit Ihrem Team erfolgreich?
Wo war Teamarbeit entscheidend? Welche Probleme konnten Sie gemeinsam lösen?
(z. B. Output-Steigerung, Vertriebsoffensive, Prozessoptimierung, Best-Practice-Austausch)

______________________ ______________________

______________________ ______________________

______________________ ______________________

Wenn Sie alle Felder ausgefüllt haben, haben Sie 56 Themen auf Ihrer Liste.

Sortieren Sie nun aus. Gehen Sie Ihre Liste noch einmal durch und überlegen Sie bei jedem Punkt, ob Sie dieses Thema erfolgreich abgeschlossen haben. Denn Sie sollten **nur Erfolge als Beispiele** anführen. Misserfolge oder nicht erfolgreich abgeschlossene Themen streichen Sie.

Zwei Beispiele: Ein Branchenwechsel war erfolgreich, wenn Sie heute noch in der Branche arbeiten. Ein Teamkonflikt mit einem schwierigen Kollegen eignet sich dann als Beispiel, wenn Sie ihn lösen konnten. Zogen sich die Probleme noch über Jahre hin, streichen Sie das Beispiel aus Ihrer Themenliste.

Schritt 2: Ordnen Sie die Themen Stichworten zu

Basierend auf der vorigen Übung ordnen Sie nun jedes einzelne Thema einem Stichwort zu, zu dem es besonders gut als Beispiel passt.

Nutzen Sie dazu die Vorlage unten oder ein leeres Blatt, das Sie in drei Spalten unterteilen. Links stehen die Stichworte. Jedem Stichwort ordnen Sie in der mittleren Spalte ein oder mehrere Beispiele zu. Die dritte, rechte Spalte lassen Sie zunächst frei. Diese benötigen Sie später für Schritt 3.

Die Stichworte sind **typische Fragestellungen im Interview**. Je nach Position, auf die Sie sich bewerben, können unterschiedliche Schwerpunkte und damit Stichworte wichtig sein. Im sozialen Bereich werden andere Schwerpunkte gesetzt als in technischen oder kaufmännischen Sparten. Passen Sie die Stichworte in der linken Spalte an Ihre Bedürfnisse an. Sofern vorhanden, ergänzen Sie je Stichwort zwei passende Themen aus Ihrer Liste. Einige Beispiele finden Sie im Folgenden:

Stichwort	**Beispiel**	**Kompetenzen**
Projektmanagement	Umzug der Fabrik	
	Kundenprojekt XY	
Projektmanagement		
Strategisches Denken		
Teamführung		

Herausforderung		
Ergebnisorientierung		
Konfliktlösung		

Führen Sie die Liste beliebig fort. Je mehr Stichworte Sie links auflisten und dazu passende Themen aus Ihrer Themenliste definieren, desto bessere Antworten können Sie geben. Im Interview müssen Sie nur noch erkennen, zu welchem Stichwort eine Frage gehört, und haben dann sofort ein passendes Beispiel parat.

Schritt 3: Ergänzen Sie für jedes Thema weitere Kompetenzen

Sie haben aus den ersten beiden Schritten nun eine Liste von Stichworten zu typischen Fragen im Interview, denen Sie jeweils zwei Beispiele zugeordnet haben. Um besonders gelungene Antworten geben zu können, überlegen Sie sich nun zu jedem Beispielthema weitere Kompetenzen, die Sie in Ihrer Erzählung anführen können. Auf diese Weise beantworten Sie nicht nur die Frage und belegen Sie mit einem guten Beispiel, sondern Sie punkten auch mit ergänzenden Qualifikationen.

Werden Sie im Interview gefragt, was für Sie gelungene Teamarbeit ausmacht (Stichwort: „Team“), beantworten Sie die Frage und führen Ihr Beispiel als

Beleg an. Das wäre eine gute Antwort. Um das volle Potenzial auszuschöpfen, ergänzen Sie Ihre Antwort noch um angrenzende Kompetenzen, wie *klare Ziele*. Diese führen Sie innerhalb Ihres Beispiels in Ihrer Erklärung an.

Einige Beispiele, wie eine Zuordnung von Kompetenzen aussehen kann:

Stichwort	**Beispiel**	**Kompetenzen**
Team	Neuorganisation SB4	klare Ziele
	Prozessoptimierung	Detailorientierung
Projektmanagement	Umzug der Fabrik	Komplexität managen
	Kundenprojekt XY	Kennzahlen-Fokus
strategisches Denken	Portfolioentwicklung	langfristiger Horizont
	Jahresgespräche	Win-Win-Perspektive

Nutzen Sie die Liste aus Schritt 2, um rechts in der dritten Spalte jedem Beispiel sinnvolle, ergänzende Kompetenzen hinzuzufügen.

Schritt 4: Üben Sie eine lebendige Erzählweise

Zu guter Letzt nehmen Sie Ihre vollständige Liste und gehen Ihre Beispiele und Kompetenzen noch einmal durch. Sind den Stichworten die jeweils passendsten Projekte und Beispiele zugeordnet? Wenn ja, dann ist jetzt der Zeitpunkt gekommen, Ihr **Storytelling** zu üben. Dieser Begriff bezieht sich auf eine ansprechende, lebendige Erzählweise.

Überlegen Sie sich, wie Sie Ihre Beispiele und Kompetenzen im Interview optimal präsentieren. Wie können Sie ein Beispiel interessant darstellen? Welche Aspekte sind für einen zukünftigen Arbeitgeber besonders spannend?

Üben Sie Ihre Antworten ruhig. Sie sollten sich allerdings nicht auswendig gelernt anhören. Ein oder zwei Durchgänge schaden aber nicht, damit Ihre Antwort später flüssig und ansprechend klingt. Sie können sich dabei mit Ihrem Handy aufnehmen und so selbst Verbesserungspotenzial entdecken. Alternativ präsentieren Sie Ihre Beispielliste einer Person aus Ihrem Umfeld.

Unterschätzen Sie die Wirkung dieses letzten Schritts nicht. Es ist das eine, zu wissen, welche Informationen Sie in Ihrer Antwort geben möchten. Aber es ist etwas völlig anderes, dies auch geübt und einmal flüssig präsentiert zu haben. Sie können die Wirkung Ihrer Antwort mit diesem letzten Schritt noch einmal deutlich steigern.

» Das Rollenspiel

Bedeutung: ■ ■ ■ ■ ■

wird angewendet bei:		*andere Bezeichnungen für Rollenspiel:*
Führungskräfte-ACs	✓	*Gespräch, Zweiergespräch, Mitarbeitergespräch, Kollegengespräch, Kundengespräch, Lieferantengespräch, Verhandlung, Feedbackgespräch, Projektabstimmung, Problemgespräch, Beschwerdegespräch, Motivationsgespräch, Verkaufsgespräch*
Standard-ACs	✓	
Online-ACs	✓	

Worum geht es beim Rollenspiel im Assessment-Center?

Das Rollenspiel kommt in praktisch jedem AC vor, egal, für welche Art von Job und auf welchem Level Sie sich bewerben. Sie sollten sich daher mit der Rollenspiel-Übung vertraut machen.

Beim Rollenspiel handelt es sich um ein **Gespräch zwischen zwei Personen:** Sie als Kandidatin bzw. Kandidat sprechen mit einem Assessor bzw. einer Assessorin. Sowohl Ihnen als auch Ihrem Gegenüber wird dabei im Vorfeld eine bestimmte Rolle zugewiesen. Vor dem Gespräch haben Sie etwas Zeit, sich in Ihre Rolle hineinzudenken und eine Strategie zu erarbeiten.

Eine beliebte Variante des Rollenspiels ist das **Mitarbeitergespräch**. Darin wird Ihnen eine Vorgesetztenrolle zugewiesen. In dieser Funktion sollen Sie mit einem oder einer Ihrer Mitarbeiter*innen sprechen. Weitere Rollenspiel-Typen sind das **Kollegen- und das Kundengespräch**.

Zusammen mit der Rolle erhalten Sie Ihre genaue Aufgabe. Diese entspricht dem Ziel, das Sie am Ende des Gesprächs erreicht haben sollen. Das kann im Mitarbeitergespräch sein, dass Sie ein Problem mit dem Mitarbeiter klären oder die Mitarbeiterin von der Übernahme zusätzlicher Tätigkeitsbereiche überzeugen sollen.

Natürlich erhalten Sie mit dieser Aufgabenstellung auch einige Informationen zu Ihrem Mitarbeiter oder Ihrer Mitarbeiterin und der bisherigen Zusammenarbeit. So haben beide Gesprächsteilnehmer etwas Kontext, auf wen sie im Rollenspiel treffen und in welchem Zusammenhang das Gespräch stattfin-

TIPP: ***Das Rollenspiel kommt in fast jedem Assessment-Center vor. Es sollte in keiner Vorbereitung fehlen.***

det. Ist der oder die Mitarbeiter*in im Allgemeinen hoch motiviert oder eher leistungsschwach? Wie lange kennen Sie ihn oder sie schon und wie war die Zusammenarbeit bisher? All diese Informationen können Sie in Ihre Strategie einfließen lassen. Am Ende sollten die Gesprächspartner zu einer für beide Seiten guten Lösung gelangt sein.

Die Beobachter **bewerten** insbesondere folgende Kriterien:
- Strategische Herangehensweise an die Gesprächsführung
- Win-Win-Denken
- Allgemeine Kommunikationsfähigkeiten
- Empathie und Einfühlungsvermögen
- Geduld
- Sachlichkeit und Objektivität
- Umgang mit Stress und schwierigen Situationen
- Durchsetzungsstärke
- Zielstrebigkeit
- Für beide Seiten klare Vereinbarungen
- Handeln im Interesse des Unternehmens

Je nach Unternehmen, Branche und Position werden **unterschiedliche Schwerpunkte** gesetzt. Von einem Sachbearbeiter werden andere Fähigkeiten erwartet als von einer Geschäftsführerin, von einer Ingenieurin andere als von einem Vertriebsmitarbeiter. Die Grundanforderungen im Unternehmen mögen gleich sein (zum Beispiel kommunikationsstark, sachlich und kooperativ), die Mindestanforderung für die jeweils zu besetzende Stelle kann aber variieren.

TIPP: ***Wie Sie sich im Rollenspiel verhalten, ist mindestens genauso wichtig wie Ihr erzieltes Ergebnis.***

Im Rollenspiel geht es wie bei fast allen Aufgaben im Assessment-Center mehr um das Wie als um das Was. Es mag verschiedene Lösungen geben. Bei allen zählt aber mehr als die Lösung selbst, **wie Sie Ihr Ziel erreichen**. Stimmt Ihr Gegenüber Ihnen zähneknirschend zu und verflucht Sie innerlich? Dann war Ihr Rollenspiel nicht erfolgreich, auch wenn Sie die gestellte Aufgabe gelöst haben. Wäre das Gespräch so im Berufsalltag gelaufen, hätten Sie vermutlich mehr Probleme geschaffen als gelöst. Das möchte kein Arbeitgeber. Und so wählt auch kein Arbeitgeber seine Mitarbeitenden im Assessment-Center aus. Setzen Sie daher auf einen sachlichen, freundlichen und **kooperativen Stil** und behalten Sie das Wie genauso im Blick wie Ihr Gesprächsziel.

Wie läuft ein Rollenspiel ab?

Ein Rollenspiel besteht aus zwei Teilen: der Vorbereitungszeit und dem Gespräch.

Ablauf eines Rollenspiels		
Vorbereitung	🕒	30–45 Minuten
Gespräch	🕒	ca. 15–30 Minuten

Die Vorbereitungszeit

In einem typischen Rollenspiel erhalten Sie **30 bis 45 Minuten** Vorbereitungszeit. Sie sind dabei allein in einem Nebenraum. Dort stehen Ihnen Schreibmaterialien zur Verfügung.

TIPP: *Überlegen Sie sich vor dem Rollenspiel Ihre Gesprächsstrategie. Notieren Sie Fragen, die Sie stellen wollen.*

Die Vorbereitungszeit dient zum Lesen der **Aufgabenstellung**. Diese ist circa eine Seite lang und enthält Informationen zu Ihrer Rolle, zu der Ihres Gegenübers und zum Kontext, in dem Sie aufeinandertreffen.

Ihre Rolle wird in einem Mitarbeitergespräch zum Beispiel definiert als *„Abteilungsleiterin des Einkaufs in einem mittelständischen Textilunternehmen"*. Die **Rolle Ihres Gegenübers** wird beispielsweise beschrieben als ein *„langjähriger Mitarbeiter in Ihrem Team"*. Im Folgenden erfahren Sie mehr zu Ihrem Mitarbeiter. Welche Aufgaben übernimmt er? Was ist er für ein Typ? Wie war Ihre bisherige Zusammenarbeit? So können Sie sich schon im Vorfeld auf Ihren Gesprächspartner einstellen.

Außerdem enthält die Aufgabenstellung Details zu der **Gesamtsituation**, in die das Gespräch eingebettet ist. Geht es um die allgemeine Zusammenarbeit zwischen Ihnen und dem Mitarbeiter? Oder arbeiten Sie aktuell gemeinsam an einem Projekt? Oder gab es einen Vorfall, den es zu klären gilt?

Zu guter Letzt beinhaltet die Aufgabenstellung Ihre **konkrete Aufgabe**, meist am Ende des Briefings: *„Klären Sie die Situation."* Oder: *„Überzeugen Sie Ihren Mitarbeiter davon, das Projekt zusätzlich zu seinen Aufgaben zu übernehmen."* Oder: *„Motivieren Sie den Mitarbeiter, in Zukunft wieder bessere Ergebnisse abzuliefern."*

TIPP: *Unterscheiden Sie die Fakten im Briefing von Gerüchten und Meinungen.*

Während der Vorbereitungszeit können Sie sich Notizen machen und eine **Gesprächsstrategie** entwickeln. Sie können Auffälligkeiten im Briefing markieren und planen, welche Themen Sie wann im Gesprächsablauf anbringen wollen – und, unter welchen Umständen Sie etwas überhaupt ansprechen wollen. Vielleicht ist von Gerüchten oder Eindrücken die Rede, die nicht belegt sind. Diese können und sollten Sie ignorieren.

Andere **Fettnäpfchen** im Briefing sind Meinungen oder Empfehlungen von Personen, die zwar mit aufgeführt sind, aber keinerlei Relevanz für den Sachverhalt haben. Dennoch beeinflussen sie den Gesamteindruck, den Sie bekommen. So wäre die an der Kaffeemaschine geäußerte Feststellung eines Kollegen, dass Ihr Mitarbeiter in der letzten Zeit immer so müde aussah, als **persönliche Meinung** zu ignorieren. Sie dürfen solch eine Aussage nicht als Beleg für eine Erschöpfung oder ein Problem sehen. Dennoch entsteht aus solchen kleinen Brocken ein Gesamtbild im Kopf. Seien Sie sich bewusst, dass Gerüchte, Meinungen und Suggestionen absichtlich in die Aufgabenstellung eingebaut werden, um zu testen, ob Sie sich davon leiten lassen oder Tatsachen souverän von Meinungen trennen können.

Überlegen Sie sich im Vorfeld, wie Sie das Rollenspiel eröffnen, welche Fragen Sie stellen möchten und wie Sie das weitere Gespräch, abhängig von den erhaltenen Antworten, gestalten wollen.

Versetzen Sie sich aber auch in Ihren Gesprächspartner. Welche Gründe kann es für ein Fehlverhalten geben, die es in einem anderen Licht erscheinen lassen würden? Was motiviert diesen Mitarbeiter? Worauf legt er Wert?

Das Gespräch

Das Gespräch findet in einem speziell dafür vorgesehenen Zimmer statt, meist in einem größeren **Besprechungsraum**. Sie nehmen mit Ihrem Gesprächspartner an einem Tisch mit zwei Stühlen Platz. In einiger Entfernung, aber mit gutem Blick auf die Gesprächssituation, sitzen die **Beobachter**.

TIPP: ***Fokussieren Sie sich auf Ihren Gesprächspartner.***

Sobald Sie den Raum betreten, können Sie die zugewiesene Rolle annehmen und mit Leben füllen. Dazu gehört, Ihr Gegenüber freundlich zu **begrüßen** und eine angenehme Gesprächsatmosphäre zu schaffen. Haben Sie die Möglichkeit dazu, wählen Sie Ihren Sitzplatz im **90-Grad-Winkel** zu Ihrem Gesprächspartner, anstatt ihm oder ihr direkt gegenüber zu sitzen. Das wirkt freundlich und kollegial.

Für das Gespräch sind in der Regel wie für die Vorbereitung 30 bis 45 Minuten vorgesehen. Diese werden oft nicht voll ausgeschöpft. Die tatsächliche Dauer hängt von Ihnen und Ihrer Gesprächsführung ab. Ich habe schon Rollenspiele gesehen, die nach fünf Minuten sehr erfolgreich beendet waren. Das ist aber eine absolute Ausnahme. In aller Regel dauert ein Rollenspiel circa **15 bis 20 Minuten**.

Rollenspieler*innen sind meist Experten, häufig Psychologen einer externen Assessment-Center-Agentur, manchmal aber auch geschulte Mitarbeiter der eigenen Personalabteilung des Unternehmens. In allen Fällen ist Ihr Gegenüber spezifisch darauf vorbereitet worden, die Rolle fair und für alle Teilnehmenden gleich zu spielen. Das heißt nicht, dass das Gespräch immer denselben Ablauf hat. Es bedeutet vielmehr, dass der Rollenspieler allen Kandidatinnen und Kandidaten die gleichen Chancen gibt und die Rolle gleich schwer spielt. Zeigen Sie bestimmte Verhaltensweisen (zum Beispiel Fragetechniken), reagiert Ihr Gegenüber darauf immer auf dieselbe Weise (beispielsweise werden Informationen preisgegeben). Es spielt die Rolle also anhand von eng definierten Parametern, die seinem eigenen Briefing entsprechen.

Das Gespräch kann sich je nach Ihrer **Gesprächsführung** unterschiedlich entwickeln. Der Rollenspieler reagiert dabei immer nur auf das, was Sie anbieten. Stellen Sie Fragen, erhalten Sie Antworten. Werden Sie laut, wird Ihr Gegenüber – je nach seiner Anweisung – auch laut und das Gespräch eskaliert. Oder Ihr Gesprächspartner wird sehr leise und defensiv. In jedem Fall haben Sie diese Reaktion durch Ihr eigenes Verhalten hervorgerufen.

Wenn Sie das Gespräch **sachlich**, **ergebnisoffen** und **zielorientiert** führen, kooperiert der Rollenspieler und Sie erhalten schnell Informationen, auf Basis derer Sie zu einer einvernehmlichen Lösung kommen. Machen Sie Fehler, reagiert Ihr Gegenüber darauf ebenfalls und das Gespräch wird für Sie deutlich schwerer.

Was leicht klingt, erfordert im Rollenspiel ein hohes Maß an Konzentration. Sie müssen **geschickte Fragen** stellen, genau hinhören und sich auf Ihren Gesprächspartner einlassen. Dabei versuchen Sie, seine oder ihre Situation zu verstehen. Auf der anderen Seite müssen Sie aber auch Ihr eigenes Ziel im Blick behalten und das Gespräch entsprechend steuern, um am Ende zu einer für beide Seiten sinnvollen **Einigung** kommen.

Wie löse ich ein Rollenspiel?

Das Briefing

Der Schlüssel zu einem erfolgreichen Rollenspiel liegt darin, den **Aufbau** zu verstehen. Zwei Personen erhalten jeweils ein Briefing, in dem ihnen eine Rolle zugewiesen wird: Vorgesetzte und Mitarbeiter, zwei Kolleginnen untereinander oder Lieferant und Kundin.

TIPP: ***Ihr Gegenüber hat immer relevante Informationen zum Sachverhalt, die nicht in Ihrem Briefing standen.***

Diese Briefings sind aber nicht identisch, sondern enthalten **unterschiedliche Informationen** zum gleichen Sachverhalt. Schließlich sind es zwei verschiedene Personen, mit individuellen Sichtweisen, Hintergründen und Positionen. Viele Dinge mögen in den Briefings gleich sein. Aber es gibt im Rollenspiel immer wesentliche Unterschiede zwischen den beiden Anweisungen. Und es bleibt nicht bei Abweichungen: In der Regel hat Ihr **Gegenüber mehr Informationen** als Sie. Nur Ihr Mitarbeiter weiß, warum seine Leistung sich verändert hat oder unter welchen Umständen er ein zusätzliches Projekt übernehmen würde. Nur Ihre Kollegin weiß, warum sie Ihren Vorschlag nicht unterstützt, und nur Ihr Kunde weiß, warum er bei Ihnen seit einiger Zeit nichts mehr bestellt.

TIPP: ***Sie müssen zunächst alle Fakten kennen. Welche Informationen fehlen Ihnen noch?***

Um ein Rollenspiel zu lösen, müssen Sie den **Informationsunterschied ausgleichen**. Schließlich fehlen Ihnen wichtige Informationen, um die Sache ganzheitlich beurteilen zu können. Wenn Sie nur ein unvollständiges Bild von etwas haben, können Sie keine sinnvollen Entscheidungen treffen. Sie können nicht wissen, ob Ihr Ansatz richtig ist und welche Konsequenzen er verursacht, wenn Ihnen einzelne Aspekte des Sachverhalts nicht bekannt sind.

Ihre **Aufgabenstellung** ist in dieser Hinsicht **nicht vollständig**. Dort steht vielleicht, dass Sie einen Mitarbeiter motivieren sollen, dessen Leistung sich verändert hat. Nach dem Gespräch stimmt Ihr Mitarbeiter zu, sich in Zukunft mehr Mühe zu geben und einem mit Ihnen vereinbarten Fünf-Schritte-Plan zu folgen. Technisch gesehen haben Sie Ihre Aufgabe erfüllt und freuen sich, das Rollenspiel erfolgreich absolviert zu haben.

Aber haben Sie das wirklich? Im Rollenspiel werden Sie nach den verschiedensten Kriterien bewertet, darunter **Empathie**, **Einfühlungsvermögen** oder **Kommunikationsstärke**. Nichts davon war in der Aufgabenstellung aufgeführt. Warum sind diese vermeintlich weichen Faktoren dennoch so wichtig?

Sie haben Ihren Mitarbeiter zwar dazu gebracht, Ihnen zuzustimmen. Das heißt aber nicht, dass es Ihnen gelungen ist, ihn auch zu motivieren. Das war jedoch die Aufgabe. Möglicherweise ist er nach dem Gespräch demotivierter als zuvor und fühlt sich im Unternehmen nicht verstanden. Er sagt es bloß nicht. Vielleicht hat er Angst vor Konsequenzen, der Grund ist ihm unangenehm oder er glaubt nicht, dass seine Chefin an seinen Sorgen interessiert ist. Somit wäre auch aus der technischen Perspektive Ihr Rollenspiel ungelöst. Es ist Ihnen trotz des vereinbarten Maßnahmenplans nicht gelungen, Ihren Mitarbeiter zu motivieren und die Bewertung durch die Rollenspiel-Beobachter wird das widerspiegeln.

Fragetechniken

Offene Fragen stellen

Um den Sachverhalt ganzheitlich und richtig beurteilen zu können, müssen Sie zunächst alle Informationen dazu haben. Das erreichen Sie, indem Sie offen formulierte Fragen stellen.

TIPP: *Stellen Sie offen formulierte Fragen: „Wie …?" „Was …?" „Warum …?"*

Offene Fragen sind klassische **W-Fragen**, also *„Wie…?"*, *„Was…?"* oder *„Warum…?"*. Darauf kann man nur antworten, indem man zusätzliche Informationen preisgibt. Die Antworten, selbst in der knappsten Form, sind alle lehrreich. Mit jeder erfährt die Fragestellerin im folgenden Beispiel etwas Neues:

Beispiel

„Wie geht es Ihnen?"

„Na ja, geht so."

„Was ist los?"

„Ich habe Kopfschmerzen."

„Warum ist das so?"

„Ich habe mir vorhin den Kopf gestoßen."

Nun haben wir ein gutes Bild von der Situation und erst jetzt können wir hilfreiche und sinnvolle Vorschläge machen, wie eine Kopfschmerztablette anbieten oder ein gemeinsames Meeting auf morgen verschieben. Weitere gute Formulierungen sind *„Wie kam es dazu?"* oder *„Aus welchem Grund…?"*.

Das Gegenteil der offenen Fragen sind die geschlossenen Fragen, die auch **Ja-/Nein-Fragen** genannt werden. Darauf kann man kurz und knapp mit Ja oder Nein antworten, ohne weitere Informationen geben zu müssen. Der Verlauf des Gesprächs ist stark durch die Fragestellung eingeschränkt und es bleibt kein Raum, auf andere Themen als die in der Frage angesprochenen einzugehen.

In den Antworten erhält die Fragestellerin keinerlei relevante Informationen über die Situation ihres Gesprächspartners:

Negativbeispiel

„Möchten Sie einen Kaffee?“

„Nein, danke.“

„Kommen Sie gleich ins Meeting?“

„Ja.“

„Können Sie nach dem Meeting bitte die Mail an den Kunden schreiben?“

„Ja, natürlich.“

Die Fragestellerin hat ihr Ziel erreicht, aber keine Ahnung, dass ihr Gegenüber Kopfschmerzen hat, das Meeting lieber streichen würde und nun auch noch eine Zusatzaufgabe aufgebrummt bekommen hat. Eine einzige offene Frage hätte hier möglicherweise ausgereicht:

Beispiel

„Möchten Sie einen Kaffee?“ (geschlossene Frage)

„Nein, danke.“

„Oh, warum denn heute nicht, Sie trinken doch sonst immer einen Kaffee im Meeting?“ (offene Frage: Warum …?)

„Heute nicht, ich habe leider Kopfschmerzen.“

Schon würde die Interaktion ganz anders verlaufen.

Warum spricht mein Gegenüber wichtige Informationen nicht selbst an?

Nun kann man sich wundern und denken, der Mitarbeiter hätte seine Chefin doch von sich aus auf seine Kopfschmerzen ansprechen und um die Verlegung des Meetings bitten können. Wenn er das nicht macht, sind die Kopfschmerzen sicher nicht allzu schlimm. Wieso wird hier so viel Wert auf die Fragetechnik gelegt? Würde ein Mitarbeiter unter Druck oder eine unzufriedene Kundin das Problem nicht selbst ansprechen?

Das Rollenspiel ist nicht die Praxis

Sie können Ihre Erfahrungen aus der Berufswelt nicht direkt auf das Assessment-Center-Rollenspiel übertragen. Es ist eine **künstliche Prüfungssituation**. Sie kennen Ihr Gegenüber nicht und haben keine echte Beziehung zueinander. Dadurch läuft ein Rollenspiel anders ab als ein Mitarbeitergespräch, das Sie in der Praxis führen würden.

Gehen Sie nicht von sich aus

Menschen sind **unterschiedlich**. Das spiegelt sich auch in den Rollenanweisungen im Assessment-Center wider. Es gibt mutige und schüchterne, motivierte und unmotivierte, introvertierte und extrovertierte, offene und verschlossene Menschen. Auf wen Sie im Rollenspiel treffen, ist völlig offen. Nicht jeder ist so und verhält sich so, wie Sie oder Ihre Kollegen in Ihrem Unternehmen oder Ihrer Branche. Bei Ihnen mag ein vertrauensvoller und offener Umgang miteinander üblich sein, bei dem die Mitarbeitenden Probleme direkt ansprechen und ihren Vorgesetzten vertrauen. Im Rollenspiel treffen Sie möglicherweise auf einen anderen Charakter, bei dem das nicht so ist.

Ihr Gegenüber spielt eine Rolle

Ihr Gesprächspartner hat eine klare **Rollenanweisung** erhalten und spielt gemäß der Vorgabe. Das kann bedeuten, dass er oder sie bestimmte Informationen nur passiv ansprechen darf, das heißt, wenn Sie danach fragen. Ohne Frage keine Information. Das unterscheidet das Rollenspiel von der Praxis. Machen Sie sich bewusst, dass Sie es nicht mit Ihrem echten Kollegen oder einer Kollegin zu tun haben, sondern mit einem Rollenspieler.

Das Rollenspiel ist ein Test

Das komplette Rollenspiel-Szenario ist darauf ausgelegt, Sie zu **testen**. Man möchte sehen, wie Sie mit herausfordernden Situationen umgehen, wie Sie sich in schwierigen Gesprächen verhalten, ob Sie sich gut in andere Menschen hineinversetzen können und deren Positionen in Ihre Entscheidungen einbinden. Die Übungen sind also darauf ausgelegt, Ihnen nicht alle wichtigen Informationen auf dem Silbertablett zu servieren. Sonst könnten die Beobachter aus dem Rollenspiel keine Schlüsse auf Ihre Qualifikationen ziehen.

Offene Fragen schaffen Vertrauen

Durch offene Fragen erhalten Sie wichtige Informationen zum Sachverhalt. W-Fragen haben aber noch eine weitere Funktion im Rollenspiel: Sie schaffen Vertrauen. Sie zeigen Ihrem Gegenüber, dass Sie sich für ihn und seine Belange interessieren.

TIPP: *Eröffnen Sie das Gespräch mit dem vertrauten Small Talk: „Wie geht's Ihnen?"*

Fragen Sie: „Wie geht's Ihnen?"

Starten Sie das Rollenspiel mit einem freundlichen *„Wie geht's?"*.

Die Antwort darauf wird sein: *„Danke, gut. Wie geht's Ihnen?" – „Danke, auch gut."* Dieser Austausch ist vorhersehbar. Das macht aber nichts, denn er erfüllt für uns im Assessment-Center den **Zweck des Eisbrechers**. Das Gespräch ist eröffnet, die Gesprächspartner sind im Austausch miteinander.

Der Informationsgehalt dieser ersten Frage ist gleich null. Denn das *„Danke, gut"* ist die sozial erwartete **Standardantwort**. Ihr Gegenüber wird Ihnen noch keine relevanten Informationen geben. Aber Sie haben damit die Ebene der Floskeln, die zu Beginn fast jeden Gesprächs ausgetauscht werden und in sozialen Interaktionen unbewusst erwartet werden, hinter sich gebracht. Der Weg ist nun frei für einen echten Austausch.

Achtung, Fehlergefahr

An dieser Stelle passieren die meisten **Fehler** im Rollenspiel. Nach dem ersten freundlichen Austausch entscheiden sich viele Kandidaten dafür, das Gespräch direkt auf das zu lösende Problem zu lenken. Das ist sehr riskant. Erstens haben Sie noch keinerlei Informationen von Ihrem Gegenüber erhalten. Sie kennen den gesamten Sachverhalt also noch nicht. Zweitens grenzen Sie das Gespräch damit stark ein, nämlich rein auf die vorgegebene Angelegenheit. Für andere Themen, die den Sachverhalt vielleicht beeinflussen, bleibt kein Raum. Drittens: Wenn Sie in Ihren Erklärungen an irgendeiner Stelle sprachlich nicht sachlich und neutral sind, rufen Sie eine Reaktion hervor, die den Rest des Gesprächs beeinflussen und sogar überschatten kann. Fühlt Ihr Gesprächspartner sich missverstanden, unfair behandelt oder unter Druck, wird er oder sie defensiv und **verschließt sich** Ihnen gegenüber. Das wäre das Gegenteil von dem, was Sie für die Lösung des Rollenspiels benötigen.

Wie soll ich Informationen zum Sachverhalt bekommen, wenn ich ihn nicht anspreche?

Es ist wichtig zu verstehen, dass Sie natürlich über den Sachverhalt sprechen können und vermutlich auch sollten. Aber eben **nicht an dieser Stelle** im Gespräch. Es wäre zu früh. Für den Erfolg Ihres Rollenspiels ist es essenziell, dass Sie zunächst relevante Informationen von Ihrem Gegenüber erhalten. Diese beziehen sich möglicherweise nicht direkt auf den Sachverhalt, sondern beeinflussen ihn nur.

Negativbeispiel

Nehmen Sie an, ein Mitarbeiter hat enormen Stress durch einen privaten Rechtsstreit, der ihn viel Geld kosten könnte. Die entscheidende Verhandlung ist diese Woche. Er ist dadurch abgelenkt und kann sich nicht konzentrieren. Sie wissen von dem Rechtsstreit nichts, weil Ihr Mitarbeiter Sie nicht mit seinen privaten Problemen belasten wollte. Sie haben beobachtet, dass er in den letzten Tagen in Meetings öfter laut geworden ist und die Geduld verloren hat. So kennen Sie ihn nicht und bitten ihn zu einem klärenden Gespräch.

Wenn Sie ihn nach einem kurzen Small Talk zu Beginn direkt auf den Sachverhalt aus Ihrer Sichtweise ansprechen, könnte das so klingen: „Harald, ich möchte mit dir über dein Verhalten in unserem gemeinsamen Meeting mit Gabi gestern sprechen. Gabi hat die neuen Kosteneinsparungsmaßnahmen vorgestellt. Du bist in der Diskussion plötzlich laut geworden und hast Gabi fast angeschrien. Am Freitag habe ich ein ähnliches Verhalten schon in unserem internen Teammeeting gesehen. Dort bist du plötzlich bei der Verteilung der Aufgaben aufgesprungen und hast den Raum verlassen. Auf mich wirktest du sehr verärgert. So ein Verhalten geht in unserer Firma nicht. Die Gabi hat nur ihren Job gemacht und im Teammeeting ging es auch um Kleinigkeiten. Ich muss dich wirklich bitten, dich mehr zusammenzureißen.“

Sie haben das **Thema weitgehend sachlich angesprochen**. Dennoch führt das hier nicht zu einem guten Ergebnis. Wie wird Ihr Mitarbeiter jetzt antworten? Abhängig von der Rollenvorgabe gibt es verschiedene Varianten. Zwei typische wären: Der Mitarbeiter **stimmt Ihnen zu**, entschuldigt sich und verspricht Besserung. Oder er fühlt sich missverstanden und zu Unrecht von seiner Chefin zurechtgewiesen, **verteidigt sich** und erklärt, warum er die Situation anders sieht. Er ist doch nicht laut geworden, das war eine normale Diskussion mit Gabi. Im Teammeeting war das auch ein Missverständnis, da ist er nur kurz auf die Toilette gegangen. Verärgert war er nicht, der Eindruck muss getäuscht haben. In beiden Szenarien erfahren Sie den wahren Grund für das Verhalten nicht. Sie verstehen nicht, in welcher Situation sich der Mitarbeiter befindet. Je länger das Rollenspiel dauert, desto mehr wird **argumentiert** und über die unterschiedlichen Interpretationen gesprochen. Die Gesprächspartner entfernen sich immer weiter voneinander und es wird immer **schwieriger**, auf die verborgenen Ursachen des Problems zu kommen.

Warum kommt hier nicht der wahre Grund zur Sprache? Warum erklärt der Mitarbeiter nicht, dass er in einen privaten Rechtsstreit verwickelt ist, der ihn unter enormen Druck setzt und gerade in dieser Woche in der entscheidenden Phase ist? Das ist das Besondere am Rollenspiel. Sie haben **nicht danach gefragt**. Es gab für ihn keine Möglichkeit, das Thema in vertrauensvoller Atmosphäre anzusprechen. Nachdem die Chefin bereits von ihren negativen

Beobachtungen (Gabi angeschrien, das Teammeeting verlassen) erzählt hatte, fühlte sich der Mitarbeiter **unter Druck gesetzt**. Je nach gespielter Rolle setzen jetzt Flucht- oder Kampfreflexe ein. Entweder er möchte das Gespräch möglichst schnell beenden, verspricht, sich zu bessern, und stimmt allen Vorschlägen zu (Flucht) oder er verteidigt sich, erklärt die Situationen und streitet alles ab (Kampf). Natürlich sind dies zwei gespielte Reaktionen und nicht zwingend so, wie Sie sie von Mitarbeitern in der Praxis kennen. In einem Rollenspiel haben Sie es aber mit einer gespielten Situation zu tun. Die müssen Sie anders angehen. Sie ahnen es schon: Bleiben Sie bei den offenen Fragen.

Fragen Sie anschließend: „Wie läuft es gerade bei Ihnen?"

Das Rollenspiel haben Sie mit der freundlichen Floskel *„Wie geht's?"* eröffnet. Daraufhin haben Sie sicher eine Floskelantwort erhalten: *„Danke, gut. Und Ihnen?"* – *„Danke, auch gut."*

TIPP: ***Nach dem „Wie geht's?" fragen Sie: „Wie läuft es bei Ihnen?"***

Jetzt ist die Sternstunde der offenen Frage gekommen. Ab hier gibt es in Gesprächen **keine Floskelantworten mehr**. Dennoch mussten Sie den Floskelaustausch zwingend voranstellen. Hätten Sie nicht erst *„Wie geht's?"* gefragt, würden Sie auf die nun folgende Frage eine Standardantwort, wie *„Sehr gut"*, erhalten. Da die aber schon gegeben wurde, muss Ihr Gegenüber bei einer weiteren Nachfrage mehr Informationen preisgeben.

Fragen Sie: *„Wie läuft es gerade bei Ihnen?"*

Diese Frage ist in der Essenz identisch mit *„Wie geht's?"*. Eine reine Floskelantwort reicht im sozialen Kontext eines Gesprächs nun aber nicht mehr aus. Zudem hat sie einen weiteren, spezifischen Zweck: Sie **schafft Vertrauen**. Die erneute Nachfrage in die gleiche Richtung zeigt, dass Sie echtes und ernsthaftes Interesse daran haben zu erfahren, wie es Ihrem Gegenüber geht beziehungsweise wie es „läuft". Sie signalisieren, dass Ihnen bewusst ist, dass in der ersten, oberflächlichen Frage nur Höflichkeiten ausgetauscht wurden. Nun wollen Sie wissen, wie es wirklich um Ihren Gesprächspartner steht.

TIPP: ***Grenzen Sie das Themenfeld durch Ihre Frageformulierung nicht ein.***

Ein weiterer wichtiger Aspekt dieser Formulierung ist, dass die Frage **nicht eingrenzend** ist. Sie lässt offen, ob sie sich auf private oder berufliche Dinge bezieht. Würden Sie an dieser Stelle fragen *„Wie läuft es im Projekt?"*, würden Sie das Gespräch in eine rein berufliche Richtung lenken. Von dort wieder auf mögliche private Themen zu kommen, wird schwer. Halten Sie Ihre Frage an dieser Stelle im Gespräch also so offen wie möglich.

Alternative Formulierungen sind:

- *Wie läuft es gerade bei Ihnen?*
- *Was ist gerade los bei Ihnen?*
- *Wie geht es Ihnen so?*
- *Erzählen Sie mir ein bisschen über sich.*
- *Was beschäftigt Sie gerade?*

Sie erhalten nun eine ausführlichere Antwort

Die offene Fragestellung zwingt Ihren Gesprächspartner, ausführlicher zu antworten und Ihnen somit erste Informationen mitzuteilen. Hören Sie genau hin! In dieser Antwort sind meist **kleinere Hinweise** auf die Lösung enthalten. Man testet, ob Sie diese erkennen; also aufmerksam und aktiv zuhören.

Durch die **Themen**, die Ihr Gegenüber nennt, entwickelt sich das Gespräch im Folgenden in eine bestimmte Richtung. Diese wird aber nicht mehr durch Ihre (unvollständige) Aufgabenstellung vorgegeben, sondern durch den dynamischen Austausch. Dadurch ergibt sich die Möglichkeit, über Themen zu sprechen, die nicht in Ihrem Briefing enthalten waren.

Hören Sie genau hin und finden Sie relevante Anknüpfungspunkte

Der Rollenspieler wird es Ihnen hier – so früh im Gespräch – noch nicht leicht machen. Es ist meist nur ein Halbsatz oder ein einzelnes Wort innerhalb einer längeren Antwort, das Ihr **Anknüpfungspunkt** ist. Diesen müssen Sie hören und danach weiter fragen. Schauen wir uns das anhand eines Beispiels an:

Beispiel

Vorgesetzte: *„Wie geht es Ihnen?"*

Mitarbeiter: *„Danke, gut. Wie geht es Ihnen?"*

Vorgesetzte: *„Danke, auch gut. Wie läuft es gerade bei Ihnen?"*

Mitarbeiter: *„Sie wissen ja, bei uns im Team ist immer viel los, wir haben viele Themen. Gerade ist es besonders stressig. Wir haben diese Woche zwei der Berichte abgeschlossen, an denen wir schon seit einiger Zeit saßen. Einer ging an die Bezirksleitung, der andere an die Interne Revision. Vielen Dank nochmal für Ihre Anmerkungen dazu. Jetzt konzentriert sich mein Team gerade darauf, die Prozessautomation vorzubereiten. Das Projekt soll nächste Woche endlich losgehen."*

Haben Sie den Anknüpfungspunkt bemerkt? Wo haken Sie nach? Was ist auffällig?

Zunächst spielen wir durch, wo die **Fallstricke** liegen. Nehmen wir an, in Ihrer Aufgabenstellung geht es um ein Problem mit dem Mitarbeiter und Sie haben Sorge, dass die Prozessautomation darunter leiden könnte. Da Ihnen das Thema durch die Aufgabenstellung vertraut und wichtig ist, stürzen Sie sich darauf: *„Ja, über die Prozessautomation wollte ich mit Ihnen auch noch sprechen."* In diesem Moment grenzen Sie das Gespräch wieder ein. Sie verfolgen Ihre eigene Agenda, bevor Sie sicher sein können, dass es keine anderen relevanten Themen gibt.

Im nächsten Schritt würde der Mitarbeiter fragen, was genau die Vorgesetzte denn zur Prozessautomation besprechen möchte. Darauf würde sie dann früher oder später auf die Probleme eingehen. Das wiederum führt zu der **Flucht- oder Kampf-Reaktion**, die wir bereits oben gesehen haben. Das Gespräch läuft in eine Sackgasse.

Dabei hat der Mitarbeiter im Dialog oben einen **Hinweis** gegeben, dass etwas nicht in Ordnung ist: *„Gerade ist es besonders stressig."* Dass die Abteilung immer gut ausgelastet ist, hat er vorangestellt. Jetzt gerade ist es aber **besonders stressig**. Anschließend berichtet der Mitarbeiter von den abgeschlossenen und den noch anstehenden Projekten. Er geht davon aus, dass die Vorgesetzte sich für die aktuellen Projekte interessiert. Ob diese das hohe Stressniveau verursacht haben oder ob noch weitere, nicht genannte Themen dafür verantwortlich sind, wird aus seiner Antwort nicht deutlich. Hier müssen wir nachhaken!

Haken Sie mit offenen Fragen nach

Wenn Sie einen oder mehrere mögliche Anknüpfungspunkte gehört haben, haken Sie nach. Bei mehreren Punkten arbeiten Sie diese nacheinander ab. Natürlich nutzen Sie dafür wieder offen gestellte Fragen:

- *„Woran liegt das?"*
- *„Aus welchem Grund?"*
- *„Warum ist das so?"*

Stellen Sie der Frage kurz voran, auf was Sie sich beziehen. Wiederholen Sie dafür, möglichst im Wortlaut, die Aussage Ihres Gegenübers. In unserem Beispieldialog sieht das folgendermaßen aus:

> ***Beispiel***
>
> ***Vorgesetzte:*** *„Sie haben gesagt, dass es gerade ‚besonders stressig' ist. Woran liegt das?"*
>
> ***Mitarbeiter:*** *„Ach, so schlimm ist das auch wieder nicht. Es kommen halt nur ein paar Dinge zusammen."*

Diese Antwort ist eine häufige Reaktion im Rollenspiel.

Fragen Sie weiter offen nach, wenn Ihr Gesprächspartner ein Thema herunterspielt. Indem Sie sich nicht abwimmeln lassen und **weiter nachhaken**, signalisieren Sie, dass Sie wirklich interessiert sind. Sie fragen nicht nur oberflächlich nach dem Befinden, sondern gehen auf die Antworten ein. Das **Herunterspielen** oder Abwinken ist **Teil der Rolle**. In unserem Beispiel möchte der Mitarbeiter seine Chefin vielleicht nicht aufhalten oder ist sich noch nicht sicher, ob sie tatsächlich an dem Thema interessiert ist. Über die Nachfrage signalisieren Sie: Ich will es wirklich wissen. Das schafft Vertrauen.

Im Rollenspiel wird sich Ihr Gesprächspartner jetzt öffnen. Sie haben bewiesen, dass Sie kommunikationsstark sind, und das wird mit **weiteren Informationen** belohnt. In unserem Beispiel könnte das so aussehen:

Beispiel

Vorgesetzte: *„Sie haben gesagt, dass es gerade ‚besonders stressig' ist. Woran liegt das?"*

Mitarbeiter: *„Ach, so schlimm ist das auch wieder nicht. Es kommen halt nur ein paar Dinge zusammen."*

Vorgesetzte: *„Was kommt denn gerade zusammen?"*

Mitarbeiter: *„Die Projekte laufen ja, Sie wissen, das ist mir sehr wichtig. Es ist nur insgesamt etwas viel gerade."*

Vorgesetzte: *„Woran liegt das denn?"*

Mitarbeiter: *„Ich will Sie damit gar nicht belasten."*

Vorgesetzte: *„Das machen Sie nicht. Warum ist es denn jetzt gerade so besonders stressig?"*

Mitarbeiter: *„Haben Sie das von meiner Frau gehört? Hatte ich Ihnen das erzählt?"*

Vorgesetzte: *„Nein. Davon weiß ich noch nichts. Was ist denn los?"*

Mitarbeiter: *„Meine Frau ist vor drei Wochen unglücklich gestürzt und hat sich ein Fußgelenk gebrochen. Es ist ein komplizierter Bruch und sie musste für vier Wochen ins Krankenhaus. Ende nächster Woche kommt sie endlich raus."*

Vorgesetzte: *„Das tut mir sehr leid. Das sind schlimme Nachrichten! Ich wünsche Ihrer Frau gute Besserung und hoffe, dass sie schnell wieder fit wird."*

An dieser Stelle hätten Sie das Rollenspiel „geknackt" und die **Ursache** für den Stress und andere Probleme, die aus der Aufgabenstellung hervorgehen, gefunden. Ab hier wird das Gespräch recht einfach zu führen sein. Natürlich sollten Sie **weiterfragen** und zunächst verstehen, wie der Krankenhausaufenthalt der Ehefrau sich auf Ihren Mitarbeiter auswirkt. Wenn Sie die gesamte Situation verstanden haben, können Sie **sinnvolle Lösungsvorschläge** machen.

Nehmen wir an, es geht um einen langjährigen, guten Mitarbeiter, der in der letzten Woche zwei Mal zu spät zum morgendlichen Teammeeting gekommen ist und auf Sie und andere Kollegen in letzter Zeit abwesend wirkt. Sie sollen den Mitarbeiter dazu anhalten, pünktlich zu kommen und ihn motivieren.

Hätten Sie das Gespräch direkt **mit dem Problem begonnen**, wie in unserem vorigen Negativbeispiel, hätte sich der Mitarbeiter möglicherweise entschuldigt, erklärt, er habe es aufgrund des hohen Verkehrsaufkommens nicht eher ins Büro geschafft, und Besserung versprochen. Möglicherweise hätten Sie ihn dazu angehalten, früher loszufahren, ein hohes Verkehrsaufkommen zeitlich einzuplanen und hätten angekündigt, dass Sie in der nächsten Zeit besonders auf seine Pünktlichkeit achten. Ein solches Vorgehen wäre völlig **an den echten Ursachen vorbeigegangen**.

In unserem Beispiel sind wir nun auf der richtigen Spur und stellen weiter offene Fragen. So lange, bis wir alle relevanten Informationen zur Bewertung der Gesamtsituation haben. Der Mitarbeiter hat nun Vertrauen in seine Vorgesetzte, da sie aufrichtiges Interesse zeigt. Er **teilt Informationen offen**, wenn wir ihn fragen.

Beispiel

Vorgesetzte: *„Ich kann mir vorstellen, dass das eine hohe Belastung für Sie ist. Wie geht es Ihrer Frau aktuell?"*

Mitarbeiter: *„Der Bruch heilt gut. Die Ärzte sind zufrieden und sie kann wohl wie geplant nächste Woche das Krankenhaus verlassen."*

Vorgesetzte: *„Das freut mich sehr. Wie geht es Ihnen mit der Situation?"*

Mitarbeiter: *„Die größte Belastung ist momentan, dass ich allein die Kinder versorge. Sie wissen ja, dass meine beiden Kleinen erst vier und sechs Jahre alt sind. Normalerweise teilen meine Frau und ich uns die Aufgaben. Momentan muss ich alles allein übernehmen. Das funktioniert gut, nur morgens ist es schwierig."*

Vorgesetzte: *„Wieso?"*

Mitarbeiter: *„Nun ja. Die Kita liegt auf dem Arbeitsweg meiner Frau. Deshalb setzt sie die Kinder normalerweise morgens auf dem Weg zur Arbeit dort ab. Jetzt muss ich das natürlich übernehmen. Aber die Kita liegt auf der anderen Seite der Stadt. Außerdem macht sie erst um 08:30 Uhr auf. Wenn dann noch viel Verkehr ist, kann es bis zu unserem Teammeeting um 09:00 Uhr sehr knapp werden. Zwei Mal war ich schon zu spät, das war mir sehr unangenehm. Früher macht die Kita aber nun mal nicht auf und ich weiß nicht, wie ich die Situation anders lösen soll."*

Dies ist eine wichtige Information für unser eigenes Anliegen. Neben der allgemeinen Anspannung durch die private Situation hat der Mitarbeiter uns den **konkreten Kontext** für sein Zuspätkommen gegeben. Hohes Verkehrsaufkommen hat zu der Verspätung geführt. Früher loszufahren, den Verkehr einzuplanen oder eine andere Route zu nehmen, wären aber hier keine sinnvollen Lösungen! Ohne das Wissen um die Kitabetreuung der Kinder und den dadurch entstehenden Zeitdruck morgens können wir unmöglich auf eine für beide Seiten gute Lösung kommen.

Die **konkreten Vorschläge** hängen stark davon ab, wie die jeweilige Situation im Rollenspiel gestaltet ist. Es geht nicht darum, den Mitarbeitern, Kollegen oder Kunden alles recht zu machen. Im Gegenteil: Sie müssen zwingend auch Ihre **eigenen Interessen einfließen** lassen. Der Weg dahin sieht im Rollenspiel aber oft anders aus, als es auf den ersten Blick in die Aufgabe scheint. Sie müssen eine Balance zwischen Ihren eigenen und den fremden Interessen finden.

TIPP: Gute Lösungen sind Win-Win-Lösungen, also solche, bei denen beide Seiten gewinnen.

Fragen Sie Ihren Gesprächspartner nach Lösungsideen

Auch nachdem Sie das Problem erfasst haben, halten Sie sich mit Ihren eigenen Ideen noch zurück. Fragen Sie zunächst Ihren Gesprächspartnerin bzw. Ihren Gesprächspartner, was sie oder er als Lösung vorschlägt. Oft erfahren Sie dabei noch neue Dinge. Im Anschluss können Sie dann Ihre eigenen Ideen einbringen.

Beispiel

Vorgesetzte: *„Wie können wir Sie in dieser schwierigen Situation unterstützen?"*

Mitarbeiter: *„Es ist wirklich sehr nett, dass Sie das anbieten. Da gibt es eine Sache. Es ist morgens immer so knapp, von der Kita ins Büro zu kommen und pünktlich zum Teammeeting da zu sein. So komme ich schon gestresst im Büro an. Gibt es die Möglichkeit, dass wir vorübergehend das Teammeeting statt um 09:00 Uhr um 09:15 Uhr starten?"*

Vorgesetzte: *„Das finde ich einen guten Vorschlag. Aus meiner Sicht spricht nichts dagegen. Ich prüfe das mit den anderen Teammitgliedern. Das sollte aber funktionieren. Wenn dem nichts entgegensteht, können wir das gleich ab morgen früh umsetzen."*

Dadurch, dass der **Mitarbeiter selbst Vorschläge** macht, können Sie sicher sein, dass diese das Problem lösen. Kommt hier wenig Resonanz, können Sie immer noch eigene Ideen einbringen. Indem Sie diesen Part dem Mitarbeiter überlassen, erfahren Sie aber die Lösungsansätze, die am besten auf seine Situation passen und auch die für Sie **verborgenen Zusatzinformationen** aus der Rollenspielanweisung berücksichtigen. Dort sind möglicherweise weitere Schwierigkeiten aufgeführt, die Sie bislang noch nicht besprochen haben. Fragen Sie daher so lange nach, bis Ihr Gegenüber Ihnen bestätigt, dass aus seiner Sicht **alle Themen** adressiert wurden.

Beispiel

Vorgesetzte: *„Gibt es sonst noch etwas, bei dem wir Sie unterstützen können?"*

Mitarbeiter: *„Die Verschiebung des Teammeetings hilft mir schon sehr. Eine andere Sache gibt es da noch. Nachmittags fahre ich mit den Kindern zu meiner Frau ins Krankenhaus. Die Besuchszeit dort endet um 18:00 Uhr, sodass uns nach meiner Arbeit nicht viel Zeit bleibt. Besteht die Möglichkeit, dass ich in dieser und der nächsten Woche nachmittags jeweils eine halbe Stunde Gleitzeit abbaue und etwas früher das Büro verlasse? Meine Arbeit würde das nicht beeinträchtigen, aber die Situation zu Hause sehr entspannen."*

Vorgesetzte: *„Da sehe ich kein Problem, da Sie ein volles Gleitzeitkonto haben und wir ohnehin angehalten sind, die Bestände zu reduzieren. Solange Ihre Projekte davon nicht beeinträchtigt sind und Sie sich mit den Kollegen abstimmen, ist das in Ordnung. Das entspannt hoffentlich Ihren Nachmittag etwas."*

Mitarbeiter: *„Vielen Dank."*

Vorgesetzte: *„Gibt es sonst etwas, das wir tun können?"*

Mitarbeiter: *„Nein, das ist wirklich schon eine Menge. Vielen Dank für Ihr Verständnis und Ihre Unterstützung."*

Erst durch Ihre Nachfrage *„Gibt es sonst noch etwas, bei dem wir Sie unterstützen können?"* haben Sie von einem **zweiten Stressfaktor** des Mitarbeiters erfahren. In der Rollenspielanweisung stand nichts von Konflikten am Nachmittag und so hätten Sie dieses Thema ohne den Hinweis nicht ansprechen können. Wieder öffnet nur die offene Fragetechnik in einem vertrauensvollen Gespräch die Tür zu diesem Themenkomplex – und beschert Ihnen Extrapunkte im Assessment-Center.

Wenn Sie **eigene Ideen** haben, zum Beispiel den Mitarbeiter in der Projektarbeit zu entlasten oder ein Betreuungsangebot für Kinder in der Firma einzurichten, können Sie Ihre Vorschläge an dieser Stelle anbringen. Das wirkt kreativ und positiv, ist für das erfolgreiche Rollenspiel aber nicht mehr nötig. Der Mitarbeiter fühlt sich bereits gut abgeholt; er hat uns bestätigt, dass er keine weiteren Wünsche hat.

Hätten Sie, statt zu fragen, **selbst vorgeschlagen**, das Teammeeting zu verschieben, wäre das auch in Ordnung. Sie müssen dann aber erfragen, ob das eine wirkliche Hilfe wäre. Möglicherweise hätten Sie das Teammeeting vom Arbeitsbeginn auf das Arbeitsende gelegt. Das hätte Ihren Mitarbeiter morgens entlastet, ihn aber nachmittags zusätzlich belastet, da er dann die Krankenbesuche plant. Besser ist der Ansatz, zunächst Ihren Gesprächspartner nach Lösungen zu fragen.

TIPP: ***Je nach Rollenspiel sind unterschiedliche Ansätze möglich: Mal müssen Sie motivieren und unterstützen, mal Aufgaben neu verteilen und mal einen Konflikt lösen.***

In unserem Beispiel unterstützen wir den Mitarbeiter, weil wir während des Gesprächs feststellen, dass er gar nicht demotiviert ist, sondern sich in einer außergewöhnlichen Belastungssituation befindet, die vorübergehend ist. In einer solchen Situation ist die **Unterstützung** des Arbeitgebers in einem vertretbaren Umfang (Verschiebung eines Meetingbeginns um 15 Minuten und der Abbau von ohnehin vorhandenen Überstunden) das richtige Vorgehen. Würde der Mitarbeiter um zwei Wochen bezahlte Auszeit bitten, würden wir das vermutlich ablehnen und etwas anderes vorschlagen. Das vereinbarte Vorgehen muss für beide Seiten Sinn ergeben (Win-Win). Den Mitarbeiter in einer solchen Situation zu unterstützen, motiviert ihn nachhaltig, löst das Zuspätkommen und führt zu einer **langfristig besseren Leistung**. Das ist genau das, was die Aufgabenstellung von Ihnen verlangt hat. Den Mitarbeiter zu ermahnen, einen Maßnahmenplan zu erstellen oder Ähnliches hätte in diesem Beispiel ein langjähriges, gutes Teammitglied demotiviert und das Problem des Zuspätkommens wäre in seiner Ursache nicht gelöst.

In anderen Fällen haben Sie es möglicherweise mit Situationen zu tun, in denen Sie weniger Zugeständnisse machen sollten, weil Sie es zum Beispiel mit einem leistungsschwachen Mitarbeiter zu tun haben, dem Struktur und klare Vorgaben fehlen. Aber auch hier müssen Sie die **Ursachen über offene Fragen** herausarbeiten. Warum gelingen dem Mitarbeiter keine besseren Ergebnisse? Woran liegt es, dass seine Arbeiten eine höhere Fehlerquote haben als die seiner Kollegen? Ist er abgelenkt (wenn ja, warum?) oder fehlt ihm Übung, eine Einarbeitung oder Schulung in einer neuen Technik? Im Rollenspiel wird von Ihnen eine **differenzierte Lösung** erwartet. Die Situation mag Ihnen künstlich erscheinen, ist aber ein typischer Ablauf in Assessment-Center-Rollenspielen.

Was mache ich, wenn es keine Anknüpfungspunkte gibt?

Nicht immer erhalten Sie von Ihrem Gegenüber Anknüpfungspunkte, zu denen Sie nachhaken können und die Sie zur Lösung führen. Dann handelt es sich um einen **Sonderfall**. In einem kleinen Teil der Rollenspiele wird von Ihnen als Kandidat*in erwartet, das **Problem selbst anzusprechen**. Erst danach erhalten Sie auf offene Fragen weitere wichtige Informationen.

Ob Sie sich in diesem Sonderfall von Rollenspiel befinden, geht aus der Aufgabenstellung nicht hervor. Sie merken es erst im Gespräch, wenn Ihnen Ihr Gegenüber **keinerlei Informationen** mitteilt und nicht einmal den kleinsten Kommentar abgibt, an den Sie anknüpfen können.

Im Folgenden nutze ich das gleiche Beispiel wie beim Standardfall: einen normalerweise verlässlichen Mitarbeiter, der in der letzten Zeit einige Male zu spät kam. Daran wird deutlich, dass die Abwandlung nur wenig Raum im Rollenspiel einnimmt, bevor der Lösungsansatz beider Fälle wieder identisch ist. Wesentlich ist, sich beim Ansprechen des Sachverhaltes so kurz wie möglich zu fassen und dann wieder zur Technik der offenen Fragen zurückzukehren.

Prüfen Sie über offene Fragen, ob Sie Informationen erhalten

Die Phase der offenen Fragen spielt auch in dieser Variante eine wichtige Rolle. Zum einen erfahren Sie dadurch, was von Ihnen erwartet wird, nämlich den schwierigeren Weg über die direkte Konfrontation zu gehen. Zum anderen bauen Sie über die offenen Fragen Vertrauen zu Ihrem Gegenüber auf. Die nachfolgende Gesprächsführung wird dadurch leichter, weil Sie bereits eine **freundliche Atmosphäre** geschaffen haben.

TIPP: ***Das Rollenspiel beginnen Sie immer mit offenen Fragen. Erst danach ergibt sich ein alternativer Lösungsweg.***

In den allermeisten Fällen bekommen Sie innerhalb der ersten **drei bis vier offenen Fragen** relevante Informationen zum Sachverhalt. Fragen Sie so lange weiter, wie Sie können. Das heißt, bis Sie im Gespräch merken: Ihr Gegenüber möchte Ihnen keinerlei Informationen geben und antwortet nur knapp. Sie geben Ihrem Gesprächspartner somit die Möglichkeit, relevante Punkte selbst anzusprechen, bevor sich das Gespräch um ein von Ihnen vorgegebenes Thema dreht.

Ohne Anknüpfungspunkte das Gespräch lenken

Erhalten Sie trotz mehrerer offener Fragen **keinerlei Anknüpfungspunkte**, müssen Sie den Dialog selbst in die gewünschte Richtung lenken und das **Problem ansprechen**. Das ist die riskantere Art der Gesprächsführung und daher nur Ihr „Plan B", wenn die offenen Fragen nicht zum gewünschten Erfolg führen.

Dieser zweite Ansatz ist deshalb **riskanter**, weil es mehr potenzielle Fallstricke für Sie gibt. Denken Sie an die Negativbeispiele oben. Eine **falsche Formulierung** kann schon ausreichen, damit der Rollenspieler **ablehnend reagiert** und das Gespräch dadurch schwieriger wird. Deshalb empfehle ich Ihnen dringend, zunächst auf offene Fragen zu setzen. Im direkten Vergleich der Strategien hat sich die offene Fragetechnik als die effektivere herausgestellt. Sie hat den weiteren Vorteil, dass Sie – sollte sie nicht zum Erfolg führen – immer noch auf die direkte Konfrontation wechseln können. Andersherum geht das nicht. Haben Sie erst einmal ein Problem angesprochen, wird sich das Gespräch im weiteren Verlauf nur noch darum drehen. Sie können es dann nicht mehr zurück auf die Ebene des freundlichen Austauschs im Small Talk lenken. Darum ist die **Reihenfolge** so wichtig: erst den Ansatz der **offenen Fragen** verfolgen, dann – wenn nötig – auf die **direkte Konfrontation** wechseln.

Was ich hier recht offensiv direkte Konfrontation nenne, ist das Ansprechen des Problems aus der Aufgabenstellung. Ich verwende diesen Ausdruck deshalb, um Ihnen zu verdeutlichen, welche Reaktion Sie damit bei Ihrem Gegenüber auslösen. Eine **offensive Vorgehensweise** (also die direkte Ansprache des Problems) führt fast zwingend zu einer **defensiven Reaktion** (Erklärung, Verteidigung und Argumentation). Versetzen Sie sich in die Lage Ihres Gesprächspartners: Ihre Chefin lädt Sie zu einem Vieraugengespräch und möchte mit Ihnen über Ihr mehrfaches Zuspätkommen zum Teammeeting sprechen. Diese Situation ist für Sie unangenehm und Sie werden bemüht sein, gute Gründe anzuführen, sich entschuldigen und versprechen, dass das in Zukunft nicht mehr vorkommt. Sie möchten den schlechten Eindruck der Vorgesetzten korrigieren und sie überzeugen, dass es Ausnahmen waren. In dieser Situation würden Sie sich wahrscheinlich nicht wohlfühlen, die Chefin zu fragen, ob Sie nachmittags ein paar Überstunden abbauen können. Sie sind bemüht, das eigentlich gute Verhältnis zwischen ihnen und Ihr Image als Leistungsträger wieder herzustellen.

So oder so ähnlich spielt der Rollenspieler den Mitarbeiter, die Kollegin oder den Kunden. Sie müssen **behutsam formulieren**, um das Gespräch offen und sachlich zu halten und dadurch die relevanten Informationen zu bekommen. Eine einzelne, riskante Formulierung (*„Ich habe den Eindruck, dass Ihre Leistung abgenommen hat."*) kann das Gespräch in eine andere Richtung lenken (*„Oh, das überrascht mich. Ich kann Ihnen versichern, dass ich meine Arbeit sehr ernst nehme. Zum Beispiel habe ich bei Projekt X erst kürzlich sehr positives Feedback der Kollegen erhalten …"*).

Das Problem kurz und sachlich nennen

Nennen Sie das Problem oder Thema aus Ihrer Aufgabenstellung so **kurz und knapp** wie möglich. Dafür sollte ein Satz ausreichen.

> ***Beispiele***
>
> *„Mir ist aufgefallen, dass Sie in der letzten Woche zwei Mal zu spät zum Teammeeting gekommen sind.“ (Mitarbeitergespräch)*
>
> *„Ich möchte mit Ihnen gerne über die bevorstehende Umstrukturierung sprechen, die ja unsere beiden Abteilungen besonders betrifft.“ (Kollegengespräch)*
>
> *„Sie haben früher regelmäßig bei uns bestellt, aber seit circa einem Jahr haben wir überhaupt keine Bestellungen mehr von Ihnen erhalten.“ (Kundengespräch)*

Ausschweifende Erläuterungen vermeiden

Im Gegensatz zu den korrekten Formulierungen oben könnte eine **zu lange und falsch formulierte Ansprache** eines Problems so aussehen:

> ***Negativbeispiel***
>
> *„Ich würde gerne mit Ihnen über Ihre Leistung sprechen. Mir ist aufgefallen, dass Sie in den letzten Wochen mehrfach zu spät zum Teammeeting gekommen sind. Nun bin ich die Letzte, die ganz strikt auf die Zeiten achtet. Aber Sie wissen ja, dass mir Pünktlichkeit sehr wichtig ist. Einmal zu spät zu kommen, kann jedem mal passieren. Bei Ihnen waren es in den letzten Wochen aber gleich mehrere Male. Das geht so nicht. So kenne ich Sie auch gar nicht. Sie waren sonst immer ein echter Leistungsträger und sind schon sehr lange dabei. Ich habe den Eindruck, dass Sie Ihre Arbeit nicht mehr so richtig ernst nehmen.“*

Die Vorgesetzte versucht mit einer ausführlichen Erklärung, ihre **Interpretation und Wertung** der Dinge mit einzubringen. Sie macht neben dem beobachtbaren Verhalten (*„mehrfach zum Teammeeting zu spät gekommen“*) weitere Themenfelder auf (*„über Ihre Leistung sprechen“*, *„Pünktlichkeit“* allgemein, *„so kenne ich Sie gar nicht“*, *„Sie* waren *sonst immer ein Leistungsträger“*, *„schon sehr lange dabei“*, *„Ich habe den Eindruck, dass Sie Ihre Arbeit nicht mehr so richtig ernst nehmen.“*).

Auf welches davon wird der Mitarbeiter als Erstes antworten? Die Vorgesetzte gibt ihm **zu viele Möglichkeiten**, den Gesprächsverlauf in eine andere Richtung zu lenken. Zudem greift sie den Mitarbeiter – unbeabsichtigt – direkt an. Sie möchte ihre Wertschätzung zum Ausdruck bringen und nennt ihn einen Leistungsträger. Durch das *„Sie waren immer“*, in der Vergangenheitsform und im Kontext einer veränderten Leistung, suggeriert sie aber das genaue Gegenteil: Ich sehe Sie jetzt nicht mehr als Leistungsträger. Das wird ein Mitarbeiter selten so stehen lassen. Das Gespräch dreht sich plötzlich um seine positiven Beiträge statt um das zweimalige Zuspätkommen.

Formulieren Sie daher das Problem, über das Sie sprechen möchten, so **präzise** wie möglich. Ein zweimaliges Zuspätkommen bedeutet noch keinen Wechsel vom Leistungsträger zum leistungsschwachen Mitarbeiter. Es bedeutet auch nicht, dass der Mitarbeiter seine Arbeit nicht ernst nimmt oder demotiviert ist. All das könnten die Ursachen sein, einen kausalen Zusammenhang gibt es aber nicht. Das zweimalige Zuspätkommen bedeutet nur: Der Mitarbeiter war zwei Mal zu spät und das ist ungewöhnlich, da es früher nicht vorkam. Nicht mehr und nicht weniger.

Fragen Sie: „Warum?"

Nachdem Sie das Problem kurz und sachlich angesprochen haben, müssen Sie die **Ursachen herausfinden**. Dafür nutzen Sie wieder offene Fragen: *„Wieso?" „Weshalb?" „Woran liegt das?"* Lassen Sie den Mitarbeiter dann Stellung dazu nehmen.

Beispiel

Vorgesetzte: *„Mir ist aufgefallen, dass Sie in der letzten Woche zwei Mal zu spät zum Teammeeting gekommen sind. Woran lag das?"*

Mitarbeiter: *„Oh, das ist Ihnen aufgefallen? Das ist mir wirklich unangenehm. Sie wissen ja, dass ich selbst sehr viel Wert auf Pünktlichkeit lege und die jungen Kollegen immer dazu anhalte, pünktlich zu sein."*

Vorgesetzte: *„Was war denn an den Tagen los?"*

Mitarbeiter: *„Ich bin in einen Stau geraten. Seit auf der Johannisstraße eine Baustelle eingerichtet ist, staut es sich da. Ich bin im Verkehr festgesteckt und habe es nicht mehr rechtzeitig zum Teammeeting geschafft."*

Vorgesetzte: *„Das verstehe ich. Aber mal ganz blöd gefragt: Die Baustelle kennen Sie ja. Warum haben Sie nicht mehr Zeit eingeplant oder eine andere Route genommen?"*

Mitarbeiter: *„Da haben Sie recht. Das würde ich normalerweise auch machen. Aber momentan geht das leider nicht. Haben Sie das von meiner Frau gehört?"*

Vorgesetzte: *„Nein. Davon weiß ich noch nichts. Was ist denn los?"*

Mitarbeiter: *„Meine Frau ist vor drei Wochen unglücklich gestürzt und hat sich ein Fußgelenk gebrochen. Es ist ein komplizierter Bruch und sie musste für vier Wochen ins Krankenhaus. Ende nächster Woche kommt sie endlich raus."*

Vorgesetzte: *„Das tut mir sehr leid. Das sind schlimme Nachrichten! Ich wünsche Ihrer Frau gute Besserung und hoffe, dass sie schnell wieder fit wird."*

Mitarbeiter: *„Danke sehr."*

Der Mitarbeiter hat den Sachverhalt kommentiert und damit mehrere **Informationen preisgegeben**. Er sagt, dass ihm das Zuspätkommen unangenehm war. Es ist ihm folglich bewusst und er ordnet es selbst als Fehlverhalten ein. Es bedarf also keiner Zurechtweisung. Aber warum ist es dann überhaupt passiert? Das **Nachhaken** der Vorgesetzten führt zur weiteren Information, dass das Zuspätkommen unvermeidbar war. Früheres Losfahren oder eine andere Route waren nicht möglich. Hier müssen Sie natürlich weiterfragen: *„Warum war das nicht möglich?"* Der Mitarbeiter bietet aber schon selbst eine Erklärung an, die etwas ausführlicher scheint: *„Haben Sie das von meiner Frau gehört?"* Natürlich lassen Sie sich auf dieses neue Thema ein, da es vom Mitarbeiter selbst als relevante Information im Kontext des Zuspätkommens angeführt wird. Der Unfall eines Familienmitglieds hat hier eine höhere Priorität. Es ist in Ordnung, dass sich das Gespräch zunächst in diese Richtung entwickelt. Machen Sie sich eine mentale Notiz, anschließend wieder auf das Thema des Zuspätkommens zurückzukommen, sollte es sich nicht schon aus dem Kontext klären.

Beispiel

Vorgesetzte: *„Ich kann mir vorstellen, dass das eine hohe Belastung für Sie ist. Wie geht es Ihrer Frau aktuell?"*

Mitarbeiter: *„Der Bruch heilt gut. Die Ärzte sind zufrieden und sie kann wohl wie geplant nächste Woche das Krankenhaus verlassen."*

Vorgesetzte: *„Das freut mich sehr. Wie geht es Ihnen mit der Situation?"*

Mitarbeiter: *„Die größte Belastung ist momentan, dass ich allein die Kinder versorge. Sie wissen ja, dass meine beiden Kleinen erst vier und sechs Jahre alt sind. Normalerweise teilen meine Frau und ich uns die Aufgaben. Momentan muss ich alles allein übernehmen. Das funktioniert gut, nur morgens ist es schwierig."*

Vorgesetzte: *„Wieso?"*

Mitarbeiter: *„Nun ja. Die Kita liegt auf dem Arbeitsweg meiner Frau. Deswegen setzt sie die Kinder normalerweise morgens auf dem Weg zur Arbeit dort ab. Jetzt muss ich das natürlich übernehmen. Aber die Kita liegt auf der anderen Seite der Stadt. Außerdem macht sie erst um 08:30 Uhr auf. Wenn dann noch viel Verkehr ist, kann es bis zu unserem Teammeeting um 09:00 Uhr knapp werden. Zwei Mal war ich schon zu spät, das war mir sehr unangenehm. Früher macht die Kita aber nun mal nicht auf und ich weiß nicht, wie ich es anders lösen soll."*

Vorgesetzte: *„Ich verstehe. Weil Sie die Kinder morgens wegbringen müssen, haben Sie keine andere Wahl, als die Route über die Johannisstraße mit der Baustelle zu nehmen. Und früher loszufahren, geht auch nicht, weil die Kita vorher noch geschlossen ist. Habe ich das richtig verstanden?"*

Mitarbeiter: *„Ja, genau. Das ärgert mich selbst sehr."*

Vorgesetzte: *„Wie könnten wir das Problem gemeinsam lösen?"*

Mitarbeiter: *„Das Einzige wäre, das Teammeeting etwas nach hinten zu verschieben. Gibt es die Möglichkeit, dass wir vorübergehend statt um 09:00 Uhr um 09:15 Uhr starten?"*

Vorgesetzte: *„Das finde ich einen guten Vorschlag. Aus meiner Sicht spricht nichts dagegen. Ich prüfe das mit den anderen Teammitgliedern. Das sollte aber funktionieren. Wenn dem nichts entgegensteht, können wir das gleich ab morgen früh umsetzen."*

Nachdem Sie die Zusatzinformationen zum Krankenhausaufenthalt der Frau und zum Problem mit den Kita-Öffnungszeiten erhalten haben, **verstehen Sie die Situation** des Mitarbeiters besser und können sein Verhalten nachvollziehen. Sie sind in der Lage, **effektive Lösungsvorschläge** zu machen.

Ab hier führen Sie das Gespräch genauso weiter wie im ersten Ansatz der rein offenen Fragen. Sie haben die Ursache für das Verhalten des Mitarbeiters gefunden. Der Kontext ist glaubhaft und nachvollziehbar. Es ist somit nicht notwendig, noch weitere Probleme anzusprechen, die möglicherweise in der Aufgabenstellung aufgeführt sind, sofern diese sich durch die geschilderte Situation erklären lassen. Besser ist, sich auf die Unterstützung Ihres Mitarbeiters in dieser besonderen Belastungsphase zu konzentrieren.

Vertreten der eigenen Punkte

In anderen Variationen des Rollenspiels kann es sein, dass Sie **weitere Anliegen** haben, über die Sie mit dem Gesprächspartner sprechen müssen. Der richtige Moment dafür kommt erst jetzt, nachdem Ihr Gegenüber alle relevanten Informationen mit Ihnen geteilt hat und Sie den Grund für sein Verhalten verstehen.

Nun können Sie Ihre eigenen Anliegen besser einordnen. In unserem Beispiel hatten Sie die Aufgabe, Ihren Mitarbeiter dazu zu bewegen, pünktlich zu sein und ihn zu motivieren. Beides haben Sie bereits erreicht. Durch die Verschiebung des Teammeetings um 15 Minuten nach hinten kann Ihr Mitarbeiter wieder von Beginn an dabei sein. Indem Sie ihm gegenüber Verständnis und Mitgefühl für seine private Situation zeigen und aktiv Unterstützung anbieten, motivieren Sie ihn. Sie zeigen, dass sowohl sein Arbeitgeber als auch seine Vorgesetzte in dieser Ausnahmesituation für ihn da sind und ihn unterstützen. Weitere Motivationsmaßnahmen sind nicht nötig und wären in diesem Gespräch auch nicht angebracht.

Was Sie **ergänzen** können, ist die **Bitte**, dass Ihr Mitarbeiter zukünftig in solchen Situationen von sich aus mit Ihnen spricht.

Beispiel

Vorgesetzte: *„Eine Bitte habe ich an Sie. Wenn das nächste Mal so eine Situation auftritt, bitte ich Sie, direkt auf mich zuzukommen. Ich habe immer ein offenes Ohr für Sie und soweit möglich unterstützen wir als Firma Sie bei so etwas gerne."*

Mitarbeiter: *„Das mache ich. Das hätte ich auch schon in diesem Fall machen sollen."*

Ein oft vorgebrachtes Anliegen ist es, einen **Folgetermin** zu vereinbaren, um die weiteren Schritte zu besprechen oder Vereinbarungen zu kontrollieren. Das kann insbesondere bei inhaltlichen Problemen sinnvoll sein, zu denen im Rollenspiel nicht alle Details diskutiert werden können.

Beispiel

Vorgesetzte: *„Lassen Sie uns Ende der nächsten Woche noch einmal kurz abstimmen, wie die Situation dann aussieht. Können Sie mir dazu bitte für nächsten Freitag einen Termin einstellen?"*

Mitarbeiter: *„Ja, natürlich."*

Eine Vereinbarung treffen

Nachdem Ihr Gesprächspartner Ihnen bestätigt hat, dass er keine weiteren Themen mehr besprechen möchte (*„Gibt es sonst etwas, das wir tun können?"* – *„Nein, das ist wirklich schon eine Menge. Vielen Dank."*), gehen Sie in die **letzte Phase** des Rollenspiels über: die **Vereinbarung** und den **Abschluss** des Gesprächs.

Halten Sie kurz und knapp fest, was vereinbart wurde. Die **Zusammenfassung** sollte von Ihnen als Kandidat*in kommen. Lassen Sie sich dann von Ihrem Gegenüber **bestätigen**, dass Sie alles korrekt verstanden haben und Ihr Gesprächspartner damit einverstanden ist. In unserem Beispiel des Mitarbeitergesprächs kann das so klingen:

> ***Beispiel***
>
> **Vorgesetzte:** *„Ich fasse kurz zusammen, was wir vereinbart haben. Erstens: Ich prüfe mit den Kollegen, ob wir das Teammeeting diese und nächste Woche um 15 Minuten nach hinten legen können, also den Start auf 09:15 Uhr verlegen. Die Rückmeldung sollte ich heute haben, sodass wir direkt morgen damit starten können. Ich gebe Ihnen dazu später noch Bescheid. Zweitens: Wir haben vereinbart, dass Sie in den nächsten beiden Wochen am Nachmittag einige Überstunden abbauen, um mit Ihren Kindern Ihre Frau zu den Besuchszeiten im Krankenhaus besuchen zu können. Drittens: Wenn Sie in Zukunft in solch eine schwierige Situation kommen sollten und wir als Firma etwas tun können, kommen Sie bitte direkt auf mich zu. Viertens: Sie stellen mir für den kommenden Freitag einen kurzen Termin für ein Update zur aktuellen Situation ein. Ist das so für Sie in Ordnung?“*
>
> **Mitarbeiter:** *„Ja. Das passt so alles.“*
>
> **Vorgesetzte:** *„Prima.“*

Durch das Zusammenfassen vermeiden Sie Missverständnisse und **schaffen Verbindlichkeit**. Außerdem punkten Sie dadurch bei den Beobachtern in Bezug auf **Ergebnisorientierung**. Das Festhalten und Vereinbaren der Maßnahmen ist ein Verhalten, das Ihnen zugutekommt.

Das Gespräch abschließen

Nach der Vereinbarung schließen Sie das Gespräch ab. Da das Rollenspiel eine künstliche Situation ist, müssen Sie Ihrem Gegenüber und den Beobachtern signalisieren, dass der Dialog vorüber ist. Es wirkt souverän, wenn Sie das **Gespräch aktiv beenden**, und Sie vermeiden dadurch eine unangenehme Stille, in der sich alle fragen, ob es noch weitergeht oder nicht. Nutzen Sie für den Abschluss eine **einfache Verabschiedung:**

> ***Beispiel***
>
> ***Vorgesetzte:*** *„Ich bedanke mich für das Gespräch."*
>
> ***Mitarbeiter:*** *„Ich bedanke mich auch."*
>
> ***Vorgesetzte:*** *„Auf Wiedersehen."*
>
> ***Mitarbeiter:*** *„Auf Wiedersehen."*

Je nach Verlauf des Gesprächs können Sie das Rollenspiel mit Leben füllen, indem Sie Ihrem Gegenüber die Hand geben oder aufstehen. Beides ist optional und dient nur der positiven Atmosphäre.

Die vier Schritte im Rollenspiel

Sie haben das Rollenspiel nun komplett kennengelernt. Dabei haben wir uns auf die Methodik fokussiert, denn diese ist sehr wichtig. Die **offene Fragetechnik**, die **Ausformulierung der Fragen** und das **Vermeiden von häufigen Fallstricken** sind entscheidend. Jetzt, wo Sie diese Methodik verinnerlicht haben, schauen wir uns aus der Vogelperspektive an, welche Phasen Sie dabei durchlaufen. Jedes gelungene Rollenspiel besteht aus diesen **vier Schritten:**

1. Vertrauen aufbauen
2. Verstehen des Gesprächspartners
3. Vertreten der eigenen Punkte
4. Vereinbarung

Die vier Phasen eines Rollenspiels

Die Phasen dienen Ihnen als Gedankenstütze, die **korrekte Reihenfolge einzuhalten** und zu prüfen, ob Sie **alle Inhalte abgedeckt** haben. Sie können sich die vier Schritte anhand der Anfangsbuchstaben (**vier Vs**) merken.

Die **Reihenfolge** ist dabei **der entscheidende Faktor**. Erst wenn Sie durch die ersten beiden **offenen Fragen** (*„Wie geht's?"*, *„Wie läuft es gerade bei Ihnen?"*) Vertrauen aufgebaut haben, ist es möglich, durch die **Antworten**, die Sie erhalten, Ihren Gesprächspartner zu verstehen. Und erst nachdem Sie die andere Person verstanden haben, bringen Sie Ihre **eigenen Punkte** an und treffen schließlich eine **Vereinbarung**.

Weichen Sie von dieser Reihenfolge ab und starten direkt mit Ihren eigenen Anliegen, haben Sie kaum noch eine Chance, von Ihrem Gesprächspartner alle wichtigen Informationen zu erhalten und die Situation vollständig zu verstehen. Die richtige Reihenfolge der Schritte ist im Rollenspiel unerlässlich.

Die verschiedenen Varianten des Rollenspiels

Es gibt drei verschiedene Varianten des Rollenspiels im Assessment-Center: das **Mitarbeitergespräch**, das **Kollegengespräch** und das **Kundengespräch**. Sie unterscheiden sich durch die **unterschiedlichen hierarchischen Beziehungen** zwischen den beiden Gesprächsteilnehmenden.

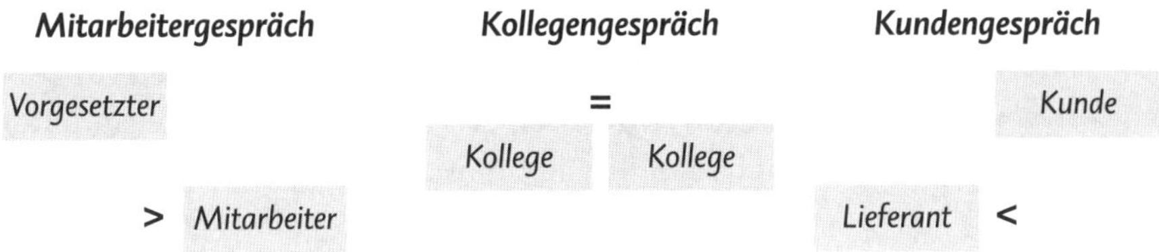

Drei mögliche Hierarchiebeziehungen im Rollenspiel

Während beim Mitarbeitergespräch der oder die Vorgesetzte dem oder der Mitarbeiter*in hierarchisch klar überstellt ist, begegnen sich beim Kollegengespräch die zwei Gesprächspartner auf Augenhöhe. Im Kundengespräch dagegen steht der Kunde oder die Kundin in der Beziehungshierarchie über dem Lieferanten, denn die Kundschaft hat in der Regel mehr Macht in der Beziehung.

Weitere Bezeichnungen des Rollenspiels lassen sich stets diesen drei Grundformen zuordnen. So handelt es sich beim **Beschwerdegespräch** um ein Kundengespräch, bei dem der Name schon eine Information über den Gesprächsinhalt liefert, nämlich die Beschwerde eines Kunden oder einer Kundin über etwas. Das **Projektgespräch** findet zwischen Vorgesetztem und Mitarbeiter oder zwischen zwei Kollegen statt; Näheres wird in der Aufgabenstellung stehen. Beim **Lieferantengespräch** handelt es sich ebenfalls um ein Kundengespräch, nur dass der Kandidat hier in der Rolle des Kunden ist. Auch bei der **Verhandlung** treffen Käufer und Verkäufer aufeinander, was wieder eine Form des Kundengesprächs ist.

Machen Sie sich bei Erhalt der Aufgabenstellung bewusst, um welche Art des Rollenspiels es sich handelt. In welcher hierarchischen Beziehung stehen die beiden Akteure zueinander? Die zuvor aufgezeigten Lösungsansätze gelten zwar gleichermaßen in allen drei Rollenspiel-Varianten; die **Tonalität** und Ihre Formulierungen sollten Sie aber **der jeweiligen Situation anpassen**. Beispielsweise muss eine Vorge-

TIPP: ***Machen Sie sich bei Erhalt der Aufgabenstellung bewusst, um welchen Grundtypen des Rollenspiels es sich handelt: Mitarbeitergespräch, Kollegengespräch oder Kundengespräch. Passen Sie Ihr Auftreten dem Rollenspiel-Typ an.***

setzte im Gespräch mit einem problematischen Mitarbeiter andere Schwerpunkte setzen als im Dialog mit einem gleichrangigen Kollegen, mit dem sie um Projektressourcen ringt.

Das Mitarbeitergespräch

TIPP: ***Das Mitarbeitergespräch ist die mit Abstand häufigste Form des Rollenspiels im Assessment-Center. Legen Sie den Schwerpunkt Ihrer Rollenspiel-Vorbereitung auf dieses Format.***

Im Mitarbeitergespräch nehmen Sie die **Rolle des oder der Vorgesetzten** ein. Sie sollen ein **Gespräch mit** einem oder einer der Ihnen **unterstellten Mitarbeiter*innen** führen. Sie sind der Chef oder die Chefin und somit gibt es einen **klaren Hierarchieunterschied** zwischen Ihnen als Führungskraft und Ihrem Mitarbeiter.

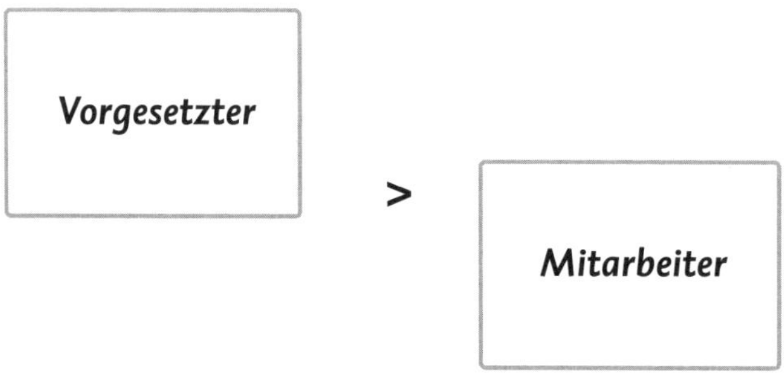

*Hierarchie-Beziehung zwischen Vorgesetztem/Vorgesetzter und Mitarbeiter*in im Mitarbeitergespräch*

Das Bewusstsein für diesen Unterschied ist wichtig, denn es beeinflusst stark, wie der Rollenspieler sich verhalten wird. Die Antworten sind von der Situation geprägt, dass er vom Chef zu einem Gespräch gebeten wurde.

Leistungsstarke versus leistungsschwache Mitarbeitende

TIPP: ***Suchen Sie in der Aufgabenstellung und im Gespräch nach Hinweisen, ob es sich um einen Mitarbeiter mit starker oder schwacher Leistung handelt.***

Machen Sie sich im Mitarbeitergespräch zunächst ein Bild von Ihrem Gegenüber. Ist der Mitarbeiter leistungsstark, durchschnittlich oder leistungsschwach? Wie geht es ihm? Was treibt ihn an? Was sind seine Bedürfnisse?

Leistungsstarke Mitarbeitende freuen sich über die Chance, der Chefin endlich ein Projektupdate geben zu können oder über die lang ausstehende Gehaltserhöhung zu sprechen. Sie sind viel offener und gesprächiger als

leistungsschwache Mitarbeitende, bei denen Anspannung, Angst oder sogar die Sorge um den Arbeitsplatz das Gespräch beeinflussen.

Vermutlich können Sie diese **Information** bereits aus der **Aufgabenstellung** ableiten. Formulierungen wie *„langjährige Kollegin"*, *„zuverlässiger Mitarbeiter"* oder *„beliebtes Teammitglied"* lassen auf Leistungsträger schließen. Im Gegensatz dazu deuten Formulierungen wie *„es gab immer wieder Probleme"*, *„seit Längerem problematisch"* oder *„nicht immer zuverlässig"* auf leistungsschwache Mitarbeitende hin.

TIPP: Unterscheiden Sie zwischen der langfristigen und der kurzfristigen Leistung des Mitarbeiters bzw. der Mitarbeiterin.

Unterscheiden Sie dabei zwischen der **langfristigen Einschätzung der Leistung** und **kurzfristig auftretenden Verhaltensweisen**. Im Rollenspiel bekommen Kandidaten es häufig mit Mitarbeitenden zu tun, die zwar langfristig echte Leistungsträger sind, bei denen es seit einiger Zeit aber zu Leistungsveränderungen gekommen ist. Langjährig erfolgreiche, motivierte und gute Mitarbeitende sind ganz klar Leistungsträger, auch wenn es in den letzten Wochen – also kurzfristig – zu Problemen kam. Jeder Mensch hat mal schlechte Phasen, ist krank oder abgelenkt. Das macht die langjährigen Beiträge nicht zunichte, ist im Rollenspiel aber oft ein Anlass für ein klärendes Gespräch.

Wer es schafft, im Rollenspiel die langfristige und die kurzfristige **Leistung des Gegenübers richtig einzuordnen** und behutsam über die kurzfristigen Leistungsprobleme zu sprechen, ohne den langfristig guten Mitarbeiter vor den Kopf zu stoßen, ist auf dem richtigen Weg.

Typische Fehler im Mitarbeitergespräch

Stellen Sie sich vor, Sie haben es in der Rolle der Vorgesetzten mit einem Leistungsträger zu tun (langfristig), der in den letzten Wochen (kurzfristig) einige Fehler gemacht und dadurch zusätzliche Arbeit für das Team verursacht hat. Die Aufgabenstellung erwartet von Ihnen, dass Sie den Mitarbeiter motivieren. Sie sollen erreichen, dass er seine Arbeit wieder ernst nimmt.

Viele Kandidaten tappen in die hier gestellte **Falle**: Die Formulierung *„dass er seine Arbeit wieder ernst nimmt"* suggeriert, dass der Mitarbeiter das aktuell nicht tut. Der sprachliche Fokus liegt auf den kurzfristigen Fehlern, nicht auf der langfristig wertvollen und guten Leistung des Mitarbeiters.

Dadurch treffen viele Kandidaten die Entscheidung, den Mitarbeiter **direkt auf seine Leistung anzusprechen**. Oft wird dazu eine kurze Einleitung ins Thema genutzt, die etwa so klingt:

> ***Negativbeispiel***
>
> *„Ich würde gerne mit Ihnen über Ihre Leistung sprechen. Mir ist aufgefallen, dass Sie in den letzten Wochen einige Fehler gemacht haben. Fehler können jedem mal passieren. Bei Ihnen waren es in den letzten Wochen aber gleich mehrere. Ich habe den Eindruck, dass Sie Ihre Arbeit nicht mehr so richtig ernst nehmen."*

TIPP: *Vermeiden Sie typische Fehler.*

Das Rollenspiel läuft schon nach dieser kurzen Einleitung **in die falsche Richtung**. Und noch schlimmer: Man kommt aus dieser Richtung nur schwer wieder heraus. Was ist passiert? Wieso ist dieser Ansatz falsch?

Die Vorgesetzte macht hier gleich mehrere **Fehler**, die sich teilweise überlagern:

- Das Gespräch startet nicht neutral, sondern die Vorgesetzte geht direkt in den Sachverhalt und damit in ein für den Mitarbeiter **negatives Thema**. Die Formulierung *„über Ihre Leistung sprechen"* suggeriert ein Problem. *„Sie haben in den letzten Wochen einige Fehler gemacht"* verstärkt diesen Eindruck.
- Sie bleibt nicht sachlich, sondern wird **wertend:** „Ich habe den Eindruck, dass Sie Ihre Arbeit nicht mehr so richtig ernst nehmen."
- Somit übernimmt sie die **Formulierung aus der Aufgabenstellung**, ohne zu hinterfragen, ob diese Wertung gerechtfertigt ist.
- Sie erhält bis hierher **keinerlei Informationen**. Nach einer solchen – für den Mitarbeiter unangenehmen – Einleitung ist es unwahrscheinlich, dass dieser sich sicher fühlt, nähere Details mit der Vorgesetzten zu teilen – solange sie nicht direkt mit dem angesprochenen Problem zu tun haben.
- Durch die offensive Eröffnung bringt sie den Mitarbeiter in die **Defensive**. Er wird nun mit großer Wahrscheinlichkeit erklären, wie es zu den Fehlern kam. Ob das die Ursache oder nur ein Symptom des eigentlichen Problems ist, ist völlig offen. Der Mitarbeiter wird sich verteidigen und mit allen Mitteln das offensichtlich negative Bild der Chefin über ihn korrigieren wollen. Es folgen Erklärungen, wie es zu den Fehlern kam, Versprechungen, sich mehr Mühe zu geben, und gemeinsame Maßnahmen- und Unterstützungspläne.

Ein konstruktives, ehrliches und offenes Gespräch ist nach dieser Einleitung kaum noch zu erwarten.

TIPP: ***Zeigen Sie einen kooperativen Gesprächs- und Führungsstil.***

Aber ist das schlecht? Will der Arbeitgeber nicht sehen, dass man als Vorgesetzte*r durchgreifen kann? Ja und nein. Das **Durchgreifen** wird von Kandidaten im Assessment-Center **fälschlicherweise als Führung** und damit ein im Mitarbeitergespräch erwartetes Verhalten **missverstanden**. Dominanz und Härte sind im Assessment-Center-Rollenspiel nur in wenigen Fällen das richtige Mittel. Versetzen Sie sich in Ihren zukünftigen Arbeitgeber hinein. Was erwartet er von seinen Arbeitnehmern im späteren Berufsalltag? Dass alle ihre eigenen Ideen um jeden Preis durchsetzen? Oder dass für jedes Problem eine differenzierte und sinnvolle Lösung erarbeitet wird? Sicherlich wird die zweite Variante präferiert.

Das gilt auch für die Beziehung zwischen Führungskraft und Mitarbeitenden. Aus **Sicht Ihres zukünftigen Arbeitgebers:** Soll der Chef oder die Chefin im Berufsalltag Ansagen machen, die vom Team blind befolgt werden? Oder soll ein kooperativer Führungsstil gepflegt werden, bei dem die Teammitglieder eingebunden werden und individuelle Probleme nicht ignoriert, sondern nach Möglichkeit für beide Seiten sinnvoll gelöst werden (Win-Win)? Auch hier ist sicherlich die zweite Variante erwünscht.

Und genau das ist es, was von Ihnen im Assessment-Center erwartet wird. Die einzige Variante, in der Sie im Mitarbeitergespräch hart durchgreifen sollten, ist das Szenario, in dem sich Ihr Mitarbeiter **jeglicher Kommunikation oder Problemlösung verweigert**. Das kommt sehr selten vor, da es zum einen eine geringe Praxisrelevanz hat und zum anderen in diesem Szenario kaum relevante Verhaltensweisen beobachtet und bewertet werden können. Viele Assessment-Center-Teilnehmende haben genau vor so einem Rollenspiel Angst. Die Wahrscheinlichkeit, dass es Ihnen im AC begegnet, liegt allerdings bei unter einem Prozent. Vergessen Sie daher diesen Ansatz und konzentrieren Sie sich auf ein kooperatives, sachliches und ergebnisoffenes Mitarbeitergespräch.

Zurück zu unserem Beispiel von oben. Was genau ist hier passiert? Aus Beobachtersicht hat die Vorgesetzte das Rollenspiel nicht gelöst, denn sie hat die **Ursache** für die Probleme **nicht gefunden** und die **Situation** für den Mitarbeiter sogar **verschlimmert**. Erinnern wir uns: Es handelt sich um einen (langfristig) leistungsstarken Mitarbeiter. Dieser wird nun mit (kurzfristig) schlechter Leistung konfrontiert und verteidigt sich. Er ist bemüht, den negativen Eindruck, den seine Chefin von ihm gewonnen hat, zu korrigieren. Möglicherweise stimmt er zu, sich zukünftig besser zu verhalten. In jedem Fall spürt er Druck, erhöhten Stress und fühlt sich möglicherweise ungerecht behandelt oder nicht mehr wertgeschätzt. Ein guter, motivierter Mitarbeiter wird von der Vorgesetzten unbeabsichtigt **demotiviert**.

Besonders schade ist, dass die Kandidaten im Assessment-Center häufig nach einem solchen Rollenspiel das Gefühl haben, sie hätten das Mitarbeitergespräch zumindest halbwegs ordentlich absolviert. Schließlich habe das Gegenüber zugestimmt, sich in Zukunft anders zu verhalten. Ein differenziertes Feedback zur Übung seitens der Arbeitgeber bleibt leider oft aus. Die Kandidaten erfahren nicht, was sie falsch gemacht haben.

Zwei Arten von Aufgabenstellungen für das Mitarbeitergespräch

TIPP: ***Im Rollenspiel müssen Sie entweder ein Problem lösen oder Ihren Gesprächspartner von etwas überzeugen.***

Innerhalb des Mitarbeitergesprächs gibt es zwei verschiedene Arten von Aufgabenstellungen. Sie sollen im Gespräch mit Ihrem Mitarbeiter oder Ihrer Mitarbeiterin entweder **ein Problem lösen** oder ihn bzw. sie **von etwas überzeugen**.

Problemlösung

In der Variante der Problemlösung wird Ihnen in der Aufgabenstellung von einem Problem mit dem Mitarbeiter berichtet. Das können eine Veränderung der Leistung oder Motivation sein, eine Verschlechterung der Arbeitsergebnisse, Zuspätkommen, eine hohe Fehlerquote oder Konflikte mit Kollegen oder Kunden. Der Kreativität der Aufgabensteller sind hier keine Grenzen gesetzt. Ihre Aufgabe ist es, das Problem im Gespräch zu lösen.

Überzeugung

In der zweiten Variante des Mitarbeitergesprächs geht es darum, den oder die Mitarbeiter*in von etwas zu überzeugen. Themen können beispielsweise die Übernahme von zusätzlichen Aufgaben, mehr Verantwortung oder Überstunden sein, aber auch das Akzeptieren von Lohneinbußen, die Verschiebung einer schon geplanten Gehaltserhöhung oder der Wechsel in einen anderen Bereich oder an einen neuen Standort. Auch hier gibt es eine Vielzahl an möglichen Ausgestaltungen. Ihre Aufgabe ist es, den Mitarbeiter davon zu überzeugen, der Entscheidung des Arbeitgebers zuzustimmen beziehungsweise diese zu akzeptieren.

Die Variante der **Problemlösung** kommt im Assessment-Center **deutlich häufiger** vor. In Ihrer Vorbereitung brauchen Sie die zwei Varianten nicht unbedingt separat zu üben, da der Lösungsweg und typische Gesprächsablauf für beide fast identisch ist.

Das Kollegengespräch

Im Kollegengespräch treffen Sie auf einen Gesprächspartner, der mit Ihnen **auf der gleichen hierarchischen Ebene** steht. In der Regel handelt es sich um einen Kollegen bzw. eine Kollegin, es kann aber auch ein Freund oder eine neutrale externe Person sein. Kennzeichnend ist, dass Sie beide sich auf Augenhöhe begegnen und in keiner Abhängigkeit zueinander stehen.

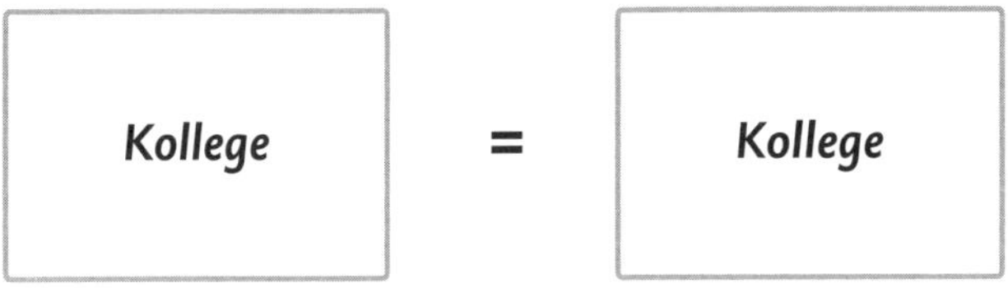

Hierarchiebeziehung zwischen Kollegen im Kollegengespräch

Ähnlich wie im Mitarbeitergespräch ist das Bewusstsein für die Beziehung der beiden Gesprächspartner zueinander wichtig. Eine Kollegin kann viel freier sprechen und agieren als ein Mitarbeiter, der von seiner Chefin zu einem Gespräch gebeten wurde. Dadurch ist der **Ton** in einem Kollegengespräch meist deutlich **lockerer**.

Kollegen haben keine Angst vor Ihnen, schulden Ihnen nichts, sind nicht von Ihnen abhängig und sind nicht darauf angewiesen, bei Ihnen einen guten Eindruck zu hinterlassen. Deshalb ist es oft **einfacher**, mit einem Kollegen oder einer Kollegin ein offenes Gespräch zu führen und **direkte, ehrliche Antworten** zu erhalten. Das macht das Gespräch für die Kandidaten gefühlt angenehmer. Die **Schwierigkeit** ist aber, dass das Gegenüber viel eher mit einem **ehrlichen Nein** antwortet und Ablehnung gegenüber einer Idee zeigt.

Auch Sie dürfen im Kollegengespräch etwas offener kommunizieren und Ihre Rolle mit Leben füllen. So könnten Sie mit einem Kollegen oder einer Kollegin – viel eher als im Mitarbeiter- oder Kundengespräch – in einem kurzen einleitenden Small Talk über das Grillfest letzte Woche sprechen, sich duzen statt siezen oder sich kollegial über eine neue bürokratische Richtlinie aufregen, die beide Abteilungen gleichermaßen betrifft.

Keines dieser Elemente ist notwendig oder isoliert betrachtet empfehlenswert. Die Beispiele sollen veranschaulichen, dass Sie in der künstlichen Rollenspiel-Situation gerade im Kollegengespräch mehr **Werkzeuge der informellen Kommunikation** nutzen dürfen als in den anderen beiden Grundformen. Ob das im Einzelfall sinnvoll ist, würde ich

> **TIPP:** ***Die Grundformen des Rollenspiels ähneln sich in vielen Aspekten.***
> ***Es sind nur Variationen der ansonsten gleichen Aufgabe.***

davon abhängig machen, wie Ihr Gegenüber die Rolle spielt. Kommuniziert er oder sie sehr informell, passen Sie sich in angemessenem Rahmen an.

Die Unterschiede in der Hierarchie und die daraus resultierenden Veränderungen im Ton (informeller), der Bereitschaft, Informationen frei zu teilen (offener), und der Motivation, Ihnen Zugeständnisse zu machen (geringer), sind die wesentlichen Abweichungen des Kollegengesprächs vom Mitarbeitergespräch.

Zwei Arten von Aufgabenstellungen für das Kollegengespräch

Auch im Kollegengespräch gibt es die zwei Arten von Aufgabenstellungen, die wir bereits im Mitarbeitergespräch kennengelernt haben.

Problemlösung

Auch mit einem Kollegen oder einer Kollegin können Probleme auftauchen, die Sie lösen sollen. So kann es um die Aufteilung von knappen Ressourcen wie Budget, Arbeitsmitteln oder Personal zwischen zwei Abteilungen oder um die Reduktion von Fehlern in einem Produktionsprozess gehen, an dem beide Seiten beteiligt sind.

Überzeugung

Bei der Überzeugung sind Sie auf die Unterstützung Ihres Kollegen bzw. Ihrer Kollegin angewiesen, um Ihre eigenen Ziele umsetzen zu können. Ihr Gesprächspartner kann Ihnen ein Projekt oder eine zusätzliche Ressource ermöglichen oder den Weg frei machen, damit Ihre Abteilung in einem bedeutenden Thema vorankommt. Oft ist dies für den Kollegen oder die Kollegin mit Aufwand oder Kosten verbunden, ohne dass er bzw. sie daraus einen direkten Nutzen hat.

Beim Kollegengespräch kommen **beide Varianten** ungefähr **gleich oft** vor. Ich empfehle Ihnen für Ihre Vorbereitung, die Problemlösung anhand des Mitarbeitergesprächs und die Überzeugung anhand des Kollegengesprächs zu üben. So haben Sie beide Grundformen und Aufgabenstellungen abgedeckt und einmal trainiert.

Typische Fehler im Kollegengespräch

Stellen Sie sich vor, Sie sind Abteilungsleiterin und sind auf die Unterstützung eines anderen Abteilungsleiters angewiesen, um die Bewilligung der Geschäftsleitung für ein wichtiges Projekt zu erhalten. Die Aufgabenstellung lautet, Ihren Kollegen zu überzeugen, Sie in Ihrem Vorhaben zu unterstützen.

Eine häufig gewählte Gesprächsstrategie sieht folgendermaßen aus: Nach einem kurzen Small Talk **adressiert** die Kandidatin das **Projekt direkt** und appelliert an das Verständnis des Kollegen. Grob skizziert klingt das so:

> ***Negativbeispiel***
>
> *„Hubert, ich wollte mit dir noch einmal über das Projekt X sprechen. Wie du weißt, ist das für unsere Abteilung sehr wichtig. Es bringt für unsere Firma enorme Vorteile, wenn wir das Thema schnell angehen und umsetzen. Auch für unsere Kunden wäre das eine echte Verbesserung. Ich denke, das ist im Interesse von uns allen. Was mir dafür noch fehlt, ist die Zustimmung der Geschäftsleitung. Sie möchten erst das Feedback deiner Abteilung dazu einholen. Daher bin ich hier, um dich um deine Unterstützung bei diesem wichtigen Projekt zu bitten."*

Wieso ist dieser Ansatz **problematisch**?
Auch hier gibt es mehrere Aspekte, die das Gespräch gleich zu Beginn in eine schwierige Richtung leiten:

- Die Kandidatin bezieht sich ausschließlich auf sich selbst und ihr Problem. Sie ist nur **auf das eigene Ziel fixiert**.
- Sie hat **keine Fragen** gestellt. An keiner Stelle hat sie bislang ihren Kollegen eingebunden, gefragt, welche Probleme er hat oder wie er zu dem Projekt steht.
- Sie **argumentiert**. Ob die *„enormen Vorteile"* für das Unternehmen und die *„echte Verbesserung"* für die Kunden für ihr Gegenüber überhaupt relevant sind, bleibt offen.
- Sie **appelliert an höhere Ziele** des Unternehmens, wie den Nutzen für die Kunden und für die Firma. Beides mag zwar richtig sein, aber sie kennt die Sorgen und Nöte ihres Gegenübers nicht und möglicherweise überwiegen diese.
- Diese Gesprächsführung legt einen großen **Fokus auf das Projekt** und führt dazu, dass auch der Kollege sich in der darauffolgenden Antwort im Wesentlichen auf das Projekt beziehen und möglicherweise dagegen argumentieren wird. Es folgen Argumente und Gegenargumente, das Gespräch kommt nicht voran. So entgeht die Chance, mehr über die eigentliche Posi-

tion des Kollegen zu erfahren. Was treibt ihn an? Mit welchen Problemen hat er zu kämpfen? Wie ordnet sich das Projekt in diese Gesamtsituation ein?

Durch den **Austausch von Argumenten und Gegenargumenten** wird das Gespräch unnötig lang und komplex. Es wird zunehmend schwieriger, vom Kollegen echte Informationen zu erhalten. Er **attackiert das Projekt** mehr und mehr, da es gegen seine eigenen Interessen geht und seine ungelösten **Probleme ignoriert** werden. Zudem bringt die Kandidatin auf jedes Gegenargument hin neue Argumente oder appelliert nochmals an die gemeinsamen Unternehmensziele. Der Kollege fühlt sich nicht verstanden und **unter Druck gesetzt**. Möglicherweise eskaliert die Situation.

TIPP: ***Sie müssen die Situation Ihres Gegenübers erst verstehen, bevor Sie einen Vorschlag machen können.***

Durch einen sachlichen Austausch lässt sich die Eskalation vermeiden und sogar ein annehmbares Ende finden: Der Kollege gibt dem Druck nach und stimmt zu, sich das Projekt noch einmal anzusehen und seine Entscheidung zu überdenken. Die Kandidatin ist froh, zu einer Einigung gekommen zu sein und wertet das Ergebnis für sich als Erfolg. Tatsächlich ist das **Rollenspiel aus Beobachterperspektive nicht gelöst** worden. Die Kandidatin hat ihre eigene Sichtweise durchgedrückt, dabei aber die Beziehung zum Kollegen belastet. Zudem hat sie die Gründe für die Skepsis gegenüber dem Projekt nie erfahren und kann diese somit auch nicht berücksichtigen. Aus diesem Grund sollte auch das Kollegengespräch mit dem oben vorgestellten offenen Frageschema gestaltet werden. Über offene Fragen muss zunächst die Situation des Kollegen völlig themenoffen verstanden werden, bevor das eigene Anliegen im Gespräch platziert wird.

Das Kundengespräch

Im Kundengespräch ist Ihr Gegenüber **Ihnen hierarchisch überstellt**. In der Regel handelt es sich um einen Kunden oder eine Kundin Ihres Unternehmens. Es kann aber auch Ihr Vorgesetzter, ein Vertreter einer beaufsichtigenden Behörde oder ein Mitglied des Aufsichtsrats sein. Kennzeichnend ist hier, dass Sie in einer gewissen Abhängigkeit zu Ihrem Gesprächspartner stehen. Dieser hat mehr Macht als Sie. Das unterscheidet das Kundengespräch vom Mitarbeitergespräch und Kollegengespräch.

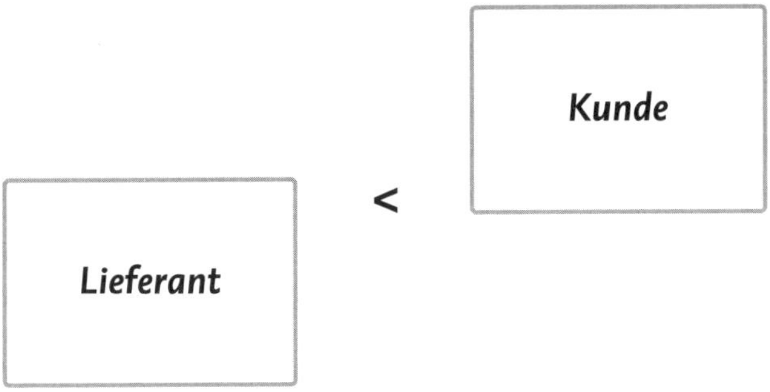

Hierarchiebeziehung zwischen Lieferant und Kunde im Kundengespräch

Das Bewusstsein für diese spezielle Beziehung der beiden Gesprächspartner zueinander ist genau wie bei den vorigen beiden Rollenspiel-Grundtypen wichtig. Die Besonderheit im Kundengespräch ist, dass Ihr Gesprächspartner Ihnen gegenüber so gut wie keine Verpflichtungen hat. Der **Ton** ist zwar **formell** und freundlich, ähnlich wie im Mitarbeitergespräch, der **Kunde** oder die Kundin **kann** aber **offen sprechen** und frei entscheiden, ähnlich wie im Kollegengespräch. Ebenso kann Ihr Gegenüber das Gespräch – theoretisch – jederzeit abbrechen und die Kundenbeziehung zu Ihnen beenden. Die Machtverhältnisse sind hier also zu Gunsten des Kunden bzw. der Kundin verschoben.

Das Kundengespräch kommt im Vergleich zum Mitarbeitergespräch eher selten und im Vergleich zum Kollegengespräch ungefähr gleich oft vor. Es wird besonders gern für **Positionen mit Kundenkontakt** – wie Vertriebs- oder Kundenservice-Positionen – eingesetzt, aber auch für Führungspositionen mit Außenvertretung, wie C-Level- oder Geschäftsführungsstellen. Die klassische Konstellation ist die **Lieferantenbeziehung**. Sie spielen den Vertreter des Lieferunternehmens und treffen auf einen Ihrer Kunden.

TIPP: *Das Kundengespräch wird gerne im Vertrieb und für alle Positionen mit Kundenkontakt eingesetzt.*

Drei Arten von Aufgabenstellungen für das Kundengespräch

Beim Kundengespräch lassen sich grob drei Arten von Aufgabenstellungen unterscheiden: die Problemlösung, die Überzeugung und die Verhandlung.

Problemlösung

Mögliche Probleme zwischen Lieferant und Kunde können falsche oder defekte Lieferungen, Verspätungen oder fehlerhafte Abrechnungen sein. Neben einem rein operativ geprägten Problemgespräch aus dem Geschäftskundenbereich kann man es auch mit emotionaler Kundschaft aus dem Privatkundenbereich zu tun haben, die ihrem Ärger Luft machen will. Grund kann eine verspätete Lieferung, ein unfreundlicher Mitarbeiter oder ein Schadensfall sein. In dem Fall sprechen wir von einem **Beschwerdegespräch**.

Überzeugung

Bei der Variante, in der Sie den Kunden von etwas überzeugen sollen, handelt es sich in aller Regel um ein **Verkaufsgespräch**. Sie möchten zusätzlichen Umsatz generieren, sollen neue Produkte anbieten oder eine Preiserhöhung mitteilen. Es kann auch der Austausch einer Software oder die Änderung eines Abrechnungsmodells anstehen. In allen Fällen ist Ihre Überzeugungskraft gefragt. Aber Vorsicht! Damit ist nicht gemeint, mit vielen Argumenten Ihren Standpunkt mit aller Kraft durchzudrücken. Sie müssen sowohl Ihre als auch die Position Ihres Gegenübers berücksichtigen und eine **für beide Seiten sinnvolle Lösung** finden.

Verhandlung

Die Verhandlung kommt vornehmlich **in Vertriebspositionen** vor und simuliert ein **Verkaufs- oder Jahresgespräch**. Es handelt sich dabei um die am stärksten technisch ausgeprägte Art des Rollenspiels. Diese Variante ist ein **Sonderfall**, denn sie ist eine Mischung aus einer Fallstudie (siehe Seite 143) und einem klassischen Rollenspiel. Sie erhalten eine **Vielzahl von Informationen** zu Produkten, Preisen und weiteren Konditionen, die typischerweise in einer Verhandlung vorkommen (Mengenrabatte, Margen-Informationen, strategische Bedeutung von Produktgruppen). Ihr Gegenüber hat ebenfalls eine Vielzahl von Kennzahlen. Sie sollen sich im Gespräch darüber verständigen, welche Produkte in welcher Stückzahl zu welchen Preisen der Kunde bzw. die Kundin kauft. Auch hier geht es um die typischen Verhaltensweisen im Rollenspiel, wie Kommunikationsfähigkeiten, Empathie und Durchsetzungsstärke, aber eben angereichert um einen **stark durch Zahlen geprägten Case**, den man eher in der **Fallstudie** vermuten würde.

Konzentrieren Sie sich in Ihrer Vorbereitung auf die **klassischen Fälle Problemlösung und Überzeugung**. Selbst im Vertrieb und innerhalb eines Kundengesprächs sind dies die deutlich häufiger eingesetzten Varianten. Das oben erläuterte Lösungsschema ist für alle Grundformen und Ausprägungen des Rollenspiels anwendbar.

Zusammenfassung «

- Das Rollenspiel ist eine der verbreitetsten Aufgaben innerhalb des Assessment-Centers und sollte in keiner Vorbereitung fehlen. Die häufigste Form ist das Mitarbeitergespräch.
- Sie bereiten sich anhand eines Briefings auf das Gespräch vor. Häufig müssen Sie ein Problem lösen oder Ihr Gegenüber von etwas überzeugen.
- Ein gutes Rollenspiel lässt sich in vier Phasen einteilen.
  1. Vertrauen herstellen (Small Talk)
  2. Verstehen des Gegenübers (offene Fragen)
  3. Vertreten der eigenen Punkte (Vorschläge zur Lösung)
  4. Vereinbarung treffen (gemeinsame Lösung)
- Beginnen Sie mit Small Talk für eine vertrauensvolle und kooperative Gesprächsatmosphäre. Signalisieren Sie aber auch echtes Interesse und hören Sie aufmerksam zu.
- In Ihrem Briefing stehen nicht alle Informationen, die für die Lösung der Aufgabe wichtig sind. Finden Sie mithilfe offener Fragen die Details heraus, die nur Ihr Gegenüber kennt.
- Agieren Sie umsichtig und stellen Sie gute Fragen, dann wird sich Ihr Gesprächspartner kooperativ verhalten und Ihnen wertvolle Informationen geben. Versuchen Sie, die ganze Situation aus der Sicht Ihres Gegenübers zu verstehen.
- Kombinieren Sie Ihr Ziel aus dem Briefing mit den neuen Aspekten, die Sie im Gespräch erfahren haben. Fragen Sie Ihr Gegenüber nach Ideen zum weiteren Vorgehen und machen Sie eigene Vorschläge. Einigen Sie sich möglichst so, dass die Interessen beider Seiten berücksichtigt werden.
- Am Ende sollten Sie die vereinbarten Schritte nennen und klären, wer bis wann für die Umsetzung verantwortlich ist. Lassen Sie sich dieses Fazit kurz bestätigen. Beenden Sie das Gespräch mit einer Verabschiedung.
- Dieses Lösungsschema können Sie für alle Arten des Rollenspiels anwenden. Üben Sie am besten vor Ihrem Assessment-Center mit einem Partner oder einer Partnerin.

Eine Zusammenfassung dieses Kapitels mit persönlichen Empfehlungen des Autors finden Sie im Video-Begleitmaterial: stark-verlag.de/qrcode/b20701_08

Übungsaufgaben

Mitarbeitergespräch „Leistungsschwacher Mitarbeiter"

Ihr Briefing

Sie sind Vorgesetzte*r im Bereich Produktion eines Maschinenbau-Mittelständlers. Vor einigen Wochen ist ein neuer Mitarbeiter in Ihr Team gekommen. Vor dieser Position war er für längere Zeit arbeitssuchend. Er wurde insbesondere aufgrund seiner langjährigen Erfahrung auf dem Maschinentyp DY-16 eingestellt, für den es nicht viele geschulte Bediener gibt. Nun stellt sich heraus, dass die Leistung des Mitarbeiters weit hinter den Erwartungen zurückbleibt. Die von ihm produzierten Teile weisen eine erhöhte Fehlerquote auf. Dadurch entsteht deutlich mehr Ausschuss als üblich. Außerdem liegt die produzierte Menge unter dem, was vergleichbare Kollegen in der gleichen Zeit schaffen.

Noch befindet sich der Mitarbeiter in der Probezeit und Sie könnten das Arbeitsverhältnis kurzfristig beenden. Der Bereich braucht eine verlässliche Produktion von den auf DY-16 hergestellten Teilen. Sie haben den Mitarbeiter zu einem Gespräch über seine Leistung gebeten.

Sie haben 15 Minuten Zeit, sich eine Strategie zu überlegen. Anschließend führen Sie ein 15-minütiges Gespräch mit dem Mitarbeiter.

Den Abschnitt für den Rollenspieler finden Sie auf Seite 293 f. Lesen Sie diesen nicht, wenn Sie das Rollenspiel unter realen Bedingungen üben möchten. Geben Sie den Abschnitt einem Partner und führen Sie anschließend für 15 Minuten ein Mitarbeitergespräch. Einen Lösungsvorschlag können Sie danach auf Seite 294 f. nachlesen.

Kollegengespräch „Räumliche Neuorganisation“

Ihr Briefing

Sie sind Referatsleitung im Bundesministerium für Gesundheit. Ihr Referat verwaltet die Lizenzierung sämtlicher in der Bundesbehörde eingesetzten Software. Dieser Bereich ist in den letzten zwei Jahren stark gewachsen, da Sie sich durch die Anforderungen an die Automatisierung stark weiterentwickelt haben. Ihr Team hat sich dadurch von ehemals acht auf nun insgesamt 14 Beamte vergrößert. Außerdem ist dem Referat der Bereich IT-Service zugeordnet.

Ihrem Referat wurden auf Ihren Antrag hin vier weitere Beamtinnen und Beamte zugewiesen. Für die benötigten Arbeitsplätze fehlt Ihnen aber in Ihrem bisherigen Großraumbüro der Platz. Nach reiflicher Überlegung haben Sie einen Termin mit Ihrer Kollegin Frau Suhrbier, der Referatsleiterin der Buchhaltung, vereinbart. Das Buchhaltungsreferat sitzt direkt neben dem Softwarelizenzierungsreferat im gleichen Stockwerk. Die Abteilungen sind nur durch eine dünne Wand voneinander getrennt. Sie wollen Frau Suhrbier bitten, mit ihrem vier Personen umfassenden Referat auf ein anderes Stockwerk zu ziehen, damit Ihre neuen Mitarbeiter bei Ihrem Team sitzen können.

Frau Suhrbier ist für ihre rigorose Art bekannt. Sie wissen, dass ihr Team sie gebeten hat, im 2. Stock bleiben zu können, da der Weg zur Kantine im 1. Stock von dort kurz ist. Im 4. Stock dagegen wären genug freie Arbeitsplätze für das Referat von Frau Suhrbier vorhanden, nicht aber für das ganze Softwarelizensierungsreferat.

Überzeugen Sie Frau Suhrbier, mit der Buchhaltung in den 4. Stock umzuziehen.

Sie haben 15 Minuten Zeit, sich eine Strategie zu überlegen. Anschließend treffen Sie Frau Suhrbier für ein 15-minütiges Gespräch.

Den Abschnitt für den Rollenspieler finden Sie auf Seite 295 f. Lesen Sie diesen nicht, wenn Sie das Rollenspiel unter realen Bedingungen üben möchten. Geben Sie den Abschnitt einem Partner und führen Sie anschließend für 15 Minuten ein Kollegengespräch. Einen Lösungsvorschlag können Sie danach auf Seite 297 f. nachlesen.

Kundengespräch „Außendienstbesuch“

Ihr Briefing

Sie übernehmen im Außendienst eines Herstellers für Verpackungsmaterial einen neuen Bezirk. Ihr Unternehmen beliefert Läden – zum Beispiel Bäckereien, Fleischereien und Feinkostgeschäfte – mit Verpackungsmaterial für Lebensmittel.

Neben aktiven Bestandskunden haben Sie auch eine Liste von Bestandskunden erhalten, die schon längere Zeit nichts mehr bestellt haben.

Heute besuchen Sie die L. K. Heinzmann GmbH, eine Großkonditorei. Sie sprechen dort mit dem Einkaufsleiter Herrn Heinzmann Jr. Die Firma L. K. Heinzmann hat früher für die Gebäckteile große Mengen Einschlagpapier bestellt. Seit zwei Jahren haben Sie aber keinerlei Aufträge mehr erhalten.

Sie vermuten, dass die Konditorei das Einschlagpapier inzwischen günstiger aus China bezieht.

Ihre Aufgabe ist es, ein neues Produkt zu verkaufen, das ganz neu auf dem Markt ist: *FreshPaper*. *FreshPaper* ist Einschlagpapier für Lebensmittel aller Art, das ohne eine chemische Beschichtung zur Versiegelung auskommt. Es ist dadurch günstiger und umweltfreundlicher als herkömmliche Einschlagpapiere. Die Technologie ist der Hoffnungsträger Ihres Unternehmens und hat daher eine strategisch wichtige Rolle. Langfristig ist Ihre Vision, herkömmliches Einschlagpapier komplett durch *FreshPaper* zu ersetzen.

Überzeugen Sie Herrn Heinzmann, eine Testbestellung des neuen Produkts *FreshPaper* aufzugeben.

Sie haben 15 Minuten Zeit, sich eine Strategie zu überlegen. Anschließend treffen Sie Herrn Heinzmann für ein 15-minütiges Gespräch.

Den Abschnitt für den Rollenspieler finden Sie auf Seite 298 f. Lesen Sie diesen nicht, wenn Sie das Rollenspiel unter realen Bedingungen üben möchten. Geben Sie den Abschnitt einem Partner und führen Sie anschließend für 15 Minuten ein Kundengespräch. Einen Lösungsvorschlag können Sie danach auf Seite 299 f. nachlesen.

» Die Fallstudie

Bedeutung: ■ ■ ■ ■ ■

wird angewendet bei:		*andere Bezeichnungen für Fallstudie:*
Führungskräfte-ACs	✓	*Case Study, Fallbearbeitung, Management-Situation, Themenbearbeitung, Projektarbeit, Strategieentwicklung, Prozessoptimierung, Business-Simulation*
Standard-ACs	✓	
Online-ACs	✓	

Worum geht es bei der Fallstudie im Assessment-Center?

TIPP: ***Die Fallstudie kommt in fast jedem Assessment-Center vor und sollte daher in Ihrer Vorbereitung auf keinen Fall fehlen.***

In der Assessment-Center-Fallstudie müssen Sie ein **komplexes Problem** unter **Zeitdruck** lösen. Sie bekommen dazu in der Regel **umfangreiche Materialien**. Die darin enthaltenen Informationen sollen Sie für die Lösungsfindung nutzen. Die Bandbreite an möglichen Themen ist groß und auch der Umfang der Fallstudien variiert stark. In jedem Fall müssen Sie zunächst die Ausgangssituation analysieren, darauf basierend Entscheidungen treffen und Vorschläge für das von Ihnen gewählte Szenario erarbeiten. Dabei gibt es häufig mehr als nur eine Lösung. Die Fallstudie ist eine beliebte Einzelaufgabe, die Sie unabhängig von den anderen Teilnehmerinnen und Teilnehmern lösen.

Häufige Themen einer Fallstudie im Assessment-Center sind:

- Konzepterstellung
- Strategische Fragestellungen
- Problemlösung
- Analyse von Produkten, Standorten oder Bereichen
- Ganzheitliche Unternehmensentscheidungen
- Auswahl zwischen zwei Alternativen

Case Studies, wie Fallstudien auch genannt werden, sind Ihnen vielleicht aus Ihrem Studium oder beruflichen Weiterbildungen bekannt. Das Format wird nämlich auch zu Trainingszwecken gerne eingesetzt. Zwar ähneln diese Fälle denen im Assessment-Center, es gibt aber einen wesentlichen Unterschied: Bei den Trainingsfällen gibt es oft eine einzige richtige Lösung oder einen bestimmten Lösungsweg, der eingeschlagen werden soll. Das ist im AC nicht unbedingt der Fall. Sie haben meist deutlich mehr Gestaltungsspielraum, sofern Sie Ihre Entscheidungen und Empfehlungen nachvollziehbar begründen.

Themenbezogene und themenfremde Fallstudien

Die im Assessment-Center eingesetzte Fallstudie kann themenbezogen oder themenfremd sein. Sie hat also **möglicherweise keinen direkten Bezug zur ausgeschriebenen Stelle**. Sie können beispielsweise einen Fall aus einem anderen Bereich oder einer fremden Branche erhalten. Dies ist gerade dann wahrscheinlich, wenn Sie das AC gemeinsam mit Teilnehmenden aus unterschiedlichen Bereichen des Unternehmens durchlaufen. Durch eine neutrale Fallstudie zu einem allen unvertrauten Thema soll die Chancengleichheit gewahrt werden.

Beispiel für eine themenfremde Fallstudie

Kandidaten in der Logistikbranche erhalten folgende themenfremde Aufgabe:

„Stellen Sie sich vor, Sie leiten eine Halbleiterfabrik. Welche Prozessveränderungen in der Produktion würden Sie auf Basis der zur Verfügung gestellten Informationen vornehmen?“

Auf der anderen Seite kann in einem Einzel-Assessment der Fall aber auch so gewählt werden, dass er Ihren zukünftigen Aufgaben im Unternehmen möglichst nahekommt. Dadurch gibt es einen starken Praxisbezug und die Beobachter bekommen zudem einen Eindruck von Ihrem Fachwissen.

Beispiel für eine themenbezogene Fallstudie

Kandidaten im Vertrieb erhalten folgende themenbezogene Aufgabe:

„Erarbeiten Sie basierend auf den Informationen zur Marktsituation und zu den Produkten eine Vertriebsstrategie für die neue Produktreihe Wonder Fresh *für die nächsten fünf Jahre.“*

Offen-kreative und geschlossen-analytische Fallstudien

Neben der Unterscheidung zwischen themenbezogenen und themenfremden Aufgaben lassen sich Fallstudien im Assessment-Center noch anhand ihrer Anforderungen einteilen: Es gibt offen-kreative und geschlossen-analytische Fallstudien.

Die **offen-kreative Fallstudie** ist so gestaltet, dass Ihnen nicht alle zur Lösung benötigten Informationen vorliegen. Sie erfordert von Ihnen, Entscheidungen unter Unsicherheit zu treffen und fehlende Angaben durch Annahmen auszugleichen. Dabei dürfen Sie ausdrücklich eigene Ansätze und Ideen einbringen und Ihre Kreativität nutzen.

Beispiele für offen-kreative Fallstudien

„Erstellen Sie eine Marketingstrategie für die nächsten zehn Jahre."

„Entwickeln Sie ein Konzept, um mehr junge Menschen für die Pflegebranche zu begeistern."

„Erarbeiten Sie Maßnahmen, mit denen sich die Sicherheit in der Fabrik verbessern lässt."

Vielleicht werden Ihnen einige Zahlen oder Informationen zu geplanten Initiativen zur Verfügung gestellt. Möglicherweise erhalten Sie aber gar keine spezifischen Materialien und müssen sich einer weit gefassten Aufgabe mit Ihrem eigenen Fachwissen und öffentlich zugänglichen Informationen zum Markt und zum Arbeitgeber nähern. Bei offen-kreativen Fallstudien gibt es nicht das eine richtige Ergebnis, sondern viele mögliche Ansätze. Eine gute Lösung muss wohlbegründet und plausibel sein.

Die **geschlossen-analytische Fallstudie** dagegen zeichnet sich dadurch aus, dass man Ihnen eine Fülle an Informationen zur Verfügung stellt. Das kann ein ganzer Stapel an Materialien sein, mit jeder Menge Berichten und Daten. Der Fokus dieser Fallstudienart liegt auf der Analyse der vorhandenen Fakten und einer darauf basierenden Entscheidung. Die Lösung lässt sich in der Regel weitgehend auf Basis des Materials finden.

Beispiele für geschlossen-analytische Fallstudien

„Erarbeiten Sie auf Basis der vorliegenden Unterlagen eine kostenoptimierte Vertriebsstruktur."

„Welche der zwei Alternativen sollte das Unternehmen wählen?"

„Geben Sie eine Empfehlung ab, ob die Akquisition durchgeführt werden sollte."

„Errechnen Sie den maximalen Betrag, den der neue Standort das Unternehmen kosten darf."

Es gibt auch **Mischmodelle**, die sowohl eine analytische als auch eine kreative Komponente enthalten.

Die Fallstudie ist in allen Arten von Assessment-Center sehr beliebt. Sie ermöglicht den Beobachtern, in kurzer Zeit eine Vielzahl an Verhaltensweisen zu beobachten und zu bewerten. Gerade die Kombination aus der konzentrierten Fallbearbeitung und der anschließenden kommunikativen Ergebnispräsentation deckt viele der für einstellende Unternehmen interessanten Bewertungskriterien ab.

Die Beobachter **bewerten** insbesondere folgende Kriterien:

- Strategisches Denken
- Analytik und Logik
- Problemlösungskompetenz
- Entscheiden unter Unsicherheit
- Kreativität
- Strukturiertes Denken
- Ergebnisorientierung
- Unternehmerisches Handeln
- Auffassungsgabe und Konzentration
- Kombinatorisches Denken
- Konzeptionelles Arbeiten
- Fachwissen
- Zeitmanagement

Wie läuft eine Fallstudie ab?

Eine Fallstudie besteht aus zwei Teilen: der Bearbeitungszeit und der Ergebnispräsentation.

Ablauf einer Fallstudie		
Bearbeitung		45–90 Minuten
Ergebnispräsentation		ca. 15–30 Minuten

Die Bearbeitung

In einer typischen Fallstudie haben Sie **45 bis 90 Minuten** Zeit zur Bearbeitung der Aufgabenstellung. Sie sind dabei allein in einem Nebenraum. Dort stehen Ihnen **Schreibpapier, Stifte und Marker** zur Verfügung. Meist liegt auch ein **Taschenrechner** bereit. Darüber hinaus wird man Ihnen Hilfsmittel für die anschließende Präsentation anbieten, z. B. ein **Flipchart** und entsprechende Stifte in verschiedenen Farben.

Zur Bearbeitung einer Fallstudie erhalten Sie in der Regel **Unterlagen** in Papierform. Dieses Material enthält neben der Aufgabenstellung die Informationen, die für die Lösung der Aufgabe relevant sind. Das können **Texte und Zahlen, Memos, Grafiken oder Tabellen** sein. Sie werden wahrscheinlich nicht alles im Detail durcharbeiten können. Sehr oft enthalten die Unterlagen auch **irrelevante Informationen**, die bestenfalls zur **Ausschmückung** und schlimmstenfalls zur **Ablenkung** dienen.

Sie sollten sich zügig einen **Überblick verschaffen**, anschließend die relevanten Informationen auswählen und darauf aufbauend Ihre Lösung erarbeiten. Dazu sind bei vielen Aufgaben einfache Rechenoperationen notwendig, die möglicherweise wichtige Erkenntnisse liefern. Die Fallstudie erfordert Improvisation und einen **pragmatischen Ansatz**. Verabschieden Sie sich von der Vorstellung, das optimale Ergebnis finden zu können. Sie werden nicht jedes denkbare Szenario prüfen und nicht jede Variante durchrechnen können. Wählen Sie einen vielversprechenden Ansatz aus und bauen Sie Ihre Lösung darauf auf.

Beispiele für mögliche Themen in der Fallstudie

- *Erarbeitung eines Konzepts*
- *Bewertung von Ideen*
- *Gründung eines Unternehmens*
- *Optimierung von Prozessen*
- *Analyse von Bereichen*
- *Bewertung von Standorten und Produkten*
- *Projektauswahl*
- *Kostenreduktion*
- *Restrukturierung*
- *Strategische Ausrichtung eines Bereichs*
- *Mitarbeitermotivation*
- *Organisationsstruktur*

Bei der Fallstudie ist das **Ergebnis** wichtiger als die Art und Weise, wie Sie zu dem Resultat gelangt sind. Ihre Arbeitsweise bleibt den Beobachtern – anders als zum Beispiel bei der Gruppendiskussion – verborgen. Sie erarbeiten die Lösung allein und in der Regel unbeaufsichtigt.

TIPP: ***Planen Sie bereits zu Beginn der Bearbeitung genug Zeit für die Vorbereitung Ihrer Präsentation ein.***

Während der inhaltlichen Bearbeitung müssen Sie sich parallel mit der späteren **Präsentation Ihrer Lösung** befassen. Die Vorbereitung der Ergebnisdarstellung ist in Ihrer Bearbeitungszeit inbegriffen.

Die Ergebnispräsentation

Für die Präsentation Ihrer Ergebnisse stehen Ihnen in der Regel **15 bis 30 Minuten** zur Verfügung. Anschließend stellen Ihnen die Beobachter meist noch Fragen zu Ihren Ausführungen.

Bei der Ergebnispräsentation sind die anderen AC-Teilnehmenden nicht anwesend. Sie sprechen ausschließlich **vor den Beobachtern**. In der Regel findet die Präsentation direkt im Anschluss an die Vorbereitungszeit statt.

Durch das Briefing wurde Ihnen möglicherweise eine **Rolle** zugewiesen, z. B. die eines Bereichsleiters oder einer Bereichsleiterin in einer Vorstandspräsentation. Nehmen Sie diese Rolle an und füllen Sie sie mit Leben. Das heißt: Verhalten Sie sich so, wie sich echte Bereichsleiter in der Vorstandspräsentation verhalten würden.

TIPP: ***Eine gute Präsentation ist wichtiger als viele Details bei den Ergebnissen.***

Die Ergebnispräsentation ist besonders wichtig, denn Ihre Arbeit wird nur hier für die Beobachter sichtbar. Akzeptieren Sie, dass Sie aufgrund des großen Zeitdrucks womöglich nicht perfekt ausgereifte Ergebnisse präsentieren werden. Legen Sie Ihre **Gedankengänge, Ideen und Annahmen** offen und begründen Sie Ihre **Entscheidungen** gut. Zeigen Sie auf, welche **Konsequenzen** sich aus Ihrem Vorschlag ergeben, und sprechen Sie eine klare **Empfehlung** für diesen Weg aus.

Wie löse ich eine Fallstudie?

Die Bearbeitung

TIPP: ***Nutzen Sie die Bearbeitungszeit für sechs Schritte: das Aufgabenverständnis, die Einarbeitung, die Ideensammlung, das Festlegen auf einen Ansatz, die Ausarbeitung der Lösung sowie die Vorbereitung Ihrer Präsentation.***

Planen Sie gleich zu Beginn der Bearbeitung Ihre **Zeit in Blöcke** für die folgenden **sechs Schritte** ein. Die meiste Zeit sollten Sie dabei für die Ausarbeitung der Lösung sowie die Vorbereitung Ihrer Präsentation reservieren – die letzten beiden Zeitblöcke. Gehen Sie bei den ersten Schritten daher so zügig wie möglich vor.

Bei einer Bearbeitungszeit von 60 Minuten könnte Ihr grober Zeitplan wie folgt aussehen:

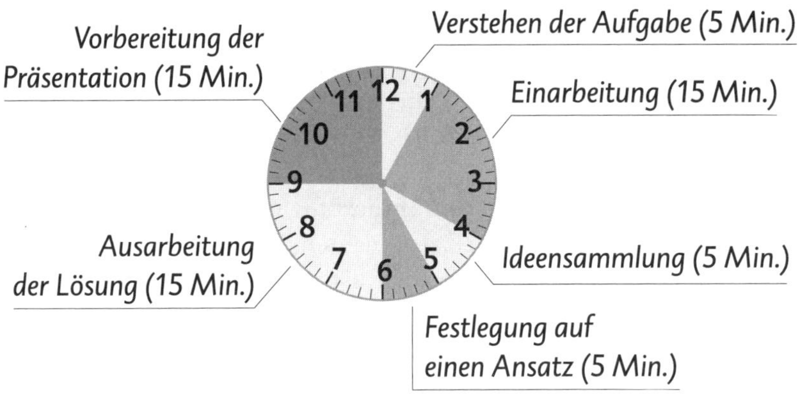

Schritt 1: Verstehen der Aufgabe

Der erste Schritt ist das **Lesen und Verstehen der Aufgabenstellung**. Nicht immer steht diese direkt am Anfang. Sie kann am Ende einer längeren Einleitung versteckt oder vage formuliert sein. Finden Sie daher als Erstes die Aufgabenstellung und – falls nötig – **präzisieren** Sie diese. Eine Fallstudie kann auch mehrere Arbeitsaufträge enthalten. Auf diesen Schritt sollten Sie nicht länger als fünf Minuten verwenden.

***TIPP:** Stellen Sie sicher, dass Sie die Aufgabe genau verstanden haben.*

Beispiel

Eine vage Formulierung aus einem echten Assessment-Center lautete: „Was würden Sie tun?" Diese Aufgabenstellung ist zu ungenau, um damit arbeiten zu können. Sie müssen sie präzisieren. In dem Beispiel ging es um Probleme mit dem Fuhrpark eines Restaurants und die Frage nach der strategischen Rolle des Lieferdienstes. Eine selbst formulierte, detailliertere Aufgabenstellung könnte lauten: „Wie löse ich kurzfristig die Probleme im Fuhrpark und wie gestalte ich langfristig unseren Lieferdienst, damit das Potenzial des Außer-Haus-Geschäfts optimal genutzt wird?" Durch die präzisere Formulierung wird sofort klar, worauf Sie in der weiteren Bearbeitung achten müssen und wie Sie Ihre Ergebnispräsentation strukturieren. Unterschätzen Sie daher diesen ersten Schritt nicht.

Schritt 2: Einarbeitung

Im zweiten Schritt arbeiten Sie sich in den Fall ein. Dazu **sichten Sie zunächst alle Materialien** und treffen eine erste **Auswahl**, welche Informationen im Hinblick auf die Aufgabenstellung für die Lösung des Falls relevant sind. Wie lange dies dauert, hängt vom Umfang der Unterlagen und der zur Verfügung stehenden Zeit ab. Sie sollten circa ein Fünftel bis ein Viertel der gesamten Bearbeitungszeit einplanen. Bei 60 Minuten wären das 10 bis 15 Minuten. Die Zeit für diesen Schritt ist also knapp bemessen!

Je nach Umfang der Ihnen zur Verfügung gestellten Materialien müssen Sie zunächst **entscheiden**, ob Sie alles einmal **zügig durchlesen** oder eine **Vorauswahl treffen**. Sind es nur wenige Seiten, kann es sinnvoll sein, rasch alle Informationen zu erfassen. Bei sehr ausführlichen Unterlagen, wie beispielsweise Dutzenden Seiten, ganzen Geschäftsberichten oder offensichtlich viel zu umfassenden Informationen, sollten Sie zunächst Irrelevantes aussortieren. Sie sollten sich möglichst schnell einen Überblick verschaffen, welche Arten von Materialien Ihnen zur Verfügung stehen.

Achten Sie darauf, ob die Quellen mit einem Datum versehen sind. Manchmal können Sie auf diese Weise veraltete Informationen aussortieren. Auf jeden Fall wären ältere Daten mit Vorsicht zu betrachten. Einige längere Texte enthalten Zusammenfassungen am Schluss, die hilfreich sein können. Das Gleiche gilt für lange E-Mail-Ketten, an deren Ende Sie die neueste E-Mail finden.

Ob Informationen relevant sind, hängt stark vom Einzelfall und der genauen Aufgabenstellung ab. Als Faustregel gilt jedoch, dass sehr umfangreiche Unterlagen ein Hinweis darauf sind, dass man Sie mit der Materialfülle ablenken möchte und ein Aussortieren von Unwichtigem sinnvoll ist. Legen Sie belanglose Seiten beiseite und streichen Sie irrelevante Passagen durch.

Im Anschluss **lesen Sie die relevanten Materialien einmal zügig durch**. Markieren Sie dabei Wichtiges. Am Ende dieses Schritts sollten Sie wissen, welche Informationen Ihnen in der Fallstudie vorliegen und wo diese zu finden sind.

Schritt 3: Ideensammlung

Im dritten Schritt betrachten Sie die Fallstudie wieder mit mehr Distanz. Nach der Definition der Aufgabe und der Durchsicht der Unterlagen **sammeln Sie mögliche Lösungsansätze**. Überlegen Sie sich, welche Anhaltspunkte es dafür im Material gibt. Dieser Schritt sollte zügig innerhalb von fünf Minuten erfolgen.

Welche Arten von Zahlen, Grafiken und Texten sind vorhanden, auf denen eine Lösung basieren könnte? Welche eigenen Ideen sind Ihnen beim Lesen gekommen? Welche Ansätze verfolgen die Wettbewerber im Markt? Schreiben Sie auf einem neuen Blatt Papier alle Ansätze stichpunktartig auf.

> **Beispiel – offen-kreative Fallstudie**
>
> ***Aufgabe:*** *Wie löse ich kurzfristig die Probleme im Fuhrpark?*
>
> ***Ideensammlung:***
> - *Reparatur der vorhandenen Pkws*
> - *Miete, Leasing, Kauf neuer Fahrzeuge*
> - *Umstellung auf günstigere Roller*
> - *Kooperation mit Lieferdiensten*
> - *Personal mit eigenen Fahrzeugen anwerben*
> - *Prämie zahlen für Nutzung eigener Pkw*

Eine solche Ideensammlung können Sie sowohl bei offen-kreativen als auch geschlossen-analytischen Fallstudien erstellen.

> **Beispiel – geschlossen-analytische Fallstudie**
>
> ***Aufgabe:*** *Welche Standorte sollten geschlossen werden?*
>
> ***Ideensammlung:***
> - *Vergleich des Umsatzes je MA*
> - *Vergleich des Gewinns je MA*
> - *Vergleich Anzahl der Neukunden je MA*
> - *Vergleich Kundenservice je MA*
> - *Vergleich Kosten je MA*
> - *Vergleich Kundenzufriedenheit je Standort*

Schritt 4: Festlegen auf einen Ansatz

Der vierte Schritt besteht darin, sich auf einen **Weg zur Lösung festzulegen**. Ihr Ansatz kann auch eine Kombination aus mehreren der vorher gesammelten Ideen sein. Entscheiden Sie sich, ohne lange darüber nachzudenken. Dieser Schritt sollte nicht länger als fünf Minuten dauern.

Es gibt bei der Fallstudie in der Regel mehrere Wege zum Ziel. Sie werden nicht alle ausprobieren und den perfekten auswählen können. Es ist besser, sich an dieser Stelle auf den vielversprechendsten Ansatz festzulegen und diesen gut aufzuarbeiten.

> **Beispiel – offen-kreative Fallstudie**
>
> *Im offen-kreativen Fallstudienbeispiel aus Schritt 3 könnte Ihr Lösungsweg alle dort genannten Ideen enthalten, gebündelt in einer Lieferdienst-Initiative. Die Vorschläge schließen sich nicht gegenseitig aus und können einander ergänzen. Ihr Ansatz dort kann lauten:*
> *Ich beurteile in der folgenden Ausarbeitung für jede dieser Maßnahmen kurz die Kosten-Nutzen-Bilanz und bringe die Ideen in eine sinnvolle Reihenfolge. Umgesetzt werden sollen alle, eine nach der anderen.*

Beispiel – geschlossen-analytische Fallstudie

Da ich es nicht schaffen werde, sämtliche in Schritt drei gesammelten Kennzahlen in der kurzen Zeit für alle 27 Standorte zu errechnen, konzentriere ich mich auf den Umsatz je Mitarbeiter als Bewertungskriterium. Der Gewinn je Mitarbeiter als ebenfalls wichtige Größe für das Unternehmen wird eng mit dem Umsatz verbunden sein. Die Kosten sind ebenfalls entscheidend. Ich nehme allerdings an, dass die Kosten je Mitarbeiter zwischen den Standorten nicht allzu weit auseinander liegen. Das macht die Kennzahl Umsatz je Mitarbeiter zur wichtigsten Vergleichszahl. Darauf konzentriere ich mich in der verbleibenden Zeit.

Schritt 5: Ausarbeitung der Lösung

Der fünfte Schritt besteht aus der **konkreten Ausarbeitung** Ihrer Lösung. Hier gehen Sie ins Detail und suchen sich aus der Fallstudie gezielt alle Informationen heraus, die Sie für die Erarbeitung und spätere Präsentation Ihrer Lösung benötigen. Auf diesen Schritt können Sie ein Fünftel bis ein Viertel Ihrer Zeit verwenden. Bei 60 Minuten wären das ungefähr 10 bis 15 Minuten.

Stellen Sie zunächst alle notwendigen **Berechnungen** an. Bilden Sie z. B. mit einfachen Rechenmethoden wie Dreisatz oder Prozentrechnung neue Kennzahlen. Im Beispiel oben müssen Sie für 27 Standorte aus den angegebenen Werten *Umsatz je Standort* und *Mitarbeiter je Standort* die neue Kennzahl *Umsatz je Mitarbeiter* bilden. Das ist eine leichte Rechnung, erfordert bei 27 Standorten aber Zeit. Daher war die Vorauswahl der richtigen Kennzahl im vorigen Schritt so wichtig. Dadurch wissen Sie, dass sich dieser Zeitaufwand lohnt.

Bei eher kreativen Lösungen können Sie nun an die **Ausarbeitung der Details** gehen. Beim Beispiel des Lieferdienstes wäre zu klären, wie Sie eine Ausweitung des Fuhrparks genau vornehmen wollen. Was spricht für die Miete, was für das Leasing und was für den Kauf neuer Fahrzeuge? Wie soll die Finanzierung aussehen und welche Vor- und Nachteile ergeben sich jeweils?

Denken Sie anschließend Ihren Lösungsansatz zu Ende. Während Sie sich im vorigen Schritt auf das Was festgelegt haben, arbeiten Sie nun das Wie aus. Das gilt auch für analytisch geprägte Fallstudien. Haben Sie durch die Berechnung der Umsätze pro Kopf klare Problemstandorte identifiziert, bedeutet das noch nicht automatisch deren Schließung. Vielleicht planen Sie, diese Zweigstellen zunächst zu besuchen und die Ursachen zu erforschen. Möglicherweise bewirkt bereits ein Schulungs- oder Mitarbeiteraustauschprogramm zwischen den Standorten eine deutliche Umsatzverbesserung. Was machen gute Zweigstellen anders als schlechte und lassen sich deren Prozesse auf die unterdurchschnittlichen Standorte übertragen?

Treffen Sie Annahmen für Ihre Lösung. In unseren Beispielen wären sinnvolle Annahmen: Roller sind deutlich günstiger und im Stadtverkehr schneller als Pkw. Daher basieren Sie Ihre Lieferflotten-Strategie zukünftig auf kleine, wendige Roller als Auslieferfahrzeuge. Oder: Umsatzzahlen, die mehr als 50 % unter dem Durchschnitt liegen, werden schwer zu korrigieren sein, sodass Sie die entsprechenden Standorte sofort schließen. Solche, die weniger als 50 % unter dem Durchschnitt liegen, werden Sie zunächst ein Jahr lang beobachten und ihnen ein Maßnahmenprogramm auferlegen, bevor Sie eine Entscheidung über die Schließung treffen. Wie dieses Programm aussieht, müssen Sie ebenfalls darlegen. Machen Sie sämtliche Ihrer Annahmen transparent.

Treffen Sie klare Entscheidungen. Machen Sie sich bewusst, dass Sie sich in einem Assessment-Center befinden und nicht im Praxisalltag. Ihre Empfehlungen haben keine echte Konsequenz, außer für Ihre Chancen auf die Stelle. Ihr Entschluss, mehrere Fahrzeuge anzuschaffen oder 15 Standorte zu schließen, bleibt für die betroffenen fiktiven Mitarbeiter*innen ohne Folgen. Trauen Sie sich daher, solche Entscheidungen auch bei unzureichender Datenlage zu treffen. Das ist in dieser Prüfungssituation gewollt. Wichtig ist, dass Sie alle Entscheidungen begründen.

Zeigen Sie die **Vor- und Nachteile** und die **Konsequenzen** Ihrer Empfehlung auf. Das können u. a. sein:

- Kurzfristige Kosten der Umsetzung und langfristige Einsparungen
- Vorlaufzeit und Dauer
- Schlechtere Betreuung der Kunden in betroffenen Regionen
- Notwendige Investitionen in Maschinen oder Personal
- Notwendige Abstimmungen mit anderen Abteilungen und Bereichen
- Hoher Aufwand oder Anpassungen von Prozessen für ein sinnvolles Ziel
- Benötigtes Budget
- Umsatz- oder Gewinnpotenzial
- Mögliche Reaktionen von Wettbewerbern oder Kunden

Am Ende dieses Schritts reflektieren Sie kurz, ob Ihre ausgearbeitete Lösung **plausibel** ist. Würden Sie so agieren, wenn es Ihr Unternehmen wäre? Würden Außenstehende Ihrem Ansatz zustimmen? Wenn ja, dann sind Sie auf einem guten Weg.

Schritt 6: Vorbereitung der Präsentation

Der sechste Schritt ist die Vorbereitung Ihrer **Präsentation**. Dafür sollten Sie von Anfang an genügend Zeit einplanen. Als Faustregel gilt: Reservieren Sie ein Viertel der gesamten Bearbeitungszeit für Ihre Präsentation. Bei 60 Minuten bleiben Ihnen also die letzten 15 Minuten dafür.

Wenn Sie in den vorigen Schritten sorgfältig gearbeitet haben, sollte Ihnen die Strukturierung Ihrer Präsentation nicht schwerfallen. Entwickeln Sie einen **roten Faden**, der sich durch Ihre Ergebnisdarstellung zieht und Ihre Gedankengänge aufzeigt. Legen Sie alle Überlegungen, Ihr Vorgehen, Ihre Annahmen und Entscheidungen dar und machen Sie Ihre Empfehlung deutlich.

In diesem Schritt sollten Sie entscheiden, welche Punkte Sie nennen und wie Sie diese mündlich darstellen. Überlegen Sie, wie Sie die Aufgabenstellung in eigenen Worten kurz wiedergeben, wie Sie Ihr Vorgehen erläutern und welche ebenfalls in Erwägung gezogenen Alternativen Sie erwähnen möchten. Bereiten Sie passende **Formulierungen** vor. Wie kommunizieren Sie Annahmen und Entscheidungen? Wie weiterführende Planungen zur Umsetzung?

Sie können Ihre Ergebnisse schärfen, indem Sie einen kurzen gedanklichen **Perspektivenwechsel** vornehmen: Was würde beispielsweise die Geschäftsführerin des Unternehmens zu Ihrer Lösung sagen? Welche Fragen würde sie stellen? Welche weiteren Auskünfte würde sie von Ihnen verlangen, bevor sie Ihren Vorschlag unterstützt? Nehmen Sie diese Informationen gleich mit in Ihre Präsentation auf und entkräften Sie dadurch mögliche Gegenargumente.

Überlegen Sie sich einen **Schlusssatz**, der Ihnen hilft, Ihre Präsentation souverän abzuschließen und Ihren Zuhörern das Ende Ihres Vortrags signalisiert.

Beispiele für starke Schlusssätze

- *„Unser Lieferdienst wird ab sofort zu einem strategischen Wachstumsfeld und in den nächsten Jahren zu einer wichtigen Säule unseres Geschäfts. Ich freue mich auf die gemeinsame Umsetzung der vorgestellten Maßnahmen."*
- *„Durch die Schließung der drei unrentablen Standorte und die Förderung der verbleibenden Filialen können wir unser Geschäft entscheidend stärken. Vielen Dank!"*
- *„Lassen Sie uns gemeinsam die Vision ‚Fabrik der Zukunft' verwirklichen!"*

Bereiten Sie außerdem die **Medien** vor, die Sie einsetzen möchten. Ich empfehle, diese so sparsam wie möglich zu nutzen. Hier ist weniger mehr. **Ihr Fokus sollte auf der mündlichen Darstellung der Lösung liegen.** So bleibt die volle Aufmerksamkeit der Beobachter bei Ihnen und Sie lenken nicht mit detailreichen Charts von Ihrer Präsentation ab. Sie überzeugen durch einen souveränen Auftritt, nicht durch Ablesen von vorbereiteten Medien. Auf Charts oder Flipcharts sollten Sie nur die wichtigsten Punkte zu den einzelnen Fragestellungen festhalten. Jede Seite sollte nur **drei bis vier Stichworte** enthalten, die Ihre mündliche Vorstellung der Lösung untermauern. Noch besser wäre es, wenn Sie während Ihrer Präsentation diese Punkte live aufschreiben.

Möchten Sie ein Thema besonders visualisieren, können Sie dafür das Flipchart nutzen. Vielleicht gibt es ein Spannungsfeld zwischen zwei einander gegenüberstehenden Themen, das sich durch einen dicken Pfeil in beide Richtungen visualisieren lässt? Bei der Frage nach Standortschließungen im oben genannten Beispiel könnten Sie beispielsweise den Zielkonflikt zwischen Kosteneinsparung und Kundenservice hervorheben. Setzen Sie solche **Visualisierungen** sparsam ein. Ein bis zwei in der kompletten Präsentation reichen aus.

***TIPP:** Konzentrieren Sie sich in der Vorbereitung auf die mündliche Darstellung Ihrer Ergebnisse und weniger auf die Gestaltung von (Flip-)Charts.*

Die Präsentation

In den 15 bis 30 Minuten Ihrer Ergebnispräsentation müssen Sie zeigen, welche Erkenntnisse Sie in der Fallbearbeitung gewonnen und welche Schlüsse Sie daraus gezogen haben.

Die Beobachter können nur bewerten, was Sie in der Präsentation kommunizieren. Stellen Sie sich einen Eisberg vor, von dem nur die Spitze aus dem Wasser ragt. Der Eisberg ist Ihre Fallstudien-Bearbeitung. Nur der kleine, aus dem Wasser ragende Teil ist sichtbar. Dieser steht symbolisch für Ihre Ergebnispräsentation. Im Verborgenen bleiben viele Ihrer Überlegungen aus der Vorbereitung – diese entsprechen dem größeren, unter der Wasseroberfläche verborgen liegenden Teil des Eisbergs. Stellen Sie daher sicher, dass Sie nicht nur die reine Lösung darstellen, sondern auch **alle relevanten Überlegungen**, Annahmen, aus guten Gründen verworfene Ideen und andere Entscheidungen **mitaufnehmen** und dadurch sichtbar machen.

***TIPP:** Eine gut präsentierte durchschnittliche Lösung schneidet im Assessment-Center besser ab als eine schlecht präsentierte bessere Lösung.*

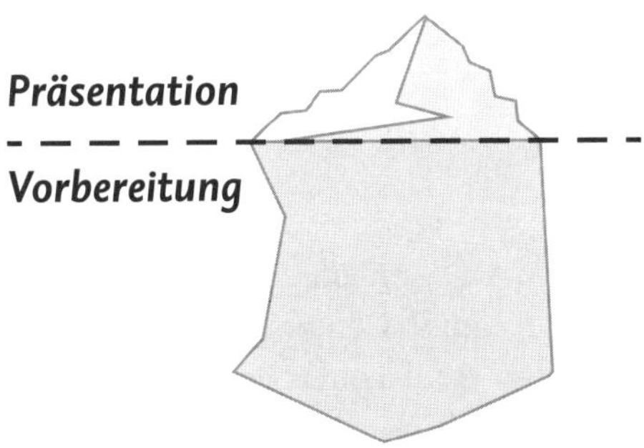

Das Eisbergmodell der Fallstudien-Bearbeitung

12-Punkte-Plan für die Ergebnispräsentation

Mithilfe des folgenden Aufbaus können Sie Ihre Präsentation **strukturieren**.

1. Stellen Sie die Fragestellung und gegebenenfalls Ihre Präzisierung der Aufgabe kurz vor.
2. Beschreiben Sie die Ausgangslage. Weisen Sie dabei auch auf Auffälligkeiten und Besonderheiten hin.
3. Nennen Sie Annahmen, die Sie getroffen haben, wenn wichtige Informationen gefehlt haben.
4. Gehen Sie kurz auf Ihre Überlegungen ein. Dieser Punkt kann eine Auswahl aus Ihrer Ideensammlung in der Vorbereitung enthalten, um aufzuzeigen, welche verschiedenen Ansätze Sie in Erwägung gezogen haben.
5. Leiten Sie dann zügig zu der von Ihnen ausgewählten Lösungsmöglichkeit über.
6. Stellen Sie Ihren Ansatz vor und begründen Sie, warum Sie sich gerade für diesen entschieden haben.
7. Erläutern Sie, wie Sie Ihre Grundidee umgesetzt haben. Dieser Schritt entspricht einer kurzen Zusammenfassung Ihrer Ausarbeitung. Sie können hier die errechneten Kennzahlen zeigen oder erklären, wie Sie zu einem Maßnahmenplan gelangt sind.
8. Stellen Sie Ihre Erkenntnisse und Ihre Lösung nun im Detail vor. Dies ist das Herzstück Ihrer Präsentation und sollte den größten Raum einnehmen. Bringen Sie Ihre Ideen zum Leben, indem Sie sie anschaulich darstellen.
9. Geben Sie eine klare Empfehlung ab. Trauen Sie sich, an dieser Stelle Entscheidungen zu kommunizieren, auch wenn Ihnen nicht alle benötigten Daten vorliegen. Treffen Sie notfalls eine Annahme.
10. Wenn es mehrere Teilaufgaben gibt, wiederholen Sie die Punkte 1 bis 9 für jede einzelne davon.
11. Fassen Sie Ihre Ergebnisse aller Teilaufgaben kurz zusammen.
12. Nutzen Sie Ihren vorbereiteten Abschlusssatz, um Ihre Präsentation souverän zu beenden.

TIPP: ***Nutzen Sie meine Musterstruktur, um in Ihrem Assessment-Center alle wichtigen Aspekte der Fallstudie in Ihrer Präsentation abzudecken.***

Diese Struktur ist speziell für die Präsentation von Fallstudien im Assessment-Center geeignet. Denn darin müssen Sie den Beobachtern gleich mehrere Dinge erläutern: die inhaltliche Lösung der Fallstudie, aber auch Ihr Vorgehen, eingeflossene Überlegungen sowie getroffene Annahmen und Entscheidungen. Und all das in einer klaren, leicht verständlichen und gut strukturierten Form, während Sie gleichzeitig den Vortrag für Ihre Zuhörer interessant gestalten und beweisen, dass Sie gut kommunizieren können. Klingt viel? Ist es auch. Daher ist eine vorbereitete Struktur wie diese im Assessment-Center sehr hilfreich.

Versuchen Sie, während Ihrer Präsentation soweit möglich **auf Fachsprache und Abkürzungen** zu **verzichten**. In der Regel sitzen Ihnen auf Beobachterseite keine Fachexperten, sondern Psychologen oder Personaler gegenüber. Daher sprechen Sie lieber von *Return-on-Investment,* statt die Abkürzung *ROI* zu nutzen. Noch besser wäre *Profitabilität des Projekts.* Dadurch stellen Sie sicher, dass Sie von allen gut verstanden werden.

Ich werde oft gefragt, ob man **Notizen** aus der Vorbereitung mit in die Ergebnispräsentation nehmen kann. Natürlich können und sollten Sie Ihre Arbeitsergebnisse mitbringen. **Lesen Sie** aber möglichst **nicht über längere Zeit von Ihren Zetteln ab**. Eine freie Präsentation wirkt nämlich deutlich souveräner als eine abgelesene. Legen Sie Ihre Notizen auf einen Tisch und versuchen Sie, sie nur als Gedankenstütze zu nutzen, z. B. für Kennzahlen oder bei längeren Maßnahmenlisten.

Verteidigung Ihrer Ergebnisse

Am Ende werden Ihnen manchmal **Fragen zu Ihrer Präsentation** gestellt. Diese dienen zum einen dazu, Verständnisfragen zu klären. Zum anderen möchten die Beobachter herausfinden, wie Sie mit **kritischem Nachhaken** und möglichen Gegenargumenten umgehen. Sie möchten sehen, dass Sie Ihre Ergebnisse verteidigen können und wie Sie das machen. Sie müssen hier aber nicht mit übermäßiger Kritik oder Druck rechnen. Stellen Sie sich die Rückfragen eher wie in einer Präsentation vor Ihrem Team in Ihrem aktuellen Job oder wie nach einem Referat an der Schule oder Universität vor. Auch dort wird es vermutlich Verständnisfragen, aber auch die eine oder andere kritische Frage geben, die Sie hoffentlich durch eine gute Begründung klären können.

> **TIPP:** ***Bei der Ergebnispräsentation innerhalb der Fallstudie gelten dieselben Grundlagen wie bei jeder Art von Präsentation. Beachten Sie daher auch die Tipps aus dem Kapitel „Präsentation“ ab Seite 165.***

In Ihrer Vorbereitung haben Sie sich durch den Perspektivenwechsel selbst einige Gegenargumente zu Ihrem Ansatz überlegt und dadurch schon Antworten auf solche Kritik entwickelt. Gehen Sie mit einer sportlichen Einstellung in die **Verteidigung Ihrer Ergebnisse**. Die Beobachter möchten Sie durch Rückfragen aus der Reserve locken, da Sie sich auf spontane Fragen nur bedingt vorbereiten können. Reagieren Sie souverän und haben Sie passende Antworten parat, um Ihren Gesamtauftritt zu stärken.

Beispiele für mögliche Fragen zur Ergebnispräsentation

- *Mit welchen Kosten ist bei der Umsetzung Ihrer Vorschläge zu rechnen?*
- *Welche möglichen Probleme sehen Sie bei der Umsetzung Ihres Vorschlags?*
- *Welche Auswirkungen haben die Maßnahmen auf andere Geschäftsbereiche?*
- *Wie würde sich Ihre Empfehlung verändern, wenn …?*
- *Warum glauben Sie, dass Ihr Ansatz der richtige ist?*
- *Was würde gegen Ihren Ansatz sprechen?*
- *Wie passen Ihre Vorschläge zur Gesamtstrategie unseres Unternehmens?*
- *Stellen Sie sich folgende neue Situation vor: … Wie würden Sie damit umgehen?*

Zusammenfassung «

- Die Fallstudie ist in allen Arten von Assessment-Center sehr beliebt.
- Sie müssen ein komplexes Problem unter Zeitdruck lösen.
- Es gibt themenbezogene und themenfremde Fallstudien. Es ist also möglich, dass Sie ein Thema erhalten, das nichts mit der zu besetzenden Stelle zu tun hat.
- Es gibt eine große Bandbreite von Fallstudien. Sie reichen von offen-kreativen (eigene Ideen erforderlich) bis zu geschlossen-analytischen (Lösung aus gegebenen Informationen ableitbar) Fragestellungen. Auch Kombinationen sind möglich.
- Stellen Sie sicher, dass Sie die Aufgabe genau verstanden haben.
- Sie erhalten meist umfangreiche Informationen zum Fall. Nicht alles davon ist relevant. Sie müssen die wichtigen Informationen erkennen und Unwichtiges aussortieren.
- Überlegen Sie sich mehrere mögliche Ansätze, wählen Sie dann aber zügig einen vielversprechenden Lösungsweg aus.
- Arbeiten Sie Ihren Ansatz im Detail aus. Treffen Sie dabei sinnvolle Annahmen und Entscheidungen. Geben Sie eine klare Empfehlung ab.
- Zeigen Sie auch die Konsequenzen auf, die sich aus Ihrer Lösung ergeben. Das können Vor- und Nachteile sein, aber auch Schwierigkeiten, Kosten oder Folgen für andere Bereiche.
- Planen Sie bereits in Ihrer Fallbearbeitung genügend Zeit für die Vorbereitung der Ergebnispräsentation ein. Die Beobachter können nur das bewerten, was Sie ihnen in der Präsentation zeigen.
- Eine gute Präsentation ist wichtiger als eine perfekte Lösung der Fallstudie.
- Nutzen Sie den 12-Punkte-Plan für die Ergebnispräsentation, um keine wichtigen Aspekte zu vergessen.

Eine Zusammenfassung dieses Kapitels mit persönlichen Empfehlungen des Autors finden Sie im Video-Begleitmaterial: stark-verlag.de/qrcode/b20701_09

Übungsaufgaben

Sie finden nachfolgend drei Fallstudien-Übungsaufgaben. Der Umfang der Aufgabenstellung und des dazugehörigen Materials nimmt mit jeder Aufgabe zu. Dennoch haben alle drei Übungen ungefähr den gleichen Schwierigkeitsgrad und könnten Ihnen so in Ihrem Assessment-Center begegnen. Die unterschiedlichen Ansätze sollen Sie auf die Vielfalt an möglichen Fallstudien vorbereiten. Im AC können auch Fälle mit deutlich umfangreicherem Material vorkommen. Es gibt nach oben keine Grenze.

Fallstudie „Fünfjahresstrategie“

Stellen Sie sich vor, dass Sie das Assessment-Center erfolgreich abgeschlossen haben und bei uns im Unternehmen in Ihrer neuen Position arbeiten.

Überlegen Sie, wie sich Ihr Verantwortungsbereich in den kommenden Jahren entwickeln wird. Erarbeiten Sie darauf aufbauend bitte eine Strategie für die nächsten fünf Jahre und stellen Sie diese anschließend in einer 20-minütigen Präsentation der Geschäftsführung vor.

Gehen Sie dabei bitte insbesondere auf die folgenden Themen ein:

- Wie schätzen Sie die Markt- und Wettbewerbssituation für Ihren Bereich ein?
- Wie bewerten Sie die aktuelle und zukünftige Ausrichtung unseres Unternehmens?
- Wie muss sich Ihr Bereich aufstellen, um zukunfts- und wettbewerbsfähig agieren zu können?
- Wie sieht Ihr Programm für die ersten 100 Tage aus?

Lösungshinweise können Sie auf Seite 300 nachlesen.

Fallstudie „Krankenhausmanagement“

Sie sind Leiterin bzw. Leiter der Mozart-Klinik, des größten Krankenhauses einer deutschen Großstadt. Es gibt vor Ort drei weitere, aber bedeutend kleinere Kliniken. Ihr Haus deckt alle relevanten Gesundheitsleistungen ab, von der Grundversorgung bis zu Spezialleistungen, die nur Ihre Einrichtung anbietet. Der Ruf Ihres Krankenhauses ist exzellent und es ist international bekannt. Gerade in den Bereichen Onkologie, Genetik und Unfallchirurgie ist die Mozart-Klinik europaweit unter den führenden Häusern.

Aktuell haben Sie mehrere Herausforderungen zu bewältigen.

Aus vielen Abteilungen werden Ihnen schon seit längerer Zeit Personallücken gemeldet. Qualifizierte Mitarbeiter sind sehr schwer zu finden und zu rekrutieren. Dabei zieht sich der Personalmangel durch mehrere Ebenen, von Fachmedizinern bis in den Bereich Krankenpflege. Durch die seit Monaten hohe Belastung sowie eine aktuelle Viruswelle ist weiteres Personal ausgefallen. Momentan läuft die Klinik in Minimalbesetzung und es drohen weitere Mitarbeiterausfälle.

Die direkt eingegliederte Kinderklinik läuft seit Jahren stark defizitär. Das liegt vor allem an den engen gesetzlichen Regelungen, die einen wirtschaftlichen Betrieb dieses Bereichs bei bestmöglicher Versorgung nahezu unmöglich machen. Der Träger der Klinik übt Druck auf Sie aus, die Lage zu verbessern. Die Kinderklinik ist Teil der Grundversorgung der Stadt.

Die Lokalmedien berichten regelmäßig über die langen Wartezeiten in der Notaufnahme. Dort kommt es häufig zu einem Rückstau an Patientinnen und Patienten, die teils stundenlang auf ihre Untersuchung warten müssen. Stoßzeiten sind insbesondere die Wochenenden und Mittwochnachmittage, wenn Hausarztpraxen geschlossen haben. Das Personal priorisiert nach Dringlichkeit der Behandlung. Dennoch streben Sie eine Wartezeit von maximal einer Stunde für alle Patienten an.

Im Bereich Zelltherapie-Forschung möchten Sie Ihre Klinik zum führenden Institut in Europa machen. Dafür möchten Sie die Forschung gezielt fördern und die Anzahl an Publikationen der hauseigenen Medizinerinnen und Mediziner deutlich erhöhen, um das Profil der Einrichtung zu schärfen.

Wie gehen Sie mit diesen Herausforderungen um?

Präsentieren Sie Ihre Vorschläge dem Klinikvorstand.

Einen Lösungsvorschlag können Sie auf Seite 301 ff. nachlesen.

Fallstudie „RealRobots"

1. Über das Unternehmen

Unser Unternehmen wurde von Taylor O'Real gegründet. RealRobots hat mit innovativen Ideen und neuen Ansätzen in der Entwicklung von Robotern neue Maßstäbe auf dem Markt gesetzt. Unsere Roboter können in vielfältigen Umgebungen genutzt werden. Da mit den unterschiedlichen Modellen der RealRobots verschiedene Einsatzbereiche angesprochen werden, ist das Unternehmen in diversen Roboter-Absatzmärkten präsent. Weitere Anpassungen aufseiten der Software und der Hardware ermöglichen es uns, individuell auf Kundenwünsche einzugehen und den Kunden genau den Roboter zusammenzustellen, den sie für ihre Zwecke benötigen.

Bei der Gründung von RealRobots formulierte Taylor O'Real einige Grundsätze, die bis heute in den Grundfesten des Unternehmens verankert sind.

Leitsatz
Unsere Roboter sollen einfach und intuitiv zu bedienen sein und in vielen verschiedenen Situationen und Bereichen zum Einsatz kommen. Um dies zu erreichen, reflektieren und verbessern wir uns, unsere Arbeitsweise und unsere Produkte stetig.

Vision
Egal, ob in der Industrie, im Gesundheitssektor oder zu Hause – unsere Vision ist es, dass die RealRobots viele Menschen bei den unterschiedlichsten Aufgaben unterstützen.

Qualität
Die Qualität unserer Produkte hat Vorrang gegenüber der Quantität. Daher durchlaufen unsere Roboter in jedem Stadium von der Entwicklung bis hin zur Produktion immer wieder Testschleifen, damit Fehler und Probleme früh erkannt und behoben werden können.

Forschung und Entwicklung
Wir investieren in Zentren, die sich mit Robotertechnologie beschäftigen, um die Forschung und Entwicklung in diesem Bereich signifikant voranzutreiben.

Das Herzstück von RealRobots bilden das Hardwareteam, das Softwareteam sowie das Produktionsteam. Gemeinsam konzipieren, entwickeln, gestalten und produzieren diese Abteilungen unsere Produkte. So konnten wir in der Vergangenheit neue Maßstäbe in der Robotertechnologie setzen.

Es gehören 50 Mitarbeiterinnen und Mitarbeiter zu RealRobots, 40 davon sind fest angestellt. 21 der Festangestellten arbeiten in den Bereichen Hard- und Software sowie der Produktion. Außerdem wird die Produktion von zehn Fertigungsmitarbeitern unterstützt, die wir von einer Personalvermittlungsagentur beziehen.

Gemeinsam haben wir neue Standards in der Robotertechnologie setzen können und wollen uns in Zukunft noch weiter verbessern.

2. Produktportfolio

Spider

- Kleiner Roboter
- Beine können einzeln angesteuert werden, um auch auf unwegsamem Gelände voranzukommen
- Kameraeinheit lässt sich um 360° bewegen
- Für unzugängliche Bereiche geeignet (z. B. Lüftungsschächte, Aufzugsschächte, kleine Hohlräume)
- Nutzbar für Bau, Instandsetzung, Inspektion, Rettungsarbeiten
- Preis für die Basisausstattung: 2,5 Mio. €

Allrounder

- Mittelgroßer Roboter, im Stil eines Lieferfahrzeugs
- Kann große Lasten bis 100 kg über einen höhenverstellbaren Lastenträger tragen
- Höchstgeschwindigkeit 10 km/h
- Mit separat erhältlichem Umbaukit auch als Transportdrohne nutzbar
- Gut geeignet für Lagerarbeiten und Transportwege (Boden und Luft)
- Nutzbar für Logistik-Aufgaben in verschiedenen Bereichen
- Preis für die Basisausstattung: 3,5 Mio. €

BigBoy

- Großer Roboter, humanoide Optik
- Serviceroboter
- Kann große Lasten tragen (bis 200 kg)
- Besitzt ein Bedien-Tablet auf der Brust und Spracherkennung
- Reagiert auf festgelegte auditive Signale/Befehle
- Kann bei einfachen Aufgaben Optionen vorschlagen (z. B. „Was koche ich heute?")
- Nutzbar für Servicetätigkeiten in Privathaushalten/Alten- und Krankenpflege etc.
- Preis für die Basisausstattung: 5 Mio. €

3. Produktion und Nachfrage

Monatlich werden in der eigenen Produktion auf drei individuellen Produktionsstraßen (eine Straße pro Modell) folgende Mengen an Robotern hergestellt:

- 8 × *Spider*
- 12 × *Allrounder*
- 4 × *BigBoy*

Damit ist die Produktion technisch gesehen zu 84,5 % ausgelastet. Aufseiten des 14-köpfigen Produktionsteams liegt die Auslastung bei 100 %. Bis einschließlich Q1 des vergangenen Jahres konnte direkt geliefert werden, da die Produktion über den Bestellungen lag und somit ein sofort verfügbarer Warenbestand aufgebaut werden konnte. Seit Q2 desselben Jahres haben die Bestellungen die Produktion und den verfügbaren Warenbestand überschritten. Kunden müssen seither mit Wartezeiten rechnen, die bis Ende letzten Jahres deutlich zunahmen.

Aus diesem Grund sind laut einer Umfrage seit Q2 dieses Jahres 10 % der potenziell interessierten Kunden vor Bestellauslösung wieder abgesprungen.

Um den Lieferrückständen entgegenzuwirken, wurden bereits erste Informationen zu möglichen Maßnahmen für einen Ausbau bzw. eine Optimierung der Produktion zusammengetragen.

Option 1: Anlage einer neuen Produktionsstraße
Kosten je Produktionsstraße: 500 Mio. €
Platzbedarf: 500 m^2 (Länge 100 m, Breite 5 m)
Die aktuelle Produktion könnte wegen einer räumlichen Limitierung nur um eine zusätzliche Straße ergänzt werden. Die Baumaßnahmen würden einen Monat dauern.

Option 2: Räumliche Vergrößerung der Produktion oder Standortverlegung
Kosten für Gebäude ohne Produktionsstraßen: 200 Mio. €
Die Größe der Produktionshalle würde verdreifacht werden.
Platz auf dem Firmengelände ist vorhanden, der Bau der Halle dauert zwölf Monate.

Option 3: Umbau der Produktionsstraßen
Kosten je Umbau: 150 Mio. €
Die Produktionsstraßen könnten so umgebaut werden, dass zwei verschiedene Robotermodelle auf einer Produktionsstraße gebaut werden können.
Der Umbau dauert etwa zwei Monate.

4. Umsätze

Tabellarische Einnahmenübersicht
je Modell, quartalsweise in Mio. €

Jahr 1

Modell	**Q1**	**Q2**	**Q3**	**Q4**
Spider	45,0	55,0	85,0	75,0
Allrounder	105,0	126,0	105,0	150,5
BigBoy	35,0	55,0	100,0	20,0
Summe	**185,0**	**236,0**	**290,0**	**245,5**

Jahr 2

Modell	**Q1**	**Q2**	**Q3**	**Q4**
Spider	77,5	82,5	87,5	92,5
Allrounder	210,0	210,0	241,5	217,0
BigBoy	50,0	95,0	65,0	80,0
Summe	**337,5**	**387,5**	**394,0**	**389,5**

Ihre Aufgaben:

Umsatzprognose
Geben Sie eine Umsatzprognose für die kommenden drei Jahre ab, unter der Annahme, dass sich das Wachstum so weiter fortsetzt.

Produktionsausbau
In der gegenwärtigen Situation kann die Produktion die steigende Anzahl von Bestellungen nicht ohne Lieferrückstände decken. Erarbeiten Sie eine Strategie zum Aus- oder Umbau der Produktion, sodass insbesondere die aufgekommenen Lieferrückstände reduziert und die Umsatzerlöse maximiert werden können.

Chancenanalyse
Welche weiteren Wachstumsfelder sehen Sie für das Unternehmen? Geben Sie eine Empfehlung ab, wie RealRobots das ohnehin schon starke Wachstum durch gezielte Investitionen weiter befeuern kann.

Einen Lösungsvorschlag können Sie auf Seite 303 ff. nachlesen.

» Die Präsentation

Bedeutung: ■ ■ ■ ■ ■

wird angewendet bei:		*andere Bezeichnungen für Präsentation:*
Führungskräfte-ACs	✓	*Vortrag, Fachpräsentation, Themenpräsentation, Ergebnispräsentation, Kurzpräsentation, Vorstellung*
Standard-ACs	✓	
Online-ACs	✓	

Worum geht es bei der Präsentation im Assessment-Center?

Die Präsentation ist eine der am häufigsten eingesetzten Aufgaben im Assessment-Center. Sie wird Ihnen in fast jedem AC begegnen. In dieser Übung stellen Sie Ihre Kommunikationsfähigkeiten unter Beweis, indem Sie **ein Thema in einem Vortrag** vor einem Publikum aus Assessorinnen und Assessoren **präsentieren**.

In den meisten Jobs werden Sie regelmäßig innerhalb des Teams oder bei Kunden etwas mündlich vorstellen müssen. Die Aufgabe im Assessment-Center simuliert diese berufliche Situation und zeigt Ihre Fähigkeiten als Rednerin bzw. Redner auf.

Eine positive Wirkung im Vortrag kann Ihre gesamte Assessment-Center-Bewertung verbessern, da Personen, die gut kommunizieren, von den Beobachtenden oft unbewusst besser beurteilt werden. Das gesamte AC und der Bewerbungsprozess sind eine Präsentation der eigenen Person. Kommunikationsstarke Kandidaten haben daher einen klaren Vorteil.

TIPP: Üben Sie, vor Publikum zu sprechen und zu präsentieren. Eine Verbesserung Ihres Auftretens hilft Ihnen im gesamten Assessment-Center, nicht nur bei der Präsentation.

Die Kommunikationsleistung ist aber nur ein Bestandteil einer erfolgreichen Präsentation. Neben einem souveränen und überzeugenden **Auftreten** gehören ein wohlstrukturierter **Aufbau** der Präsentation und gute **Inhalte** zu den wesentlichen Erfolgsfaktoren.

In Ihrer Präsentation ist das **Wie wichtiger als** das **Was**. Das heißt, Ihr Auftreten und die Struktur Ihrer Präsentation sind wichtiger als die dargestellten Inhalte. Eine exzellente Präsentation durchschnittlicher Inhalte wird besser bewertet werden als eine durchschnittliche Präsentation exzellenter Inhalte. Ihr Hauptaugenmerk gehört daher Ihrer Wirkung auf das Publikum. Dennoch müssen die Inhalte ausreichend gut und nachvollziehbar sein, um eine hohe Wertung zu erzielen.

Für eine erfolgreiche Präsentation müssen Sie Ihre **Zielgruppe** kennen. Vor wem präsentieren Sie? Welche Interessen verfolgen Ihre Zuhörer*innen? Was interessiert sie? Holen Sie Ihre Zielgruppe da ab, wo sie sich gedanklich befindet. Ein Vortrag vor einem Fachpublikum erfordert eine andere Sprache und Detailtiefe als eine Präsentation vor Laien.

Auch Ihr **Ziel** muss klar definiert sein. Wollen Sie in Ihrem Vortrag über ein bestimmtes Thema nur informieren oder möchten Sie Ihr Publikum von etwas überzeugen und es zum Handeln bewegen? Dann müssen Sie die Vorteile und den Nutzen für die Zuhörer klar herausarbeiten und konkrete Handlungsempfehlungen geben.

In der klassischen Präsentationsaufgabe erhalten Sie während des ACs Ihr **Thema**. Zu diesem bereiten Sie innerhalb einer vorgegebenen Zeitspanne einen Vortrag vor, den Sie anschließend vor den Beobachtern präsentieren. Sowohl in der Vorbereitung als auch in der eigentlichen Präsentation müssen Sie die Zeitvorgabe genau einhalten.

Das Thema kann **fachbezogen** passend zur Stelle ausgewählt sein (Fachpräsentation) oder **fachfremd** sein (Themenpräsentation).

In einigen Assessment-Centern erhalten Sie die Aufgabenstellung bereits einige Tage vor Ihrem Termin und müssen Ihren Vortrag zu Hause vorbereiten. Im AC findet dann nur noch die eigentliche Präsentation vor dem Publikum statt. Meist wird diese Variante bei Fachpräsentationen eingesetzt, die thematisch nah an der zu besetzenden Stelle sind.

Die Präsentation wird häufig **mit anderen Aufgaben kombiniert**, wie beispielsweise der Fallstudie (siehe S. 143 ff.). Dabei erarbeiten Sie zunächst ein Thema (Fallstudie) und stellen anschließend die Ergebnisse (Präsentation) vor. Diese Kombination ist sehr beliebt, da eine separate Vorbereitungszeit für ein neu gestelltes Präsentationsthema entfällt.

Präsentationen kommen sowohl in Präsenz- als auch in Online-Assessment-Centern vor, da sie sich gut per Videokonferenz durchführen lassen.

Es gibt **verschiedene Arten** von Präsentationsaufgaben, nämlich Fach-, Themen-, Ergebnis- und Selbstpräsentationen.

Beispiele für unterschiedliche Aufgabenarten

Fachpräsentation
Sie präsentieren zu einem Thema mit Fachbezug
(„Chancen und Risiken der digitalen Verwaltung“ in einer Behörde).

Themenpräsentation
Sie präsentieren zu einem Thema ohne Fachbezug
(„Vermögenssteuer – ja oder nein?“ in einem Industrieunternehmen).

Ergebnispräsentation
Sie präsentieren die Ergebnisse einer anderen Aufgabe
(„Präsentieren Sie die Ergebnisse Ihrer Fallstudien-Bearbeitung“).

Selbstpräsentation
Sie stellen sich selbst vor
(„Bereiten Sie eine kurze Selbstpräsentation vor“).

Die Ergebnis- und die Selbstpräsentation sind Sonderformen, denen ich jeweils eigene Abschnitte in diesem Buch gewidmet habe (siehe „Die Fallstudie“ ab S. 143 und „Die Selbstpräsentation“ ab S. 41). Alle in diesem Kapitel genannten Hinweise gelten auch für diese Präsentationsformen. Der Fokus hier liegt jedoch auf den Fach- und Themenpräsentationen.

Die Beobachter **bewerten** in der Präsentation insbesondere folgende Kriterien:

- Auftreten
- Souveränität und Selbstvertrauen
- Kommunikationsstärke
- Ausdrucksvermögen
- Empathie
- Kunden- und Zielgruppenorientierung
- Überzeugungs- und Begeisterungsfähigkeit
- Strukturiertes Vorgehen
- Kreativität
- Priorisierungsfähigkeit
- Ergebnisorientierung
- Bei Fachpräsentationen: Fachwissen

Wie läuft eine Präsentation ab?

Die Aufgabe ist in zwei Abschnitte unterteilt: die Vorbereitungszeit und die eigentliche Präsentation.

Ablauf einer Präsentation		
Vorbereitung	🕒	15–45 Minuten
Präsentation	🕒	10–30 Minuten

Die Vorbereitung

Für die Vorbereitung Ihrer Präsentation stehen Ihnen in der Regel **15 bis 45 Minuten** zur Verfügung.

Die Vorbereitungszeit kann aber auch deutlich länger ausfallen. In diesem Fall wird man Ihnen schon **in der Einladung** einige Tage oder Wochen vor dem Assessment-Center ein Vortragsthema nennen. Ihre Präsentation bereiten Sie in Ruhe zu Hause vor. Die Erwartungshaltung ist bei dieser Variante besonders hoch, da Sie Ihr Können ohne zeitliche Einschränkung unter Beweis stellen können. Die Qualität der Präsentation wird als Indikator für Ihre Motivation gesehen. Wir gehen im Folgenden vom Standardfall einer konkreten Zeitvorgabe für Ihre Vorbereitung vor Ort im Assessment-Center aus. Alle Anmerkungen gelten aber auch für eine längere Vorbereitungszeit.

Im AC wird Ihnen ein **Raum** zugewiesen, in dem Sie ungestört Ihre Präsentation vorbereiten können. Dort stehen Ihnen **Papier, Stifte und Marker** zur Verfügung. Anders als in der Fallstudie erhalten Sie normalerweise keine weiteren Informationen zu Ihrem Thema. Es wird erwartet, dass Sie die Inhalte selbst erarbeiten.

Für Ihre Präsentation werden Ihnen verschiedene **Medien** angeboten, üblicherweise Flipchart, Whiteboard und Metaplanwand. Seltener steht ein Laptop für eine PowerPoint-Präsentation zur Verfügung. Lediglich bei den vor dem Assessment-Center vorbereiteten Präsentationen ist eine PowerPoint-Präsentation Standard, die Sie vorab an die Organisatoren schicken. Fast nicht mehr relevant sind Overhead-Projektoren. Im öffentlichen Dienst können Ihnen diese jedoch noch vereinzelt begegnen.

Am Ende Ihrer Vorbereitungszeit sollten Sie Ihre **Argumentationslinie** entwickelt und den **Ablauf** Ihrer Präsentation klar vor Augen haben. Auch die Medien, die Sie einsetzen möchten, sollten Sie vorbereitet oder geplant haben.

Die Präsentation

Für die Präsentation stehen Ihnen **10 bis 30 Minuten** zur Verfügung. Halten Sie sich unbedingt an die Zeitvorgabe. Tun Sie das nicht, sammeln Sie Minuspunkte und werden am Ende der vorgesehenen Zeit in aller Regel von den Moderatoren zur Beendigung Ihrer Präsentation aufgefordert.

TIPP: ***Haben Sie stets den roten Faden Ihrer Präsentation vor Augen.***

Andere Kandidaten sind bei Ihrem Vortrag nicht anwesend; Sie präsentieren nur vor den Beobachtern. Rechnen Sie also mit einer Handvoll Zuhörern. Stellen Sie sich auf die Ihnen möglicherweise in der Aufgabenstellung zugewiesene **Rolle** ein und füllen Sie diese mit Leben. Haben Sie dabei auch im Blick, wer Ihre **Zielgruppe** ist und welches **Ziel** Sie verfolgen.

Die vorbereiteten **Medien** helfen Ihnen bei der **Visualisierung** des roten Fadens der Präsentation. Ein Flipchart oder eine Metaplanwand zu nutzen, wird meist positiv bewertet. Dennoch empfehle ich Ihnen, Medien sehr zurückhaltend einzusetzen. Ihre Charts müssen Ihren Vortrag unterstützen und dürfen nicht von ihm ablenken.

Im Anschluss an Ihre Präsentation werden Ihnen die Beobachter in einer 5 bis 15 Minuten dauernden Diskussionsrunde meist noch einige **Fragen** zu Ihrem Vortrag stellen. Dies können einfache Verständnisfragen oder kritische Anmerkungen sein. Ein leicht skeptischer Ton ist dabei absichtlich gewählt und hat nichts mit Ihnen oder Ihrer Präsentation zu tun. Man möchte sehen, wie Sie mit schwierigen Situationen umgehen und stellt Ihnen dafür ein oder zwei herausfordernde Fragen. Lassen Sie sich dadurch nicht aus der Ruhe bringen.

Wie halte ich eine Präsentation?

Auf die Präsentationsaufgabe können Sie sich vor Ihrem Assessment-Center sehr gut vorbereiten und Ihre Leistung durch einige Übungsrunden schnell verbessern. Im Folgenden gebe ich Ihnen dazu einen Ablauf an die Hand, mit dem Sie jedes Thema systematisch bearbeiten können.

TIPP: ***Üben Sie das Erstellen und Halten von Präsentationen vor dem Assessment-Center.***

Erinnern Sie sich: In der Präsentation ist das Wie wichtiger als das Was. Die Art und Weise, wie Sie sich und Ihr Thema präsentieren, hat eine höhere Bedeutung als eine perfekte inhaltliche Ausgestaltung. Vermeiden Sie daher den Fehler, sich zu lange mit den Inhalten zu beschäftigen und darüber die Form Ihrer Präsentation zu vernachlässigen.

Zwischen den unterschiedlichen Präsentationsarten gibt es dabei Unterschiede: Bei Themenpräsentationen ist die Aufgabe so gewählt, dass sie von Kandidaten mit unterschiedlichen Hintergründen und Ausbildungen bearbeitet werden kann und ein fachfremdes Publikum leicht folgen kann. Bei dieser Art stehen die Gestaltung und Rhetorik noch mehr im Vordergrund als bei themenbezogenen Fachpräsentationen.

Beispiele für beliebte Themenkategorien

- *Aktuelle gesellschaftliche Entwicklungen („Flexibilisierung des Arbeitsmarkts")*
- *Zukunftsprognosen („Wie sieht eine moderne Verwaltung in Zukunft aus?")*
- *Strategien („Entwickeln Sie eine Markenstrategie für die nächsten 5 Jahre.")*
- *Persönliche Eignung („Was macht eine gute Führungskraft aus?")*
- *Politische Themen („Tempolimit auf Autobahnen")*

Sobald Sie ein Thema erhalten haben, können Sie mit der Ausarbeitung Ihrer Präsentation beginnen.

Vorbereitende Überlegungen

Bevor Sie sich an die Ausarbeitung Ihrer Präsentation machen, sollten Sie sich einen Augenblick Zeit nehmen, um grundlegende Überlegungen anzustellen.

Das Ziel definieren

So banal es für Sie klingen mag: Es wird über das vorgegebene Thema nicht immer deutlich, welches Ziel mit Ihrer Präsentation verfolgt werden soll. Es wird Ihre Vorbereitung deutlich erleichtern und Ihren Vortrag signifikant verbessern, wenn Sie Ihre Absicht zu Beginn Ihrer Vorbereitung klar definieren.

TIPP: ***Definieren Sie zuerst das Ziel und die Zielgruppe Ihres Vortrags.***

Beantworten Sie dazu die folgenden Fragen:

- Wie kann ich das Thema in ein möglichst **spezifisches Ziel** für meine Präsentation umformulieren?
- Will ich über ein Thema nur **informieren** oder mein Publikum von einer Idee **überzeugen**?
- Was soll sich in den Einstellungen, dem Wissensstand oder den Gefühlen der Zuhörer nach meinem Vortrag verändert haben? Kurz: Welche **Transformation** möchte ich bei meinem Publikum erreichen?

> ***Beispiel***
>
> ***Vorgegebenes Thema***
> *Entwickeln Sie ein Direktvertriebskonzept und präsentieren Sie es dem Vorstand.*
>
> ***Spezifisches Ziel***
> *Den Vorstand überzeugen, meinen Vorschlag für ein Direktvertriebskonzept zu unterstützen*
>
> ***Informieren oder überzeugen***
> *Überzeugen*
>
> ***Transformation***
> *Das Publikum soll meine Idee für den Direktvertrieb verstehen und den Vorschlag unterstützen.*

Sich die Zielgruppe bewusst machen

Machen Sie sich als Nächstes Ihre Zielgruppe bewusst. Je nach Art Ihrer Beziehung zu Ihrem Publikum, dessen Erfahrung, Interessensgrad und Wissensstand müssen Sie Ihre Präsentation anders gestalten.

Typische Zielgruppen in einer Assessment-Center-Präsentation sind:

- Geschäftsführung/Vorstand/Aufsichtsrat
- Abteilungsleitung
- Investoren
- Kundinnen/Kunden
- Mitarbeiter*innen
- Kolleginnen/Kollegen

In Ihrem spezifischen Berufsfeld können noch weitere Zielgruppen denkbar sein. Eine Lehrerin hat zum Beispiel mit Schülerinnen, Schülern, Eltern und der Schulleitung zu tun, ein Pressesprecher mit Journalisten, lokalen Politikern oder der allgemeinen Öffentlichkeit.

Jede Zielgruppe hat **andere Interessen** und einen **anderen Wissensstand**. Bei der Geschäftsführung wird Ihre Präsentation einen anderen Schwerpunkt haben als bei einem Vortrag vor Kunden. Passen Sie Inhalt und Sprache entsprechend an.

In Ihrer AC-Präsentation sollten Sie möglichst **auf Fachsprache verzichten** und allgemeinverständlich formulieren. Das gilt auch für den Fachvortrag. Hier dürfen Sie etwas mehr Hintergrundwissen voraussetzen. Dennoch ist es ratsam, Fachbegriffe kurz zu erklären und auf Abkürzungen zu verzichten.

Diese Vorüberlegungen helfen Ihnen, eine straffe und ansprechende Präsentation aufzubauen.

Aufbau und Struktur

TIPP: ***Eine klassische Einteilung in Einleitung, Hauptteil und Schluss hat sich bewährt.***

Als Nächstes befassen Sie sich mit dem Aufbau und der Struktur Ihres Vortrags. Dieser Schritt kommt bewusst vor der Ausgestaltung der Inhalte. Denn eine gute Struktur hilft Ihnen dabei, passende Inhalte auszuwählen und den richtigen Detailgrad für Ihre Präsentation zu wählen.

Dabei hat sich die klassische Aufteilung in **Einleitung, Hauptteil und Schluss** bewährt. Aristoteles hat uns einen wunderbaren Rat für eine wirkungsvolle und erfolgreiche Präsentation gegeben: *„Sag mir, was du mir sagen willst, sag es mir, und sag mir dann, was du mir gerade gesagt hast."* Indem man die Zuhörer vorab über die bevorstehenden Inhalte informiert (Einleitung) und diese anschließend nach der Vorstellung (Hauptteil) noch einmal zusammenfasst (Schluss), kann man sicherstellen, dass das Publikum die präsentierten Informationen gut versteht und behält.

Ob Sie eine kurze oder lange Präsentationszeit haben, sollte am grundsätzlichen Aufbau nichts ändern. Mehr Zeit wird sich lediglich in mehr Details und zusätzlichen Unterpunkten, Beispielen und Ausgestaltungen widerspiegeln. Die hier vorgestellte **Grundstruktur** können Sie **in allen AC-Formaten gleichermaßen** nutzen, auch in Online-Assessment-Centern. Besonderheiten gibt es dort nur in der Art und Weise Ihrer Kommunikation, worauf ich später noch eingehe.

Einleitung

Dem Anfang und dem Schluss kommt eine besondere Bedeutung zu. Eine starke Einleitung fesselt das Publikum und macht es neugierig auf die nachfolgenden Inhalte. Es ist der berühmte erste Eindruck, der zählt. Zudem gibt Ihnen ein gelungener Auftakt Zuversicht und Selbstbewusstsein für die gesamte Präsentation. Ein kerniger Schluss bleibt den Zuhörern im Gedächtnis und beendet Ihren Vortrag souverän. An das zuerst und zuletzt Gesagte erinnert sich das Publikum meist länger als an die Details Ihrer Ausführungen. Machen Sie sich diesen psychologischen Effekt zunutze, indem Sie Einleitung und Schluss im Vorfeld sorgfältig vorbereiten.

TIPP: ***Machen Sie das Publikum zu Beginn neugierig auf Ihre Präsentation.***

Sobald Sie die sprichwörtliche Bühne betreten haben, fängt Ihre Präsentation an. Sammeln Sie sich einen Augenblick und geben Sie dem Publikum einen Moment, sich auf Sie einzustellen. Beginnen Sie dann – sofern sinnvoll – mit einer kurzen **Begrüßung** und der **Vorstellung des Themas**.

Beispiele

„Guten Tag und herzlich willkommen. In den nächsten 20 Minuten werde ich Ihnen unser neues Vertriebskonzept präsentieren."

„Ich freue mich, Ihnen meine Empfehlung zum Thema Anpassung des Wahlalters vorzustellen."

Beides sollte sehr knapp ausfallen, damit Sie zügig zum nächsten Punkt kommen können. Für eine wirkungsvollen Einstieg ist der folgende Teil besonders relevant. Machen Sie das Thema für Ihre Zuhörer **interessant** und generieren Sie dadurch **Aufmerksamkeit**. Das kann Ihnen durch den Einsatz eines der folgenden Stilelemente gelingen:

- Rhetorische Frage
- Anlass der Beschäftigung mit dem Thema
- Zitat, Motto oder Slogan
- These
- Problem/Herausforderung
- Fallbeispiel oder kurze Geschichte
- Bedeutung des Themas für die Zuhörer

Beispiele

„Warum benötigen wir ein neues Vertriebskonzept?"

„In den letzten zehn Jahren haben unsere drei größten Wettbewerber A, B und C alle in den Direktvertrieb investiert und erzielen damit zurzeit durchschnittlich 10 Mio. € Umsatz."

„Sie haben sicher die aktuelle Diskussion um die Anpassung des Wahlalters verfolgt. Was in der Debatte bisher kaum angesprochen wurde …"

„Eine Anpassung des Wahlalters hätte signifikante Folgen für die Verteilung der Wählerstimmen nach der nächsten Wahl und würde die Politik nachhaltig beeinflussen."

Finden Sie einen **Aufhänger**, der die Relevanz Ihrer Präsentation für Ihre Zielgruppe deutlich macht und dadurch einen Spannungsbogen aufbaut.

Geben Sie anschließend einen **Ausblick** auf die Inhalte Ihrer Präsentation. Dazu eignet sich eine kurze **Agenda** mit vier bis fünf Punkten. Diese bietet Ihren Zuhörern Orientierung. Sie wissen dadurch, was sie erwartet und in welchem Abschnitt sie sich gerade befinden.

TIPP: *Bereiten Sie Ihren Einstiegssatz vor und merken Sie ihn sich wörtlich.*

Überlegen Sie sich während Ihrer Vorbereitung Ihren **ersten Satz** und prägen Sie ihn sich im Wortlaut ein. So gelingt Ihnen der Einstieg auch unter Nervosität und dem Stress des AC-Tags. Aus meiner Beratungspraxis weiß ich, dass der Start vielen Teilnehmenden besonders schwerfällt. Haben Sie erst einmal begonnen, kommen Sie schnell in den vorbereiteten Gedankenfluss.

Hauptteil

Im Hauptteil stellen Sie Ihre Position, die zugrunde liegenden Gedankengänge und Argumente vor. Am besten gelingt das mit einer Aufteilung Ihrer Argumentation auf **drei bis fünf wesentliche Punkte**.

TIPP: *Gliedern Sie Ihren Hauptteil in drei bis fünf wesentliche Punkte entlang eines roten Fadens.*

Wie Sie diese Punkte inhaltlich ausgestalten, hängt stark vom Thema der Präsentation ab. Es können mehrere, **unabhängige Argumente** oder Botschaften sein, die Sie nacheinander aufzählen.

Beispiel Struktur – unabhängige Punkte/Botschaften

1. *Argument*
2. *Argument*
3. *Argument*
4. *Argument*
5. *Argument*

Sie können Ihre Zuhörer auch durch eine **Argumentationskette** zu einer Gesamtentscheidung hinführen.

Beispiel Struktur – Argumentationskette

1. *Ist-Situation*
2. *Ursachen für die Ist-Situation*
3. *Soll-Situation*
4. *Mögliche Maßnahmen, um von der Ist- zur Soll-Situation zu kommen*
5. *Handlungsempfehlung, welche Maßnahmen umgesetzt werden sollten*

Präsentieren Sie Ihre Ideen, Ansätze und Vorschläge innerhalb der jeweiligen Punkte. Erläutern Sie, wie Sie zu Ihren Schlüssen gekommen sind.

Bedenken Sie bei Ihren Ausführungen stets, wer Ihre Zielgruppe ist und welche Informationen Ihr Publikum interessieren. Wo immer es sinnvoll ist, belegen Sie Ihre Argumente durch Zahlen, Daten und Fakten oder kurze Anekdoten und Praxisbeispiele. Überfrachten Sie Ihre Präsentation aber nicht mit zu vielen Details und Informationen. Beschränken Sie sich auf das Wesentliche, um Ihre Kernbotschaft zu kommunizieren. Erinnern Sie sich an den Grundsatz: so viel wie nötig, so wenig wie möglich.

Wenn Sie Ihr Publikum von etwas überzeugen wollen, stellen Sie die Vorteile und den Nutzen für Ihre Zuhörer besonders heraus. Was haben diese davon, Ihrer Handlungsempfehlung zu folgen?

Im Hauptteil ist gutes **Zeitmanagement** gefragt. Sie müssen sich unbedingt an die Zeitvorgabe halten. Ständig auf die Armbanduhr am Handgelenk zu schauen, würde auf die Beobachter aber keinen guten Eindruck machen. Ich empfehle Ihnen deshalb, Ihre Uhr für die Präsentation abzunehmen und gut sichtbar neben Ihre Notizen auf den Tisch zu legen. Dadurch ist ein schneller Blick unauffällig möglich. Teilen Sie die Zeit ungefähr gleichmäßig auf Ihre Unterkapitel auf.

Schluss

Genau wie die Einleitung ist der Schluss Ihrer Präsentation besonders bedeutsam, weil er den Beobachtern lange im Gedächtnis bleibt und den Gesamteindruck überproportional beeinflusst. Planen Sie den Schluss daher bereits in Ihrer Vorbereitung.

> **TIPP: *Bereiten Sie den Schlusssatz Ihrer Präsentation vor und merken Sie ihn sich im Wortlaut.***

Vermeiden Sie Verlegenheitsklauseln *(„Ich bin am Ende angekommen.“)*, Entschuldigungen *(„Leider reichte die Zeit nicht.“)*, ein für Sie und die Zuhörer überraschendes Ende *(„Das war's schon.“)* oder Formulierungen, die Selbstzweifel erkennen lassen *(„Ich hoffe, Sie konnten etwas mitnehmen.“)*. Sie untergraben damit Ihre eigene Autorität und wirken wenig souverän. Diese Fehler vermeiden Sie, indem Sie Ihren Schluss im Detail vorbereiten, sodass Sie ihn ausformuliert im Kopf haben und nur noch abrufen müssen.

Überlegen Sie sich vorab einen **prägnanten Schlusssatz** und prägen Sie ihn sich Wort für Wort ein. Sie wollen mit einem souveränen Statement enden. Zudem hilft ein vorbereiteter Schlusssatz Ihnen, den Vortrag klar abzuschließen, und den Zuhörern, das Ende Ihrer Präsentation zu erkennen.

Gelungene Schlusssätze enthalten beispielsweise:

- Eine klare Empfehlung
- Einen Appell
- Einen Ausblick
- Nächste Schritte
- Eine Zusammenfassung
- Ein Fazit
- Ein passendes Zitat

Danach können Sie Ihre Präsentation mit einem einfachen *„Vielen Dank"* abschließen.

Beispiele für Schlusssätze

„Lassen Sie uns gemeinsam das Potenzial des Direktvertriebs nutzen!" (Appell)

„Aus diesen Gründen empfehle ich die Absenkung des Wahlalters auf 16 Jahre." (Empfehlung)

„Wie ich Ihnen zeigen konnte, überwiegen die Vorteile die Risiken deutlich. Künstliche Intelligenz wird zu einem normalen Bestandteil unseres täglichen Lebens mit vielen spannenden Möglichkeiten – vom persönlichen digitalen Assistenten bis zur Medizinforschung. Vielen Dank." (Fazit)

Bleiben Sie nach Ihrer Präsentation einen Moment ruhig stehen. Das wirkt souverän und Sie setzen dadurch auch mit Ihrer Körpersprache einen Abschluss.

Diskussion

Nachdem Sie Ihren Vortrag mit einem Schlusssatz abgerundet haben, ist Ihre Präsentation meist noch nicht zu Ende. In der Regel gibt es noch **Fragen aus dem Publikum** an Sie. Diesen Teil bezeichnet man als Diskussion, da Sie nun in den direkten Austausch mit Ihren Zuhörern treten.

Machen Sie nach Ihrem Vortrag circa drei Sekunden **Sprechpause**. Damit setzen Sie einen kommunikativen Schlusspunkt nach Ihrem Abschlusssatz. Anschließend eröffnen Sie die Fragerunde.

Beispiele

„Ich stehe jetzt gerne für Ihre Fragen zur Verfügung."

„Ich freue mich auf den Austausch mit Ihnen."

„Nun haben wir noch einige Minuten für eine kurze Diskussion. Haben Sie Fragen?"

Es wird keine echte Diskussion zwischen den Beobachtern stattfinden, sondern nur zwischen einzelnen Fragenden und Ihnen als Referent*in. **Moderieren** Sie die Runde und erkundigen Sie sich aktiv, ob es Fragen gibt. Wenn Sie während Ihrer Präsentation Zwischenfragen zurückgestellt haben, sollten Sie diese nun von sich aus beantworten.

Es wirkt professionell, wenn Sie ein paar Schritte auf das Publikum zugehen, während einer der Beobachter spricht, und die Frage jeweils wiederholen, bevor Sie antworten.

Wenn Sie unsicher sind, wie Sie antworten sollen, ist das nicht schlimm. Sie dürfen sich ruhig einen **Moment zum Nachdenken** nehmen. Sie können auch problemlos zugeben, dass Sie etwas nicht wissen. Das wirkt souverän. In dem Fall können Sie anbieten, die Antwort oder Information zu einem späteren Zeitpunkt nachzureichen. Wenn die Frage wenig mit der Kernbotschaft zu tun hat, ist es möglicherweise sinnvoll, ihre Relevanz zu hinterfragen.

Beispiele

„Oh, das ist eine sehr gute Frage. Lassen Sie mich kurz darüber nachdenken."

„Ganz ehrlich: Das weiß ich im Moment nicht."

„Gerne schaue ich mir die Zahlenbasis noch einmal aus der Perspektive X an."

„Das ist eine gute Idee. Ich halte den Ansatz hier aber nicht für relevant, da …"

Im Diskussionsteil können Ihnen **zwei Arten von Fragen** begegnen: Verständnisfragen und kritische Fragen. **Verständnisfragen** sind Rückfragen zu Ihren Inhalten, wenn etwas missverständlich formuliert war oder es mehrere Deutungsweisen gibt. Diese Unklarheiten können Sie mit einer direkten Antwort ausräumen. **Kritische Fragen** werden dagegen bewusst eingesetzt, um zu sehen, wie Sie damit umgehen und Ihren Standpunkt verteidigen. Meist werden Sie mit gegensätzlichen Meinungen oder vermeintlichen Widersprüchen in Ihrem Vortrag konfrontiert. Seien Sie sich bewusst, dass die Kritik nichts mit Ihrer Präsentation zu tun hat. Eine Beobachterin oder ein Beobachter hat die Rolle inne, Sie mit einer oder mehreren kritischen Fragen zu ärgern. Da Sie A empfehlen, wird er oder sie Position B vertreten. Hätten Sie sich im Vortrag für B ausgesprochen, würde er oder sie für A plädieren. Das Spektrum reicht von einfacher Kritik *(„Das sehe ich anders.")* bis zu unsachlichen Formulierungen *(„Das kann so doch gar nicht funktionieren!")*.

Bleiben Sie stets **freundlich** und **sachlich**. Bieten Sie zusätzliche Informationen an, um Unklarheiten zu beseitigen. Wiederholen Sie Ihre Argumente oder entkräften Sie die Gegenargumente, wenn das möglich ist. Sie können auch auf Widersprüche in der Kritik eingehen. **Verteidigen Sie Ihre Position** sachlich, aber bestimmt.

Bei unsachlichen oder besonders kritischen Fragestellern können Sie auch auf eine Deeskalation setzen und **Gegenfragen** stellen. Sie signalisieren damit: Ich nehme Sie ernst und möchte Ihnen helfen.

> ***Beispiele***
>
> *„Sie sagten, das sei so nicht möglich. Das sehe ich anders. Können Sie mir bitte erklären, warum das Ihrer Ansicht nach nicht möglich ist?"*
>
> *„Wenn ich Sie richtig verstehe, möchten Sie wissen, ob …"*
>
> *„Entschuldigung, offenbar habe ich Sie nicht richtig verstanden. Was genau möchten Sie wissen?"*

Keine Angst: In den meisten Assessment-Center werden auch kritische Fragen freundlich und sachlich gestellt. Wenn es keine Fragen aus dem Publikum mehr gibt, beenden Sie diesen Teil der Präsentation aktiv.

> ***Beispiele***
>
> *„Gibt es noch Fragen? – Dann beende ich nun die Diskussionsrunde. Vielen Dank."*
>
> *„Ich danke Ihnen für den Austausch und die Anregungen. Vielen Dank."*

Nach der Präsentation

Ihre Präsentation endet entweder nach Ihrem Vortrag oder, falls es noch Fragen gab, nach der Diskussionsrunde. Nun fehlt nur noch Ihr Abgang von der Präsentationsfläche. Ihre Bewertung endet im Unterbewusstsein der Beobachter erst, wenn die Organisatoren wieder das Wort ergreifen und Sie auf Ihrem Platz sitzen oder den Raum verlassen haben.

Verhalten Sie sich nach Ihrem Schlusssatz weiter souverän, bis die Aufgabe vollständig abgeschlossen ist. Nachdem Sie den letzten Satz des Vortrags oder das Ende der Diskussionsrunde kommuniziert haben, **halten Sie einen Moment inne**. Drei Sekunden reichen dafür aus. Stehen Sie aufrecht und halten Sie lächelnd Blickkontakt mit dem Publikum. Nehmen Sie dann zügig Ihre Notizen und gehen Sie zurück zu Ihrem Sitzplatz oder verlassen Sie den Raum. Durch diesen kurzen Abschluss beenden Sie Ihre Performance in der Präsentationsübung mit einer starken, positiven Körpersprache.

Die Inhalte

Die in Ihrem Hauptteil präsentierten Inhalte bereiten Sie innerhalb der Vorbereitungszeit vor. Dazu müssen Sie zunächst das Thema inhaltlich bearbeiten und dann entscheiden, welche Beispiele, Zahlen, Daten und Fakten Sie nennen oder zeigen und wie Sie die wesentlichen Punkte visualisieren.

Bearbeitung des Themas

Tipp: *Nutzen Sie das 6-Schritte-Schema, um Ihre Inhalte zu erarbeiten.*

In den vorbereitenden Überlegungen haben Sie bereits ein klares Ziel für Ihre Präsentation definiert und sich die Zielgruppe bewusst gemacht. Sie haben festgelegt, welche Transformation die Zuhörer durchlaufen sollen. Was sollen sie anschließend wissen, verstehen, denken, fühlen, unterstützen oder kennen, was sie vorher noch nicht wussten, verstanden, dachten, fühlten, unterstützten oder kannten? Dies dient als Basis für die Ausarbeitung der Präsentationsinhalte. Bei der Bearbeitung der Inhalte helfen Ihnen die folgenden sechs Schritte.

Schritt 1: Informationen sammeln

Sammeln Sie in einem **Brainstorming** möglichst viele Ideen rund um Ihr Thema. Was fällt Ihnen dazu ein? Welche unterschiedlichen Blickwinkel gibt es? Welche Argumente sprechen dafür, welche dagegen? Welche Vor- und Nachteile gibt es? Welche Kosten und welchen Nutzen? Wenn Sie die Präsentation vor dem Assessment-Center vorbereiten sollen, können Sie umfassend recherchieren. Erstellen Sie Ihren Vortrag dagegen im AC, bleibt Ihnen nur die Möglichkeit, eigene Überlegungen anzustellen.

Schritt 2: Ideen sichten und auswählen

Gehen Sie nach Abschluss der Sammelphase dazu über, Ihre Ideen und Ansätze zu sortieren. Schwache oder nicht sinnvolle Punkte streichen Sie. Ähnliche Ideen können Sie zu einer Gruppe zusammenfassen. Wählen Sie nun drei bis fünf relevante, starke Argumente für Ihre Präsentation aus – das sind Ihre wichtigsten **Botschaften**.

Formulieren Sie im Hinblick auf Ihr Ziel, Ihre Zielgruppe und die angestrebte Transformation Ihrer Zuhörer eine prägnante **Kernbotschaft** für Ihre Präsentation. Dabei können Ihnen die folgenden Fragen helfen:

- Welche Botschaften muss ich in meinem Vortrag unterbringen, um die gewünschte Transformation beim Publikum zu erreichen?
- Wie lässt sich das Ziel in einer prägnanten Kernbotschaft zusammenfassen?

> ***Beispiel – Fortsetzung von S. 171 oben***
>
> ***Vorgegebenes Thema:***
> *Entwickeln Sie ein Direktvertriebskonzept und präsentieren Sie es dem Vorstand.*
>
> ***Spezifisches Ziel:***
> *Den Vorstand überzeugen, meinen Vorschlag für ein Direktvertriebskonzept zu unterstützen*
>
> ***Informieren oder überzeugen:***
> *Überzeugen*
>
> ***Transformation:***
> *Meine Idee für den Direktvertrieb verstehen und den Vorschlag unterstützen*
>
> ***Botschaften:***
> 1. *Direktvertrieb ermöglicht höhere Margen.*
> 2. *Wir generieren wertvolle Kundendaten, die wir für das Marketing einsetzen können.*
> 3. *Das Umsatzpotenzial ist enorm hoch.*
> 4. *Ein sinnvolles Konzept muss langfristig ausgerichtet sein und bedarf einiger Investitionen.*
>
> ***Kernbotschaft:***
> *Der Direktvertrieb ist die größte Wachstumschance für uns in den kommenden Jahren.*

Schritt 3: Argumente oder Sachverhalte prägnant formulieren
Formulieren Sie die einzelnen Punkte nun prägnant aus. Auch komplexe Themen sollten leicht verständlich und möglichst **in einem kurzen Stichwort** zusammengefasst werden. Überlegen Sie sich, wie Sie den jeweiligen Punkt **erläutern und veranschaulichen** möchten. Sie können auch Alternativen aufzeigen und begründen, warum Sie zu Ihrer Auswahl gelangt sind.

Schritt 4: Gegenargumente entkräften
Wenn Sie Ihre wesentlichen Botschaften gesammelt haben, nehmen Sie eine kritische Zuhörerposition ein. Welche Einwände oder Gegenargumente könnte jemand erheben? Welche Fragen könnten aufkommen? Entkräften und beantworten Sie diese vorab. Entweder indem Sie **Anpassungen** vornehmen, **zusätzliche Informationen** aufnehmen oder eine **Antwort auf eine solche Kritik** parat haben.

Schritt 5: Konsequenzen aufzeigen
Jede Sichtweise und jede Entscheidung bringt Konsequenzen mit sich, gute wie schlechte. Im Unternehmenskontext werden diese als **Nutzen und Kosten** bezeichnet. Je nach Thema können es auch Vor- und Nachteile sein. Zeigen Sie diese Folgen transparent auf und stellen Sie Positives und Negatives einander gegenüber.

Schritt 6: Klare Empfehlung abgeben

Beenden Sie den Hauptteil mit einer klaren **Handlungsempfehlung**, wenn das Thema es zulässt. Diese sollte aufgrund der vorgegangenen Argumente für die Zuhörer keine Überraschung sein und sich logisch aus den vorher genannten Punkten ergeben. Sprechen Sie Ihre Empfehlung dennoch deutlich aus und zeigen Sie auf, zu welchem Weg Sie Ihrem Publikum raten.

Beispiele und Zahlen, Daten, Fakten

Nachdem Sie Ihre inhaltlichen Punkte festgelegt haben, ist es an der Zeit, geeignete Beispiele und Belege in Form von Zahlen, Daten und Fakten auszuwählen. Beispiele dienen der **Veranschaulichung** und dem besseren Verständnis. Zahlen und Fakten dagegen **belegen Ihre Aussagen** und zeigen deren Richtigkeit. Setzen Sie beides geschickt ein.

> **TIPP:** ***Veranschaulichen Sie Ihre Inhalte durch Beispiele und leicht verständliche Zahlen.***

Der Grad an benötigten Informationen ergibt sich aus der **Zielgruppe**. Die Geschäftsführung möchte sicherlich mehr Zahlen sehen als die Schülergruppe. Auch die Auswahl, welche Daten sinnvoll sind, hängt von Ihrem Publikum ab. Der Vorstand möchte über Umsatz, Kosten, Gewinn und andere Kennzahlen informiert werden, während sich Mitarbeitende mehr für den zusätzlichen Arbeitsaufwand oder die Vereinbarkeit mit bestehenden Prozessen interessieren.

Visualisierung mit Medien

Der letzte Schritt der Inhaltsgestaltung gilt der Visualisierung Ihrer Botschaften durch Medien. Im Regelfall stehen Ihnen ein Flipchart, eine Metaplanwand oder ein Whiteboard zur Verfügung. Manchmal sind aber bewusst keine Medien vorbereitet und Sie müssen erst nach einem Flipchart fragen oder dieses selbst von der anderen Seite des Raumes holen. Das dürfen und sollten Sie tun – es ist ein Test.

> **TIPP:** ***Visualisieren Sie Ihre Botschaften und die Kernaussage durch knappe Stichpunkte, die Sie live auf ein Flipchart schreiben.***

Den **Einsatz von Medien** werten die Beobachter in der Präsentation meist **positiv**. Viele erwarten den Einsatz von Visualisierungshilfen sogar, weil sie sehen möchten, ob Sie diese effektiv einsetzen können. Eine gute Visualisierung hilft Ihnen, denn Sie sprechen damit bei Ihrem Publikum neben dem Hör- auch den Sehsinn an. Wird eine Aussage nicht nur gehört, sondern zusätzlich gelesen, bleibt diese nachweislich länger im Gedächtnis.

Haben Sie mehrere Medien zur Auswahl, empfehle ich Ihnen das **Flipchart**. Es ist intuitiv zu bedienen, ermöglicht Ihnen Dynamik während der Präsentation und entspricht auch einer gängigen Visualisierung in Meetings im Berufsalltag.

Sie können die Charts in Ihrer Vorbereitungszeit erstellen oder **während der Präsentation live beschriften**. Ich empfehle Ihnen, Ihre Charts im Vorfeld zwar genau zu planen und gedanklich auszuarbeiten, aber noch nicht anzufertigen. Das kostet Sie nur unnötig Zeit, die Sie besser in Ihre Argumentationskette und die Formulierung Ihres mündlichen Vortrags investieren sollten. Eine Ausnahme ist die **Agenda**, die Sie **vorbereiten** und mit in die Präsentation nehmen können. Sie dient Ihnen als Gedächtnisstütze. Sollten Sie einmal den Faden verlieren, reicht ein schneller Blick auf die Agenda und Sie wissen wieder, welches Thema als Nächstes drankommt.

Die weiteren Inhaltscharts entwickeln Sie anschließend während des Vortrags gemeinsam mit Ihren Zuhörern. Dies hat signifikante Vorteile:

- Sie sparen Zeit in der Vorbereitung, die Sie für die Inhalte nutzen können.
- Es wirkt dynamisch und souverän, während der Präsentation Stichpunkte zu notieren.
- Die Erwartung an „hübsche" Charts entfällt, wenn Sie diese live erstellen.
- Sie holen Ihr Publikum besser ab, da kurze Sprechpausen zum Notieren der Strukturierung dienen.

Ihre **Visualisierung** sollte **wohldosiert** sein. Zu viele Charts oder zu viele Informationen darauf können die positive Wirkung schnell ins Gegenteil verkehren. Überfrachtete Blätter lenken von Ihnen und Ihrem Vortrag ab und überfordern die Zuhörer. Wählen Sie daher genau aus, was Sie auf welche Weise mithilfe von Medien kommunizieren möchten. Weniger ist mehr.

Auf Ihre Charts gehören nur die **wichtigsten Aussagen**. Die Erläuterung und Ausgestaltung der einzelnen Punkte erfolgen nur mündlich. Medien sollen Ihre gesprochenen Ausführungen unterstützen und nicht davon ablenken.

Charts können Sie beispielsweise für Folgendes nutzen:

- Titel und Thema
- Agenda
- Stichworte (maximal drei bis fünf pro Chart)
- Strukturen
- Beziehungen
- Spannungsfelder
- Gegenüberstellung von Aspekten
- Listen

Insgesamt sollten Sie bei einer 20-minütigen Präsentation **höchstens fünf bis sechs Charts** zeigen oder entwickeln. Sie könnten zum Beispiel je ein

Chart für das Deckblatt mit dem Thema, die Agenda, die Ist-Situation, die Soll-Situation und die vorgeschlagenen Maßnahmen einplanen. Diese fünf Charts würden gleichzeitig die Struktur Ihrer Präsentation repräsentieren.

Beachten Sie bei der Visualisierung auf Flipcharts folgende Tipps:

- Nur drei bis fünf Stichworte pro Chart
- Druckschrift (keine Schreibschrift)
- Sowohl Groß- als auch Kleinbuchstaben
- Große Schrift (5 cm Höhe, bei Einzelwörtern besser 10 cm)
- Nur schwarze und blaue Stifte (andere Farben sind schwer lesbar)
- Unterstreichungen, Umkreisungen etc. für Hervorhebungen
- Möglichst Grafiken statt Wörter

Einige Vorschläge für die grafische Gestaltung von Flipcharts mit einfachen Mitteln habe ich hier als Anregung für Sie zusammengestellt.

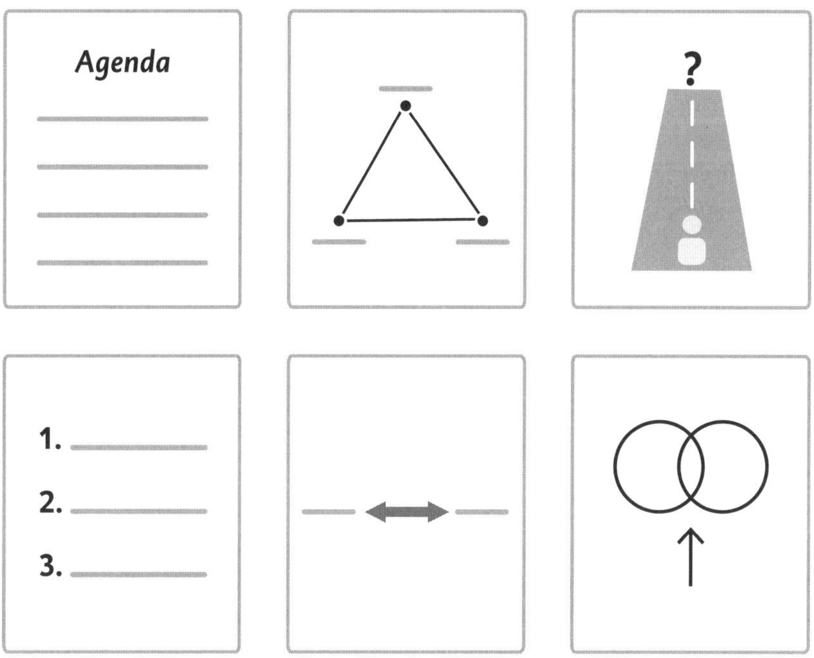

Beispiele für einfache Visualisierungen auf einem Flipchart

Wenn Sie **PowerPoint** einsetzen, haben Sie mehr Möglichkeiten, da Sie Ihre Charts bereits vorab erstellen. Die Erwartungen an die Gestaltung sind damit aber auch deutlich höher. Die oben aufgeführten Prinzipien können Sie direkt auf eine PowerPoint-Präsentation übertragen. Auch dort gilt: Weniger ist mehr.

Überfrachten Sie Ihre Charts nicht und überfordern Sie Ihr Publikum nicht mit zu vielen Informationen.

Bei **Online-Assessment-Centern** werden Sie außer PowerPoint keine Möglichkeit zur Visualisierung haben. Ob auf die Schnelle erstellte Folien überhaupt erwünscht sind, sollten Sie erfragen. Meist möchten die Assessoren Sie im Bild haben, nicht Ihre Charts. Selbst wenn Sie welche nutzen dürfen, empfehle ich Ihnen das im Online-AC nicht. Die eingeblendeten Folien würden Ihre direkte Sichtverbindung mit den Beobachtern unterbrechen. Setzen Sie deshalb lieber verstärkt auf den Einsatz von Gestik, z. B. Aufzählungen an den Fingern. In einem Online-AC werden Sie zudem nicht genügend Zeit haben, um ansprechende PowerPoint-Charts zu erstellen.

Ihre Kommunikation

Neben dem Aufbau und den Inhalten Ihres Vortrags bildet Ihre Kommunikation die dritte Säule Ihrer Leistung in der Assessment-Center-Präsentation. Die Ihnen dafür zur Verfügung stehenden Möglichkeiten unterscheiden sich in der konkreten Ausgestaltung zwischen Vor-Ort-ACs und Online-ACs. Dennoch gelten die Grundprinzipien in beiden Formaten gleichermaßen.

Auftreten

Unter Ihrem Auftreten verstehe ich Ihre **Gesamtwirkung** auf das Publikum. Ein gelungenes Auftreten macht einen attraktiven Eindruck auf Ihre Zuhörer und sie werden Ihnen und Ihrem Vortrag mehr Aufmerksamkeit schenken.

TIPP: ***Ein souveränes und dynamisches Auftreten wirkt auf Ihr Publikum interessant.***

Ihr Auftreten sollte souverän und dynamisch wirken. Beides klingt sehr abstrakt, daher konkretisiere ich im Folgenden beide Aspekte.

Souveränität

Souveränität entsteht dadurch, dass Sie sich in Ihrer Rolle als Vortragende*r wohlfühlen. Es bringt nichts, bestimmte Haltungen auswendig zu lernen. Das würde steif wirken. Besser ist es, wenn Sie im Vorfeld das Präsentieren und **Sprechen vor Publikum üben** und die Prüfungssituation Assessment-Center sportlich sehen. Haben Sie Spaß an dieser Herausforderung! Sagen Sie sich: Ich schaffe das! Ich zeige denen, was ich kann! Etwas Anspannung und Nervosität ist normal. Das hält Sie aber nicht davon ab, mit Stolz und Optimismus in das Assessment-Center zu gehen und auf diese Weise eine **starke mentale Haltung** einzunehmen.

Sie wirken außerdem souverän, wenn Sie sich vollkommen **auf Ihr Publikum konzentrieren**. Ihre Aufmerksamkeit gilt den Zuhörern, nicht Ihren Unterlagen oder Charts.

Nehmen Sie Ihre zugewiesene Rolle an und füllen Sie diese mit Leben. Begrüßen Sie als Abteilungsleiter*in die Geschäftsführung mit einem Hinweis auf das von Ihnen frei erfundene letzte Gespräch oder schütteln Sie den Zuhörern die Hand – sofern die Atmosphäre im AC das erlaubt. Alles, was die klassische „Ich stehe steif vorne und erzähle etwas"-Mentalität durchbricht, bringt Ihnen in der Regel Pluspunkte. Vor allem wirkt ein bewusster Bruch mit dem starren Format souverän, sofern er nicht übertrieben ausfällt.

Dynamik

Sie können Ihr Auftreten durch **Bewegung** während der Präsentation dynamisch gestalten. Dynamik entsteht durch die Entspannung Ihrer Muskeln. Wenn Sie entspannt sind, wirken Sie lockerer, setzen Ihre Hände stärker ein, zeigen mehr Mimik und lächeln. Das sind alles wünschenswerte Verhaltensweisen in Ihrer Präsentation. Am leichtesten kommen Sie in eine dynamische Grundhaltung, indem Sie sich im Raum bewegen. Gehen Sie bewusst zu Beginn ein paar Schritte nach links oder rechts, beispielsweise um mit einem Fingerzeig auf die Agendapunkte auf einem Flipchart hinzuweisen. Diese kurze Bewegung ist an sich dynamisch, bringt Ihnen jedoch noch einen entscheidenden weiteren Vorteil: Sie versteifen nicht. Trotz der angespannten Prüfungssituation lockert der kurze Gang Ihren Körper und Sie brechen mit dem starren Stillstehen.

Suchen Sie sich anschließend einen **zentralen Standpunkt im Raum**. Stellen Sie sich nicht hinter einem Pult oder Tisch auf, sondern direkt gegenüber dem Publikum. Achten Sie darauf, dass Sie in der Nähe der Charts stehen, ohne die Sicht der Zuhörer darauf zu verdecken. Gut geeignet ist dafür ein Standpunkt neben dem Flipchart oder Beamer.

Redeposition bei einer Präsentation mit Flipchart

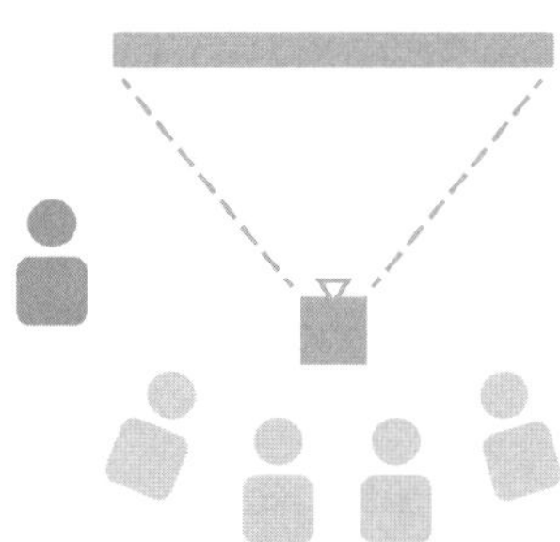

Redeposition bei einer Präsentation mit Beamer

Denken Sie daran, sich zwar zu bewegen, aber nicht zu viel herumzulaufen. Das wirkt schnell unruhig und nervös. Gehen Sie auf der Bühne langsam wenige Schritte weit und anschließend genauso gemächlich wieder zurück. Bei Fragen aus dem Publikum können Sie auch ein paar Schritte auf den Fragesteller zugehen. Bewegung ist wichtig, um nicht zu versteifen. Die meiste Bewegung sollte aber mit Ihren Armen und Händen stattfinden – in Form von Gestik.

Körpersprache

Ihre Körpersprache ist ein wesentlicher Faktor Ihrer gesamten Kommunikation. Sie haben sicherlich schon einmal gehört, dass der mit Abstand überwiegende Anteil der menschlichen Kommunikation nonverbal, also außerhalb des gesprochenen Wortes, stattfindet. Damit sind die Körpersprache und der Tonfall gemeint. Welche Mimik und Gestik Sie während des Vortrags zeigen, **bestimmt maßgeblich Ihre Wirkung** auf die Assessoren. Richtig eingesetzte Körpersprache kann Ihre Aussagen unterstützen und Ihren Vortrag eindrucksvoller machen.

TIPP: ***Körpersprache ist ein wesentlicher Faktor der Kommunikation.***

Gestik

Gestik bezeichnet die Bewegung Ihrer Arme, Hände und Ihres Kopfes. Ein aktiver, sprachbegleitender und natürlicher Einsatz Ihrer Hände unterstützt das Gesagte. Beispiele für gute Gestik sind:

- Die Armstellung ist offen.
- Die Handbewegungen betonen wichtige gesprochene Worte.
- Die Finger werden zum Aufzählen mehrerer Punkte oder zum Zeigen auf etwas eingesetzt.
- Der Blick ist dem Publikum zugewandt.

Vermeiden Sie im Gegensatz dazu negativ wirkende Gestik. Dazu zählen verschränkte Arme, Hände in den Taschen und ein ausweichender oder zu Boden gerichteter Blick. Auch Verlegenheitsgesten kommen häufig vor, teilweise unbewusst. Beispiele dafür sind, sich ins Gesicht oder in die Haare zu fassen, mit Schmuck zu spielen oder auf einem Kugelschreiber zu klicken.

Sofern Sie noch unerfahren im Präsentieren sind, empfehle ich Ihnen die folgende **Grundhaltung:**

Stehen Sie **aufrecht** und richten Sie Ihren Körper und Ihren **Blick auf das Publikum** aus. Beginnen Sie mit Ihrem vorbereiteten Einleitungssatz und Ihren eröffnenden Anmerkungen. Sehen Sie in den ersten paar Sekunden **nur**

eine (möglichst freundlich schauende) **Person** im Publikum an, als würden Sie nur zu dieser sprechen. Nach drei bis fünf Sekunden wechseln Sie zum oder zur Nächsten und halten mit ihm oder ihr einige Sekunden **Blickkontakt**. Durch wechselnde Bezugspersonen fühlen sich alle Zuhörer persönlich angesprochen und wertgeschätzt.

Ihre Hände halten Sie zunächst entspannt neben Ihrem Körper. Wenn Sie mit Ihrem Vortrag beginnen, **legen Sie die Fingerspitzen beider Hände locker zusammen**. Bleiben Sie in dieser Position einige Sekunden, bis Sie zur Vorstellung Ihrer Agenda kommen. Dann gehen Sie ein paar Schritte auf Ihr Flipchart zu und **zeigen** in Richtung der Punkte darauf. Anschließend können Sie wieder die Fingerspitzen zusammenführen, während Sie langsam **zurückgehen**. Nun sollten Sie durch die Bewegung auf der Bühne Ihren Körper etwas gelockert haben. Behalten Sie beim weiteren Sprechen eine **aktive Gestik** bei, insbesondere der Hände. Zeigen Sie auf etwas, zählen Sie Aspekte an Ihren Fingern ab, **öffnen und schließen Sie Ihre Hände** im Einklang mit Ihren Aussagen, um Ihren Vortrag dynamischer zu machen.

Mimik

Unter Mimik versteht man den Ausdruck Ihres Gesichts. Versuchen Sie in Ihrer Präsentation insbesondere, freundlich und sympathisch zu wirken. Während Sie das Publikum begrüßen, dürfen Sie gerne stark **lächeln**. Das strahlt Energie und Freude aus. Wenn es in Ihren Vortrag geht, wechseln Sie zu einem bewussten, leichten Lächeln. Es reicht schon, immer wieder an das Lächeln zu denken. Sie werden dann unweigerlich Ihre Mundwinkel sachte anheben, was für die Außenwirkung in der Präsentation völlig ausreichend ist. Ihr Ziel ist es, freundlich und nahbar zu wirken, und nicht, versteift die Zähne zu zeigen.

Besonderheiten im Online-Assessment-Center

Bei der Körpersprache gibt es den wohl bedeutendsten Unterschied zwischen Präsenz- und Online-ACs. Wenn Sie von einem anderen Ort aus digital zugeschaltet sind, sitzen Sie in der Regel mit einer Webcam vor einem Bildschirm. In diesem Setup sieht man nur Ihr Gesicht und einen kleinen Teil des Oberkörpers.

Ihre Möglichkeiten, durch Ihre Körpersprache positive Akzente zu setzen, sind deutlich reduziert. Sie können nicht umhergehen und Blickkontakt zu verschiedenen Personen aufbauen; Ihre Hand- und Armbewegungen sind stark eingeschränkt, um nur ein paar Beispiele zu nennen. Dennoch können Sie auch im Online-Assessment-Center durch Ihre Körpersprache punkten.

Den **Blickkontakt** können Sie herbeiführen, indem Sie **direkt auf die Kamera schauen**, statt auf das Bild der Zuhörer. Meist sitzt die Kameralinse über dem Bildschirm. Sie können mithilfe eines kleinen Aufklebers oder aufgemalten Augen links und rechts neben der Linse einen Fixpunkt für Ihre Blickrichtung schaffen. Probieren Sie einmal mit einem Handyvideo aus, wie viel besser es wirkt, wenn Sie direkt in die Kamera statt auf den Bildschirm schauen.

Ihre **Gesten** müssen Sie in den imaginären Rahmen des Kamerawinkels bringen. Nur was die Kamera erfasst, wird auch von den Beobachtern gesehen. Die meisten meiner Coachings führe ich per Videokonferenz durch. Meinen Klienten ist oft gar nicht bewusst, dass ihre aktiven Handbewegungen nicht sichtbar sind. Prüfen Sie den Kamerawinkel vorab und testen Sie einige Gesten. Sie werden überrascht sein, wie hoch Sie die Hände halten müssen, damit die Beobachter sie sehen können. Aufzählungen an den Fingern müssen Sie gefühlt vor Ihrem Gesicht zeigen, damit sie wirkungsvoll sichtbar sind. **Üben** Sie Gesten vor der Webcam und setzen Sie diese Stilmittel auch bei Online-Präsentationen gezielt ein.

Verwendung von Sprache, Stimme und Tonfall

Weitere bedeutende Aspekte Ihrer Kommunikation sind Ihre Sprache, Ihre Stimme und Ihr Tonfall.

Verwenden Sie **aktive Formulierungen** und vermeiden Sie den Konjunktiv (*„hätte, könnte, würde“*). Sie schwächen damit Ihre Aussagen. Auch unsicher wirkende Wörter wie *„vielleicht“* oder *„wahrscheinlich“* sollten Sie vermeiden. Entschuldigen Sie sich nicht (*„leider“, „bitte entschuldigen Sie“*). Machen Sie verbindliche Aussagen und strahlen Sie mit Ihrer Sprache Sicherheit aus.

Sprechen Sie **allgemeinverständlich** und vermeiden Sie Fachsprache. Falls möglich, können Sie sich mit dem Sprachgebrauch innerhalb des Unternehmens vertraut machen. Im Internet finden Sie zum Beispiel die korrekten Bezeichnungen von Jobpositionen. Sie signalisieren damit, dass Sie sich mit Ihrem potenziellen Arbeitgeber auseinandergesetzt haben und motiviert sind, dazuzugehören.

Sprechen Sie mit **fester Stimme** und achten Sie auf Ihre Tonalität. Wenn Ihre Aussagen wie Fragen klingen, wirken Sie unsicher. Filmen Sie sich in der Vorbereitung bei einer Testpräsentation und achten Sie auf Ihre Betonung. Eine wichtige Aussage sollten Sie mit der nötigen Sicherheit kommunizieren.

Legen Sie beim Sprechen bewusste **Pausen** ein. Diese betonen die vorige Aussage. Außerdem helfen Pausen Ihrem Publikum beim Zuhören. Sie wirken zudem souveräner, wenn Sie ab und zu Ihren eigenen Redefluss unterbrechen und für einen kurzen Moment innehalten, bevor Sie zum nächsten Gedanken übergehen.

Umgang mit Nervosität und Stress

Ein weiterer wesentlicher Aspekt Ihrer Kommunikation ist Ihr Umgang mit Nervosität und Stress. Beides gehört zu einer Prüfungssituation wie dem Assessment-Center dazu. Wichtig ist, dass Sie Ihre Aufregung unter Kontrolle haben und diese Sie nicht daran hindert, eine exzellente Präsentation zu halten.

Der Umgang mit Nervosität und Stress beginnt schon vor dem Termin mit der mentalen Vorbereitung auf die besondere Situation Assessment-Center. Stellen Sie sich gedanklich darauf ein, dass Sie angespannt sein werden, und trainieren Sie, sich mit einfachen Atemübungen zu entspannen. Bei Nervosität versteifen die Muskeln. Drei **tiefe Atemzüge** reichen oft schon, um die Anspannung abzuschütteln. Setzen Sie das vor Ihrer Präsentation bewusst ein.

TIPP: ***Lernen Sie einfache Atemtechniken, um Ihre Anspannung zu lösen.***

In den letzten zwei Minuten Ihrer Vorbereitungszeit sollten Sie die inhaltliche Planung beenden und sich auf das Stress- und Energiemanagement konzentrieren:

- Durchatmen
- Fokussieren
- Sammeln
- Atemtechnik anwenden
- Einstieg und Schlusssatz ins Gedächtnis rufen

Viele Kandidaten fragen mich, wie sie in einem Assessment-Center mit einem plötzlichen **Blackout** umgehen sollen. Gemeint ist damit eine Situation, in der Sie völlig vergessen, was Sie sagen wollten. Diese Situation kommt weniger häufig vor, als viele im Vorfeld befürchten. Meist kommt der Gedanke – oder ein anderer – schnell wieder. Einem selbst kommt das Stocken länger vor, als es tatsächlich ist. Setzen Sie eine **Gedächtnisstütze** ein, wenn Ihnen diese Situation Sorgen bereitet. Das kann die Agenda auf dem Flipchart oder eine Liste mit Stichworten sein, die Sie gut sichtbar auf einem Tisch platzieren. Notfalls können Sie einen kurzen Blick darauf werfen.

Karteikärtchen oder Notizen in der Hand zu halten, empfehle ich Ihnen nicht. Das wirkt nicht souverän. Falls Sie sich ohne Zettel unsicher fühlen, platzieren Sie diese auf dem Tisch. Damit haben Sie die Gewissheit, dass für Notfälle eine Hilfe bereit liegt. Das ist besser, als von vornherein Notizen in der Hand zu halten. Vermeiden Sie es möglichst, Ihre Gedankenstütze einzusetzen.

Eine weitere Sorge, die ich häufig höre, betrifft den **Umgang mit Unerwartetem**. „*Was wäre, wenn …?*“ lautet die Frage an mich oft. Wie der Name schon sagt, können Sie sich auf Unerwartetes nicht einstellen, weil es eben überraschend auftritt. Sie können sich aber mental in solche Situationen hineinversetzen und überlegen, wie Sie sich verhalten könnten. Geschieht etwas Ungeplantes, müssen Sie damit schlicht und einfach umgehen und anschließend mit Ihrem Vortrag weitermachen. Ein häufiges Beispiel sind **Zwischenfragen**. Verständnisfragen klären Sie am besten direkt. Kritische Anmerkungen stellen Sie zurück ans Ende Ihrer Präsentation, um zunächst weitermachen zu können. Die Formulierung dafür könnte so lauten: *„Das ist ein wichtiger Aspekt. Ich möchte diese Frage gern zunächst zurückstellen und komme dann am Ende meiner Präsentation darauf zurück. Vielen Dank."* Andere, selten auftretende unerwartete Ereignisse könnten ein umfallendes Wasserglas, wegfliegendes Papier oder ein klingelndes Telefon sein. In all diesen Fällen bleiben Sie souverän, reagieren auf die Situation angemessen (Glas wieder hinstellen, Papier aufheben, Abstellen des Klingelns abwarten) und machen danach weiter.

Manche Ursachen für Nervosität haben leicht erklärbare Gründe. Beispielsweise sehen die Gesichter Ihres Publikums möglicherweise sehr ernst aus, was Sie verunsichert. Doch das ist normal. Menschen sehen so aus, wenn sie jemandem konzentriert zuhören. Werten Sie solche Kleinigkeiten nicht als Zeichen, sondern konzentrieren Sie sich auf Ihr eigenes Programm.

Sonderfall Stressvortrag

Es gibt einen Sonderfall, den Sie kennen sollten – den Stressvortrag. Dieser kommt **selten** vor. In den meisten ACs wird Ihnen diese Form nicht begegnen, also keine Angst.

Ein Stressvortrag ist eine Präsentation, die Sie **unter großem Druck** halten müssen. Das ist von den Organisatoren bewusst so gestaltet, um zu sehen, wie Sie unter Stress agieren. Man testet Ihre **emotionale Stabilität** und Ihre **Leistungsfähigkeit in schwierigen Situationen**. Bleiben Sie auch unter Druck sachlich und freundlich? Werden Sie lauter oder leiser? Daraus zieht man Rückschlüsse auf Ihr späteres Verhalten im Beruf, z. B. in der Verhandlung mit Kunden oder bei Konflikten im Team.

Der Stress kann durch einen oder mehrere der folgenden Faktoren herbeigeführt werden:

- eine sehr kurze (z. B. nur 5 Minuten) oder gar keine Vorbereitungszeit,
- eine knapp bemessene Präsentationszeit, die für das Thema kaum ausreichend ist,
- schwierige Zwischenfragen,
- eine härtere Diskussion am Ende mit vielen kritischen Rückfragen.

Der Schwerpunkt einer Stresspräsentation ist ein anderer als bei der normalerweise üblichen Präsentation, bei der es um Inhalt, Struktur und Kommunikation geht. Beim Stressvortrag wird Ihr Verhalten unter Druck getestet. Daher ist diese Art von Vortrag kaum mit klassischen Präsentationen vergleichbar und wird nur in seltenen Fällen eingesetzt.

Zusammenfassung «

- Die Präsentation ist für jede Art von Assessment-Center hochrelevant und kommt fast immer vor.
- Für eine wirkungsvolle Präsentation müssen Sie in den drei Dimensionen Aufbau, Inhalt und Kommunikation punkten.
- Die Art und Weise Ihrer Präsentation und Ihre Wirkung auf das Publikum sind wichtiger als die dargestellten Inhalte. Fokussieren Sie sich in Ihrer Vorbereitung daher auf Ihre Außenwirkung.
- Definieren Sie das Ziel und die Zielgruppe klar und passen Sie Ihre Präsentation in Sprache, Inhalt und Ausgestaltung daran an. Machen Sie sich bewusst, was Ihre Kernbotschaft ist.
- Überlegen Sie sich einen spannenden Aufhänger, um Ihr Publikum neugierig auf Ihr Thema zu machen. Stellen Sie anschließend Ihre Argumente vor und geben Sie eine deutliche Handlungsempfehlung ab.
- Präsentieren Sie entlang einer Argumentationskette und lassen Sie Details aus, die für Ihre Kernbotschaft nicht relevant sind.
- Nutzen Sie Medien, z. B. ein Flipchart, zur Visualisierung der wichtigsten Punkte.
- Setzen Sie Ihre Körpersprache, Gestik und Mimik bewusst ein, um Ihren Vortrag interessant zu gestalten und sich souverän zu präsentieren.
- Halten Sie sich unbedingt an die vorgegebene Zeit.
- Überlegen Sie sich Ihren Einleitungs- und Schlusssatz vorab, sodass Ihnen auch unter Stress ein ansprechender Einstieg und ein souveräner Ausstieg gelingt.
- Lassen Sie sich durch kritische Fragen nicht aus der Ruhe bringen. Bleiben Sie ruhig und sachlich und gehen Sie im Anschluss an Ihren Vortrag auf die Fragen ein.
- Üben Sie, vor Publikum frei zu sprechen und zu präsentieren. Sie profitieren im gesamten Assessment-Center von einem souveränen Auftreten.

Eine Zusammenfassung dieses Kapitels mit persönlichen Empfehlungen des Autors finden Sie im Video-Begleitmaterial: www.stark-verlag.de/qrcode/b20701_10

Übungsaufgaben

Die nachfolgenden Übungsaufgaben bieten Ihnen die Möglichkeit, die Präsentationsaufgabe unter realistischen Bedingungen zu üben. Bereiten Sie die Präsentation innerhalb des angegebenen Zeitbudgets vor. Halten Sie diese anschließend vor einer oder mehreren Personen, wie z. B. Familienmitgliedern oder Freundinnen/Freunden, um Feedback zu Ihrem Auftreten, Ihrer Struktur und Ihren Inhalten einzuholen. Bitten Sie Ihre Zuhörer, nach der Präsentation einige Fragen zu stellen.

Filmen Sie zudem Ihre Präsentation und schauen Sie sich danach an, wie die Struktur, der Inhalt und Ihre Kommunikation wirken. Wie lässt sich Ihr Vortrag stärken? Machen Sie gegebenenfalls einen zweiten Durchgang und vergleichen Sie beide Präsentationen in ihrer Wirkung miteinander.

Präsentation „Herausforderungen"

Ihr Briefing

Bereiten Sie eine 15-minütige Fachpräsentation zu den Herausforderungen vor, die Sie in Ihrem neuen Wirkungsbereich in dem Unternehmen, bei dem Sie sich bewerben, erwarten. Gehen Sie dabei insbesondere auf die folgenden Fragestellungen ein:

1. Wo sehen Sie die größten Herausforderungen für Ihr Unternehmen in den nächsten fünf Jahren?
2. Wo sehen Sie die größten Herausforderungen für Ihre neue Abteilung?
3. Wie wollen Sie diese Herausforderungen angehen?
4. Wieso sind Sie die richtige Person für diese Position?
5. Was benötigen Sie für einen erfolgreichen Umgang mit diesen Herausforderungen?

Für die Vorbereitung haben Sie 45 Minuten Zeit.

Hinweis: Wenn Sie sich auf eine Stelle bewerben, zu der Ihnen nicht ausreichend Informationen zu diesen Fragestellungen vorliegen, wenden Sie diese Aufgabe auf Ihre aktuelle Position bzw. Ihr momentanes Arbeitsumfeld an.

Einen Lösungshinweis können Sie auf Seite 307 f. nachlesen.

Präsentation „Frauenquote für Führungspositionen“

Ihr Briefing

Erstellen Sie eine circa 20-minütige Themenpräsentation zum Thema „Frauenquote für Führungspositionen“. Für die Vorbereitung haben Sie 60 Minuten Zeit.

Einen Lösungshinweis können Sie auf Seite 309 nachlesen.

Präsentation „Neues Schulfach“

Ihr Briefing

Ab dem kommenden Jahr soll bundesweit an allen Schulen ein neues Schulfach eingeführt werden, das alle Schülerinnen und Schüler für ein Jahr belegen müssen. Darauf haben sich die Verantwortlichen in einem nationalen Gremium verständigt. Einige Bundesländer oder Schulformen bieten bereits spezielle Schulfächer an. Oft sind diese jedoch nur einem kleinen Teil der Schüler zugänglich und nicht Bestandteil eines für alle verpflichtenden Lehrplans.

Sie wurden ausgewählt, um direkt vor dem Entscheidungsgremium Ihren persönlichen Vorschlag für ein neues Schulfach darzulegen. Die einzige Vorgabe ist, dass das Fach klar abgegrenzt sein muss. Eine Mischung aus komplett unterschiedlichen Inhalten ist nicht möglich. Sie müssen sich für ein Thema für das Schulfach entscheiden.

Erstellen Sie eine circa 10-minütige Präsentation, um das Gremium für Ihren Vorschlag eines neuen Schulfachs zu begeistern. Für die Vorbereitung haben Sie 20 Minuten Zeit.

Einen Lösungshinweis können Sie auf Seite 310 f. nachlesen.

» Die Gruppendiskussion

Bedeutung: ■ ■ ■ ■ □

wird angewendet bei:		*andere Bezeichnungen für Gruppendiskussion:*
Führungskräfte-ACs	–	*Gruppenübung, Gruppengespräch, Meeting, Meeting-Simulation, Koordinations-Meeting, Abstimmungstermin zwischen mehreren Parteien*
Standard-ACs	✓	
Online-ACs	–	

Worum geht es bei der Gruppendiskussion im Assessment-Center?

Die Gruppendiskussion simuliert eine **typische Situation aus dem Berufsalltag:** ein **Meeting mit mehreren Personen**, in dem ein gemeinsames Ziel erreicht werden muss. Dabei ist es realitätsnah meist so, dass die Teilnehmenden nicht nur verschiedene Perspektiven haben, wie das **Ziel** zu erreichen ist, sondern teilweise komplett gegensätzliche eigene Ziele verfolgen. Die Herausforderung besteht darin, die unterschiedlichen Meinungen und Ansätze auszutauschen, zu bewerten und als Gruppe zu einem gemeinsamen Ergebnis zu gelangen.

Stellen Sie sich einen Termin im Arbeitsalltag vor, an dem Mitarbeiter verschiedener Abteilungen teilnehmen. Alle gehören zum gleichen Unternehmen und haben ein übergeordnetes Ziel. Jede Abteilung hat dennoch eigene Vorgaben. Schon innerhalb einer Abteilung können verschiedene Ziele in einem Konflikt zueinanderstehen. Denken Sie beispielsweise an die Logistik, die teure Lagerbestände geringhalten, aber gleichzeitig jederzeit lieferfähig sein soll. Kommen mehrere Abteilungen zusammen, potenzieren sich diese Zielkonflikte. Genau solch eine Situation wird in der Gruppendiskussion simuliert.

Zunächst sollten Sie **prüfen, ob die Gruppendiskussion für Ihre Vorbereitung überhaupt relevant** ist. In **Standard-ACs**, zum Beispiel für den Direkteinstieg, oder **Fach-Assessments** ist sie eine beliebte Übung und wird häufig eingesetzt. In Ein-

TIPP: ***Die Gruppendiskussion ist insbesondere bei Einstiegs-ACs und Standard-ACs relevant und kommt dort fast immer vor. In Führungs-, Einzel- und Online-Assessments wird sie in der Regel nicht eingesetzt.***

zel-, Online- und Führungskräfte-Assessments kommt dieser Aufgabentyp nur selten vor, weil für die Gruppendiskussion mindestens drei gleichgestellte Teilnehmende erforderlich sind.

Alle Teilnehmer erhalten ein **Briefing**, welches das Ziel und weitere Informationen zum Kontext des Gesprächs enthält. In der Gruppendiskussion gibt es zwei mögliche Arten, wie das Ziel gestaltet ist. Es kann **individuell** sein, sich also von den Zielen der anderen Teilnehmer unterscheiden, oder **für alle identisch** sein.

Individuelle Ziele kommen vor, wenn die Teilnehmenden ein eigenes, spezifisches Briefing erhalten. Das kann die Vertretung einer bestimmten Abteilung, Perspektive oder Rolle beinhalten. Ein identisches Ziel bedeutet dagegen, dass alle Diskussionsteilnehmer dasselbe Briefing erhalten. Als Beispiel aus dem Arbeitsalltag sei hier ein Projektmeeting genannt, für das sich jede Person im Vorfeld eigene Ansätze für dieselbe Aufgabe überlegt. Unterschiedliche Perspektiven entstehen erst dadurch, dass die Teilnehmenden in der Vorbereitung eigene Ideen entwickeln. Für Ihr Vorgehen in der Gruppendiskussion macht es keinen Unterschied, welche Art von Briefing Sie erhalten.

Alle Gruppendiskussionen haben das Ziel, dass sich die Gruppe innerhalb der vorgegebenen Zeit **auf ein gemeinsames Vorgehen oder einen Vorschlag einigt**. Wie wird ein Konflikt gelöst? Welche Vorschläge werden von allen mitgetragen? Welche Maßnahmen empfiehlt die Gruppe letztendlich?

Beispiele

Mögliche Themen und Aufgaben in der Gruppendiskussion

„Maßnahmen gegen den Klimawandel“

„Verbesserung der Mobilität in Großstädten“

„Vor- und Nachteile der Digitalisierung in der Verwaltung“

„Entwickeln Sie Maßnahmen zur Gesundheitsvorsorge in der Produktion.“

„Machen Sie Vorschläge zur Steigerung der Altersvorsorge-Beiträge unserer Mitglieder.“

„Sie leiten die Forschungsabteilung. Überzeugen Sie Ihre Kollegen aus den anderen Abteilungen davon, dass die zusätzlichen Gelder für Ihre Abteilung verwendet werden sollten.“

Die Gruppendiskussion ermöglicht es den Beobachtern, Ihr Verhalten in einer sozial hochkomplexen, realitätsnahen und berufsbezogenen Situation zu sehen.

Die Beobachter **bewerten** insbesondere folgende Kriterien:

- Kommunikationsstärke
- Empathie und Einfühlungsvermögen
- Ergebnisorientierung
- Überzeugungsfähigkeit
- Durchsetzungsstärke
- Teamfähigkeit
- Kompromissbereitschaft
- Kritikfähigkeit
- Führungsstärke
- Strategisches Denken
- Problemlösungsfähigkeit
- Umgang mit Stress

Wie läuft eine Gruppendiskussion ab?

Eine Gruppendiskussion besteht aus zwei Teilen: der Vorbereitung und der Diskussionsrunde.

Ablauf einer Gruppendiskussion		
Vorbereitung		ca. 30–45 Minuten
Diskussionsrunde		ca. 30–45 Minuten

Die Vorbereitung

Vor einer typischen Gruppendiskussion erhalten Sie circa **30 bis 45 Minuten** Vorbereitungszeit. Sie sind dabei allein in einem Nebenraum. Dort stehen Ihnen Schreibmaterialien zur Verfügung. Die Vorbereitungszeit dient zum Lesen der Aufgabenstellung und zum Erarbeiten Ihrer individuellen Vorschläge für die Gruppenaufgabe.

Die **Aufgabenstellung** ist in der Regel weniger als eine Seite lang und enthält die Zielsetzung der Gruppe, ggf. Ihre zugewiesene Rolle sowie Informationen zum Kontext, in dem das simulierte Meeting stattfindet.

Nachdem Sie die Aufgabenstellung gelesen und verstanden haben, erarbeiten Sie zunächst Ihre individuellen Lösungsansätze. Entweder werden die Standpunkte durch ein Briefing vorgegeben (*„Argumentieren Sie für den Bau der neuen Fabrik.“*) oder Sie müssen Ihren Standpunkt selbst definieren (*„Die Gruppe soll eine Empfehlung für oder gegen den Bau der neuen Fabrik abgeben.*

Sammeln Sie Argumente für eine der Positionen und versuchen Sie, die anderen von Ihrer Meinung zu überzeugen."). In beiden Fällen müssen Sie sich in der Vorbereitungszeit **Vorschläge und Argumente überlegen**, die Sie in der darauffolgenden Diskussion einbringen wollen. Ihre Notizen stehen Ihnen während der Gruppendiskussion zur Verfügung.

In manchen ACs müssen Sie Ihre Ideen und Ihren eigenen Standpunkt bereits vor der Diskussionsrunde auf einem Zettel dokumentieren und nach der Gruppendiskussion abgeben. Das dient dazu, Ihre im Vorfeld definierten Ideen und Ziele mit den Positionen abzugleichen, die Sie im Gespräch vertreten haben. Wie viele Ihrer eigenen Ideen haben Sie einbringen können? Welche Ihrer Punkte finden sich am Ende im Vorschlag der Gruppe wieder? Haben Sie tatsächlich die gleichen Einfälle gehabt wie Ihr Vorredner oder haben Sie sich dessen gute Idee nur schnell angeeignet? Dieser Abgleich mit Ihrer Vorbereitung findet nicht in allen Assessment-Centern statt. Rechnen Sie aber damit, dass Ihre Notizen später von den Beobachtern gelesen werden könnten.

Planen Sie in Ihrer Vorbereitung Zeit ein, um sich abseits Ihrer eigenen Vorschläge und Ideen Ihre **Gesprächsstrategie** zu überlegen. Dieser Aspekt ist mindestens genauso wichtig wie die konkreten Ideen zum Sachverhalt.

Zu Ihrer Gesprächsstrategie gehören Aspekte wie: Wann und wie bringe ich mich ein? In welcher Rolle sehe ich mich in der Gruppendiskussion? Wie kann ich meine Punkte verteidigen und die anderen überzeugen? Wie kann ich auf Konflikte in der Gruppe reagieren? Wie kann ich zur Konsensfindung beitragen? Auf den folgenden Seiten gebe ich Ihnen zu all diesen Punkten konkrete Lösungshinweise, die Sie in der Vorbereitung Ihrer Gruppendiskussion nur noch auf den gegebenen Sachverhalt anwenden müssen.

Die Diskussionsrunde

Aus zahlreichen Trainings weiß ich, dass man als Teilnehmer*in großen Respekt vor der Gruppendiskussion hat. Das ist gut nachvollziehbar, treffen Sie doch auf mehrere andere Kandidaten, die sicher genauso motiviert in die Diskussionsrunde gehen wie Sie. Zudem beeinflussen Sie sich alle gegenseitig. Sie haben daher **keine Kontrolle** darüber, auf wen Sie treffen und **wie die Diskussion ablaufen wird**.

> **TIPP:** ***Verfolgen Sie in der Diskussion eine klare Strategie. Lassen Sie sich nicht vom Verhalten anderer Teilnehmer aus der Ruhe bringen.***

Sie können nur Ihr eigenes Verhalten steuern und darüber den Verlauf der Gruppendiskussion beeinflussen. Genau das ist es, was die Beobachter interessiert! Wie verhalten Sie sich in solch einer gruppendynamischen Situation, sei es bei der Überwindung von Konflikten, in einer hitzigen Auseinandersetzung, angesichts einer auf den ersten Blick unlösbar scheinenden Herausforderung oder sogar im Umgang mit störenden und unkooperativen Mitstreitern? Diese möglichen Verläufe mögen Ihnen jetzt unangenehm erscheinen. Zwei gute Nachrichten habe ich aber für Sie: Erstens läuft die Gruppendiskussion **meist weniger dramatisch ab**, als Sie vielleicht befürchten. Zweitens können Sie sich auf solche typischen Situationen schon vor Ihrem AC **vorbereiten**, sie gedanklich durchspielen und Ihr **eigenes Verhalten festlegen** und üben. Dafür lernen Sie gleich sinnvolle Umgangs- und Lösungsansätze kennen. So zeigen Sie sich von Ihrer besten Seite – ganz unabhängig davon, wie sich die anderen Teilnehmenden verhalten.

Für die Diskussionsrunde stehen circa **30 bis 45 Minuten** zur Verfügung. Je mehr Teilnehmer es gibt, desto großzügiger ist der Zeitrahmen bemessen. Üblicherweise bilden **vier bis sieben Personen** eine Gruppe. Gibt es mehr Kandidaten im AC, werden mehrere Untergruppen gebildet, die die Aufgabe getrennt voneinander absolvieren. Die Teilnehmenden sitzen an einem Konferenztisch zusammen. Die Beobachter nehmen mit etwas Abstand im Hintergrund Platz und beobachten die Gruppendynamik sowie den Gesprächsverlauf.

In der Regel sind **alle beteiligten Kandidaten gleichgestellt**. Niemand wird im Voraus als Leiter*in der Gruppe benannt, sondern alle starten mit den gleichen Voraussetzungen. Nur die Rollen und somit die Zielsetzung kann unterschiedlich sein, wie Sie bereits an den Beispielen oben gesehen haben.

Alle Gruppenteilnehmer haben eigene Ideen und Vorschläge dabei und stellen diese nacheinander kurz vor. Jede*r erläutert dabei, warum gerade diese Ansätze sinnvoll sind. Nachdem alle Beiträge gehört wurden, muss die Gruppe zu einer **Entscheidung** kommen. Dazu werden in einer offenen Diskussionsphase Vorschläge zur Lösung von Konflikten oder zur Priorisierung von Ideen gesammelt und bewertet. Manchmal kommt es zu einer Abstimmung, manchmal findet die Gruppe einen Konsens und manchmal können sich die Teilnehmenden nicht einigen. Am Ende legt die Gruppe ihre Entscheidung vor oder die Diskussion wird nach Ablauf der Zeit ohne Übereinkunft abgebrochen.

Da es um Ihren individuellen Beitrag zur Diskussion geht, spielt die letztendliche Entscheidung der Gruppe nur eine untergeordnete Rolle für Ihre **Bewertung**. Fokussieren Sie Ihren Einsatz darauf, dass die Runde insgesamt zu einem guten, objektiv nachvollziehbaren Ergebnis kommt. Ihre eigenen Vorschläge sind dabei nicht so wichtig wie der Prozess der Entscheidungsfindung und das Abwägen aller Vorschläge. Ihre Leistung in der Gruppendiskussion ist dann gut, wenn Sie **maßgeblich zum Erfolg der Gruppe beigetragen** haben.

TIPP: ***Wie Sie sich in der Diskussion verhalten, ist wichtiger, als welche Ihrer Vorschläge von der Gruppe übernommen werden.***

Wie löse ich eine Gruppendiskussion?

Die Vorbereitung

TIPP: *Nutzen Sie die Vorbereitungszeit für vier Schritte: die Einarbeitung, das Festlegen von Zielkriterien, die Erarbeitung Ihrer eigenen Vorschläge zur Lösung des Sachverhalts sowie die Festlegung Ihrer Gesprächsstrategie.*

Planen Sie gleich zu Beginn der Vorbereitung Ihre Zeit in vier Blöcke ein. In jedem dieser Blöcke bearbeiten Sie einen der folgenden vier Schritte.

Schritt 1: Das Ziel verstehen

Der erste Schritt ist das **Lesen und Verstehen der Aufgabenstellung**. Welches Ziel ist vorgegeben? Welche Aufgabe hat die Gruppe und in welchem Kontext operiert sie? Was banal klingen mag, ist die Grundlage für die weiteren Schritte.

Ist das Ziel klar und deutlich genannt *(„Entwickeln Sie eine Nachhaltigkeitsstrategie für den Standort.")*? Oder muss das Ziel erst herausgearbeitet werden *(„Diskutieren Sie die vorliegenden Vorschläge zur Mitarbeitermotivation!")*? Ist das Ziel nicht eindeutig benannt, definieren Sie es *(„Das Ziel ist zu entscheiden, welche Vorschläge zur Mitarbeitermotivation weiterverfolgt werden sollen und welche nicht.")*.

Schritt 2: Objektive Kriterien definieren

TIPP: *Definieren Sie objektive Kriterien, die für die Zielerreichung erfüllt sein müssen.*

Im zweiten Schritt Ihrer Vorbereitung brechen Sie das Ziel auf **objektive Kriterien** herunter, die erfüllt sein müssen, damit es vollständig erreicht wird.

Hierin liegt der Schlüssel zur Lösung der Gruppendiskussion. Oberflächlich betrachtet sieht es so aus, als würden sich alle Teilnehmenden Ideen überlegen und versuchen, diese in der Debatte gegenüber den anderen zu verteidigen und durchzusetzen – unabhängig davon, ob es tatsächlich die besten Ideen sind. Mit diesem Mindset gehen die meisten Kandidaten in die Gruppendiskussion.

Das wiederum führt zu den aus Beobachtersicht erwarteten Konflikten. Denn wenn es zu Spannungen und unterschiedlichen Ansätzen kommt, lassen sich die für den Arbeitgeber interessanten Verhaltensweisen der Teilnehmer beobachten: Wie gehen sie mit Druck um? Wie ausgeprägt ist ihre Teamfähigkeit? Wie ist es um ihre Kommunikationsfertigkeit bestellt?

Dabei haben alle dasselbe Ziel bekommen. Eventuell sollen sie dieses aus unterschiedlichen Rollen heraus erreichen; das übergeordnete Ziel ist jedoch für alle identisch.

Konflikte entstehen erst dadurch, dass jede Person dieses Ziel unterschiedlich auslegt. Ein **häufiger Fehler** ist es, **persönliche Präferenzen** einfließen zu lassen: *„Ich würde erstmal diese irre Verschwendung bei XY stoppen!"* Vielleicht ist die Idee sinnvoll, vielleicht nicht. Die emotionale Formulierung *(„irre")* offenbart eine persönliche Motivation, statt aus Unternehmenssicht zu denken.

Ein Vorschlag kann zwar zielführend sein, aber das macht ihn nicht unbedingt sinnvoll. Wieso ist das so? Nehmen wir als Beispiel das Ziel *„Machen Sie einen Vorschlag, wie das Unternehmen seine Kosten um 10 % senken kann"*. Eine Verschwendung zu stoppen, wäre also durchaus zielführend. Dadurch würden Kosten eingespart werden. Aber wäre es wirklich sinnvoll, dies in die Liste der Vorschläge der Gruppe aufzunehmen – angenommen, die Anzahl an umsetzbaren Ideen ist begrenzt? Dafür müssten wir wissen, wie groß die Verschwendung ist und wie häufig sie auftritt. Und wie schwierig, aufwendig und teuer es wäre, sie zu stoppen. Und welche Konsequenzen sich aus der Entscheidung ergeben würden.

Vielleicht sagen Sie jetzt: Eine Verschwendung zu stoppen, ist doch immer sinnvoll. Da gebe ich Ihnen Recht. Die Frage ist hier allerdings: **Ist diese Maßnahme wichtig genug**, um es auf die Liste der Vorschläge der Gruppe zu schaffen? Sie konkurriert schließlich mit Dutzenden anderen Ideen um einen Platz. Nicht alles wird man mit begrenzten Ressourcen umsetzen können. Nehmen wir an, die Verschwendung bezieht sich auf einen kleinen Bereich innerhalb einer Abteilung. Ja, diese Abteilung sollte die Verschwendung stoppen. Als Maßnahme zu einer zehnprozentigen Kostenreduktion im gesamten Unternehmen eignet sie sich allerdings kaum, weil sie schlichtweg zu klein ist, um einen signifikanten Unterschied zu machen.

Die nächste Kandidatin könnte vorschlagen: *„Wir sollten den Produktionsstandort in Bremen schließen, der seit vier Jahren Verluste schreibt."* Diese Maßnahme klingt zunächst wichtig genug, um es auf die Liste zu schaffen. Aber ist sie sinnvoll? Dazu müssten wir prüfen, was genau in Bremen produziert wird, welche strategische Rolle der Standort und die dort hergestellten Produkte haben und vor allem warum der Standort seit vier Jahren unprofitabel ist und wie die Prognose für die kommenden Jahre aussieht. Möglicherweise wurde bereits gegengesteuert; der Standort wird derzeit umgebaut und beginnt in Kürze mit der Produktion einer neuen, vielversprechenden Produktreihe. Sie sehen, dass die Beurteilung von Vorschlägen nicht immer einfach ist.

Wie kann die Gruppe beurteilen, ob ein Vorschlag sinnvoll ist oder nicht? Dazu muss sie **das Ziel auf objektive Kriterien herunterbrechen**. Was bedeutet die Umsetzung des Ziels? Was ist implizit mit zu berücksichtigen, aber nicht explizit genannt? Wie lässt sich das Ziel am effektivsten erreichen?

Schauen wir uns das anhand des oben genannten Beispiels an:
Ziel: *„Machen Sie einen Vorschlag, wie das Unternehmen seine Kosten um 10 % senken kann."*

Das Ziel klingt klar definiert. Sicher werden in der Gruppendiskussion viele Vorschläge kommen, wie man die Kosten im Unternehmen senken kann. Ihnen fallen bestimmt schon erste Ideen ein, wie sich üblicherweise Kosteneinsparungen realisieren lassen: *günstigere Lieferanten finden, Einstellungsstopp, weniger Geschäftsreisen, keine Weihnachtsgeschenke an Kunden schicken, weniger Rabatte gewähren, weniger Werbung schalten …*

Aber **welche Konsequenzen** hätte ein Einstellungsstopp oder weniger Werbung auf die Umsätze des Unternehmens? Diese Folgen müssen in der Entscheidungsfindung berücksichtigt werden.

Versetzen wir uns in eine typische Geschäftsführung hinein, die ein solches Ziel definiert. Vermutlich würde sie auch den folgenden Aussagen zustimmen:
Trotz der Kostensenkung …

- *sollte der Umsatz nicht oder nur möglichst wenig beeinträchtigt werden.*
- *sollte der Gewinn nicht oder nur möglichst wenig beeinträchtigt werden.*
- *sollten wir so zukunftsfähig wie möglich bleiben.*
- *sollte unser Image bei den Kunden nicht oder nur möglichst wenig beeinträchtigt werden.*

Die Liste ließe sich beliebig erweitern. Diese Einschränkungen stehen nicht im Briefing, dennoch liegt es nahe, dass man sich daran orientieren sollte. Die Aussagen entsprechen dem „gesunden Menschenverstand" und sind implizit (inbegriffen, nicht ausgesprochen). Die Formulierung in den Beispielen lautet bewusst „nicht oder nur möglichst wenig". Denn ganz ohne solche Konsequenzen wird sich eine Einsparungsmaßnahme nicht umsetzen lassen. Daher wird ein negativer Effekt akzeptiert, er soll aber möglichst gering ausfallen.

> ***Beispiele***
>
> ***Ziel:*** *„Sollte die Behörde sich für Vorgehen A oder B entscheiden?"*
> ***Implizite Annahme:*** *Treffen Sie die für die Behörde langfristig beste Entscheidung.*
>
> ***Ziel:*** *„Wie kann unsere Einheit nachhaltiger werden?"*
> ***Implizite Annahmen:*** *Ohne dabei unsere Arbeit schwieriger zu machen. Ohne dabei zu hohe Kosten zu verursachen. Ohne dass wir jahrelang auf die Resultate warten müssen.*

Solche Aussagen lassen sich immer in objektiv bewertbaren Kriterien ausdrücken:

- Kosten
- Schwierigkeit
- Nachhaltigkeit
- Nutzen
- Umsatz
- Image-Effekt
- …
- Aufwand
- Dauer
- Umweltverträglichkeit
- Einsparungen
- Gewinn
- Flexibilität

Definieren Sie für das Ziel aus Ihrer Aufgabenstellung **geeignete, objektive Kriterien**. Objektiv bedeutet hier, dass unbeteiligte Dritte Ihnen sofort zustimmen würden, dass dieses Kriterium für die Zielerreichung wichtig ist.

Nehmen wir einige Zielbeispiele, um die dahinterliegenden Kriterien herauszuarbeiten:

Beispiele

Ziel: *„Machen Sie einen Vorschlag, wie das Unternehmen seine Kosten um 10 % senken kann."*
Kriterien für Maßnahmen: *Höhe des Einsparpotenzials, Schwierigkeit der Umsetzung, Dauer bis zur Einsparung, Auswirkung auf das weitere Geschäft*

Ziel: *„Sollte die Behörde sich für Vorgehen A oder B entscheiden?"*
Kriterien für Maßnahmen: *Kosten von A versus Kosten von B, Vorteile von A versus Vorteile von B*

Ziel: *„Wie kann unsere Einheit nachhaltiger werden?"*
Kriterien für Maßnahmen: *%-Veränderung in der Nachhaltigkeit, Aufwand für die Umsetzung*

Jedes Ziel lässt sich auf diese Weise auf Kriterien herunterbrechen. Diese können Sie in der Gruppendiskussion als Bewertungsmaßstäbe für die einzelnen Vorschläge nutzen.

Es geht aber noch eleganter. Die oben genannten Kriterien lassen sich noch weiter zusammenfassen und prägnanter formulieren, ohne an Beurteilungskraft zu verlieren. Sie lassen sich entweder den **Kosten** oder dem **Nutzen** einer Maßnahme zuordnen. Kosten sind hier nicht ausschließlich monetär zu verstehen, sondern schließen den nötigen Aufwand oder die Schwierigkeit einer Maßnahme mit ein.

TIPP: Nutzen Sie das Kosten-Nutzen-Verhältnis, also die Effektivität, als Kriterium zur Beurteilung aller Vorschläge.

Setzt man beide Werte in Beziehung zueinander, bekommt man das **Kosten-Nutzen-Verhältnis**. Dieses wird auch als **Wirksamkeit** oder **Effektivität** bezeichnet. Eine Maßnahme soll bei gleichen Kosten einen möglichst hohen Nutzen bringen oder alternativ bei gleichem Nutzen möglichst wenig Kosten verursachen.

Prüfen wir kurz, ob sich dieses Kriterium in unseren Beispielen zur Beurteilung eignet:

Beispiele

Ziel: *„Machen Sie einen Vorschlag, wie das Unternehmen seine Kosten um 10 % senken kann."*
Kriterien für Maßnahmen: Bestes Kosten-Nutzen-Verhältnis

Ziel: *„Sollte die Behörde sich für Vorgehen A oder B entscheiden?"*
Kriterien für Maßnahmen: Bestes Kosten-Nutzen-Verhältnis

Ziel: *„Wie kann unsere Einheit nachhaltiger werden?"*
Kriterien für Maßnahmen: Bestes Kosten-Nutzen-Verhältnis

Wie Sie sehen, taugt die Effektivität zur Beurteilung aller Beispielfälle. Das liegt daran, dass sie ein universelles Kriterium ist, das **auf jede Situation anwendbar** ist. Egal, ob es um Klimawandel, Mitarbeiterzufriedenheit, Verwaltungsprozesse, soziales Engagement oder Herstellungsverfahren geht.

Die Effektivität ist nicht nur universell einsetzbar, sondern auch immer die beste Art der Beurteilung einer Maßnahme, da sich alle anderen möglichen Ansätze in ihr einordnen lassen und somit automatisch mit abgedeckt werden. Jetzt kennen Sie das Kriterium, nach dem alle Vorschläge in der Gruppendiskussion bewertet werden sollten; unabhängig davon, wie die konkrete Fragestellung lautet. Sie können, ohne die Aufgabe zu kennen, Ihre Strategie und Ihre Formulierungen auf Basis der Beurteilung nach der Effektivität festlegen und sich sicher sein, dass der Ansatz passt.

In Ihrer Vorbereitung während des Assessment-Centers überlegen Sie sich, **was Effektivität für dieses konkrete Ziel bedeutet**. Welche Arten von Kosten (Geld, Zeit, Kraft …) und Nutzen (Umsatz, neue Produkte, Motivation …) entstehen? Wie sind Kosten und Nutzen im Kontext der konkreten Aufgabe zu verstehen und zu definieren?

Schritt 3: Eigene Ideen entwickeln

Erst als dritten Schritt erarbeiten Sie eigene **Lösungsvorschläge und konkrete Ideen** für den Sachverhalt – also die eigentliche Aufgabenbearbeitung.

Bereiten Sie mindestens drei, besser fünf oder zehn konkrete Ansätze vor, die Sie der Gruppe als Ihre Vorschläge präsentieren können. So haben Sie später mehr Auswahlmöglichkeiten, je nachdem welche Vorschläge schon von anderen Teilnehmenden eingebracht werden.

Starten Sie mit einem offenen **Brainstorming** und notieren Sie zunächst alle Lösungsansätze, die Ihnen in den Sinn kommen. In dieser ersten Stufe filtern Sie noch nicht, sondern schreiben alles auf, das Ihnen zu dem Thema einfällt. Dadurch regen Sie Ihre Kreativität an und es kommen Ihnen neue Einfälle.

Erst nachdem Sie eine Liste von unterschiedlichen Ideen vorliegen haben, sortieren Sie aus. Fassen Sie ähnliche Ansätze zusammen, streichen Sie klar unterlegene oder zu komplexe Vorschläge und umkreisen Sie diejenigen, die Sie für vielversprechend halten.

Bewerten Sie Ihre eigenen Ideen objektiv **nach den zuvor festgelegten Kriterien**. Welche **Kosten** und welchen **Nutzen** haben Ihre Vorschläge? Wie aufwendig, teuer, schwierig, langwierig ist die Umsetzung (Kosten)? Was erreicht man mit Ihrer Idee (Nutzen)? Sie können Ihre Vorschläge nach ihrem Wirkungsgrad, also ihrem Kosten-Nutzen-Verhältnis bewerten. Einige werden deutlich effektiver (wirksamer) sein als andere. Notieren Sie sich Ihre Bewertung hinter jedem Ansatz, z. B. in Form einer Skala (1–10) oder anhand von Symbolen (+++, ++, +, –, – –, – – –).

Bringen Sie Ihre Vorschläge anschließend in eine sinnvolle **Reihenfolge**, in der die Ideen umgesetzt werden sollten. Diese legen Sie nicht nach Ihrer persönlichen Meinung, sondern auf Basis der Zielkriterien fest. Ist eine Idee effektiver als eine andere, gehört sie in Ihrer Prioritätenliste weiter nach oben. Erfüllt ein Ansatz die Mindeststandards nicht, streichen Sie ihn. Auf Ihrer Liste sollten nur Maßnahmen verbleiben, die zur Zielerreichung wirksam sind und deren Kosten-Nutzen-Verhältnis sehr gut ist. Die Reihenfolge der Vorschläge lässt sich diskutieren. Das Beispiel unten zeigt das deutlich. Eine Idee mit geringen Kosten und hohem Nutzen sollte eher umgesetzt werden als eine mit mittleren Kosten und hohem Nutzen. Aber ist eine Idee mit mittleren Kosten und mittlerem Nutzen wichtiger als eine Idee mit hohen Kosten und hohem Nutzen? Das muss im Kontext aller Maßnahmen, des Budgets und anderer Restriktionen entschieden werden.

Zuletzt **notieren Sie diese Liste gut leserlich**. Sie haben bis hierher möglicherweise einen „Schmierzettel“ verwendet, auf dem diverse Ideen durchgestrichen, eingekringelt oder anderweitig markiert sind. Ihre finale Vorschlagsliste sollten Sie darunter noch einmal sauber und auch für Dritte gut leserlich aufschreiben. Auch die **genaue Zieldefinition** und Ihre **Kriterien** sowie deren Zuordnung zu Kosten und Nutzen sollten Sie dabei festhalten.

Falls Ihr Notizzettel nach der Gruppendiskussion eingesammelt wird, sind Ihre Ergebnisorientierung, Ihr strategisches Vorgehen und Ihr strukturierter Ansatz auf diese Weise gut dokumentiert. Zudem hilft Ihnen diese Zusammenfassung als „Spickzettel“ in der Diskussionsrunde.

Beispiel

Thema
Entwickeln Sie Maßnahmen, wie die Mitarbeiterzufriedenheit gesteigert werden kann.

Ziel (selbst genauer definiert)
Verbesserung des Arbeitsklimas und der langfristigen Motivation, dadurch Vorbeugung von Kündigungen und Krankheitsausfällen sowie Steigerung der Arbeitsqualität

Kriterien zur Bewertung von Ideen
- *Kosten: Was kostet die Umsetzung in Euro, Zeit, Aufwand?*
- *Nutzen: Was bringt die Umsetzung für die Zufriedenheit?*

→ Insgesamt: Effektivität/Wirksamkeit der Maßnahmen

Ideen (nach absteigender Bewertung des Kosten-Nutzen-Verhältnisses)
- *Arbeitsinhalte attraktiver machen (geringe Kosten, hoher Nutzen)*
- *Feedbackkultur fördern, Vorgesetzte sensibilisieren (geringe Kosten, hoher Nutzen)*
- *Homeoffice-Regelung flexibler machen (geringe Kosten, hoher Nutzen)*
- *Regelmäßige Team-Updates etablieren (geringe Kosten, hoher Nutzen)*
- *Freiwillige Jobrotation für drei Monate (mittlere Kosten, hoher Nutzen)*
- *Offenere Kommunikation der Geschäftsführung (geringe Kosten, mittlerer Nutzen)*
- *Individuelles Trainingsbudget für alle Mitarbeiter (mittlere Kosten, mittlerer Nutzen)*
- *Anpassung der Gehaltsstruktur (hohe Kosten, hoher Nutzen)*

Aufgrund geringen Nutzens gestrichene Ideen
- *Frisches Obst in jeder Abteilung (geringe Kosten, geringer Nutzen)*
- *Gemeinsames Frühstück jeden Freitag einführen (geringe Kosten, geringer Nutzen)*
- *Veranstaltung eines Sommerfests (mittlere Kosten, geringer Nutzen)*

Schritt 4: Ihre Gesprächsstrategie festlegen

Der vierte Schritt in Ihrer Vorbereitung ist die **Festlegung Ihrer Gesprächsstrategie**. Bis hierher haben Sie das Ziel klar herausgearbeitet, die zur Zielerreichung erforderlichen Kriterien definiert und sich eigene passende Lösungsideen überlegt und ausgearbeitet.

Damit Sie sich in der folgenden Debatte nicht von der Diskussion über einzelne Maßnahmen ablenken lassen, fokussieren Sie sich am Ende Ihrer Vorbereitung auf Ihre eigene Strategie. Welche Formulierungen können Sie nutzen? Wie werden Sie reagieren, wenn einer Ihrer Vorschläge bereits von anderen genannt wurde? Wie wollen Sie gute Beiträge anderer würdigen und darauf aufbauen?

Stellen Sie sich mental darauf ein, dass gleich ein Kampf ausbricht, wer als Erstes spricht. Anschließend könnte um die weitere Redereihenfolge gerangelt werden. Lassen Sie sich davon nicht beirren und konzentrieren Sie sich auf die **Kommunikation Ihrer Kriterien und Vorschläge**.

Wenn es Ihnen gelingt, die Gruppendiskussion voranzubringen, werden Sie die Aufgabe gut meistern. Mithilfe Ihres Kriterien-Ansatzes sind Sie dafür bestens vorbereitet.

Die Diskussionsrunde

Am Ende Ihrer Vorbereitungszeit wird man Sie abholen und in den Raum für die Gruppendiskussion bringen. Dort treffen Sie auf die anderen Teilnehmenden. An einem Konferenztisch wird Ihnen in der Regel ein fester Platz zugewiesen. Ist das nicht der Fall, suchen Sie sich einen Stuhl aus. Es gibt keine richtigen oder falschen Plätze; alle sind für die Beobachter gut einsehbar.

Der Anfang

TIPP: ***Es ist nicht notwendig, dass Sie zuerst sprechen.***

Eine sinnvolle Einteilung der Gruppendiskussion ist es, sich zunächst auf das **Vorgehen innerhalb der Gruppe zu einigen**, dann **alle Vorschläge zu hören** und anschließend die Ideen zu **diskutieren**, zu **bewerten** und eine **Entscheidung** zu treffen. Aber wie einigt sich eine Gruppe auf ein gemeinsames Vorgehen, wenn alle Teilnehmenden gleichberechtigt sind?

Erfahrungsgemäß möchten einige Kandidaten gleich als Erste etwas sagen. Sie versuchen dadurch, die Steuerung der Gruppe an sich zu reißen. Lassen Sie das zu und halten Sie sich aus diesem Konflikt fern. Es hängt von der Branche, dem Bereich und auch der zu besetzenden Position ab, wie stark ausgeprägt dieser „Kampf“ zu Beginn ist. Es ist durchaus möglich, dass die Runde ruhig und zurückhaltend ist. In dem Fall dürfen Sie gerne starten. Das ist allerdings die Ausnahme. Wenn Sie als Erstes sprechen, sollte das ohne Tricks oder ein Gerangel mit anderen geschehen. Sie möchten von Beginn an souverän wirken. Dafür ist es besser, anderen den Vortritt zu überlassen und sich selbst zunächst etwas zurückzunehmen.

Akzeptieren Sie, dass Sie keinen Einfluss darauf haben, wie sich die anderen Kandidaten verhalten. Sie können auf laute oder leise, aggressive oder kooperative Diskussionspartner treffen. Lassen Sie sich davon nicht von Ihrer **eigenen Strategie** ablenken.

Von den ersten Sprechern in der Runde kommt in der Regel der Vorschlag, **reihum die Ideen aller zu hören und zu sammeln**. Dadurch etablieren sich die ersten Beitragenden als vermeintliche Leiter der Gruppe. Der Vorschlag ist zielführend und Sie können dem ruhig zustimmen. Manchmal versuchen forsche Teilnehmer auch, sich direkt selbst zum Moderator oder zur Moderatorin zu ernennen: *„Ich übernehme gerne die Strukturierung der Diskussion."* Das lassen Sie für den Moment einfach unkommentiert stehen bzw. akzeptieren das. Eine Diskussion darüber hilft bei der gemeinschaftlichen Erfüllung der Aufgabe nicht weiter – und nur durch das Voranbringen der Gruppe punkten Sie.

Möglicherweise werden noch **weitere Aufgaben verteilt**, wie auf die Einhaltung der Zeitvorgabe zu achten oder die Ideen zu notieren. Lassen Sie diese **Gesprächsphase** einfach an sich **vorüberziehen**. Ein solches Amt bringt Ihnen nichts, es lenkt Sie allenfalls von einer aktiven Beteiligung an der Diskussion ab. Melden Sie sich also dafür nicht freiwillig. Werden Sie gefragt oder gebeten, ob Sie Protokollant oder Zeitnehmer sein wollen, lehnen Sie freundlich ab. Dies ist dann aber gleichzeitig der Moment für Ihren ersten Redebeitrag. Schließlich wurden Sie angesprochen und können jetzt einen Alternativvorschlag machen.

Ansonsten warten Sie ab, bis Sie an der Reihe sind oder sich eine Gelegenheit für Ihren ersten Redebeitrag ergibt.

Beispiel

Aufgabe

Machen Sie Vorschläge, wie die Bundesrepublik Deutschland eine unerwartete Steuermehreinnahme von 50 Mrd. Euro im laufenden Haushalt verwenden sollte.

Simone *(beeilt sich schnell zu starten und setzt sich lautstark gegen Alice durch, die ebenfalls etwas sagen wollte): „So, die Aufgabenstellung verlangt von uns, Vorschläge für die Verwendung von 50 Mrd. Euro zu machen. Dafür haben wir 30 Minuten Zeit. Wenn es für alle okay ist, strukturiere ich die Diskussion ein bisschen. Wir sollten in den ersten 10 Minuten erstmal alle Vorschläge anhören und sammeln, das sind 2 Minuten für jeden von uns. Dann vielleicht 15 Minuten diskutieren. Spätestens in den letzten 5 Minuten müssen wir eine Entscheidung treffen. Sind damit alle einverstanden?"*

Alle nicken.

Alice: *„Ich achte dann auf die Zeit und gebe Bescheid, wenn wir zum nächsten Punkt kommen müssen."*

Simone: *„Prima, danke, Alice. Stefan, magst du mit der Vorstellung deiner Punkte starten? Und dann gehen wir einfach reihum. Ich schreibe die Ideen hier auf das Flipchart."*

Stefan: *„Okay. Ich habe mir drei Vorschläge überlegt …"*

Am Beispiel oben sehen Sie, dass der oder die Erste sich als Koordinator*in profilieren kann. Diese Rolle dürfen Sie einnehmen, wenn dies konfliktfrei möglich ist. Sobald allerdings ein Kampf um die Position ausbricht, nehmen Sie sich zurück. Simone scheint hier einen echten Vorteil erreicht zu haben, wirkt sie doch souverän und zielstrebig. Doch sie musste sich gegen Alice durchsetzen und hat die Rolle an sich gerissen. Das wirkt negativ und wiegt die positiven Ansätze auf. Als Beobachter würde ich ein kritisches Auge auf Simone haben, wie kooperativ sie ihre Funktion im weiteren Verlauf ausfüllt.

Sie fragen sich vielleicht, warum ich Simone hier kritisch beurteile, schließlich ist Durchsetzungsstärke doch eines der Beobachtungskriterien. Das ist richtig. Simone hat sich aber nicht argumentativ-kooperativ durchgesetzt, sondern durch forsches, fast schon aggressives Verhalten. Das positive Was (hat sich durchgesetzt) wird durch das negative Wie (ist laut geworden, hat Alice nicht sprechen lassen) ausbalanciert. Noch ist sie genauso neutral zu bewerten wie Sie, der/die in dieser Runde noch nichts gesagt hat.

Warten Sie mit Ihrem ersten Beitrag nicht, sondern beteiligen Sie sich möglichst früh an der Diskussion. Seien Sie ein aktiver Teil der Runde! Das kann aber bedeuten, dass Sie von fünf oder sechs Kandidaten vielleicht erst als Drittes oder Viertes, bei einer lauten Gruppe möglicherweise noch später sprechen. Als Daumenregel gilt: **Seien Sie in der ersten Runde an Redebeiträgen mit dabei.** Spätestens sobald einzelne Personen bereits das zweite Mal sprechen, ist es an der Zeit, dass Sie sich beteiligen. Machen Sie deutlich, dass Sie jetzt etwas zu sagen haben, indem Sie – stets freundlich – das Wort ergreifen.

Ist die Diskussion bereits in vollem Gange, mag es schwierig sein, dazwischenzukommen. Sobald sich eine noch so kleine Sprechpause ergibt, nutzen Sie diese. Selbst wenn mehrere andere auch etwas sagen wollen, wissen jetzt alle, dass Sie etwas beizutragen haben.

Ihr erster Redebeitrag

Haben Sie bis hierher den Anfang der Diskussion geschehen lassen, ist es nun an der Zeit, dass Sie sich positionieren. Bis zu Ihrem ersten Beitrag sollten in der Diskussion nur wenige Augenblicke vergangen sein. Sie haben sich aus dem Kampf um den ersten Beitrag herausgehalten und sind nun möglicherweise unter den Ersten, die ihre Ideen präsentieren. Dabei ist es unerheblich, ob bereits vor Ihnen andere Kandidaten gesprochen haben oder nicht.

TIPP: ***Eine gute Leistung in der Gruppendiskussion erreichen Sie dadurch, dass Sie die Diskussion maßgeblich positiv beeinflussen.***

Nicht einfach die Ideen teilen

Mit Ihrem ersten Beitrag beweisen Sie direkt Ihren Blick für das große Ganze. Daher stellen Sie nicht einfach Ihre Ideen vor, wie es alle anderen ebenfalls tun. Positionieren Sie sich als ergebnisorientiert und strukturiert!

Machen Sie einen **Vorschlag zur Bewertung der Ideen** und strukturieren Sie auf diese Weise die Diskussion. Ihre konkreten Ideen heben Sie sich für ein paar Augenblicke später auf.

Der optimale Zeitpunkt im Beispiel oben wäre, nachdem Simone Stefan gebeten hat, mit der Präsentation der Vorschläge zu starten. Hier sollten Sie freundlich unterbrechen und darauf hinweisen, dass Sie noch eine Ergänzung haben:

> ***Beispiel***
>
> *„Danke Simone. Bevor wir in die einzelnen Ideen gehen, sollten wir noch die Kriterien festlegen, nach denen wir die einzelnen Ideen bewerten."*

Wenn Sie die Möglichkeit dazu haben, bringen Sie die Bewertungskriterien ein, bevor reihum die Ideen vorgestellt werden. Das wäre ideal, da dies die dafür sinnvollste Stelle in der Gruppendiskussion ist. Da Sie aber keinen Einfluss auf das Verhalten der anderen haben und das Gespräch möglicherweise schnell voranschreitet, können Sie die Kriterien auch später noch einführen. Dies sollte in Ihrem ersten inhaltlichen Redebeitrag geschehen.

Auch wenn Stefan im Beispiel direkt mit seinen Ideen loslegt, können Sie anschließend wieder auf die organisatorische Ebene zurückgehen. Schließlich hatten Sie vorher aufgrund der Redebeiträge der anderen keine Gelegenheit dazu.

Bewertungskriterien einführen

Führen Sie die in der Vorbereitung festgelegten Bewertungskriterien – das **Kosten-Nutzen-Verhältnis**/die Effektivität – in die Diskussion ein. Fassen Sie sich dabei möglichst kurz, ohne Wichtiges auszulassen.

Sie müssen **die anderen Teilnehmenden davon überzeugen**, dass es wichtig ist, bereits jetzt die Bewertungskriterien festzulegen, und dass Ihr Vorschlag dazu am besten geeignet ist.

Dies ist die richtige Stelle dafür, da Sie zum einen erst jetzt zum ersten Mal sprechen – dies ist die erste Gelegenheit zur Vorstellung der Kriterien – und zum anderen alle Teilnehmenden sich so schon beim ersten Durchgang Gedanken zur Sinnhaftigkeit der Kriterien machen können. Etwaige bereits angeführte Beiträge anderer dienen jetzt als Veranschaulichungsbeispiel.

Das kann folgendermaßen aussehen, wenn Stefan bereits inhaltliche Ideen vorgestellt hat:

Beispiel

„Die Ansätze von Stefan finde ich interessant. Bevor ich meine eigenen Vorschläge präsentiere, sollten wir uns zunächst auf die Bewertungskriterien einigen, anhand derer wir alle Ideen bewerten."

Oder:

„Stefan hat schon viele gute Ideen eingebracht. Ich gehe davon aus, dass wir mit meinen und den noch folgenden Vorschlägen eine ganze Menge an Maßnahmen sammeln werden. Ich schlage daher vor, dass wir vorab kurz die Bewertungsmaßstäbe festlegen, anhand derer wir die Ansätze evaluieren."

Oder:

„Die vorliegenden Vorschläge sind alle sinnvoll und gut. Wir müssen daher Kriterien bestimmen, mit denen wir die Ideen bewerten und vergleichen können."

Machen Sie direkt weiter und **lassen Sie sich nicht das Wort nehmen**. An dieser Stelle springen die anderen Kandidaten gerne auf Ihren Ansatz auf und versuchen, Kriterien einzuführen. Schlagen Sie als Erste*r Bewertungskriterien vor!

Hier kommt Ihnen Ihre Vorbereitung zugute. Zum einen haben Sie sich im Vorfeld Gedanken über die besten Kriterien gemacht und müssen nicht – wie manch andere – improvisieren, zum anderen haben Sie Maßstäbe in der Hinterhand, die jedes fremde Kriterium ausstechen. Gegen die Effektivität wird kaum jemand argumentieren können, weil sie universell gültig ist und alle anderen Kriterien in sich vereint. Trotzdem kommt es vor, dass Teilnehmende dagegen sind oder Alternativen vorschlagen. Wenn die Gruppe aber durch Ihre Erläuterungen verstanden hat, warum die Effektivität die beste Bewertungsgrundlage ist, wird sie Ihren Vorschlag unterstützen.

Schlagen Sie also die **Effektivität als Beurteilungskriterium** vor. Dazu müssen Sie **erläutern**, was damit gemeint ist, und erklären, warum es das beste Kriterium ist. In unserem Beispiel fahren Sie fort:

Beispiel

„Der beste Maßstab zur Bewertung ist die Effektivität. Wie effektiv etwas ist, bedeutet ja, wie das Verhältnis des Nutzens im Vergleich zu den Kosten ist. Für das gleiche Geld oder den gleichen Aufwand möchte man den größtmöglichen Nutzen erreichen. Wir müssen also vergleichen, bei welcher Idee wir pro eingesetztem Euro das meiste bewirken können."

> *Oder:*
>
> *„Ich schlage zur Beurteilung das Kosten-Nutzen-Verhältnis vor. Wir schauen bei jeder Idee darauf, welche Kosten sie verursacht und welchen Nutzen sie stiftet. Die besten Ideen sind die, die mit wenig Aufwand viel Nutzen bringen."*

Halten Sie sich so kurz wie möglich, um für jeden klar verständlich zu sein und möglichst keine Kontroverse auszulösen. Ihr Ziel ist es, ein Kriterium zur Bewertung einzuführen, dem alle zustimmen. Machen Sie nach Ihrer Erklärung ohne Pause weiter. Noch möchten Sie das Wort nicht abgeben.

Zustimmung einholen

Fragen Sie aktiv nach der Zustimmung aller Teilnehmer:

> ***Beispiel***
>
> *„Können wir uns darauf einigen?"*

Stellen Sie bewusst eine **geschlossene Frage**, auf die man nur mit Ja oder Nein antworten kann. Fragen Sie also nicht: *„Wie seht ihr das?"* Das führt zu Ablenkungen und langen Antworten. Idealerweise erhalten Sie nun von allen Teilnehmenden ein bestätigendes *„Ja"* oder ein zustimmendes Nicken.

Jede Gegenrede müsste jemand gut begründen können. Und das ist bei einem so universellen Bewertungskriterium wie der Effektivität schwer. Man kann darüber streiten, wie Kosten und Nutzen in der jeweiligen Aufgabenstellung konkret definiert werden. Das Kriterium selbst aber kann man kaum in Frage stellen. Das erkennen auch die Teilnehmenden und stimmen Ihnen daher in aller Regel zu.

Sie sind nun in der Position, in der in unserem Beispiel am Anfang Simone war. Sie hatte die zeitliche Einteilung der Gruppendiskussion vorgeschlagen und gefragt: *„Sind damit alle einverstanden?"*, was durch Nicken bestätigt wurde. Was hätte man da auch anderes sagen sollen? Genauso läuft es nun bei Ihrem Bewertungskriterium. Ob man Ihren Vorschlag gut findet oder nicht, man kann ihm eigentlich nur zustimmen.

Der entscheidende Unterschied zu Simone ist, dass Sie nicht laut werden oder besonders schnell sein mussten. Ihr positiver Beitrag (Was) ist nicht eingetrübt von der negativen Art und Weise (Wie), wie es bei Simone der Fall war. Sie haben gewartet, bis sich eine natürliche Möglichkeit für Ihren Beitrag ergab. Sie punkten sowohl im Was als auch im Wie.

Kosten und Nutzen innerhalb der Aufgabe definieren

Nachdem die Gruppe Ihren Vorschlag bestätigt hat, wenden Sie das Kosten-Nutzen-Kriterium auf die spezifische Aufgabe an:

> ***Beispiel***
>
> *„Unsere Aufgabe ist ein Vorschlag zur Verwendung von 50 Mrd. Euro Steuermehreinnahmen. Kosten sind hier also eingesetzte Euro. Der Nutzen kann sehr vielseitig sein, von Chancengleichheit über die Vereinfachung der Verwaltung bis zu mehr Sicherheit und Wohlstand. Daher würde ich das nicht weiter einschränken, sondern wir sollten den Nutzen für die Gesellschaft allgemein bewerten. Je mehr Menschen davon profitieren und je stärker sie profitieren, desto nützlicher ist eine Idee."*

Greifen Sie dabei auf Ihre Überlegungen aus der Vorbereitungszeit zurück. Ihre **Aussagen müssen logisch sein**. Bei Steuereinnahmen ist die Kosteneinheit Euro klar definiert. Niemand wird dem widersprechen können. Der Nutzen lässt sich in diesem Beispiel aber interpretieren. Grenzen Sie nur so weit ein, dass Ihnen noch alle Teilnehmenden vorbehaltslos zustimmen können.

> ***Negativbeispiel***
>
> *„Den Nutzen sehe ich als möglichst sinnvolle Investitionen in Bildung, Aufhaltung des Klimawandels und mehr Kitaplätze an."*

In diesem Negativbeispiel ist der Nutzen viel zu stark eingegrenzt. Es handelt sich schon um konkrete Vorschläge für die Verwendung der Steuergelder. Jemand anderes könnte jetzt einwenden, dass doch der Schuldenabbau, eine Investition in die Infrastruktur oder die Schaffung von Arbeitsplätzen viel bessere Maßnahmen seien. Es entsteht eine inhaltliche Diskussion darüber, welche „Nützlichkeit für die Gesellschaft" wichtiger ist. Eine solche Debatte möchten Sie an dieser Stelle nicht.

Sofern Sie bis hierher das Kosten-Nutzen-Kriterium ohne größere Unterbrechung definieren konnten und die Gruppe Ihrem Vorschlag zugestimmt hat, haben Sie die Diskussion deutlich nach vorne gebracht. Sie haben einen einheitlichen und objektiven Bewertungsmaßstab eingeführt.

Ab hier könnten Sie eine **Redepause** einlegen und auch die anderen Teilnehmenden zu Wort kommen lassen. Das zeugt von Souveränität und Kommunikationsstärke. Ob das nötig ist, hängt vom Verhalten der anderen Kandidaten ab. Sind diese unruhig oder fallen Ihnen ins Wort, geben Sie ihnen

Raum. Gibt es Fragen, beantworten Sie diese. Unterstützt jemand Ihren Vorschlag, lassen Sie auch andere Teilnehmende Ihr Kriterium erklären. Greifen Sie nur ein, wenn Ihr Vorschlag falsch ausgelegt wird.

Vorige Redebeiträge einordnen

Haben Sie Ihre Bewertungskriterien nicht gleich zu Beginn eingeführt, sondern erst nachdem ein oder zwei andere Kandidaten ihre Ideen erläutert haben, sollten Sie deren Vorschläge jetzt beurteilen und in eine Rangfolge einordnen.

Beispiel

„Stefan hatte einige gute Ansätze. Wenn ich den Bewertungsmaßstab Kosten-Nutzen-Verhältnis darauf anwende, sehe ich die Investitionen in den Klimawandel und den Bau von Schulen als lohnende Maßnahmen. Beide stiften einen sehr hohen Nutzen – eine langfristige Verbesserung der Lebensqualität vieler, bei mittleren Kosten von jeweils ca. 5 Mrd. Euro, wie er sagte. Sein Vorschlag, in Innenstädten Fahrradstraßen zu bauen, bringt dagegen nur einen geringen Nutzen. Das funktioniert nämlich nur in wenigen großen Städten, verursacht aber hohe Kosten für den Bau neuer Wege."

Sie können die Bewertung auch gleich in den Prozess der Gruppe integrieren:

Beispiel

„Simone, magst du die Bewertung nach Kosten und nach Nutzen direkt auf dem Flipchart festhalten? Vielleicht können alle ihre Ideen sofort grob nach Kosten und Nutzen einordnen? Wir können dazu zum Beispiel eine Skala von 1–10 verwenden."

Sie fragen sich jetzt vielleicht, ob ein solches Vorgehen legitim ist. Schließlich haben Sie doch Augenblicke vorher dem Vorgehen zugestimmt, die Ideen erst zu sammeln und dann zu bewerten. Dafür wurden sogar Zeitblöcke festgelegt. Das ist aber kein Widerspruch! Schließlich sammeln Sie aktuell wie besprochen alle Ideen. Anschließend bleibt Zeit zur Diskussion darüber, welche man weiterverfolgen sollte. Sie schlagen lediglich vor, während der Sammlung der möglichen Maßnahmen deren Kosten und Nutzen kurz anzureißen und zu dokumentieren. Zudem kommt Ihr Vorschlag idealerweise direkt nach Simones Planung des Ablaufs und ist somit nur eine Ergänzung.

Sollte sich jemand an der Änderung des Vorgehens stören, lassen sich problemlos erst alle Ideen sammeln. In der anschließenden Diskussion treiben

Sie dann die Einordnung nach Kosten- und Nutzen-Aspekten voran. Das Ergebnis ist dasselbe wie bei dem Ablauf, den Sie vorgeschlagen haben. Je früher Sie Ihre Kriterien etablieren, desto mehr prägen diese den Verlauf der Diskussion und desto geringer das Risiko, dass die Debatte unstrukturiert verläuft. Wenn alle ihre eigenen Vorschläge nach Ihren Kriterien beurteilt haben, wird man danach nicht mehr von diesen Maßstäben abweichen (können). Ihr Vorschlag ist damit maßgeblich für die Entscheidungsfindung der Gruppe geworden. Natürlich beteiligen Sie sich die ganze Diskussion über an der Einordnung der einzelnen Ideen, indem Sie bei Unklarheiten nachhaken oder bei der Interpretation der Kriterien helfen.

Eigene Ideen teilen und einordnen

Ihre eigenen Vorschläge sind jetzt nur noch zweitrangig. Sie prägen bereits das Wie der Entscheidungsfindung so stark, dass das Was, also die konkreten Ideen, für Ihre Leistung in der Gruppendiskussion nicht mehr entscheidend ist. Trotzdem sollten Sie selbstverständlich Vorschläge einbringen. Damit können Sie zusätzlich punkten. Sie dürfen Ihre Ideen direkt nach der Einführung des Bewertungskriteriums vorstellen oder erst einmal andere Teilnehmende zu Wort kommen lassen.

Die Vorschläge sammeln

Ein Großteil der Zeit wird in der Diskussionsrunde auf die Sammlung der Vorschläge verwendet. Mit Ihrem ersten Redebeitrag haben Sie die Bewertungskriterien eingeführt. Nun ist es an der Zeit, die Ideen aller Teilnehmender zu hören und zu sammeln.

Lassen Sie ruhig den anderen den Vortritt. Die Kandidaten stellen nun die eigenen Vorschläge anhand Ihres Kriteriums, dem Kosten-Nutzen-Verhältnis, vor. Dabei adaptieren sie die Maßnahmen spontan, damit sie möglichst effektiv wirken.

Bei Ihnen ist es genau andersherum: Ihre Vorschläge haben Sie von vornherein so entwickelt und sortiert, dass alle sehr wirksam sind und ein gutes Kosten-Nutzen-Verhältnis aufweisen. Stellen Sie nun **Ihre Top-3-Initiativen** vor und ordnen Sie sie anhand der Effektivität im Vergleich zu den anderen Maßnahmen ein. Ihre Vorschläge liegen also mit großer Wahrscheinlichkeit im oberen Bereich der Rangfolge.

Stellen Sie bei der Vorstellung Ihrer Ideen den **Kosten-Nutzen-Aspekt besonders heraus**. Je wichtiger die Bewertungskriterien für die Beurteilung der Maßnahmen sind, desto deutlicher ist Ihr Beitrag zur Entscheidungsfindung in der Gruppendiskussion sichtbar. Wo lässt sich die Bedeutsamkeit der Kriterien besser demonstrieren als bei Ihren eigenen Vorschlägen?

Beispiel

„Ich habe drei Vorschläge für die Verwendung der 50 Mrd. Euro Steuereinnahmen:

1. *Schuldenabbau – 15 Mrd. Euro*
   Nutzen: *sehr hoch (10 von 10),* ***Kosten:*** *niedrig (3 von 10)*
   Für 15 Mrd. Euro werden Schulden abgebaut. Auf den ersten Blick mag dieser Vorschlag unattraktiv wirken. Tatsächlich ist es aber die effektivste Maßnahme, die möglich ist, da sie sich von selbst finanziert. Durch die eingesparten Zinszahlungen hat man bereits nach acht Jahren den Betrag von 15 Mrd. ***jährlich*** *zusätzlich zur freien Verwendung. Statt einmal zu investieren, können wir die gleiche Summe dann jedes Jahr wieder investieren! Dieser Schritt ermöglicht somit die Umsetzung vieler weiterer Ideen – nur eben etwas zeitversetzt. Dafür aber jedes Jahr wieder. Auch die Umsetzung ist einfach, daher sind die Gesamtkosten inklusive Aufwand niedrig.*
2. *Infrastruktur-Paket (Schulen, Straßen, Krankenhäuser) – 15 Mrd. Euro*
   Nutzen: *hoch (8 von 10),* ***Kosten:*** *mittel (4 von 10)*
   Wie einige andere sehe ich direkte Investitionen als effektiven Mitteleinsatz. Investitionen in Zukunftsprojekte schaffen Jobs und erhöhen die Lebensqualität vieler. Der Bau von Schulen und Bildungseinrichtungen verbessert die soziale Gerechtigkeit sowohl zwischen den Schichten als auch zwischen den Generationen und stiftet der Gesellschaft somit einen hohen Nutzen. Die Kosten sind zwar nicht gering und die Bauvorhaben müssen geplant, bewertet und umgesetzt werden, aber die Kosten stehen in einem sehr guten Verhältnis zu dem hohen gesellschaftlichen Nutzen.
3. *Entlastung von Menschen mit niedrigem Einkommen – 20 Mrd. Euro*
   Nutzen: *hoch (8 von 10),* ***Kosten:*** *gering (3 von 10)*
   Zur Förderung der sozialen Gerechtigkeit sollten Menschen mit kleinem Einkommen stärker entlastet werden. Wie genau das am effektivsten geschieht, müssen wir prüfen. Ich kann mir eine Anhebung des Jahresfreibetrags, einen Kindertagesstätten-Zuschuss oder eine Senkung der Verbrauchssteuern auf Strom und Gas vorstellen, sofern diese Maßnahmen besonders einkommensschwachen Familien zugutekommen. Das verbessert die Lebensqualität von Millionen Menschen und insbesondere von denen mit kleinem Einkommen. Der Nutzen ist aus gesellschaftlicher Sicht also hoch. Die Kosten bewerte ich als eher gering, da sich diese Maßnahme schnell und leicht umsetzen lässt.
   Das Infrastrukturpaket hatte Gerald ja bereits vorgestellt und es steht schon auf der Liste. Die Entlastung von Menschen mit niedrigem Einkommen sehe ich im Kosten-Nutzen-Verhältnis direkt oberhalb des Infrastrukturpakets, nur unterhalb der Klimaschutz-Investitionen von Stefan. Den Schuldenabbau sehe ich noch darüber, ganz oben, denn er ermöglicht es uns, die Investitionen in den Klimaschutz jedes Jahr zu tätigen, finanziert durch die eingesparten Zinsen. Somit ist er für mich das effektivste Mittel, um langfristig einen möglichst großen Nutzen zu stiften.“

Natürlich lässt sich die genaue Begründung und Ausarbeitung beliebig erweitern. Im Beispiel oben wird jeder Vorschlag nach der Erläuterung erst für sich nach den Kriterien Kosten und Nutzen bewertet. Zum Schluss werden die vorgestellten eigenen Ideen im Kontext aller Vorschläge der Gruppe eingeordnet. Das hilft der Strukturierung und gibt Ihnen die Möglichkeit, fremde Initiativen zu loben und zu unterstützen – natürlich solche, die besonders effektiv sind.

Was mache ich, wenn die gleichen Vorschläge schon von anderen kamen?

Wurde ein Vorschlag schon von anderen gemacht, können Sie diesen dennoch vorbringen und ihn somit stützen. Die Beobachter erkennen anhand Ihrer Aufzeichnungen, dass Sie selbst auf die Idee gekommen sind. In der Gruppendiskussion geht es zudem weniger um besonders kreative, neuartige Einfälle, sondern um den Prozess der gemeinsamen Entscheidungsfindung. Somit schadet eine doppelte Nennung nicht. Stellen Sie die Maßnahme aber nicht in allen Details noch einmal vor. Erläutern Sie nur kurz, welche Aspekte davon bisher noch nicht genannt worden sind oder welche Ihnen besonders wichtig sind. Dabei sollten Sie **das bereits Gesagte** nicht ausführlich wiederholen, sondern darauf aufbauen und es **ergänzen**. Besonders die Begründung, warum Sie sich für diesen Vorschlag entschieden haben, und Ihre Bewertung anhand der Kriterien sind wichtig.

Im Idealfall sollten Ihre Vorschläge noch nicht genannt worden sein. Das ist der Grund, warum Sie in der Vorarbeit mehr Maßnahmen als nötig erarbeitet haben. Jetzt können Sie spontan aus mehreren guten Alternativen auswählen. In jedem Fall sollten alle Ideen, die Sie präsentieren, im Kosten-Nutzen-Verhältnis objektiv sehr gut sein.

Sobald alle Kandidaten ihre Ideen vorgestellt haben, geht es in die nächste Phase der Gruppendiskussion.

Die Entscheidungsfindung

Die Entscheidungsfindung beginnt, sobald alle Diskussionsteilnehmer die Möglichkeit hatten, die eigenen Vorschläge zu präsentieren. Es liegt nun eine Menge möglicher Alternativen vor. Je nach Thema können es zwanzig, dreißig oder mehr Ideen sein, aus denen ein Gruppenergebnis ausgearbeitet werden muss. Von der konkreten Aufgabe ist es abhängig, ob die Kandidaten mehrere Maßnahmen auswählen oder sich für einen einzelnen Ansatz entscheiden müssen.

> **TIPP:** ***Zum Ende hin ist eine effiziente Entscheidungsfindung wichtiger als neue Ideen.***

In dieser Phase ist es möglich, **verschiedene Ansätze miteinander zu kombinieren**, z. B. durch ein Investitionspaket wie im Beispiel oben. Dieses beinhaltet mehrere Maßnahmen – wie den Bau von Straßen, Schulen und Kitas –, die zuvor einzeln vorgeschlagen wurden.

In Gruppen, in denen zu Beginn keine einheitlichen Bewertungskriterien eingeführt wurden, würde nun eine hitzige Diskussion entstehen. Alle Teilnehmenden würden die Vorteile der eigenen Vorschläge erläutern, um sich gegen die anderen Kandidaten durchzusetzen. Sollten Sie sich in einer Gruppendiskussion befinden, in der bis hierher noch keine Bewertungsmaßstäbe für die Konsensfindung festgelegt wurden, ist **allerspätestens jetzt** der Zeitpunkt gekommen, um das **Kosten-Nutzen-Verhältnis als Kriterium einzuführen**. Auch wenn die Gruppe bereits über andere Gesichtspunkte diskutiert, fassen Sie diese unter dem Oberbegriff „Effektivität" zusammen.

Beispiel

„Den nötigen Geldbetrag, den Zeitbedarf und die eingesetzten Mitarbeiter jeweils einzeln zu bewerten, macht den Entscheidungsprozess sehr lang. Das geht einfacher! Das sind alles Kosten im weiteren Sinne. Ohne Frage sind alle drei Aspekte wichtig. Es gibt auch noch unzählige weitere, wie den Schwierigkeitsgrad oder regulatorische Hürden, die wir bisher gar nicht berücksichtigen. Um die Entscheidungsfindung einfach zu machen, sollten wir das alles unter dem Aspekt ‚Kosten' zusammenfassen und für jede Idee die Kosten auf einer Skala von eins bis zehn bewerten."

In dieser Phase der Gruppendiskussion sollten Sie und die Gruppe den **Fokus auf eine effiziente Entscheidungsfindung** legen.

TIPP: ***Argumentieren Sie stets mit dem Kosten-Nutzen-Verhältnis.***

Mit dem Kosten-Nutzen-Kriterium zur Entscheidungsfindung beitragen

Beteiligen Sie sich aktiv an der Entscheidungsfindung der Gruppe. Argumentieren Sie dabei stets mit dem von Ihnen vorgeschlagenen Kosten-Nutzen-Kriterium.

Beispiel

„Den Vorschlag von Lena zur Einführung eines Kinderbonus zur Unterstützung von Eltern finde ich gut. Er ist allerdings nicht so effektiv wie Leons Initiative zur Steuerentlastung von jungen Familien. Beides kommt Familien in gleichem Maße zugute. Leons Idee lässt sich aber schneller und einfacher umsetzen und ist deshalb effektiver. Daher sollten wir Leons Vorschlag weiter nach oben setzen."

Die Diskussion sollte sich an dieser Stelle nur noch um die Einordnung der vorher präsentierten Vorschläge anhand der Bewertungskriterien drehen. Neue Maßnahmen sollten in dieser Phase nicht mehr präsentiert werden, es sei denn, es handelt sich um eine Vereinfachung, wie eine Zusammenlegung mehrerer Punkte oder eine Alternative zu einer genannten Idee, die die Effektivität steigert.

Streiten Sie ruhig über die Einordnung eines Vorschlags innerhalb der Dimensionen Kosten und Nutzen, nicht aber darüber, welche Kriterien anzuwenden sind. Wie hoch die Kosten oder der Nutzen einer Maßnahme ist, kann unterschiedlich interpretiert werden und dadurch ergeben sich verschiedene Präferenzen, wie die Initiative einzuordnen ist. Das ist völlig in Ordnung. Streiten Sie aber nicht mehr über die Kriterien an sich. Diese sollten inzwischen gut etabliert sein.

TIPP: ***Lassen Sie zu diesem Zeitpunkt keine Veränderung der Kriterien mehr zu.***

Beispiel

Thema: Wie lassen sich Kosten im Unternehmen einsparen?

Stefan: *„Es lassen sich mehr Kosten einsparen, wenn wir die Kinderbetreuung für Mitarbeiterkinder beenden. Das bringt doch mehr, als Geschäftsreisen einzuschränken!"*

Jutta: *„Das sehe ich komplett anders. Gerade die eh schon doppelt belasteten Mütter und Väter im Betrieb sind auf eine zuverlässige Kinderbetreuung angewiesen! Da dürfen wir nicht ran."*

Hier können Sie die Entscheidungsfindung unterstützen – immer anhand der Effektivität. **Hüten Sie sich vor emotionalen Aussagen**, auch wenn Sie zu einem Thema eine starke Meinung haben. Argumentieren Sie lieber mit objektiven Kriterien und erreichen Sie auf diese Weise Ihr Ziel.

Beispiel

„Stefan und Jutta, ich verstehe eure beiden Positionen. Damit wir eine sinnvolle Entscheidung treffen können, lasst uns eure Maßnahmen bitte wie alle anderen Vorschläge auf ihre Wirkung hin bewerten.
Die Kinderbetreuung bringt nicht allen etwas, aber für die Eltern von kleinen Kindern hat sie einen enormen Nutzen. Viele Elternteile wären ohne diese Einrichtung nicht in der Lage, bei uns zu arbeiten. Außerdem ist der Image-Effekt enorm und steigert somit unsere Attraktivität als Arbeitgeber. Ich würde den Nutzen insgesamt daher als mittelhoch ansehen, sagen wir fünf von zehn Punkten.

Die Kosten sind vorhanden, aber innerhalb des gesamten Budgets eine eher kleine Position. Ich würde sie im Vergleich zu anderen Positionen als eher gering einschätzen, zwei von zehn Punkten. Ein mittlerer Nutzen steht also geringen Kosten gegenüber.
Damit ist die Kinderbetreuung sicher nicht der effektivste Bereich, den wir im Unternehmen haben. Aber sie birgt eben auch nicht das größte Einsparpotenzial und ist nicht ohne Nutzen. Daher sollten wir uns erstmal auf die Maßnahmen konzentrieren, die hohe Einsparungen ermöglichen. Ist das okay? So kommen wir schneller zum Ergebnis.
Die Geschäftsreisen sind gleich nach den Gehältern, der Miete und den Werbeausgaben die viertgrößte Position in unserem Budget. Daher sind die Kosten hoch – ich würde sagen sieben auf der Zehnerskala – und es damit wert, dass wir uns den Nutzen genauer ansehen. Ganz sicher sind viele Reisen unbedingt erforderlich, z. B. um wichtige Kunden zu besuchen. Vermutlich werden bei den Hunderten von Reisen aber auch einige dabei sein, die man durch Videokonferenzen ersetzen oder vielleicht sogar ganz streichen könnte. Den Nutzen insgesamt schätze ich mittelhoch ein, sagen wir fünf von zehn auf der Skala. Damit stehen hohe Kosten einem mittleren Nutzen gegenüber.

Die Geschäftsreisen gehören mit einem Kosten-Nutzen-Verhältnis von 7:5 somit zu den Bereichen, die sowohl ein schlechtes Verhältnis aufweisen als auch als viertgrößte Budgetposition ein großes Einsparpotential besitzen. Wir sollten sie mit in die engere Auswahl unserer Vorschläge nehmen. Als Formulierung bietet sich hier an, dass wir eine Überprüfung aller Reisen empfehlen und ggf. eine Richtlinie erarbeiten, welche Reisen in welchem Umfang gemacht und welche gestrichen werden sollten. So sind wichtige Termine und Reisen weiterhin möglich, wir reduzieren aber die Kosten deutlich. Ist das für alle in Ordnung?"

Unser Beispiel fällt hier recht detailliert aus. Ob Sie jede Maßnahme auf einer Zehnerskala einordnen oder nur von niedrigen, mittleren und hohen Werten sprechen, hängt von der jeweiligen Situation ab. Die Nutzung einer Zehner- oder Fünfer-Skala ermöglicht eine größere Differenzierung zwischen der Vielzahl der Maßnahmen; dagegen spricht die höhere Komplexität in der Diskussion.

Sind alle Maßnahmen besprochen und bewertet, muss die Gruppe zu einer Entscheidung kommen. Je nach Aufgabenstellung ist eine einzelne Idee oder eine Liste von Maßnahmen erforderlich.

TIPP: *Ihr Verhalten während der Diskussion ist viel entscheidender als die Lösung der Gruppe.*

Es kommt regelmäßig vor, dass die vorgegebene Zeit nicht ausreichend ist, um zu einer einstimmigen Lösung zu kommen. In diesem Fall kann die Gruppendiskussion ohne Lösung enden, indem der Assessment-Center-Leiter die Übung stoppt. Hat die Gruppe selbst einen Moderator oder Zeitnehmer bestimmt, können diese die **Diskussion vor Ablauf der Zeit abbrechen** und eine **Lösung durch Abstimmung** vorschlagen. Auch Sie können ein solches Vorgehen anregen, wenn Sie merken, dass die Gruppe nicht rechtzeitig zum Ende kommen wird.

> **Beispiel**
>
> *„Wir haben nun vier Vorschläge auf unserer Liste, dürfen aber nur drei als Empfehlung abgeben. Dafür bleiben uns noch knapp zwei Minuten Zeit. Alle haben bereits ihre Argumente geteilt. Ich schlage vor, dass wir jetzt abstimmen, welche drei der vier Vorschläge es in unsere Empfehlung schaffen, damit wir als Gruppe zu einem Ergebnis kommen."*

Seien Sie sich in dieser Schlussphase bewusst, dass die offizielle Entscheidung der Gruppe nur eine geringe Bedeutung für Ihre Bewertung in dieser Assessment-Center-Aufgabe hat. Die Beobachter haben sich zu diesem Zeitpunkt schon ein sehr gutes Bild aller Teilnehmer, ihrer Vorschläge und insbesondere ihrer Kommunikations-, Problemlösungs- und Überzeugungsfähigkeiten machen können. Genau darum geht es. Wenn Ihr Vorschlag es auf die Liste der Gruppe schafft, ist das nur noch das i-Tüpfelchen auf Ihrer Leistung.

Das Ende

Die Gruppendiskussion endet durch das Erreichen eines Ergebnisses, dem alle Beteiligten zustimmen bzw. das durch Abstimmung gefunden wird, oder durch das Eingreifen des AC-Moderators bzw. der AC-Moderatorin am Ende der vorgesehenen Zeit. Eine **Präsentation der Vorschläge vor den Beobachtern** ist in der Gruppendiskussion normalerweise **nicht erforderlich**.

> **Beispiel**
>
> **Sie:** *„Gut, die Abstimmung war eindeutig. Die obersten drei Vorschläge haben jeweils vier Stimmen, der vierte Vorschlag nur eine Stimme erhalten. Somit bilden die obersten drei Vorschläge die offizielle Empfehlung der Gruppe. Stefan, du hattest für Vorschlag vier gestimmt. Trägst du die Entscheidung der Gruppe mit?"*
>
> **Stefan:** *„Ja, natürlich."*
>
> **Sie:** *„Alles klar. Damit haben wir ein Ergebnis und eine klare Empfehlung mit drei Vorschlägen für die Geschäftsleitung."*
>
> **Assessment-Center-Moderator:** *„Gut. Vielen Dank, damit beenden wir die Gruppendiskussion. Sie haben nun 15 Minuten Pause, bevor es weitergeht."*

Was mache ich, wenn jemand anders die gleiche Strategie verfolgt?

Sie haben mit der Einführung von objektiven Bewertungskriterien eine Strategie kennengelernt, die unabhängig vom Thema und von den anderen Kandidaten funktioniert. Doch wie verhalten Sie sich, wenn jemand anderes exakt den gleichen Ansatz verfolgt? Stellen Sie sich vor, dass ein anderer Kandidat oder eine andere Kandidatin vorschlägt, alle Ideen anhand des Kosten-Nutzen-Kriteriums zu beurteilen, bevor Sie die Möglichkeit haben, etwas zu sagen. Auch für diesen Fall möchte ich Ihnen ein konkretes Vorgehen empfehlen. Der Ansatz der Kriterien funktioniert nämlich auch dann, wenn Sie ihn nicht als Erste*r auf den Tisch bringen.

TIPP: ***Bleiben Sie bei Ihrer Strategie der Kriterien, auch wenn andere Teilnehmende genauso vorgehen.***

Schlagen andere dieselben Kriterien vor, unterstützen Sie den Vorschlag

Sie haben in Ihrer Vorbereitung Kriterien definiert, die Aufgabenstellung daraufhin durchdacht und auf dieser Basis eigene Vorschläge erarbeitet. Ihre Strategie basiert darauf, die Entscheidungsfindung der Gruppe durch ein objektiv zielführendes Kriterium, das **Kosten-Nutzen-Verhältnis**, voranzutreiben. Dies **bleibt weiterhin Ihr Ansatz**, auch wenn andere Teilnehmende den gleichen Weg wählen. Warum? Er ermöglicht ein strukturiertes und ergebnisorientiertes Vorgehen und stellt für Teilnehmende einer Gruppendiskussion somit ein Idealverhalten dar, um auf den typischen Beobachtungsdimensionen dieser Übung zu punkten.

Aus Ihren Vorbereitungsnotizen geht hervor, dass Sie sich unabhängig von anderen Teilnehmenden für diese Kriterien entschieden haben. Es ist somit klar belegt, dass dies Ihr ureigener Ansatz ist. Stellt jemand anderes dasselbe Vorgehen vor, dann **verfolgen Sie es miteinander**! Nutzen Sie ihre gemeinsamen Argumente, um die anderen Teilnehmenden einzubinden und Ihren Ansatz für die Entscheidungsfindung der Gruppe anzuwenden.

Indem Sie beide den Vorschlag der Bewertungskriterien unterstützen, erhöhen Sie die Wahrscheinlichkeit, dass dieser schnell von der ganzen Gruppe angenommen und umgesetzt wird. Sie erreichen somit Ihr Ziel, die Entscheidungsfindung durch die Einführung von Kriterien maßgeblich positiv zu beeinflussen.

Wäre es nicht besser, wenn der Vorschlag von mir kommt?

Kurz gesagt: Ja, es wäre besser, wenn der Vorschlag der Kriterien ursprünglich von Ihnen kommt. Der Zusammenhang mit Ihrer Person ist in diesem Fall klarer und die positive Wirkung somit verstärkt. Erinnern Sie sich aber an drei Grundsätze von oben:

- Sie haben keinen Einfluss auf das Verhalten der anderen.
- Vermeiden Sie es, sich eine frühere Redezeit zu erkämpfen.
- In der Gruppendiskussion geht es um das Wie, nicht um das Was.

Aus diesen Gründen ist es das richtige Vorgehen, andere zu unterstützen, wenn sie vor Ihnen denselben Ansatz vorstellen. **Ihre eigene Gesamtperformance in der Gruppendiskussion wird dadurch nicht schlechter**. Im Gegenteil, Sie können damit auf wichtigen Bewertungsdimensionen punkten. Sie mögen zwar nicht als Erste*r das Konzept vorstellen (Nachteil), dafür können Sie kooperative Zusammenarbeit, schnelle Adaption, starke Kommunikationsfähigkeiten und einen strategischen Blick für das große Ganze zeigen (Vorteil).

Beispiel

Bernd: *„Ich schlage vor, dass wir zu unseren individuellen Vorschlägen direkt eine kurze Bewertung abgeben, wie viel die Maßnahme bringt und wie aufwendig die Umsetzung wäre. Das macht uns die Entscheidung später leichter."*

Sie: *„Den Vorschlag von Bernd finde ich sehr gut. Aus dem Aufwand im weitesten Sinne – also benötigtes Budget, Dauer der Umsetzung, Schwierigkeit usw. – und dem Nutzen einer Idee lässt sich dann später das Verhältnis von Kosten zu Nutzen bilden. Dadurch lassen sich die Vorschläge untereinander vergleichen. Je wirksamer ein Vorschlag ist, desto höher sollten wir ihn auf unsere Liste setzen."*

Was mache ich, wenn jemand andere Bewertungskriterien vorschlägt?

Es kann vorkommen, dass ein*e Teilnehmer*in mit anderen Bewertungskriterien argumentiert und somit ein konkurrierendes Vorgehen präsentiert. Möglicherweise geschieht das sogar, nachdem Sie die Effektivität schon vorgeschlagen haben.

Andere Kriterien **können** in der Regel **in den Oberkategorien Kosten und Nutzen zusammengefasst werden**, wie wir schon an den Beispielen oben gesehen haben. Ordnen Sie daher andere vorgeschlagene Gesichtspunkte entsprechend ein. Möglicherweise müssen Sie in diesem Fall **Ihren Vorschlag genauer erläutern**. Es muss der Gruppe bewusst sein, dass mit dem Nutzen alle positiven Effekte und mit den Kosten alle negativen Effekte einer Idee gemeint sind. Somit sind diese Kriterien zielführender als alternative, spezifischere Gesichtspunkte.

TIPP: Die Systematisierung und die Zusammenfassung in Nutzen und Kosten anstelle von vielen Einzelkriterien hilft der Entscheidungsfindung deutlich.

Warum ist das so? Durch die Beurteilung der Effektivität lassen sich unterschiedliche Vorschläge objektiv miteinander vergleichen. Stellen Sie sich Testberichte diverser Zeitschriften vor. Dort wird stets ein Leistungssieger (höchster Nutzen) und ein Preis-Leistungs-Sieger (bestes Kosten-Nutzen-Verhältnis) ausgelobt. Beides erleichtert die schnelle Entscheidungsfindung deutlich. Ohne die Zusammenfassung in Kosten und Nutzen müsste die Leserschaft die verschiedenen Unterkriterien miteinander abwägen – das ist mühselig.

Beispiel

Thema: Verbesserung der Teilhabe behinderter Menschen am gesellschaftlichen Leben

Lisa: *„Es gibt so viele Bereiche, in denen wir die Angebote für behinderte Menschen verbessern müssen und auch können. Ganz vorne sollten dabei die Dinge stehen, die für nichtbehinderte Menschen alltäglich sind. Ein rollstuhlgerechter Zugang zum Supermarkt zum Beispiel wäre mir wichtiger als mehr Rollstuhlplätze im Theater. Die sind zweifelsohne auch wichtig. Aber wenn wir uns entscheiden müssen, dann wäre der Supermarkt wichtiger, weil die meisten dort schlichtweg öfter sind als im Theater. Ein Kriterium sollte also sein: ‚Alltag vor Spezialthemen'. Seht Ihr das auch so?"*

Tom: *„Ja, stimmt."*

Sie: *„Ich sehe das auch so. Und ich würde es noch weiter fassen. Lisas Beispiel ist sehr anschaulich. Wir müssen zusätzlich auch die Alltagsthemen untereinander bewerten können, damit wir zu einer bestmöglichen Lösung kommen. Deshalb würde ich nicht nur ‚Alltag vor Spezialthemen' zur Bewertung heranziehen, sondern die Logik von Lisa weiterführen und die Themen so bewerten, dass möglichst viele behinderte Menschen einen möglichst großen Nutzen aus einer Maßnahme ziehen. Das ist ja die Grundidee hinter dem Vorschlag ‚Alltag vor Spezialthemen'. Dinge im Alltag sind wichtiger, weil man mehr Menschen erreicht und diese Menschen zudem öfter erreicht. Das ist der Nutzen für behinderte Menschen. Und dazu sollten wir jeweils noch die Kosten ins Verhältnis setzen. Denn wenn eine Maßnahme sehr leicht, also mit geringen Kosten, umzusetzen ist und den gleichen Nutzen stiftet wie eine andere, die deutlich komplizierter ist, dann sollte man erst diejenige mit dem besten Kosten-Nutzen-Verhältnis umsetzen. Denn dadurch hat man noch Ressourcen übrig, um weitere Vorschläge in Angriff nehmen zu können."*

Scheuen Sie sich nicht, in der Diskussion immer wieder auf sinnvolle Bewertungsmaßstäbe hinzuweisen. Gut herausgearbeitete Kriterien sind zielführender als ein ergänzender inhaltlicher Vorschlag.

Verhalten in der Gruppendiskussion

Auf Ihrem **Verhalten** in der Gruppendiskussion liegt für die Beobachter **der wesentliche Fokus**. Oft konzentrieren sich Kandidaten zu sehr auf das Thema oder ihre eigenen Ideen, anstatt die Gruppendynamik positiv zu beeinflussen. Dabei liegt gerade darin das größte Potenzial für eine bessere Leistung in dieser Assessment-Center-Aufgabe. Schauen wir uns deshalb einige Handlungsweisen an, mit denen Sie in der Gruppendiskussion einen guten Eindruck machen, aufgeteilt in die Bereiche Körpersprache und Redebeiträge.

Ihre Körpersprache

Der wesentliche Teil unserer Kommunikation findet ohne Worte statt – über unsere Körpersprache. Setzen Sie Ihre Körpersprache daher bewusst zu Ihrem Vorteil ein.

Aufrecht sitzen

Machen Sie sich Ihre Sitzhaltung bewusst. Sie sollten während der ganzen Diskussion aufrecht, locker und bequem sitzen. Lassen Sie nicht den Kopf oder die Schultern hängen, sondern strecken Sie Ihren Rücken durch. Das zeugt von aktiver Teilnahme, Präsenz und Interesse. Lehnen Sie sich nicht zu weit in Ihrem Stuhl zurück; das kann passiv und abweisend wirken. Besser, Sie sitzen gerade oder mit einer leichten Beugung nach vorne zu Ihren Mitstreitern.

Offene Armstellung

Ihre Arme können Sie vor sich auf dem Tisch ablegen, aber Sie sollten sie zu keinem Zeitpunkt vor Ihrem Körper verschränken. Die beste Haltung ist die offene Armstellung, bei der sich Ihre Hände nicht berühren. Somit haben Sie diese frei, um Ihre Redebeiträge durch passende Gestik zu unterstreichen, z. B. durch Aufzählungen an den Fingern oder Zeigegesten. Eine offene Armstellung signalisiert Kommunikationsbereitschaft.

Präsent sein

Folgen Sie der Diskussion von Anfang bis Ende. Hören Sie zu und beteiligen Sie sich durchgängig aktiv. Für die 30–45 Minuten Diskussionszeit müssen Sie Ihre volle Konzentration einsetzen. Ihre Gedanken sollten nicht abschweifen, sonst riskieren Sie, den Faden der Diskussion zu verlieren.

Zuhören

Hören Sie stets sorgfältig zu. Teilnehmende konzentrieren sich oft zu sehr auf ihre eigenen Beiträge und sind während der Ausführungen anderer in Gedanken schon bei der Formulierung ihres nächsten Redebeitrags. Hören Sie stattdessen Ihren Mitstreitern aufmerksam zu. Dadurch verstehen Sie deren Standpunkte besser. Außerdem ergeben sich Möglichkeiten, eigene Ergänzungen und Einordnungen vorzunehmen.

Nicken
Nicken Sie bei fremden Redebeiträgen immer wieder, wenn Sie dem Gesagten zustimmen. Dadurch zeigen Sie Kommunikationsstärke und Interesse an den Beiträgen. Zudem unterstützen Sie die anderen Kandidaten, was Ihnen Sympathiepunkte bei Beobachtern und Teilnehmenden einbringt.

Lächeln
Ihre Mimik spielt in der Kommunikation ebenfalls eine wichtige Rolle. Verziehen Sie während der Beiträge anderer nicht das Gesicht, wenn Sie anderer Meinung sind. Hören Sie auch in diesem Fall respektvoll zu. Lächeln lässt Sie nahbar, freundlich und sympathisch wirken. In einer angespannten Gruppensituation kann ein freundliches Gesicht einen großen Unterschied machen.

Ihre Redebeiträge

Durch Ihre Redebeiträge können Sie inhaltlich und strukturell die Diskussion voranbringen.

Durchgängig beteiligen
Achten Sie darauf, dass Sie sich von Anfang bis Ende durchgängig an der Gruppendiskussion beteiligen. Machen Sie bereits in der eröffnenden Beitragsrunde Ihre ersten Anmerkungen und bleiben Sie dann die ganze Diskussion über am Ball. Es ist nicht schlimm, wenn andere zuerst sprechen oder Sie zwischendurch einen Moment lang nichts beizusteuern haben, solange Sie in einer aktiven und engagierten Zuhörerrolle Teil des Gesprächs bleiben. Sobald Sie einen sinnvollen Beitrag leisten können, beteiligen Sie sich in allen Phasen an der Diskussion.

Die Diskussion voranbringen
Die wesentlichen Beiträge sind diejenigen, die die Gruppendiskussion insgesamt und somit die Entscheidungsfindung voranbringen. Dazu gehören Strukturierungen, Zusammenfassungen, Einordnungen, Bewertungen und natürlich die Festlegung eines Prozesses für die Diskussion. Fokussieren Sie sich auf diese Dinge.

Respektvoller Umgang
Ihr Verhalten gegenüber den anderen Kandidaten sollte zu jeder Zeit respektvoll sein. Bleiben Sie auch dann sachlich und freundlich, wenn andere das

nicht tun. Das heißt nicht, dass Sie nicht mit Nachdruck Ihren Punkt machen oder sich gegen Fehlverhalten wehren dürfen – aber tun Sie dies stets höflich, um Ihrer Bewertung nicht zu schaden.

Ausreden lassen
Zu einem respektvollen Miteinander gehört, dass alle Teilnehmenden ausreden und die eigenen Ideen vorstellen dürfen. Fallen Sie daher den anderen nicht ins Wort.

Negatives nicht schlechtreden, sondern ergänzen und einordnen
Stimmen Sie einem fremden Beitrag nicht zu, überlegen Sie zunächst, ob Sie ihn überhaupt kommentieren müssen. Oft kann man eine schlechte Idee einfach stehen lassen und selbst mit dem nächsten Punkt weitermachen. Es ist besser, in der Gruppendiskussion *für* etwas zu sein statt *gegen* etwas. Schlagen Sie Alternativen, Ergänzungen oder sogar komplett andere, neue Ideen vor.

„Ja, und“ statt „ja, aber“
Wenn Sie direkten Bezug zu einem aus Ihrer Sicht nicht besonders guten oder unvollständigen Vorschlag nehmen, nutzen Sie die Formulierung *„ja, und“* statt dem so verbreiteten *„ja, aber“*. Im Beispiel oben haben wir das in der Anwendung gesehen: *„Ich sehe das auch so. Und ich würde es noch weiter fassen …“* Lisas Beitrag dort ist zwar richtig, geht uns aber nicht weit genug. Daher stimmen wir zu und ergänzen ihn um unseren eigenen Vorschlag. Dadurch wird der vorige Beitrag gewürdigt und als gute Idee anerkannt. Die eigenen Vorstellungen werden dann darauf aufbauend ergänzt. Das *Und* statt des *Aber* führt zu mehr Bereitschaft der anderen, Ihre Ergänzungen zu akzeptieren.

Zusammenfassen
Wenn Sie strukturelle Vorschläge machen, bietet es sich an, den aktuellen Stand der Diskussion kurz und knapp zusammenzufassen. Dadurch holen Sie andere Teilnehmende zurück ins Gespräch und schaffen einen gemeinsamen Zwischenstand. Somit wird es für die Zuhörer einfacher, sich auf anschließend folgende Vorschläge einzulassen.

Gutes loben
Scheuen Sie sich nicht, gute Beiträge anderer zu loben. Dadurch schaffen Sie eine positive Gesprächsatmosphäre, punkten bei den Beobachtern durch Ihr Kommunikationsverhalten, Ihre Mitstreiter fühlen sich verstanden und Sie gewinnen möglicherweise Unterstützer für Ihre eigenen Ideen.

Zusammenfassung «

- Die Gruppendiskussion ist in Einstiegs- und Standard-Assessments sehr beliebt. In Einzel-, Online- und Führungs-Assessments kommt sie in der Regel nicht vor.
- In der Gruppendiskussion interagieren Sie direkt mit den anderen Bewerbern. Die Aufgabe simuliert ein Meeting im Berufsalltag, in dem trotz unterschiedlicher Interessen eine gemeinsame Entscheidung getroffen werden muss.
- Sie bereiten sich anhand eines Briefings auf das Gespräch vor. Sie müssen dabei sowohl eigene inhaltliche Vorschläge erarbeiten als sich auch eine Gesprächsstrategie überlegen, mit der Sie die anderen überzeugen.
- Konzentrieren Sie sich in der Diskussion darauf, die Entscheidungsfindung positiv zu beeinflussen. Das Wie ist dabei wichtiger als das Was, also welche Entscheidung die Gruppe am Ende trifft.
- Sie müssen nicht als Erste*r sprechen und keine formelle (Moderatoren-) Rolle einnehmen. Beteiligen Sie sich aber von Anfang bis Ende rege an der Diskussion.
- Schlagen Sie Bewertungskriterien wie Nutzen und Kosten zur Beurteilung aller Ideen vor und einigen Sie sich als Gruppe darauf. Helfen Sie aktiv bei der Einordnung neuer Vorschläge anhand der Kriterien.
- In einer typischen Gruppendiskussion wird zu Beginn kurz das Vorgehen festgelegt, anschließend stellen alle Teilnehmenden nacheinander ihre individuellen Vorschläge vor und zum Schluss wird diskutiert, für welche Idee(n) sich die Gruppe entscheiden sollte.
- Nutzen Sie Zusammenfassungen, Einordnungen, Bewertungen, Ergänzungen und Prozessvorschläge, um die Diskussion zu strukturieren und inhaltlich voranzubringen.
- Am Ende hält die Gruppe ihr Ergebnis fest. Dieses wird meist entweder durch Einstimmigkeit oder Abstimmung erreicht. Die Diskussion kann auch mit Ablauf der Zeit durch die Aufgabenleiter*innen ohne Ergebnis abgebrochen werden. Für die Beurteilung Ihrer Leistung ist das Ergebnis der Gruppe zwar relevant, aber nachrangig.

Eine Zusammenfassung dieses Kapitels mit persönlichen Empfehlungen des Autors finden Sie im Video-Begleitmaterial: stark-verlag.de/qrcode/b20701_11

Übungsaufgaben

Die folgenden Übungsaufgaben zur Gruppendiskussion können Sie mit mindestens zwei weiteren Personen unter realistischen Bedingungen durchspielen. Stehen Ihnen keine Mitwirkenden zur Verfügung, können Sie die Übungen durchlesen, um unterschiedliche Aufgabenstellungen kennenzulernen.

Gruppendiskussion „Verbesserungsvorschläge"

Ihr Briefing

Sie haben 20 Min. Zeit, sich einzeln auf die folgende Aufgabe vorzubereiten.

Anschließend wird das Thema 30 Minuten in der Gruppe diskutiert. Nach Ablauf dieser Zeit muss eine gemeinschaftliche Auswahl von drei Vorschlägen feststehen.

Aufgabe:

Sie diskutieren als Mitglied des Vorstands der Herald Pumpen AG mit den anderen Vorstandsmitgliedern eine Reihe von Verbesserungsvorschlägen aus der Belegschaft (1 000 Mitarbeitende). Der Vorstand möchte die Mitarbeitenden stärker in die Entscheidungsprozesse einbinden, um die Teilhabe und Motivation zu fördern. Sie sind daher entschlossen, einige Vorschläge tatsächlich anzunehmen und umzusetzen. Die Personalabteilung hat eine Reihe von Ideen vorausgewählt. Heute wollen Sie sich als Gremium auf drei Vorschläge aus dieser Liste einigen.

Legen Sie sich zunächst auf Ihre persönlichen Top 3 inkl. Reihenfolge fest. Im Vorstand muss anschließend jedes Mitglied die individuelle Auswahl vorstellen und begründen, bevor sich die Gruppe auf eine gemeinsame Top-3-Auswahl inkl. Rangfolge festlegt.

Zur Auswahl stehen diese zehn Vorschläge aus der Belegschaft:

1. Alle Mitarbeitenden dürfen freitags an einem Projekt eigener Wahl arbeiten. Das kann eine Prozessoptimierung, ein neues Produkt oder etwas völlig anderes sein. Die Ergebnisse kommen der Firma zugute, jedoch kann jede*r frei entscheiden, an welchem Projekt sie oder er arbeitet.
2. Die Qualität des Getränkeangebots, insbesondere des Kaffees, ist vergleichsweise schlecht. Wir sollten moderne Kaffeeautomaten bereitstellen, die auf Knopfdruck qualitativ hochwertige Kaffeegetränke liefern. Neben den Automaten sollten kalte Getränke und eine Auswahl von Obst an zentralen Punkten auf allen Stockwerken bereitstehen.

3. Die Abrechnung von privaten Spesen ist sehr kompliziert und die Auszahlung dauert lange. Spesen fallen z. B. bei Reisen an, aber auch für die Bewirtung von Gästen und den Kauf von Wettbewerbsmustern. Ein neues Spesensystem würde viel Zeit und Frust sparen.
4. Die Motivation unserer Belegschaft können wir verbessern, indem wir ein großes Betriebsfest veranstalten. Die Kosten dafür liegen bei einmalig ca. 90 000 €, aber dafür würden wir die geleistete Arbeit im schwierigen letzten Jahr anerkennen.
5. In vielen Abteilungen gibt es Arbeitsplätze, die noch mit Desktop-Computern statt Laptops ausgestattet sind. Die Kollegen sind dadurch weniger flexibel, da sie nicht gelegentlich die Homeoffice-Regelung nutzen oder sich für virtuelle Besprechungen in einen Meetingraum zurückziehen können. Die PCs sollten gegen Laptops ausgetauscht werden.
6. Gerade jüngere Mitarbeitende wünschen sich mehr Feedback außerhalb ihrer täglichen Arbeitsinhalte und mehr Möglichkeiten zur Weiterentwicklung. Ein abteilungsübergreifendes Mentoring-Programm mit erfahrenen Mitarbeitenden aus anderen Bereichen würde das ermöglichen.
7. Einige Teams wünschen sich seit Längerem, sich für die jährliche Zielplanung für ein bis zwei Tage einen kreativitätsfördernden Ort außerhalb des Unternehmens zu mieten. Das könnte man mit Teambuilding-Aktivitäten verbinden, damit auch der Spaß nicht zu kurz kommt. Hierfür wäre ein Budget von 4 000 € pro Team und Jahr erforderlich.
8. Das Gebäude unserer Hauptverwaltung ist recht alt. Es gibt wenig Rückzugsmöglichkeiten und auch kaum Orte zum informellen Austausch zwischen den einzelnen Abteilungen. Vereinzelt stehen Bereiche leer. Dort könnten „Kreativinseln" eingerichtet werden, die für spontane Meetings, kreative Arbeiten am eigenen Projekt und informelle Treffs ausgelegt sind – mit bequemen Sitzmöbeln, Pflanzen und Entspannungsmöglichkeiten.
9. Zur Anerkennung von individuellen Leistungen im Team führen wir Gutscheine im Wert von 200 € ein, die in jeder Abteilung einmal pro Monat von der Teamleitung für eine besondere Leistung vergeben werden können, um außergewöhnlichen Einsatz zu honorieren.
10. Es gibt häufig Anfragen von Mitarbeitenden zu Weiterbildungsangeboten von Drittanbietern. Es gibt zwar interne Schulungen, Spezialthemen werden aber selten abgedeckt. Ein Bildungsbudget von 1 000 € pro Mitarbeiter/Jahr würde die Teilnahme an externen Angeboten ermöglichen.

Einen Lösungsvorschlag können Sie auf Seite 311 ff. nachlesen.

Gruppendiskussion „Cornflakes“

Ihr Briefing

Sie arbeiten gemeinsam mit anderen Abteilungen an einem neuen Cornflakes-Produkt. In 20 Minuten haben Sie ein Abstimmungsmeeting. Bei diesem 45-minütigen Termin müssen Sie sich auf die wesentlichen Produktmerkmale festlegen.
[Jeder Teilnehmer bekommt eine Rolle mit unterschiedlichen, teils widersprüchlichen Anweisungen zugewiesen. Suchen Sie sich zur Übung eine beliebige Rolle aus. Die anderen Diskussionsteilnehmer erhalten ebenfalls je eine der Rollen.]

Marktforschung: Das Produkt und seine Inhaltsstoffe müssen nachhaltig produziert werden und am besten aus Biozutaten hergestellt sein. Rot ist die aktuelle Trendfarbe für Cornflakes-Verpackungen.

Marketing: Das Produkt soll mindestens zwei verschiedene Ballaststoffe und sechs unterschiedliche Vitamine enthalten. Der Zuckeranteil sollte wegen des besseren Geschmacks über 10 % liegen. Braune und weiße Schokolade sollen enthalten sein; ebenso Walnüsse, Erdnüsse und Macadamianüsse.

Verkauf: Das Produkt muss möglichst lange haltbar sein und darf im Einzelhandel höchstens 2,99 € kosten. Nüsse und Vitamine sind gut, besser wären aber getrocknete Früchte. Der Zuckergehalt muss möglichst gering sein und soll aus Gesundheitsgründen höchstens 5 % betragen. Weiße Schokolade ist besser als braune.

Einkauf: Das Produkt soll möglichst wenig verschiedene Inhaltsstoffe enthalten. Biozutaten sind schwer planbar, da die Produktion stark schwankt, daher sind herkömmliche Stoffe besser. Braune Schokolade ist kurzfristig günstig zu bekommen. Ballaststoffe und Zucker lassen sich nicht aus Bioherstellung beziehen. Cashewkerne sollten enthalten sein, da das Unternehmen eine sehr vorteilhafte langfristige Liefervereinbarung mit einem Hersteller hat.

Finance/Controlling: Das Produkt muss günstig herzustellen sein und einen möglichst hohen Gewinn erwirtschaften. Außerdem muss die Lagerhaltung gering gehalten werden. Die Rohwarenpreise für Schokolade aller Art, Vitamine und Bioprodukte sind schwer vorhersehbar. Deshalb sollten diese Zutaten vermieden werden.

Forschung und Entwicklung: Cornflakes schmecken besonders gut, wenn der Zuckergehalt bei mindestens 12 % liegt. Macadamianüsse schützen vor Herz-Kreislauf-Erkrankungen. Getrocknete Früchte verbessern die Verdauung. Braune Schokolade lässt sich durch ein neues Verfahren günstiger herstellen als weiße.

Produktion: Der Herstellungsprozess soll möglichst einfach sein. Nüsse sollten vermieden werden, weil dadurch Allergene in andere Produkte gelangen können, die auf der gleichen Produktionslinie hergestellt werden. Wenn Vitamine beigesetzt werden sollen, wird eine zusätzliche Maschine benötigt.

Einen Lösungsvorschlag können Sie auf Seite 314 ff. nachlesen.

Gruppendiskussion „Klimawandel“

Ihr Briefing

Sie sind Teil einer Expertenkommission, die die Regierung berät. Ihr Auftrag ist es, eine Liste mit Vorschlägen zum Klimaschutz zu erarbeiten. Sie müssen dabei keine Rücksicht auf Entscheidungen aus der Vergangenheit nehmen, sondern sollen aus aktueller Sicht sinnvolle Maßnahmen entwickeln. Die politische Umsetzbarkeit können Sie außer Acht lassen. Ihre Vorschläge müssen aber gesellschaftlich tragbar sein.

Die Regierung erwartet von der Kommission drei Vorschläge zur Verbesserung des Klimaschutzes.

Bereiten Sie sich zunächst 30 Minuten auf den Termin vor. Erstellen Sie eine Maßnahmenliste und dokumentieren Sie dabei Ihre persönlichen drei Favoriten. Anschließend nehmen Sie an einem 45-minütigen Treffen aller Kommissionsmitglieder teil.

Einen Lösungsvorschlag können Sie auf Seite 316 f. nachlesen.

» Die Postkorbübung

Bedeutung: ■ ■ ■ □ □

wird angewendet bei:		*andere Bezeichnungen für Postkorbübung:*
Führungskräfte-ACs	✓	*Priorisierungsaufgabe, Inbox-Simulation, Terminkalender, Zeitmanagement-Übung, Planungsaufgabe, Ressourcenplanung*
Standard-ACs	✓	
Online-ACs	✓	

Worum geht es bei der Postkorbübung im Assessment-Center?

Die Postkorbübung ist eine **Priorisierungsaufgabe** und simuliert das **operative Tagesgeschäft** aus der betrieblichen Praxis. Sie bearbeiten eine **Vielzahl an Vorgängen**, die Ihnen in Form von Notizen, E-Mails, Terminen, Dokumenten, Anfragen und anderen Schriftstücken vorliegen. Ihre Aufgabe besteht darin, jeden Vorgang zu **beurteilen** und zu **entscheiden**, welche Handlung Sie daraus ableiten.

Dabei nehmen Sie meist die Rolle einer Führungskraft ein, die nur wenig Zeit zur Bearbeitung mehrerer Vorgänge hat, bevor sie für einige Zeit abwesend ist, z. B. wegen einer Geschäftsreise. Das soll **Zeitdruck** erzeugen. Durch dieses Szenario steht Ihnen nur eine sehr kurze Bearbeitungszeit zur Sichtung des Postkorbs und zur Entscheidung über das weitere Vorgehen zur Verfügung.

TIPP: ***In der Postkorbübung können Sie zeigen, dass Sie im operativen Tagesgeschäft schnell effiziente Entscheidungen treffen und Konflikte lösen können.***

Die Vorgänge im Postkorb hängen zum Teil zusammen. Das ganze Bild ergibt sich erst im Laufe der Bearbeitung. Termine können sich überschneiden, eine dringende Kundenanfrage kollidiert mit einer Bitte Ihrer Chefin oder die Zeit reicht schlichtweg nicht aus, um alles Wichtige erledigen zu können. Dadurch sollen typische Herausforderungen aus dem Arbeitsalltag simuliert werden. Machen Sie deutlich, dass Sie sich mit der betrieblichen Praxis auskennen und **im Unternehmensinteresse sinnvolle Entscheidungen treffen** können.

Beispiel

Sichten Sie die folgenden Informationen in Ihrem E-Mail-Postfach und planen Sie basierend darauf Ihre nächste Arbeitswoche. Erläutern Sie Ihre Entscheidungen anschließend den Beobachtern.

Der Name Postkorbübung kommt von den früher üblichen Posteingangskörben, die man in Büros fand. Heute würde man eher von einer E-Mail-Inbox oder einem Stapel Notizen sprechen. Daher wird Ihnen der Postkorb in Ihrem Assessment-Center oft unter anderen, moderner klingenden Namen präsentiert (siehe Bezeichnungen am Kapitelanfang). Lassen Sie sich davon nicht täuschen. Jede Aufgabe, bei der Sie eine lose Sammlung von Informationen erhalten, auf deren Basis Sie Entscheidungen treffen müssen, ist eine Postkorbübung.

Die meisten Postkorbübungen nutzen Memos und Termine als Arbeitsmaterial. Von diesem Standardfall sollten Sie in Ihrer Vorbereitung ausgehen. Je nach Berufsfeld und Branche können jedoch auch andere Vorgänge herangezogen werden, die Sie priorisieren und optimieren sollen. Beispiele dafür sind die Wegplanung (Logistik, Außendienst), die Budgeterstellung (Finance, Controlling) oder die Projektplanung (Ingenieurwesen) sowie die Maschinenbelegung (Industrie).

Die Postkorbübung **unterscheidet sich von der Fallstudie**, bei der Sie ebenfalls viele Informationen zur Bearbeitung erhalten, durch die Aufgabenstellung bzw. das angestrebte Ziel. Fallstudien sind strategisch und langfristig ausgerichtet, die Informationen drehen sich meist alle um dasselbe Themenfeld. Postkörbe sind operativ und kurzfristig ausgerichtet; die Informationen kommen aus unterschiedlichen Themenbereichen.

Für Postkorbübungen gibt es in der Regel **viele mögliche Lösungswege**. Sie müssen sinnvolle und nachvollziehbare Einzelentscheidungen treffen. Ob es richtig ist, einen weniger wichtigen Termin wahrzunehmen, zu verschieben, zu delegieren oder abzusagen, hängt vom Kontext Ihrer weiteren Entscheidungen ab. Jede diese Alternativen kann durchaus sinnvoll und nachvollziehbar sein.

Die Postkorbübung ist ein echter Klassiker unter den Assessment-Center-Aufgaben. Früher war sie Bestandteil fast jeden ACs. Heute hat sie etwas an Bedeutung verloren und kommt meiner Erfahrung nach noch in circa einem Drittel der ACs vor. Sie besitzt gerade bei Einstiegspositionen Relevanz, in Führungskräfte-ACs findet sie sich seltener. Sofern Sie ausreichend Zeit für Ihr AC-Training haben, sollten Sie sich unabhängig von Ihrem Karrierelevel auf eine Postkorbübung vorbereiten. Eine Verbesserung stellt sich in der Regel schon nach der Bearbeitung nur eines Übungspostkorbs ein. Die Beobachter **bewerten** insbesondere folgende Kriterien:

- Auffassungsgabe
- Problemlösungskompetenz
- Stressresistenz
- Fähigkeit zu priorisieren
- Delegationsfähigkeit
- Ergebnisorientierung
- Flexibilität
- Stakeholder-Management
- Arbeitsorganisation
- Zeitmanagement
- Entscheidungsfreude
- Organisationsgeschick
- Handlungsorientierung
- Unternehmerisches Denken
- Kundenorientierung

Wie läuft eine Postkorbübung ab?

Eine Postkorbübung besteht aus zwei Teilen: der Bearbeitungszeit und der Ergebnisvorstellung.

Ablauf einer Postkorbübung		
Bearbeitungszeit	⏲	ca. 30–90 Minuten
Ergebnisvorstellung	⏲	ca. 15–30 Minuten

Die Bearbeitungszeit

Für die Bearbeitung der Postkorbübung sind in der Regel **30 bis 90 Minuten** vorgesehen. Den Postkorb absolviert jede Kandidatin bzw. jeder Kandidat für sich. Sie sitzen dabei allein in einem Raum und haben Schreibmaterial zur Verfügung. Im Normalfall sind keine Beobachter zugegen. Falls doch, dient das lediglich der Kontrolle, dass Sie sich nicht unerlaubter Hilfsmittel bedienen. Eine Bewertung Ihrer Bearbeitungszeit findet nicht statt.

Sie erhalten mit der Aufgabenstellung typischerweise **15 bis 30 Sachverhalte**, manchmal auch mehr. Die Materialien übergibt man Ihnen meist in Papierform. Das ist praktisch, da Sie sich direkt Notizen neben dem Text machen und die einzelnen Zettel zu Stapeln sortieren können.

Elektronische Postkörbe kommen gerade bei Großkonzernen, für die sich der Entwicklungsaufwand lohnt, immer häufiger vor. Der Vorteil dabei ist, dass man Sie zusätzlich zu den bereits vorhandenen Nachrichten mit neu eintreffenden E-Mails, plötzlich aufgehenden Chatfenstern, Benachrichtigungen Ihres Kalenders oder einem klingelnden Telefon konfrontieren kann.

Doch auch im klassischen Papierformat kann es passieren, dass Sie während der Bearbeitung unangekündigte neue Vorgänge erhalten, die Ihre vorigen Entscheidungen beeinflussen können.

Die Zeit ist üblicherweise knapp bemessen. Sie müssen daher zügig arbeiten, um alle Vorgänge zu erfassen, Zusammenhänge zu erkennen, die enthaltenen Informationen zu beurteilen und dann zu entscheiden, wie Sie mit jedem einzelnen Sachverhalt umgehen.

TIPP: *Dokumentieren Sie Ihre Entscheidungen sauber in Form von Notizen und Übersichten.*

Am Ende der Bearbeitungszeit müssen Sie für alle Vorgänge erläutern können, wie Sie diese einordnen und welche Handlung Sie ggf. daraus ableiten. Diese Ergebnisse sollten Sie in Kurzform notieren, sodass Sie sich in der folgenden Ergebnisvorstellung darauf beziehen können.

Die Ergebnisvorstellung

Im Anschluss an die Bearbeitung müssen Sie Ihre Ergebnisse dem Beobachtergremium vorstellen und Ihre Entscheidungen erläutern. Dafür stehen Ihnen in der Regel **15 bis 30 Minuten** Zeit zur Verfügung.

Es handelt sich dabei nicht um ein klassisches Präsentationsformat, sondern die Ergebnisvorstellung findet im Rahmen einer **Besprechung** oder eines Interviews statt. Es wird von Ihnen **kein Medieneinsatz** erwartet. Sie tragen Ihre Entscheidungen mündlich vor. Allerdings sollten Sie Ihre Ergebnisse auch in Schriftform vorliegen haben, um sie zu dokumentieren und die Notizen gegebenenfalls zur Veranschaulichung nutzen zu können.

Hilfreich ist eine **Vorgangsliste**, auf der Sie die Einordnung eines Vorgangs, wichtige Erkenntnisse wie Zusammenhänge oder Konflikte mit anderen Vorgängen, Ihre Entscheidung sowie die wesentlichen Gründe dafür dokumentiert haben. Auch eine grafische Aufbereitung in Form eines ausgefüllten Kalenders ist hilfreich und erwünscht. Diese Unterlagen dienen Ihnen als Basis für Ihre Erläuterungen und um den Überblick zu behalten. Ein Kalenderblatt beispielsweise können Sie während Ihrer Ausführungen gemeinsam mit den Beobachtern betrachten.

In der Regel stellen die Beobachter Ihnen bereits während Ihrer Ergebnisvorstellung **Fragen**. Diese beziehen sich auf die Gründe für Ihre Entscheidungen und die Berücksichtigung von Konflikten oder Interessen Dritter. Nehmen Sie so viele dieser Aspekte wie möglich bereits in Ihre eigenen Erläuterungen auf, sodass gar keine Rückfragen notwendig sind. Vereinzelt wird man Sie auch mit kritischen Fragen konfrontieren, um Ihre Standfestigkeit und Ihr Verhalten unter Druck zu testen. Lassen Sie sich davon nicht aus dem Konzept bringen, sondern erläutern Sie sachlich Ihre Beweggründe für Ihre Entscheidungen.

Die Ergebnisvorstellung endet nach der Besprechung aller Vorgänge und Klärung aller Fragen der Beobachter formlos.

Wie löse ich eine Postkorbübung?

TIPP: ***Gehen Sie strukturiert vor und folgen Sie einem klaren Ablauf.***

Postkorbaufgaben haben keine einzig richtige Musterlösung. Viele unterschiedliche Lösungen führen zu einem erfolgreich bearbeiteten Postkorb. Das liegt daran, dass die meisten Vorgänge auf mehrere Arten angemessen behandelt werden können.

Manche Vorgänge bieten dabei mehr mögliche Bearbeitungsansätze als andere. Der Rückrufbitte Ihrer Vorgesetzten oder eines strategisch wichtigen Kunden sollten Sie schnellstmöglich persönlich nachkommen. Ob eine Umsatzhochrechnung, die bis morgen Abend vorliegen muss, von Ihnen oder Ihrem Team erstellt wird oder ob diese vormittags oder erst abends angefertigt wird, spielt hingegen keine große Rolle, sofern Ihre Entscheidung im Gesamtkontext der anderen Vorgänge sinnvoll und nachvollziehbar ist.

Der Schlüssel zu einer erfolgreichen Postkorbübung liegt darin, die Bedeutung der einzelnen Vorgänge zu erkennen, sie richtig in den Kontext einzuordnen und darauf basierend Entscheidungen zu treffen.

Die folgenden fünf Schritte helfen Ihnen, bei der Postkorbübung strukturiert vorzugehen:

1. Überblick verschaffen
2. Arbeitshilfe erstellen
3. Jedes Dokument einzeln auswerten
4. Ergebnisse aufbereiten
5. Ergebnisse präsentieren

Im Folgenden stelle ich Ihnen die einzelnen Schritte im Detail vor.

Überblick verschaffen

TIPP: ***Verschaffen Sie sich zunächst einen Überblick über alle Informationen, bevor Sie mit der Bearbeitung beginnen.***

Verschaffen Sie sich unbedingt zunächst einen Überblick über das erhaltene Material. Beginnen Sie mit der Ausgangslage.

Ausgangslage erfassen

Die Aufgabenbeschreibung von Postkörben ist in der Regel recht umfangreich und kann mehrere Seiten umfassen, bevor die eigentlichen Vorgänge aufgelistet werden. Vernachlässigen Sie die Ausgangslage keinesfalls. Diese enthält

wesentliche Informationen zur Bearbeitung. In den einleitenden Ausführungen erfahren Sie, welche Rolle Sie einnehmen, welche Rahmenbedingungen zu beachten sind und welche Ressourcen Ihnen zur Verfügung stehen. Markieren Sie alle wichtigen Informationen, z. B.

- Angaben zu den Mitgliedern Ihres Teams, zu Vorgesetzten, Kollegen, Freundinnen/Freunden oder Familienmitgliedern
- Bereits fest geplante Termine
- Verfügbare Zeit- oder Geldbudgets
- Wichtige Rahmenbedingungen

Auch auf die **konkrete Arbeitsanweisung** der Postkorbaufgabe sollten Sie ein besonderes Augenmerk legen. Sollen Sie Ihre Entscheidungen zu jedem Vorgang nur mündlich vorstellen oder in einem speziellen Format festhalten, zum Beispiel einer Entscheidungsliste, einem Kalender oder einem Budgetplan? Folgen Sie dieser Anweisung unbedingt.

Material zügig sichten

Nun ist es an der Zeit, das gesamte Material im Schnelldurchgang zu sichten. Es ist verlockend, vermeintlich einfache Vorgänge sofort zu bearbeiten. Doch das ist nicht anzuraten. Eine in Postkörben häufig anzutreffende Schwierigkeit ist, dass **wichtige Informationen**, die Ihr gesamtes Vorgehen beeinflussen, **erst weit hinten** in den Unterlagen versteckt sind. Zum Beispiel steht eine wichtige Mitarbeiterin wegen Krankheit nicht zur Verfügung, eine Deadline wird vom Kunden vorgezogen oder eine Vorgabe Ihrer Chefin ändert die Rahmenbedingungen.

Oft sind **komplexe Themen über mehrere Vorgänge verteilt** und es ergibt sich erst im Laufe der Durchsicht ein Gesamtbild der Situation oder des Projekts. Die einzelnen Vorgänge können zudem die Angaben aus der Beschreibung der Ausgangslage verändern.

In dieser ersten Durchsicht sollten Sie jedes Schriftstück **nur kurz überfliegen**. Lesen Sie längere Texte nicht komplett und befassen Sie sich nicht mit Details. Offensichtlich unnütze Zeitfresser (z. B. Werbung oder Rundschreiben aus Industrieverbänden) dürfen Sie bereits aussortieren oder entsprechend markieren, um in den nächsten Schritten Zeit zu sparen. Dauert die Bewertung aber länger als zehn Sekunden, heben Sie sich diese für den Detaildurchgang auf.

Identifizieren Sie bereits jetzt Vorgänge, die eine **besondere Bedeutung** für Ihr Unternehmen oder Ihre Rolle haben. Dies können beispielsweise eine entscheidende Präsentation vor dem Vorstand oder einem großen Kunden oder eine Vorarbeit für Ihre Vorgesetzten sein. Behalten Sie die Bedeutung dieser Vorgänge im Kopf und berücksichtigen Sie diese in Ihrer späteren Detailbearbeitung besonders, z. B. indem Sie dafür Ressourcen freihalten, die Aufgaben als Erstes im Kalender einplanen oder zuerst bearbeiten.

Auch Besonderheiten sollten Sie Aufmerksamkeit schenken, etwa einem beigefügten Kalender, den Sie als Grundlage für weitere Terminplanungen nutzen können, oder Krankmeldungen, die die Ihnen zur Verfügung stehenden Teamressourcen beeinflussen.

Material durchnummerieren

Während der ersten Durchsicht können Sie jedes Schriftstück mit einer eindeutigen fortlaufenden Nummer versehen. Das hilft Ihnen in den nächsten Schritten, Bezüge zwischen den Vorgängen herzustellen, den Überblick zu behalten und Ihre Ergebnisse zu notieren.

Ziel der ersten zügigen Durchsicht ist es, **Zusammenhänge** zwischen den Vorgängen zu **erkennen** (z. B. drei Dokumente zum gleichen Thema, eine Korrektur zu einem Vorgang, mehrere Terminanfragen für den gleichen Tag) sowie für die gesamte Bearbeitung relevante Informationen zu erfahren (Krankmeldung eines Teammitglieds, Verschiebung wichtiger Termine, überraschende Änderung der Ausgangslage). Sie bekommen zudem ein Gefühl dafür, welche Arbeitshilfen Sie benötigen.

Arbeitshilfe erstellen

Im nächsten Schritt erstellen Sie Ihre Arbeitshilfen. Darunter fallen alle Arten von Übersichten, die Ihnen bei der Strukturierung der Informationen und der Dokumentation Ihrer Ergebnisse helfen.

TIPP: ***Arbeitshilfen ermöglichen Ihnen, den Postkorb effizient zu bearbeiten.***

Klassische Arbeitshilfen sind:

- Vorgangs- oder Entscheidungsliste
- Kalender
- Delegationsliste
- Wegplanungsdiagramm
- Budget- oder Ausgabenliste
- Organigramm

In vielen Postkörben ist ein Kalender mit einigen voreingetragenen Terminen bereits Teil der Materialien. Diesen können Sie direkt übernehmen. Seltener ist in der Aufgabenstellung schon eine Vorgangsliste zur Dokumentation Ihrer Ergebnisse enthalten. Schließlich möchten die Beobachter sehen, wie Sie die

Bearbeitung selbst strukturieren. Daher überlassen sie die Gestaltung der Vorgangsliste meist den Kandidaten.

Erstellen Sie alle benötigten Arbeitshilfen, bevor Sie mit der inhaltlichen Abarbeitung der Vorgänge beginnen. Nutzen Sie für jede Arbeitshilfe ein separates weißes Blatt Papier. Betiteln Sie die Listen für den Fall, dass die Assessoren später einen Blick darauf werfen.

Sie werden normalerweise nicht alle oben genannten Arbeitshilfen benötigen, sondern nur zwei oder drei auswählen, die für Ihren Postkorb sinnvoll sind. Bei den meisten Postkörben sind das die Vorgangs-/Entscheidungsliste, ein Terminkalender und ein Themenspeicher zur Delegation.

Vorgangs- oder Entscheidungsliste

Eine Vorgangsliste dient dazu, Ihre Ergebnisse für jeden Vorgang mit allen notwendigen Informationen zu dokumentieren. Zeichnen Sie dazu eine einfache Tabelle mit folgenden Spalten:

Vorgangs-nummer	*Kurzbe-zeichnung*	*Priorität auf Skala von 1–10*	*Bezüge zu anderen Vorgängen*	*Entscheidung*
Nr. 4	*Budget-meeting*	*7*	*Nr. 8 – Budgetentwurf*	*Persönliche Teilnahme, Eintrag in Kalender*

Erfahrungsgemäß bietet es sich an, ein DIN-A4-Blatt im Querformat zu nutzen. Sie benötigen wahrscheinlich mehrere Blätter, um alle Vorgänge zu erfassen.

Je nach Aufgabenstellung können Sie auch weitere Aspekte in zusätzlichen Spalten aufnehmen, z. B. Kosten, Wegstrecken, für die Bearbeitung benötigte Zeit oder wer über eine Entscheidung informiert werden muss.

Terminkalender

Das Format des Terminkalenders hängt von dem Zeitrahmen ab, der Ihnen in der Aufgabenstellung vorgegeben wird. So können Tages-, Wochen- oder Monatskalender sinnvoll sein. Im Regelfall ist eine **Wochenübersicht** ausreichend. Notieren Sie dabei am Rand die vollen Stunden, um mehrere Termine an einem Tag sinnvoll strukturieren zu können.

Delegationsliste

Die Delegationsliste dient dazu, eine separate Liste mit allen zu delegierenden Themen zu haben. Das wirkt strukturiert und Sie können in Ihrer Ergebnispräsentation damit punkten. Natürlich ist der Einsatz dieser Arbeitshilfe nur sinnvoll, wenn Sie mehrere Vorgänge an Mitarbeitende delegieren. Das sollte in den meisten Postkörben der Fall sein. Sie können für jeden Mitarbeitenden ein separates Blatt nutzen oder eine einzige Liste verwenden, die Sie in Bereiche aufteilen.

Zeichnen Sie dazu eine einfache Tabelle mit folgenden Spalten:

An wen wird delegiert	*Vorgangsnummer*	*Kurzbezeichnung*	*Erläuterungen*
Herrn Wüst	6	*Kostenaufstellung für Frau Tamm*	*Vorjahresvergleich mit aufnehmen*

Weitere Arbeitshilfen

Weitere Arbeitshilfen sind je nach Bedarf anzufertigen. Ein **Organigramm** ist sinnvoll, wenn Sie es mit einer Vielzahl unterschiedlicher Personen im Unternehmen zu tun haben und den Überblick behalten müssen, wer in welcher Beziehung zu wem steht. Allerdings ist die Erstellung eines Organigramms aufwendig und daher nur selten empfehlenswert. In sehr komplexen Postkörben ist ein Organigramm oft in den Materialien enthalten.

Eine **Ausgaben- oder Budgetliste** ist bei einer Vielzahl an zu tätigenden Käufen hilfreich, wenn Sie einen Bargeldbestand managen müssen. Dasselbe gilt für ein **Wegstreckendiagramm**, wenn Distanzen und Wegzeiten eine entscheidende Rolle spielen.

Bei **elektronischen Postkörben** wird die Bearbeitung in der Regel in elektronischer Form erwartet und es ist nicht notwendig oder sinnvoll, Listen in Papierform zu erstellen. Meist stehen Ihnen die notwendigen Werkzeuge (z. B. Kalender, To-do-Listen) digital zur Verfügung. Eine gewisse Bearbeitungsstruktur wird Ihnen dadurch häufig bereits vorgegeben.

Jedes Dokument einzeln auswerten

TIPP: *Bearbeiten Sie jeden Vorgang mit meinem Fünf-Schritte-Schema.*

Die Auswertung jedes einzelnen Dokuments ist das Herzstück Ihrer Postkorbbearbeitung. Dank der bereits erledigten Vorbereitungen (Schnelldurchsicht, Erstellung der Arbeitshilfen) können Sie die Vorgänge nun effizient bearbeiten. Dafür gehen Sie den gesamten Postkorb durch, analysieren jedes Material und entscheiden direkt über den Umgang mit der Information. Die folgenden Schritte durchlaufen Sie für jeden einzelnen Vorgang im Postkorb.

1. Schritt: Lesen und einordnen

Bisher haben Sie die Dokumente nur grob einer Schnelldurchsicht unterzogen. **Lesen Sie den Vorgang nun erstmals.** Dabei sollten Sie auch weiterhin auf eine vollständige Detaildurchsicht verzichten. Vielmehr sehen Sie die Dokumente zügig durch und beschränken Ihre Lesetätigkeit auf relevante Passagen. Das heißt: Eine längere E-Mail der Vorstandsvorsitzenden an alle Bereichsleiter*innen (zu denen Sie gehören) enthält vermutlich viele für Ihre Postkorbbearbeitung unwichtige Informationen. Mit hoher Wahrscheinlichkeit sind jedoch relevante Punkte darin versteckt. Finden Sie diese und konzentrieren Sie sich darauf, ohne sich von mehrseitigen Ausführungen zu anderen Themen ablenken zu lassen.

Die **Einordnung** der Information für Ihre Rolle im Postkorb nehmen Sie nun ebenfalls vor. Eine vertrauliche E-Mail der Vorstandsvorsitzenden nur an den Kreis der Bereichsleitenden enthält wahrscheinlich konkrete Vorgaben und Anweisungen für Sie als Bereichsleiter*in. Dagegen ist ein öffentliches Rundschreiben derselben Vorstandsvorsitzenden an alle Beschäftigten des Unternehmens vermutlich weniger wichtig, da es nicht speziell auf Ihre Rolle ausgerichtet ist und eher der allgemeinen Information der Belegschaft dient.

2. Schritt: Zusammenhänge und Konflikte erkennen

Durch Ihre Vorarbeit sind Ihnen **Zusammenhänge** mit anderen Vorgängen grob bekannt. Sie werden sich in der Detaildurchsicht erinnern, dass zum gleichen Thema noch weitere Dokumente im Postkorbstapel verborgen sind. Nun stellen Sie diese drei Vorgänge in einen gemeinsamen Kontext und bearbeiten sie als Ganzes.

Die Zusammenhänge können unterschiedlich gelagert sein. Entweder ergänzen sich mehrere Informationen zu einem Gesamtbild oder eine spätere Nachricht korrigiert eine vorige. Möglicherweise haben zwei Vorgänge thematisch gar nichts miteinander zu tun, sondern konkurrieren um die gleiche Ressource, z. B. den gleichen Termin in Ihrem Kalender. Diese **Konflikte** müssen Sie berücksichtigen und die Vorgänge daher parallel bearbeiten. Wie Sie in einem Konfliktfall entscheiden, hängt von Ihrer Bewertung beider Vorgänge ab.

3. Schritt: Bewerten

Nachdem Sie den Inhalt des Dokuments erfasst und Zusammenhänge identifiziert haben, folgt die Bewertung. Sie sollten dabei die Auswirkungen auf das Unternehmen bedenken.

Für die Bewertung jedes Vorgangs können Sie unterschiedliche Methoden nutzen. Zwei der hilfreichsten möchte ich Ihnen kurz vorstellen: die Bewertung nach Priorität und die nach Wichtigkeit und Dringlichkeit.

Bewertung nach Priorität

Die Bewertung der **Priorität** erfolgt auf einer Skala von 1–10 und ist schnell und einfach umzusetzen. Sie sortiert inhaltlich komplett unterschiedliche Vorgänge nach ihrer Bedeutung und ermöglicht Ihnen eine schnelle Entscheidung, worin Sie Ihre Zeit und Energie investieren sollten.

Der Nachteil dieser Methode ist die Eindimensionalität. Sie fassen komplexe Sachverhalte in einer einzigen Kennzahl zusammen und verzichten somit auf eine detailliertere Betrachtung. Außerdem wird es mehrere Vorgänge mit der gleichen Prioritätszahl geben. Ein bekanntes Phänomen ist die Häufung von bedeutsamen Vorgängen mit Priorität 7 und 8 sowie weniger wichtigen Vorgängen im Bereich um 4. Dem können Sie durch ein möglichst differenziertes Bewerten entgegenwirken.

Bewertung nach Wichtigkeit und Dringlichkeit

Die Bewertung nach **Wichtigkeit und Dringlichkeit** ist eine gute Alternative zur Sortierung nach Priorität. Hier müssen Sie pro Vorgang zwei Entscheidungen treffen. Daraus ergeben sich vier mögliche Einordnungen eines Vorgangs:

- Wichtig und dringend
- Wichtig und nicht dringend
- Nicht wichtig und dringend
- Nicht wichtig und nicht dringend

Stellt man diese beiden Entscheidungen grafisch dar, ergibt sich eine Vier-Felder-Matrix, die sogenannte Eisenhower-Matrix. Sie ist nach dem ehemaligen US-Präsidenten benannt, der diese Methode in seinem Arbeitsalltag genutzt und dadurch bekannt gemacht hat.

Die Einteilung in diese vier Kategorien hat sich für operative Tätigkeiten als sehr hilfreich erwiesen. Viele Anfragen im beruflichen Alltag sind dringend, aber nicht wichtig, zumindest nicht für unsere eigenen Aufgaben und Ziele. Leider wird häufig Dringlichkeit mit Wichtigkeit verwechselt.

Wirklich wichtig sind die Dinge, die Ihnen signifikant bei Ihrer Zielerreichung helfen. In einer Rolle als Führungskraft wären das die Einstellung und Führung von Mitarbeitenden, bei Verkäufer*innen alle langfristig umsatzsteigernden und kundenbindenden Maßnahmen und in der Produktion die Wartung und optimale Auslastung von Maschinen. Beschwert sich ein bedeutender Kunde, ist dies sowohl wichtig als auch dringend. Das Training von Teammitgliedern ist zweifelsohne wichtig, aber selten dringend. Ein klingelndes Telefon dagegen ist dringend. Ob es auch wichtig ist, hängt davon ab, wer anruft und warum. Die Einladung Ihres Sportvereins zur jährlichen Vollversammlung ist für Ihren beruflichen Alltag dagegen sowohl unwichtig als auch nicht dringend.

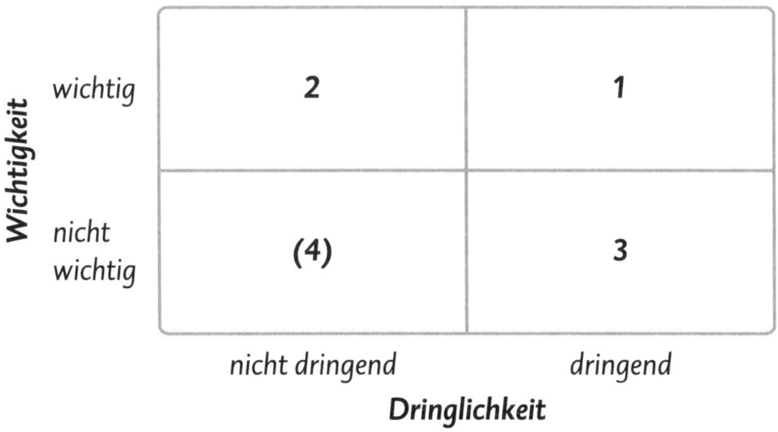

Bewertung nach Wichtigkeit und Dringlichkeit in der Eisenhower-Matrix

Jeder der vier möglichen Kategorien ist eine Standard-Handlungsempfehlung zugeordnet:

- Wichtig und dringend
  → zuerst bearbeiten, höchste Priorität
- Wichtig und nicht dringend
  → anschließend bearbeiten, ebenfalls hohe Priorität, ggf. im Kalender terminieren, aber keinesfalls vernachlässigen
- Nicht wichtig und dringend
  → abwägen, ob eine Bearbeitung überhaupt notwendig ist, und ggf. ablehnen; bei Notwendigkeit können Sie diese Aufgaben delegieren
- Nicht wichtig und nicht dringend
  → nicht bearbeiten, ablehnen oder ignorieren

Die Bewertung nach Wichtigkeit und Dringlichkeit ist sehr gut geeignet, um Ihre Entscheidungen nach außen zu vertreten und zu erläutern, da die Bewertung auf zwei Dimensionen differenzierter ist als die reine Priorisierung von 1 bis 10. Allerdings ist die Einordnung in diese Kategorien auch zeitintensiver. Aus diesem Grund ist in der Vorgangsliste oben nur eine Priorisierungsspalte aufgeführt. Ergänzen Sie die Liste bei Bedarf um eine Spalte „W/D" und dokumentieren Sie dort Ihre Bewertung der Wichtigkeit („w" oder „nw") und Dringlichkeit („d" oder „nd") in Kurzform.

4. Schritt: Entscheiden

Nach Ihrer Bewertung jedes Vorgangs folgt die **Entscheidung**, wie Sie mit dem Sachverhalt umgehen. Vergegenwärtigen Sie sich dabei die Ihnen zugewiesene Rolle und nehmen Sie diese an. Als Führungskraft sollten Sie beispielsweise Entscheidungsfreude und unternehmerisches Handeln zeigen. Beweisen Sie, dass Sie ein Gespür für die betriebliche Praxis haben, wichtige Vorgänge identifizieren und Konflikte im Unternehmensinteresse lösen können. Zeigen Sie darüber hinaus, dass Sie die Ihnen zur Verfügung stehenden Ressourcen geschickt einzusetzen vermögen.

Zu Ihren Entscheidungen gehören die folgenden Fragen:

- Welche Handlung leitet sich aus einem Schriftstück ab?
- Wie wichtig ist es in Relation zu anderen Aufgaben?
- Muss es überhaupt bearbeitet werden?
- Welche Konsequenz ergibt sich, wenn ich es ignoriere oder ablehne?
- Muss ich es selbst machen oder kann ich es an jemanden abgeben?
- Muss es sofort erledigt werden oder hat es Zeit?
- Habe ich Spielraum, in welchem Detailgrad ich es erledige? Kann ich den Umfang reduzieren?
- Gibt es kreative Lösungsansätze, z. B. einen Freund oder eine Kollegin um Hilfe bitten?
- Kann ich Alternativen vorschlagen, um die Arbeitsbelastung zu reduzieren?
- ...

Besonders wichtige Vorgänge zuerst bearbeiten

Vorgänge mit **besonders hoher Priorität und Bedeutung** bearbeiten Sie zuerst, damit kritische Themen auf jeden Fall abgedeckt sind, auch wenn Sie den Postkorb wegen Zeitdrucks vielleicht nicht vollständig abschließen können. Die wichtigsten Aspekte sollten identifiziert und mit einer Entscheidung versehen sein.

Delegieren

Eine fast immer im Postkorb zur Verfügung stehende Möglichkeit ist die Delegation, also die **Weitergabe der Aufgabe an jemand anderen**. Klassischerweise sind das Mitarbeiterinnen und Mitarbeiter, denen Sie Aufgaben zuweisen dürfen. Ein eigenes Team zu führen, ist aber keineswegs eine zwingende Voraussetzung, um im Postkorb das Mittel der Delegation nutzen zu können. Sie können auch Kollegen auf gleicher Ebene um ihre Unterstützung bei einem wichtigen Projekt oder ihre Mithilfe bei hoher Arbeitsbelastung bitten. Einen Umsatzreport beispielsweise kann auch die Finanzabteilung erstellen und ausnahmsweise direkt an Ihre Chefin schicken, die Sie natürlich vorab darüber informieren. Eine Auslagerung an externe Dienstleister kann ebenfalls eine gute Alternative sein.

TIPP: *Binden Sie andere in die Bearbeitung Ihrer Aufgaben ein.*

Beim Delegieren müssen Sie grundsätzlich abwägen, ob die Aufgabe für eine Abgabe an andere in Frage kommt. Es sollte nicht der Eindruck entstehen, dass Sie sich vor der Arbeit drücken oder nur unangenehme Aufgaben abgeben. Auf der anderen Seite ist die Delegation ein Führungsinstrument, das Ihre Effektivität und die Ihres Teams steigert und dessen Einsatz Sie unbedingt zeigen sollten.

Um im Postkorb erfolgreich zu delegieren, analysieren Sie in der Aufgabenstellung, wer zur Erledigung am besten in Frage kommt, sprich qualifiziert und verfügbar ist. Planen Sie in Ihrem Kalender angemessene Zeit ein, die zu delegierenden Aufgaben zu übergeben und Fragen zu klären. Welche Informationen braucht Ihr Mitarbeiter oder Ihre Kollegin, um die Aufgabe gut bewältigen zu können? Zeigen Sie in Ihrer Ergebnisvorstellung, dass Sie sich diese Gedanken gemacht haben.

Einige Vorgänge sollten Sie nicht delegieren. Dazu gehören strategische Entscheidungen, Personalthemen (z. B. Recruiting, Konflikte oder Personalgespräche), Budgetentscheidungen, die Vertretung des Unternehmens nach außen (z. B. Interviews oder Reden) oder die Verabschiedung von langjährigen Mitarbeiter*innen.

Privates im Postkorb

Meist finden sich in Postkorbübungen auch einige **Nachrichten aus dem privaten Bereich**. Heutzutage möchte man sehen, dass Sie Beruf und Privates gut miteinander vereinbaren können und eine gesunde Balance zwischen beidem im Blick haben. Es ist eine falsche Vorstellung, dass im Postkorb stets Berufliches Vorrang vor Privatem haben sollte. Entscheiden Sie so, wie Sie es auch im echten Leben machen würden. Wägen Sie zwischen Unternehmens- und privaten Interessen ab, setzen Sie aber bewusst Grenzen.

Kollidiert eine Verabredung zum Kinoabend mit einer wichtigen Anpassung der Präsentation für einen Kundentermin morgen, dann sollten Sie dem Beruflichen Vorrang geben. Besteht der Konflikt allerdings zwischen einer Theateraufführung Ihrer 6-jährigen Tochter und einer nicht dringenden Angelegenheit auf der Arbeit, dann hat Ihre Familie Vorrang. Zeigen Sie Rückgrat und ein gesundes Verständnis von Work-Life-Balance.

Kreative Lösungen

Sie können im Postkorb mit kreativen Lösungen punkten. Diese sind erwünscht und kommen gut an. Schließlich haben Sie auch in der Praxis eine Vielzahl an möglichen Handlungsoptionen und Ressourcen zur Verfügung. Alles, was im echten Leben funktionieren würde, dürfen Sie auch im Postkorb einsetzen – auch und gerade, wenn diese Dinge nicht explizit aufgeführt sind.

Sie können eine Kollegin erfinden, die Sie um einen Gefallen bitten können. Im privaten Umfeld kann Ihr Nachbar ein wichtiges Paket entgegennehmen oder einem Handwerker die Tür öffnen. Vielleicht kennen Sie – rein fiktiv – jemanden, der Ihr IT-Problem schneller lösen kann als die überlastete Abteilung, auf die Sie warten.

TIPP: *Überlegen Sie, wie sich Vorgänge mit kreativen Ansätzen lösen lassen.*

Kreative Ideen können Sie nutzen, solange sie den gesetzten Rahmenbedingungen der Aufgabe nicht widersprechen und realistisch sind. Steht in der Aufgabe aber explizit, dass Sie auf der Geschäftsreise nicht erreichbar sind, dann können Sie das auch über eine kreative Lösung nicht ändern.

Termine nutzen

Termine sollten Sie nicht nur für Treffen mit anderen nutzen, sondern auch zur Planung Ihrer eigenen Zeit. Blocken Sie beispielsweise eine Stunde in Ihrem Kalender zur Bearbeitung eines wichtigen Themas. Oder verschieben Sie nicht dringende Aufgaben auf einen späteren Zeitpunkt, den Sie in Ihrem Kalender festhalten.

Informationen teilen

Vergessen Sie während der Postkorbübung nicht, die Konsequenzen Ihres Handelns für Dritte zu bedenken. Geben Sie Rückmeldungen, wenn Sie Termine verschieben möchten. Wenn Sie bereits geplante Arbeitsabläufe ändern, müssen Sie andere Beteiligte darüber informieren, insbesondere Ihren Vorgesetzten sowie Ihr Team.

5. Schritt: Ergebnis dokumentieren

Notieren Sie Ihre Entscheidungen direkt auf dem Schriftstück mithilfe einer kurzen Notiz, eines Symbols oder Kürzels am Rand. Übertragen Sie Ihre Entscheidung anschließend in Ihre Vorgangsliste.

Wenn Sie Ihre Arbeitsergebnisse direkt ordentlich in einer Vorgangsliste, einem Terminkalender oder anderen Arbeitshilfen dokumentieren, können Sie diese ohne weiteren Aufwand für Ihre Ergebnispräsentation verwenden.

Möglicherweise müssen Sie Ihre Arbeitsunterlagen nach Abschluss der Aufgabe und Ergebnispräsentation abgeben. Gehen Sie also davon aus, dass die Assessoren später Ihre für Sie selbst bestimmten Notizen sehen können.

TIPP: *Schreiben Sie Ihre Vorgangsliste und Ihren Kalender leserlich.*

Ergebnisse aufbereiten

In den meisten Assessment-Centern werden Sie für die Aufbereitung Ihrer Ergebnisse keine Zeit mehr haben. Die Bearbeitung der Vorgänge und Klärung der Inhalte nimmt Ihre ganze Arbeitszeit in Anspruch. Möglicherweise haben Sie aber sehr zügig gearbeitet und Ihre Einschätzungen bisher nur auf den einzelnen Vorgangszetteln festgehalten. Dann ist jetzt der Zeitpunkt gekommen, Ihre Ergebnisse zusammenzufassen und die Übersichtslisten zu erstellen.

Ergebnisse präsentieren

Nach der Bearbeitung des Postkorbs stellen Sie Ihre Ergebnisse dem Assessoren-Gremium vor. Dabei handelt sich nicht um eine klassische Präsentation, sondern Ihre Ergebnisvorstellung findet **im Rahmen eines Gesprächs** statt. Sie werden vermutlich gemeinsam mit den Beobachtern an einem Tisch sitzen.

Fassen Sie **Rahmenbedingungen und Aufgabenstellung** knapp zusammen. Dadurch zeigen Sie, dass Sie die Gesamtsituation verstanden haben. Anschließend führen Sie durch Ihre Ergebnisse und stellen Ihre **Überlegungen und Entscheidungen** Vorgang für Vorgang einzeln kurz vor.

Sie können dabei entweder nach der Reihenfolge im Stapel oder nach der Priorität der Vorgänge verfahren. Beide Varianten haben Vor- und Nachteile. Die Materialien der Reihenfolge nach durchzugehen, macht es den Zuhörenden leicht, Ihnen zu folgen und zu wissen, worüber Sie sprechen. Allerdings starten Sie möglicherweise mit völlig unbedeutenden Vorgängen. Die Strukturierung nach Priorität gefällt mir persönlich besser, da Sie sofort auf die wesentlichen Aspekte des Postkorbs zu sprechen kommen und Ihren Überblick und Ihre Entscheidungsfreude demonstrieren können. Allerdings werden Sie bei dieser Struktur immer wieder zwischen den Vorgängen hin- und herspringen und klar kommunizieren müssen, worüber Sie gerade sprechen. Für welchen Ansatz Sie sich entscheiden, hängt vom Umfang und der Komplexität Ihres Postkorbs ab.

Nutzen Sie zur besseren Veranschaulichung die Vorgangslisten und den Terminkalender, indem Sie die Assessoren selbst einen Blick darauf werfen lassen. Wenn Sie weitere Listen erstellt haben, z. B. eine Delegationsliste, zeigen Sie auch diese.

Erläutern Sie jede Ihrer Entscheidungen. Zeigen Sie, dass Sie sich der Beziehungen der Vorgänge zueinander bewusst sind und dass Sie strukturierte Bewertungen nach Priorität oder Wichtigkeit und Dringlichkeit vorgenommen haben. Die Assessoren müssen nicht nur verstehen, wie Ihre Entscheidung lautet, sondern auch, warum Sie so entschieden haben.

Zu guter Letzt nennen Sie für jede Ihrer Entscheidungen die sich daraus ergebenden **Handlungen und Konsequenzen**. Wer muss informiert werden? Wer übernimmt das?

> ***Beispiel***
>
> *„Bei Vorgang Nr. 17 handelt es sich um die Bitte der Personalabteilung, die Evaluierungen für mein Team bereits Mitte März statt erst Ende März einzureichen.*
>
> *Die Evaluierungen werden zur Berechnung der jährlichen Bonuszahlungen verwendet, wie aus dem Memo in Vorgang Nr. 23 hervorgeht. Daher sind die Evaluierungen – neben der Bedeutung des Feedbacks für die Mitarbeitenden – sowohl wichtig als auch dringend. Ich habe Ihnen die Priorität 6 von 10 zugewiesen, da es sich dennoch nur um einen internen Vorgang handelt. Trotzdem möchte ich die Evaluierungen rechtzeitig einreichen.*
>
> *Da es sich um vertrauliche Personalthemen handelt, kümmere ich mich persönlich darum. Die Evaluierungsgespräche habe ich bereits letzten Monat geführt und dokumentiert. Es verbleibt lediglich die Eintragung ins HR-Portal, das erst ab nächster Woche offen ist, wie aus der Rundmail in Vorgang Nr. 3 hervorgeht. Somit kann ich das nicht mehr vor meiner Reise erledigen, kann es aber auch nicht delegieren und nach meiner Rückkehr findet sofort die wichtige Innovationsmesse statt, sodass mir nur zwei Tage Zeit für die Eintragung bleiben. Das sollte zwar möglich sein, ist mir für ein so wichtiges Thema aber zu knapp, insbesondere falls noch etwas dazwischenkommt.*
>
> *Ich habe mir im Kalender einen halben Tag für die Eintragungen geblockt. Gleichzeitig schreibe ich ergänzend die HR-Leitung an, erläutere meine Situation und frage, ob ich die Eintragungen für mein Team auch noch einige Tage später machen kann. Für das Verfassen dieser E-Mail habe ich mir fünf Minuten heute am späten Nachmittag eingeplant, wenn ich ohnehin diverse Mitteilungen am PC schreibe."*

Zusammenfassung «

- Die Postkorbübung ist in Einstiegs- und Standard-Assessments sehr beliebt. In Führungs-Assessments kommt sie nur selten vor.
- Die Postkorbübung simuliert Entscheidungen aus dem operativen Berufsalltag anhand von einer Vielzahl an E-Mails, Nachrichten, Dokumenten und Notizen, aus denen Sie Handlungen ableiten müssen.
- Verschaffen Sie sich zunächst einen Überblick über das gesamte Material. Oft verbergen sich weiter hinten wichtige Informationen.
- Erkennen und dokumentieren Sie Zusammenhänge zwischen einzelnen Materialien.
- Erstellen Sie Arbeitshilfen wie eine Entscheidungsliste oder einen Kalender, sofern diese nicht schon vorgegeben sind.

- Bewerten Sie alle Vorgänge nach ihrer Priorität oder nach ihrer Wichtigkeit und Dringlichkeit, um strukturierte Abwägungen vorzunehmen.
- Treffen Sie Entscheidungen im Unternehmenssinne und dokumentieren Sie diese.
- Nutzen Sie das volle Spektrum an Handlungsoptionen, das Ihnen auch im Berufsalltag zur Verfügung steht. Sie können Nachrichten ignorieren, Termine absagen oder verschieben, Aufgaben delegieren oder andere um Hilfe bitten, Dinge jetzt oder später erledigen oder kreative Lösungen entwickeln.
- Denken Sie daran, dass Ihre Entscheidungen Konsequenzen für andere haben. Informieren Sie aktiv über die Gründe Ihrer Handlungen.

Eine Zusammenfassung dieses Kapitels mit persönlichen Empfehlungen des Autors finden Sie im Video-Begleitmaterial: stark-verlag.de/qrcode/b20701_12

Übungsaufgabe

Postkorbübung „Zwischen zwei Dienstreisen"

Aufgabenstellung

Es ist Mittwoch, 9. Mai, 15:30 Uhr. Sie sind Ulrike Kaschemke, Mutter von zwei Kindern und Abteilungsleiterin der Gumfix AG. Die Gumfix AG ist in der Kunststoffindustrie tätig. Sie kommen gerade von einer mehrtägigen Geschäftsreise aus Frankreich zurück, während der Sie weder telefonisch noch per E-Mail erreichbar waren.

Sie sind direkt vom Flughafen ins Büro gefahren, um ein paar Dinge zu erledigen. Morgen früh müssen Sie zu einer einwöchigen Reise nach China aufbrechen, während der Sie wieder nicht erreichbar sind.

Von unterwegs können Sie nichts regeln, da Sie aus Gründen der IT-Sicherheit einen nicht mit dem Firmennetzwerk verbundenen Austauschlaptop für Ihre Präsentationen in China nutzen müssen. Sie kommen erst am nächsten Donnerstag, 17. Mai, um 8:00 Uhr wieder in Deutschland an.

Bearbeiten Sie innerhalb der nächsten 30 Minuten Ihren Postkorb und Ihre Mailbox. Entscheiden Sie, wie Sie mit den darin enthaltenen Nachrichten umgehen.

Mit folgenden Personen haben Sie regelmäßig zu tun:
Michael – Ihr Ehemann
Florian – Ihr Sohn, 17 Jahre
Marion – Ihre Tochter, 16 Jahre
Clarissa – die Haushaltshilfe
Herr Jung – Ihr Sekretär im Büro
Herr Kolb – Ihr Vorgesetzter

Die in den Nachrichten angegebene Bearbeitungsdauer für die einzelnen Aufgaben lässt sich nicht verändern. Die Geschäfte, Banken und Ämter im Ort schließen alle um 18:00 Uhr. Ihr Flug morgen geht bereits vor Geschäftsöffnung um 8:00 Uhr. Sie haben 30 Minuten Zeit, um sich zu sortieren. Danach können Sie zwischen 16:00 und 18:00 Uhr Dinge erledigen. Der anschließende Abend steht Ihnen nicht zum Arbeiten zur Verfügung.

Notieren Sie sich zu jedem Vorgang, wie Sie damit umgehen und warum. Im Anschluss an die Bearbeitung stellen Sie Ihre Entscheidungen bitte den Assessoren vor.

Postkorb

1. Sprachnachricht von Ihrem Dienstleister

Sehr geehrte Frau Kaschemke,

unser Ansprechpartner bei der National Railroad in China, Herr Meng-Liao Cheng, den wir übermorgen treffen, hat mich gerade informiert, dass die Delegation neben der bisher geplanten allgemeinen Unternehmenspräsentation der Gumfix AG gerne spezifisch mehr über Ihre Schmierölsparte erfahren möchte. Offenbar hat die National Railroad aktuell mit Problemen in der Lieferkette zu kämpfen und sucht kurzfristig neue Lösungen. Sie haben unseren Termin dafür bereits um eine Stunde verlängert.

Bitte geben Sie mir eine kurze Rückmeldung, ob ich die Anfrage positiv beantworten darf.

Freundliche Grüße
Stefanie Lang
Intercultural Communication & Business Transaction Consultant
Door to Asia Ltd.

[Recherche der notwendigen Informationen, damit Sie den Bereich kompetent vorstellen können: 45 Minuten
Vorbereitung der Präsentation: 2 Stunden]

2. E-Mail von Herrn Kolb

Liebe Frau Kaschemke,

die letzten Quartalszahlen sahen ja hervorragend aus! Können Sie mir bitte noch eine kommentierte Fassung zukommen lassen? Das hilft mir immer sehr, die Ursachen für die ausgezeichneten Werte besser zu verstehen. Das sollte nicht länger als eine halbe Stunde dauern, oder?

Danke und viele Grüße
Theodor Kolb

3. Nachricht von der Werkstatt

Hallo Frau Kaschemke!

Ihr Wagen ist fertig! Bitte kommen Sie vorbei, um ihn abzuholen. Wir benötigen dann auch bitte den Ersatzwagen zurück, mit dem Sie gerade unterwegs sind.
Beachten Sie bitte auch, dass wir von Donnerstag bis einschließlich Dienstag nächster Woche Betriebsferien haben. Ihren Wagen müssen Sie also vorher abgeholt haben.

Herzlichst
Ihr ABS Autoservice

4. Brief von der Bank

Sehr geehrte Frau Kaschemke,

wir haben auf Ihrer Kreditkarte auffällige Buchungen in Frankreich registriert und Ihre Karte daher sicherheitshalber gesperrt. Eine neue Karte haben wir bereits für Sie beantragt und sie liegt in unserer Filiale für Sie zur persönlichen Abholung bereit. Selbstverständlich sind die bis jetzt angefallenen Buchungen versichert.
Bitte prüfen Sie auf Ihrer Kreditkartenabrechnung eventuelle nicht ordnungsgemäß gebuchte Umsätze und setzen Sie sich ggf. mit uns in Verbindung. Bitte holen Sie die neue Karte in den nächsten Tagen bei uns ab.

Mit freundlichen Grüßen
K. Rosemann
Filialleiter

5. Brief von der Schule

Sehr geehrte Frau Kaschemke,
sehr geehrter Herr Kaschemke,

mit Beunruhigung mussten wir feststellen, dass Ihre Tochter Marion im letzten Monat viermal unentschuldigt dem Unterricht ferngeblieben ist. Wir möchten Sie hiermit dringend darauf hinweisen, dass ein weiteres unentschuldigtes Fernbleiben Ihrer Tochter vom Unterricht eine sofortige Suspendierung nach sich ziehen kann.
Wir bitten Sie daher, zusammen mit Ihrer Tochter am Donnerstag, 17. Mai, um 16:00 Uhr zu einem persönlichen Gespräch in unsere Schule zu kommen.

Mit freundlichen Grüßen
OStR K.H. Semmlmair
Schulleiter

6. Nachricht von Mann Michael auf der Mailbox

Du, Schatz,

ich habe völlig vergessen, den Blumenstrauß für Clarissa abzuholen. Die hat doch morgen Geburtstag! Ich habe einen Strauß für 30 € bei Blumen Reuter bestellt. Kaufst Du bitte noch eine Karte dazu und unterschreibst für uns beide? Schließlich versorgt sie uns jeden Tag nach vollen Kräften. Du kannst ihr den Strauß einfach hinstellen. Dann freut sie sich, wenn sie morgen kommt.

Danke, und nicht vergessen!
Michael

7. Sprachnachricht von Florian

Hallo Mama,

kannst Du mich nach dem Fußballtraining heute bitte zu meinem Kumpel Stefan fahren? Ich würde dann gerne auch bei ihm übernachten. Von dort aus nehme ich dann einfach morgen zusammen mit Stefan den Bus nach Hause. Ist das okay für Dich? Stefans Mutter weiß schon Bescheid und hat nichts dagegen.

Bis nachher!
Flo

8. Nachricht von Clarissa

Hallo Frau Kaschemke,

da ich heute Nachmittag, wie mit Ihrem Mann besprochen, nicht da bin, hier ein paar wichtige Infos:

Der Gärtner war da und braucht von Ihnen nun dringend die Entscheidung, ob die Hecke vorne stehen bleiben soll oder nicht. Er möchte am Freitag die Änderungen umsetzen und hat dafür schon Zeit geblockt.
Für die Umbauarbeiten wird dringend eine neue Schaufel benötigt.
Ihr Nachbar Herr Schambach war heute schon zum dritten Mal da. Er bittet dringend um einen Rückruf, um das Nachbarschaftsfest im Juni zu planen. Sie haben sich ja freiwillig dafür gemeldet, bei der Planung zu helfen. Er sagte, dass er in den nächsten zwei Tagen damit rechnet, mit Ihnen zu sprechen. Die Planung würde nur eine halbe Stunde dauern; die hätten Sie ja wohl, sagt er.

Ich habe heute versucht, Ihre schwarzen Stöckelschuhe vom Schuster zu holen, die Sie zu Ihrem schwarzen Kleid auf dem Empfang in China anziehen wollen. Leider ist der Schuster wohl krank, denn sein Laden war heute Morgen zu.
Der Zeitungsbote war heute zum Kassieren da. Ich habe Ihr Abo bezahlt und dafür 130 € ausgelegt. Bitte geben Sie mir morgen das Geld zurück.

Viele Grüße
Clarissa

9. Notiz von Herrn Jung

Hallo Frau Kaschemke,

willkommen zurück!
Hier ging es mal wieder drunter und drüber, als Sie nicht da waren.
Herr Cumberly von Forham Ltd. hat mehrfach versucht, Sie zu erreichen. Er meldet sich wieder.
Frau Gross von Hammersen & Sohn KG hat auch mehrfach angerufen und bittet um Rückruf. Sie sagte, es sei dringend (10 Minuten).
Das Angebot für Jürgens, Löffler und Schmidt habe ich zusammengestellt. Es liegt auf Ihrem Schreibtisch (70 Seiten). Bitte schauen Sie es durch und geben Sie mir dann Ihr Okay. Schließlich ist die Deadline dafür schon Ende nächster Woche (30 Minuten).

Herr Kolb hat Ihnen einen Mittagessenstermin für nächsten Freitag (18. Mai) eingestellt, von 12:00 bis 13:00 Uhr. Da will er mit Ihnen den Status der neuen Internetplattform besprechen.
Die Werkstatt hat angerufen. Anscheinend war Ihr Wagen kaputt oder so. Das habe ich nicht so ganz verstanden. Auf jeden Fall sollen Sie mal zurückrufen (5 Minuten).
Die Urlaubsanträge (5 Minuten) und Spesenabrechnungen (5 Minuten) aus dem Team liegen zur Unterschrift auf Ihrem Schreibtisch.
Herr Lohse aus der Finanzabteilung war am Dienstag hier und möchte Sie noch diese Woche sprechen (30 Minuten).
Außerdem sind die Monatsreports unserer Beteiligungen gekommen. Die können Sie wie immer durchschauen (30 Minuten). Herr Kolb würde sich über eine kurze Zusammenfassung sehr freuen.
Ich glaube, das war es fürs Erste.

Viele Grüße
Gregor Jung

10. Mailboxnachricht der Forham Ltd.

Dear Mrs. Kaschemke,

Thank you very much for meeting with us at your headquarters in April and for the detailed product information you supplied to us afterwards. It was a pleasure discussing your business proposal.
We are very happy to inform you that you are one of only two suppliers to make it into our final selection and bid for a 3-year supply deal, with a volume of approximately 10 million units in total.
Please fill in the attached offer form and supply all necessary documentation by May 11th; we are very much looking forward to receiving your bid.

Yours sincerely
Graham Cumberly
CEO Forham Ltd.

[eigenes Ausfüllen des Formulars: 45 Minuten
Ausfüllen des Formulars, wenn Herr Jung es übernimmt: 1 Stunde 30 Minuten (Briefing an Herrn Jung: 15 Minuten)
Zusammenstellen weiterer Dokumente (egal, wer es macht): 2 Stunden 30 Minuten]

11. Mailboxnachricht von Herrn Jung

Hallo Frau Kaschemke,

ich bin es nochmal. Eine Redakteurin der „Kunststoff heute" hat angerufen und würde gerne ein zweiseitiges Interview mit Ihnen über unsere neue Produktlinie machen. Es soll noch in die Juniausgabe, daher sei es etwas eilig, sagte sie.

Viele Grüße
Gregor Jung

[Dauer des Interviews: 30 Minuten]

12. E-Mail von Herrn Kolb

Liebe Frau Kaschemke,

bitte bereiten Sie mir die Verkaufszahlen Januar bis Mai kumuliert und im Vergleich zum Vorjahr auf. Ich brauche sie für ein wichtiges Branchenmeeting an diesem Freitag (11. Mai).

Danke und viele Grüße
Theodor Kolb

[Dauer: 20 Minuten]

13. Brief vom Anwalt

Sehr geehrte Frau Kaschemke,

nachdem der Verkehrsunfall nun schon eine ganze Weile zurückliegt, haben wir endlich eine Einigung mit der gegnerischen Partei, Herrn Dortmann, erzielen können. Ihre Versicherung kommt für die Einigungssumme in voller Höhe auf, sodass wir die Angelegenheit dann für beendet erklären können.
Dafür bitten wir Sie zur Regelung der Formalien am Freitag, 18. Mai, um 12:30 Uhr in unserer Kanzlei vorbeizukommen. Herr Dortmann wird ebenfalls anwesend sein.

Mit freundlichen Grüßen
RA Frank Hamann

14. Brief vom Verein der Freunde und Förderer des Handballs

Liebe Freunde und Förderer des Handballs!

Wieder geht eine spannende Saison zu Ende! Die Schwalbacher Huskys haben es wieder allen gezeigt und sich in den letzten Monaten bis auf Platz vier vorgekämpft.
Besondere Highlights der Saison waren das 14:10 gegen den Hohensteiner SV sowie der „Krimi von Talbach" beim 19:18 gegen unsere sportlichen Erzrivalen.
Was für eine Saison!
Um dies alles zu feiern, freuen wir uns, euch am Samstag, 19. Mai, ab 20:00 Uhr zu einem Grillfest am Sportplatz Schwalbach einladen zu dürfen.

Wir freuen uns auf euer Kommen!
Ludwig Ter Heide
1. Vorsitzender SV Schwalbach

15. Brief von Onkel Thomas

Hallo meine liebe Ulrike,

wir haben so häufig darüber gesprochen und jetzt habe ich es endlich gemacht: Ich habe ein Zugticket gekauft und komme Euch in München besuchen! Mein Zug kommt schon am Mittwoch (16. 5.) abends um 19:23 Uhr an (war besonders günstig!) und ich kann bis Sonntagmittag bleiben.
Kannst Du mich bitte vom Bahnhof abholen? Ich freue mich so, Dich und die Kinder zu sehen!

Bis Mittwoch und liebe Grüße
Onkel Thomas

16. E-Mail von Michael

Hallo Schatz!

Überraschung! Ich habe uns im Internet zwei Karten für das Sting-Konzert am 19. Mai ersteigert! Davor lade ich Dich zum Essen ein, damit wir unseren Hochzeitstag auch gebührend feiern.

Hab' Dich lieb!
Michael

17. Kalender

Mo	Di	Mi	Do	Fr	Sa	So
30. April	1. Mai	2. Mai	3. Mai	4. Mai	5. Mai	6. Mai
7. Mai	8. Mai	9. Mai	10. Mai	11. Mai	12. Mai	13. Mai
14. Mai	15. Mai	16. Mai	17. Mai 8:00 Rückkehr aus China 16:00 Kranken-gymnastik (30 Minuten)	18. Mai	19. Mai	20. Mai
21. Mai	22. Mai	23. Mai	24. Mai	25. Mai	26. Mai	27. Mai
28. Mai	29. Mai	30. Mai	31. Mai	1. Juni	2. Juni	3. Juni

Einen Lösungsvorschlag können Sie auf Seite 318 ff. nachlesen.

» Persönlichkeitstests und kognitive Leistungstests

Bedeutung: ■ ■ ■ ■ □

wird angewendet bei:		andere Bezeichnungen für Persönlichkeitstests:
Führungskräfte-ACs	✓	*Psychologische Testverfahren, Biografischer Fragebogen*
Standard-ACs	✓	*Eignungstest, Einstellungstest, Logiktest, Analytiktest,*
Online-ACs	✓	*Numerisches Schlussfolgern, Intelligenztest*

Was sind Persönlichkeitstests und kognitive Leistungstests?

In vielen Assessment-Centern werden als Ergänzung zu den klassischen AC-Aufgaben **automatisierte Testverfahren** eingesetzt. Diese sollen für die relevanten Beurteilungskriterien einen vermeintlich **objektiven Messwert** liefern. Idealerweise passen die Ergebnisse der Tests zu den Eindrücken, die die Assessoren von Ihnen im AC gewinnen.

Tests werden meist **elektronisch vor dem eigentlichen AC-Termin** durchgeführt. Sie erhalten einen Zugangslink und absolvieren den Test einige Tage vor dem Assessment-Center. Seltener werden die Tests unter Aufsicht vor Ort durchgeführt. In beiden Fällen bearbeiten Sie die Aufgaben in der Regel an einem Computer und klicken die zutreffende Antwort in einer vorgegebenen Auswahl an. Die früher verbreiteten Ankreuztests auf Papier gibt es kaum noch.

TIPP: ***Bereiten Sie sich auf die gängigen Tests vor, um von einer kurzfristigen Einladung nicht überrascht zu werden.***

Die Vielfalt an möglichen Tests und Testinhalten ist beträchtlich. Es gibt Intelligenz-, Allgemein- und Fachwissenstests, Konzentrationstests, Fremdsprachen- und Sprachverständnistests, Tests zum räumlichen, logischen oder analytischen Denkvermögen, zur Motivation, zu Werten und Normen, Verhaltensweisen oder Charaktereigenschaften. Sie werden in Ihrem AC nur auf eine kleine Auswahl davon treffen. Die Unternehmen suchen einzelne Tests aus, die für die ausgeschriebene Position besonders relevant sind. Häufig wird ein Persönlichkeitstest mit ein oder zwei kognitiven Leistungstests kombiniert.

Grundsätzlich unterscheidet man zwischen zwei wesentlichen Testarten: Persönlichkeitstests und kognitiven Leistungstests.

Ablauf eines Persönlichkeits- oder Leistungstests		
Test	🕒	ca. 10–60 Minuten

Persönlichkeitstests

Bei **Persönlichkeitstests** geht es darum, Ihre beruflich relevanten Charaktereigenschaften und Persönlichkeitsmerkmale herauszufinden und dadurch mehr über Ihr Wesen, Ihre Einstellungen, Neigungen und Werte zu erfahren. Dies dient dazu, Ihr Profil mit den Anforderungen der Stelle abzugleichen. Zudem soll Ihre subjektiv beobachtete Leistung im Assessment-Center mit einer objektiven wissenschaftlichen Auswertung validiert werden. Der Persönlichkeitstest ist also ein weiteres Puzzleteil zur Gesamtbewertung Ihrer Person.

TIPP: ***Persönlichkeitstests können spontan ohne Vorbereitung absolviert werden.***

Persönlichkeitstests können Ihre Persönlichkeit nicht in ihrer ganzen Komplexität erfassen oder gar messen. Sie erlauben lediglich eine Tendenzaussage über Ihre Wertvorstellungen oder Ihr wahrscheinliches Verhalten in bestimmten Situationen.

Die Tests folgen wissenschaftlichen Standards. Sie sind also nicht mit den ähnlich betitelten Selbsttests aus Zeitschriften („Welcher Typ bin ich?") vergleichbar. Häufig müssen Sie innerhalb eines Tests 100 oder 200 Fragen beantworten, indem Sie aus vorgegebenen Antworten wählen (Multiple Choice) oder sich auf einer Skala (z. B. 1 bis 5) einstufen.

Persönlichkeitstests haben keine eindeutige richtige Lösung. Die Assessoren gleichen Ihr Profil mit den Anforderungen an die Stelle ab und werden Ihre Testergebnisse bei der Beobachtung Ihres Verhaltens im AC miteinbeziehen.

Typische in Persönlichkeitstests **geprüfte Merkmale** sind:

- Leistungsorientierung
- Extroversion
- Empathie
- Sach- versus Personenfokussierung
- Durchsetzungsstärke

- Integrität
- Handlungsorientierung
- Gewissenhaftigkeit
- Flexibilität
- Emotionale Stabilität

Kognitive Leistungstests

TIPP: *Auf kognitive Leistungstests sollten Sie sich vorbereiten und diese vorab üben.*

Die zweite große Kategorie sind die **kognitiven Leistungstests**. Dazu gehören alle Arten von Tests, die Ihre kognitiven Fähigkeiten wie analytisches Denken, Erkennen von Mustern, logisches Denken, Abstraktionsfähigkeit, Allgemeinwissen, Fremdsprachen, Rechtschreibung, Intelligenz oder Konzentrationsfähigkeit prüfen.

Leistungstests können im Assessment-Center eine große Bandbreite des menschlichen Denkvermögens abfragen und in unzähligen Variationen gestellt werden. Zum Messen Ihrer intellektuellen Möglichkeiten beurteilt man Ihre figuralen, numeralen und verbalen Fähigkeiten. Sie werden zum Beispiel aufgefordert, gegebene geometrische Figuren zu ergänzen, Zahlenreihen logisch fortzusetzen und Analogien zwischen Wörtern zu erkennen.

In Leistungstests herrscht **sehr hoher Zeitdruck**. Ihnen stehen für jede Frage meist nur 30–60 Sekunden zur Verfügung. In dieser Zeit müssen Sie die Aufgabe verstehen, analysieren und die richtige Antwort aus einer Vorauswahl auswählen (Multiple Choice). Die Bearbeitungszeit wird entweder pro Frage (z. B. 30 Sekunden) oder für die gesamte Testbearbeitung (z. B. 20 Minuten für 40 Fragen) festgelegt. Oft sind die Testdauer und der Schwierigkeitsgrad der Aufgaben so gewählt, dass selbst hervorragende Kandidaten in der vorgesehenen Zeit nicht alle Fragen beantworten können. Es liegt aber auf der Hand, dass Sie eine möglichst große Anzahl an Fragen korrekt beantworten sollten.

In kognitiven Leistungstests gibt es nur **eindeutig richtige oder falsche Antworten**. Das ermöglicht eine automatische Auswertung und den direkten Vergleich zwischen allen Kandidaten und früheren Testteilnehmern.

Manche Unternehmen definieren einen zu erreichenden Mindeststandard (z. B. 70 % aller Fragen korrekt beantwortet), der erreicht werden muss, um für eine Einstellung in Frage zu kommen. Andere vergleichen eine Gruppe von Bewerbern miteinander, von denen nur die besten 50 % eine Runde weiterkommen. Diese beiden Verfahren werden insbesondere bei Einstiegspositionen gerne genutzt, auf die sich eine große Anzahl ähnlich qualifizierter Kandidaten bewirbt. In diesen Fällen wird noch vor einer Einladung zum Assessment-Center durch einen Leistungstest vorausgewählt.

Das dritte Verfahren bezieht die Ergebnisse des Leistungstests flexibel in die Assessment-Center-Auswertung mit ein. Dort gibt es kein Ausschlusskriterium, sondern die Testergebnisse sind nur ein Bestandteil der Gesamtbewertung. Dies ist bei Fach- und Führungskräfte-ACs häufig der Fall.

Leistungstests prüfen insbesondere folgende **Kriterien**:

- Logisches Denken
- Analytische Fähigkeiten
- Sorgfalt
- Bearbeitungsgeschwindigkeit
- Abstraktionsfähigkeit
- Kombinationsfähigkeit
- Umgang mit Druck
- Arbeitsorganisation
- Belastbarkeit

Wie laufen Persönlichkeitstests ab?

Der Ablauf von Persönlichkeitstests ist denkbar einfach. Sie bewerten Aussagen, indem Sie den Grad Ihrer Zustimmung auf einer Skala auswählen. Dabei gibt es oft keine Zeitvorgabe.

Zu jedem Beurteilungskriterium gibt es mehrere Fragen, um die Validität der Antworten sicherzustellen und Ausreißer, Missverständnisse oder taktisches Vorgehen auszuschließen.

Beispiel

1 = stimme überhaupt nicht zu, 5 = stimme voll und ganz zu

a Ich bin gesellig und entspanne gerne in guter Gesellschaft.	1	2	3	4	5
b Ich ziehe einen ruhigen Abend auf der Couch einer Party mit Freunden vor.	1	2	3	4	5
c Manchmal habe ich keine Lust, mich mit anderen abstimmen zu müssen.	1	2	3	4	5
d Vor einer großen Menschenmenge zu sprechen ist für mich kein Problem.	1	2	3	4	5
e Ich mag lange und tiefgründige Gespräche über die großen Fragen des Lebens.	1	2	3	4	5

Im Beispiel oben zielen alle fünf Fragen auf das Persönlichkeitsmerkmal *Extrovertiert–Introvertiert* ab. Im Test wäre das nicht offengelegt und die Aussagen wären mit solchen zu anderen Merkmalen gemischt. Eine aussagekräftige Auswertung ist dann möglich, wenn Ihre Antworten über alle Fragen zu diesem Merkmal hinweg dieselbe Tendenz zeigen. Ein stereotypes stark extrovertiertes Profil (a5, b1, c1, d5, e1) unterscheidet sich von einem stereotypen stark introvertierten Profil (a1, b5, c5, d1, e5). Sie merken an diesen Beispielen, dass Persönlichkeitstests in hohem Maße mit gedanklichen Schubladen arbeiten, in die die Kandidaten einsortiert werden sollen. Natürlich gibt es extrovertierte Menschen, denen tiefgründige Gespräche gefallen, und introvertierte Menschen, die ohne Probleme vor großen Menschenmengen sprechen. Genau darin liegt das Problem der Persönlichkeitstests. Eine klare Einsortierung in 100 % extro- oder introvertiert rein auf Basis einiger ausgewählter Fragen ist schwer bis unmöglich. Daher sind die Ergebnisse dieser Tests nur Tendenzaussagen und entsprechend vorsichtig zu interpretieren. In der Auswertung werden Kennzahlen gebildet und Ihre Werte werden mit denen von unzähligen anderen Testteilnehmenden verglichen. Erreichen Sie auf der Extroversion-Skala beispielsweise einen Wert von 3,9 von 5,0, gegenüber einem Durchschnittswert aller Teilnehmenden von 3,6, wird man Sie als „eher extrovertiert als introvertiert“ einstufen.

Im Folgenden stelle ich Ihnen die im Assessment-Center am häufigsten verwendeten Persönlichkeitstests kurz vor.

Big Five

Der Big Five-Persönlichkeitstest misst fünf Persönlichkeitsmerkmale.

- **Offenheit für Neues:** die Fähigkeit einer Person, neue Erfahrungen und Ideen anzunehmen
- **Gewissenhaftigkeit:** wie sorgfältig und verantwortungsbewusst eine Person ist
- **Extraversion:** wie gesellig und kontaktfreudig eine Person ist
- **Verträglichkeit:** wie kooperativ und mitfühlend eine Person ist
- **Neurotizismus:** wie emotional stabil oder instabil eine Person ist

Der Test wird als Fragebogen präsentiert, in dem die Teilnehmenden auf einer Fünfer-Skala bewerten, inwiefern eine Aussage zutrifft. Die Anzahl der Fragen kann je nach Version variieren; rechnen Sie mit ca. 50 Fragen. Der Big-Five-Test ist einer der am häufigsten verwendeten Persönlichkeitstests in der Psychologie und wird oft in der Personalentwicklung eingesetzt.

Bochumer Inventar zur berufsbezogenen Persönlichkeitsbeschreibung (BIP)

Im Gegensatz zu anderen Tests, die eine allgemeine Bewertung der Persönlichkeit vornehmen, bietet das Bochumer Inventar zur berufsbezogenen Persönlichkeitsbeschreibung (BIP) eine spezifische Einschätzung der berufsrelevanten Persönlichkeitsmerkmale. Es wurde speziell für diesen Zweck entwickelt.

Der Test besteht aus Skalen, die in vier Hauptdimensionen gruppiert sind. Jede Skala wird anhand von mehreren Fragen gemessen. Die Hauptkategorien mit beispielhaften Skalen und dazugehörigen Fragenkategorien sind:

- **Berufliche Orientierung:** Leistungsmotivation, Gestaltungsmotivation, Führungsmotivation, Wettbewerbsorientierung
- **Arbeitsverhalten:** Gewissenhaftigkeit, Flexibilität, Handlungsorientierung, Analyseorientierung
- **Soziale Kompetenzen:** Sensitivität, Kontaktfähigkeit, Soziabilität, Teamorientierung, Durchsetzungsstärke, Begeisterungsfähigkeit
- **Psychische Konstitution:** emotionale Stabilität, Belastbarkeit, Selbstbewusstsein

Rechnen Sie mit über 200 Fragen, die Sie auf einer Sechser-Skala beantworten, was rund eine Stunde beansprucht. Der BIP-Test ist ein weitverbreiteter Persönlichkeitstest, der häufig in der Assessment-Center-Praxis eingesetzt wird.

Freiburger Persönlichkeitsinventar (FPI)

Das Freiburger Persönlichkeitsinventar (FPI) ist ein Persönlichkeitstest mit 138 Aussagen, welche die Testpersonen auf einer Fünfer-Skala von „stimme überhaupt nicht zu“ bis „stimme völlig zu“ beantworten. Das Ausfüllen dauert etwa eine halbe Stunde.

Das FPI bewertet in seiner am weitesten verbreiteten Version verschiedene Persönlichkeitsmerkmale, die in zwölf Skalen zusammengefasst werden: Lebenszufriedenheit, soziale Orientierung, Leistungsorientierung, Gehemmtheit, Erregbarkeit, Aggressivität, Beanspruchung, körperliche Beschwerden, Gesundheitssorgen, Offenheit, Extraversion und Emotionalität.

Myers-Briggs/16-Persönlichkeits-Faktoren

Der Myers-Briggs-Persönlichkeitstest, auch Myers-Briggs-Typenindikator genannt, bezieht sich auf vier Hauptdimensionen der Persönlichkeit, die jeweils in zwei entgegengesetzte Pole unterteilt sind.

- **Extraversion (E) versus Introversion (I):** Diese Dimension misst, ob eine Person eher extrovertiert und gesellig oder introvertiert und zurückhaltend ist.
- **Sensing (S) versus Intuition (N):** Diese Dimension misst, ob eine Person eher auf Fakten und konkrete Details oder auf abstrakte Ideen und Möglichkeiten fokussiert ist.
- **Thinking (T) versus Feeling (F):** Diese Dimension misst, ob eine Person eher logisch und analytisch oder emotional und empathisch denkt und handelt.
- **Judging (J) versus Perceiving (P):** Diese Dimension misst, ob eine Person eher organisiert und planungsorientiert oder flexibel und spontan ist.

Der Test besteht aus einer Reihe von Fragen, bei denen die Teilnehmenden angeben, welcher der beiden Pole jeder Dimension auf sie am ehesten zutrifft. Sie haben also nur die Wahl zwischen den Antwortmöglichkeiten „trifft zu" oder „trifft nicht zu". Auf Basis der Antworten wird ein vierstelliger Code erzeugt, der die Präferenzen der Person in jeder Dimension widerspiegelt (z. B. ISTJ für Introverted, Sensing, Thinking, Judging). Durch die 16 möglichen Kombinationen werden auf dem Myers-Briggs-Modell basierende Tests auch als 16-Persönlichkeits-Faktoren-Tests bezeichnet. Die Ergebnisse können verwendet werden, um ein besseres Verständnis der Unterschiede zwischen Kandidaten für die zu besetzende Stelle zu gewinnen.

DISG

Der DISG-Persönlichkeitstest (im Englischen: DISC) zielt darauf ab, die Persönlichkeit anhand von vier Hauptdimensionen zu bewerten:

- **Dominanz (D):** die Tendenz einer Person, Entscheidungen zu treffen und die Kontrolle zu übernehmen
- **Initiative (I):** die Tendenz einer Person, soziale Interaktionen zu nutzen und andere zu beeinflussen
- **Stetigkeit (S):** die Tendenz einer Person, eine ruhige und stabile Umgebung zu bevorzugen und Veränderungen zu vermeiden
- **Gewissenhaftigkeit (G):** die Tendenz einer Person, organisiert und diszipliniert zu sein und nach klaren Regeln und Standards zu handeln

Sie bewerten während des DISG-Tests auf einer Fünfer-Skala, wie sehr eine Aussage auf Sie zutrifft. Der Test erzeugt aus Ihren Antworten einen Ausprägungswert für jede der Dimensionen. Die ein bis zwei ausgeprägtesten Dimensionen werden zur Typisierung Ihres Profils genutzt. Beispielsweise könnten Sie als Dominant-Initiativ oder Initiativ-Gewissenhaft beschrieben werden.

Wie beantworte ich Persönlichkeitstests?

Es ist hilfreich, die eigene Persönlichkeit zu kennen. Wer bin ich? Wie verhalte ich mich in bestimmten Situationen? Je besser Sie sich selbst kennen, desto leichter wird Ihnen die Beantwortung der Fragen fallen. Vielleicht haben Sie schon einmal auf einer Fortbildung einen Persönlichkeitstest absolviert. Doch auch wenn Sie in Ihrem Assessment-Center zum ersten Mal auf diese Testart treffen, haben Sie keine Nachteile. Bei Persönlichkeitstests gibt es kaum einen Lerneffekt durch vorige Durchgänge. Zudem stehen Sie in der Regel nicht unter Zeitdruck.

TIPP: ***Beantworten Sie Persönlichkeitstests ehrlich und spontan.***

Meine Empfehlung an Sie ist, Persönlichkeitstests **spontan, offen und ehrlich** zu beantworten. Lassen Sie sich auf die Kategorisierung Ihres Profils ein und kreuzen Sie Ihre Zustimmung zu den Aussagen wahrheitsgemäß an. Bei Persönlichkeitstests dürfen Sie sich von Ihrem **Bauchgefühl** leiten lassen.

Taktisches Antworten ist ohnehin nur in geringem Maße möglich und sinnvoll. Moderne Tests sind so aufgebaut, dass Ihnen **mehrere Fragen zu jeder Eigenschaft** gestellt werden. Dabei ist nicht immer klar erkennbar, um welchen Bereich es gerade geht. Bei über 200 Fragen in einigen Tests ist es praktisch unmöglich, jede Frage taktisch zu beantworten und dabei über alle Antworten hinweg konsistent zu bleiben. Widersprüche, Inkonsistenz oder andere Auffälligkeiten in Ihrem Antwortverhalten schaden Ihnen mehr, als Ihnen eine unentdeckte unehrliche Ankreuztaktik nützen würde.

Zudem werden **Kontrollfragen** eingesetzt, um Ihre Ehrlichkeit im Antwortverhalten auf die Probe zu stellen. Dazu gehören Umformulierungen und umgedrehte Skalen, bei denen Sie für konsistente Antworten mal große Zustimmung *(„Pünktlichkeit ist mir sehr wichtig.")* und mal große Ablehnung *(„Unpünktlichkeit kann ich gut tolerieren.")* signalisieren müssen. Andere Fragen müssen alle ehrlichen Testteilnehmenden mit *Ja („Manchmal gelingt mir etwas nicht.")* oder *Nein („Ich habe noch nie im Arbeitsumfeld gelogen.")* beantworten.

Abweichungen zwischen Ihrem Eigen- und Fremdbild, also zwischen Ihren Testergebnissen und Ihrem beobachtbaren Verhalten im Assessment-Center, können für die Assessoren interessante Gesprächsthemen im Interview sein.

Das größte Problem einer taktischen Antwortweise ist allerdings, dass Sie bei Ihrem zukünftigen Arbeitgeber falsche Erwartungen wecken. Er stellt Sie möglicherweise aufgrund eines Profils ein, das Sie gar nicht haben. Das Unternehmen wird dann von Ihnen enttäuscht sein und Sie werden in einer Position, die nicht zu Ihrem Profil passt, ebenfalls nicht langfristig glücklich. Sehen Sie daher davon ab, sich im Persönlichkeitstest anders darzustellen, als Sie sind.

Sie werden bei einigen Fragen feststellen, dass die präzise Beantwortung nicht einfach ist. Sollen Sie einen Extremwert nehmen (z. B. 5 von 5) oder passt eine etwas abgeschwächte Form (z. B. 4 von 5) besser? In diesem Fall dürfen Sie sich für die Tendenz entscheiden, die am ehesten dem gesellschaftlich erwarteten Normalbild entspricht. Sich als komplette Einzelkämpferin oder Eigenbrötler zu zeigen, ist beispielsweise nicht ideal. Wenn Sie zwischen zwei Antwortmöglichkeiten schwanken, sollten Sie sich daher positiv, aber weiterhin realistisch darstellen.

Wie laufen kognitive Leistungstests ab?

Kognitive Leistungstests zeichnen sich durch ihre knapp bemessene Bearbeitungszeit aus. Sie werden bei der Bearbeitung mit Sicherheit unter Zeitdruck geraten. Das ist beabsichtigt. Ebenso ist es gewollt, dass Sie in vielen Tests mit mehr Aufgaben konfrontiert werden, als Sie in der Bearbeitungszeit schaffen können. Einmal angefangen, kann der Leistungstest nicht unterbrochen werden. Sie müssen ihn in einem Rutsch absolvieren.

TIPP: ***Je nach Karrierelevel variiert die Art der eingesetzten Tests.***

Im Folgenden stelle ich Ihnen ausgewählte Aufgabenarten aus kognitiven Leistungstests vor. Beispiele dazu finden Sie am Ende dieses Kapitels in den Übungsaufgaben.

Numerisches Schlussfolgern aus Zahlenreihen

Das numerische Schlussfolgern aus Zahlenreihen testet, inwieweit Sie Informationen, die in Form von Zahlen dargestellt sind, interpretieren und auf dieser Grundlage korrekte Schlüsse ziehen können.

Es werden Ihnen eine Reihe von Zahlen oder mathematischen Operationen präsentiert. Sie müssen eine Regel identifizieren und anwenden, um die nächste Zahl in der Reihe zu bestimmen. Der logische Zusammenhang der Zahlenreihe kann z. B. eine bestimmte mathematische Operation (Addition, Subtraktion, Multiplikation, Division) sein.

Numerisches Schlussfolgern aus Grafiken und Tabellen

Das numerische Schlussfolgern aus Grafiken und Tabellen prüft, inwiefern Sie Informationen, die in Charts, Grafiken und anderen visuellen Darstellungen präsentiert werden, angemessen interpretieren und daraus korrekte Erkenntnisse ableiten.

Dazu werden Ihnen Diagramme oder Tabellen gezeigt, zu denen eine Frage gestellt wird. Sie müssen aus vorgegebenen Antworten die richtige auswählen. Zur Lösung sind oft einfache Rechenoperationen notwendig, wie Verhältnisse bilden, den Dreisatz anwenden oder Prozentrechnungen durchführen. Häufig müssen Informationen aus zwei Grafiken oder Tabellen miteinander kombiniert werden.

Logisches Denkvermögen

Aufgaben aus dieser Kategorie testen Ihre Fähigkeit, Zusammenhänge zu erkennen und logisch zu denken. Typischerweise geht es darum, Regeln und Muster zu erfassen. Dabei können die Muster in Form von Texten, Diagrammen oder Grafiken präsentiert werden.

Konzentration

Diese Aufgaben testen Ihr Konzentrationsvermögen, Ihre Fähigkeit zu fokussieren und Ihre Aufmerksamkeitsspanne.

Häufige Arten von Konzentrationsaufgaben sind das Erkennen von Unterschieden in einer Reihe von Bildern oder Zeichen sowie Rechen-Konzentrationstests, bei denen Sie Zwischenergebnisse im Kopf behalten müssen, während Sie andere Rechenschritte ausführen. Diese Aufgaben erfordern, dass Sie Ihre Konzentration lange aufrechterhalten und Details sorgfältig prüfen.

Kreativität

In diesen Aufgaben wird Ihre Fähigkeit geprüft, kreative Ideen zu generieren und Probleme auf innovative Weise zu lösen. Ein Beispiel für einen Kreativitätstest ist eine Brainstorming- oder Ideen-Generierungs-Aufgabe, bei der Sie aufgefordert werden, so viele Ideen wie möglich zu einem bestimmten Thema zu sammeln. Hier geht es darum, schnell und effektiv viele unterschiedliche Ansätze zu entwickeln.

Verbales Schlussfolgern

Bei den Aufgaben zum verbalen Schlussfolgern wird getestet, in welchem Maße Sie logische Schlussfolgerungen aus einer gegebenen schriftlichen Information ziehen können. Diese Aufgaben werden oft auch als Deduktionsaufgaben bezeichnet.

Wie beantworte ich kognitive Leistungstests?

Üben Sie die Tests, um Ihre Leistung zu steigern

TIPP: ***Ein wenig Übung führt in Leistungstests schnell zu Verbesserungen.***

Bei den Leistungstests sind die Grundvoraussetzungen sowohl in der Vorbereitung als auch in der Bearbeitung komplett andere als bei den Persönlichkeitstests. Leistungstests lassen sich vor dem Assessment-Center sehr gut üben. Schon nach wenigen Probeläufen stellt sich ein gewisser **Übungseffekt** ein und die Bearbeitung neuer Aufgaben wird Ihnen besser gelingen.

Bei den ersten Durchgängen haben fast alle Schwierigkeiten mit den Tests. Man kommt vielleicht auf ein Ergebnis, muss dafür aber lange tüfteln oder man übersieht zunächst Details in der Fragestellung oder den präsentierten Informationen. Mit jeder neuen Aufgabe probieren Sie verschiedene Ansätze aus und lernen dadurch unterschiedliche Lösungsstrategien. Diese haben Sie dann in Ihrem **mentalen Repertoire** und können sie in Ihrem AC schnell abrufen. Mehr Übung führt in Leistungstests zu einer besseren Leistung. Diese Leistungssteigerung kann den Unterschied zwischen Bestehen und Nichtbestehen des Tests und damit auch des Assessment-Centers machen. Planen Sie also Zeit ein, um verschiedene Testformate auszuprobieren.

Die Vielfalt der möglichen Tests ist groß. Versuchen Sie daher herauszufinden, welche Tests bei Ihrem Wunscharbeitgeber eingesetzt werden (z. B. über eine Internetsuche). Dann können Sie Ihre Vorbereitung auf diese beschränken. Haben Sie keine Informationen dazu gefunden, machen Sie sich mit möglichst vielen verschiedenen Testarten und der grundsätzlichen Herangehensweise an Leistungstests vertraut.

Wählen Sie ein geeignetes Umfeld

In einem Leistungstest ist die Atmosphäre eine andere als in einem Persönlichkeitstest. Sie stehen unter großem Druck. In der Regel läuft neben der Aufgabe eine Anzeige mit der verbleibenden Zeit, die unaufhörlich runterzählt. Einen Leistungstest können Sie nicht zwischendurch unterbrechen oder neu starten. Bereiten Sie daher sich und Ihr **Umfeld** gut auf die Durchführung vor, wenn Sie den Test vorab zu Hause absolvieren müssen.

TIPP: ***Schaffen Sie eine ungestörte und ruhige Atmosphäre.***

Warten Sie nicht bis zum letzten Moment vor der Deadline, sondern planen Sie rechtzeitig Zeit für den Test ein. Schließlich könnten Sie am letzten möglichen Bearbeitungstag krank, erschöpft oder gestresst sein. Mit ein paar Tagen Puffer können Sie einen für sich **optimalen Bearbeitungszeitpunkt wählen**.

Richten Sie sich nach Ihrer biologischen Uhr, um die beste Zeit für die Testbearbeitung zu finden. Zu welcher Tageszeit fühlen Sie sich gesund, wach und fit? Sie sollten in Bestform sein, da die Tests viel Konzentration und Fokus erfordern. Wählen Sie einen Ort mit **ruhiger Atmosphäre** aus. Sie sollten die Kontrolle über Ihre Umgebung haben und sicherstellen können, dass Sie nicht gestört werden.

Vorbereitungen für einen reibungslosen Testablauf:

- Schalten Sie Ihr Handy und Telefon aus.
- Geben Sie Ihrer Familie und Mitbewohnerinnen/Mitbewohnern Bescheid, dass Sie in der nächsten Stunde nicht gestört werden dürfen.
- Wählen Sie eine Zeit, in der Kinder und Tiere versorgt oder nicht im Haus sind.
- Stellen Sie ein Glas Wasser bereit.
- Haben Sie Stift, Zettel und Taschenrechner zur Hand.

Gehen Sie innerhalb des Tests systematisch vor

Die Leistungstests enthalten in der Regel mehr Aufgaben, als in der zur Verfügung stehenden Zeit bearbeitet werden können. Dadurch können zwei Dimensionen gemessen werden: wie viele Fragen Sie bearbeitet haben und welchen Anteil davon Sie richtig beantwortet haben. Daraus können die Assessoren ableiten, ob Sie eher langsam, dafür aber gewissenhaft oder zügig, dafür aber weniger präzise vorgehen.

In manchen Tests stellt man Ihnen Fragen mit zunehmendem Schwierigkeitsgrad bzw. zu jedem Schaubild oder jeder Tabelle erhalten Sie mehrere Fragen, die jeweils in der Schwierigkeit ansteigen. Erscheint eine neue Grafik, kommen wieder zunächst leichtere, anschließend schwierigere Fragen zu dieser.

TIPP: ***Überspringen Sie Fragen, zu denen Sie keinen Zugang finden.***

Beide Aspekte ermöglichen Ihnen ein taktisches Vorgehen. Sie müssen sich entscheiden, wie lange Sie sich an einer einzelnen Aufgabe aufhalten, wenn Sie nicht auf Anhieb einen Lösungsansatz erkennen. Sie verschwenden sonst mit einer schwierigen Aufgabe wertvolle Zeit, die Ihnen dann für die Beantwortung von (für Sie eventuell leichteren) Folgeaufgaben fehlt. Ob Sie die schwierige Frage direkt abbrechen und zur nächsten Aufgabe weitergehen sollten, hängt von mehreren Faktoren ab. Habe Sie eine festgelegte Bearbeitungszeit für den gesamten Test oder ein Zeitbudget für jede einzelne Aufgabe? Wissen Sie, wie viele Aufgaben insgesamt im Test enthalten sind, z. B. durch eine Angabe in der Einleitung oder einen Fortschrittsbalken? Auf Basis dieser Informationen können Sie eine Entscheidung treffen. Haben Sie z. B. nur knapp bemessene 20 Minuten für 40 Aufgaben und keinen Ansatz für die vorliegende Frage, dann überspringen Sie diese besser, um die Zeit für andere Aufgaben zu nutzen.

So lösen Sie einzelne Aufgaben

Jede Aufgabe bearbeiten Sie so zügig wie möglich. Dabei gehen Sie gleichzeitig so sorgfältig wie nötig vor. Dazu gebe ich Ihnen im Folgenden einige Tipps.

Lesen Sie die **Frage oder Anweisung** aufmerksam durch. Oft verbergen sich darin Details, die für die Lösung wichtig sind. Diese nicht zu bemerken, ist ein typischer Fallstrick in den kognitiven Leistungstests. Kandidaten möchten sofort das Problem lösen, übersehen dabei aber wichtige Hinweise in der Einleitung. Beispielsweise könnte dort beiläufig aufgeführt sein, dass die folgenden Charts kumulierte Zahlenwerte zeigen. Die Grafiken selbst sind ohne Achsenbeschreibungen abgebildet. Ohne den „Schlüssel" zum korrekten Lesen der Charts werden Sie möglicherwiese die falschen Schlüsse ziehen. Lesen Sie daher stets alle Fragen und Anweisungen.

Verschaffen Sie sich schnell einen **Überblick** über die Informationen, die Ihnen vorliegen. Bei einer Aufgabe, zu der drei Tabellen gehören, lässt sich die Lösung möglicherweise direkt aus der dritten Tabelle ablesen. In diesem Fall ist es gar nicht nötig, sich die ersten beiden Tabellen genauer anzuschauen.

TIPP: ***Verschaffen Sie sich einen Überblick und beantworten Sie die Frage danach sorgfältig, aber zügig, ohne sich in Details zu verlieren.***

Werfen Sie zudem einen kurzen Blick auf die möglichen **Lösungen**, sofern diese vorgegeben sind. Manchmal hilft das bei der Eingrenzung der Lösung oder erspart Ihnen sogar aufwendige Rechenoperationen. Liegen die Antwortmöglichkeiten weit auseinander (z. B. 0,01; 0,1; 1; 10), reicht vermutlich ein grober Überschlag. Unterscheiden sich die zur Auswahl stehenden Optionen nur geringfügig (z. B. 0,425; 0,426; 0,427; 0,428), müssen Sie hingegen exakt rechnen.

Eine riskante, aber mit etwas Übung sehr effektive Methode ist die Kombination aus **Ausschlussstrategie** und **Intuition**. Diese kann z. B. bei grafischen Aufgaben zur Mustererkennung hilfreich sein. Gibt es einzelne Antwortoptionen, die Sie sicher ausschließen können? Vielleicht erkennen Sie zwar nicht die zugrunde liegende Regel, können die Antwortmöglichkeiten aber von vier auf zwei eingrenzen. Wenn Sie eine Intuition haben, welche Antwort richtig ist, folgen Sie dieser ruhig. Oft erfasst das Unterbewusstsein Aspekte, die dem Verstand verborgen bleiben.

Ganz anders gelagert ist dagegen das reine **Raten**, also eine beliebige Antwort auszuwählen, ohne dafür einen Anhaltspunkt zu haben. Generell empfehle ich Ihnen dieses Vorgehen nicht. Raten ist nur sinnvoll, wenn Ihnen das Bewertungssystem bekannt ist und es keine Minuspunkte für falsche Antworten gibt. Heutzutage beziehen fast alle Tests falsche Antworten mit in die Wertung ein bzw. ermitteln den Anteil richtiger Antworten an Ihrem Ergebnis. Damit soll sichergestellt werden, dass Ihre Leistung kein Zufallsprodukt ist.

Absolvieren Sie die Tests selbst

Zu guter Letzt möchte ich zu einer besonderen Verlockung Stellung beziehen. Viele Leistungstests absolvieren Sie zu Hause vor dem AC-Termin. Daher stellt sich manchen Kandidaten die Frage, ob sie beim Test mogeln sollten, indem sie eine andere Person den Test in ihrem Namen absolvieren lassen. Tatsächlich wäre das technisch bei den meisten Tests möglich. Ich rate Ihnen davon jedoch dringend ab. Machen Sie sich zunächst bewusst, dass *mogeln* ein schöner klingendes Wort für **Betrug** ist. Möchten Sie Ihren Job auf unehrliche Weise bekommen?

TIPP: ***Zeigen Sie im Test Ihre eigene Leistung inklusive Ihrer Schwächen.***

Neben dem moralischen Argument gibt es aber auch konkrete eigennützige Gründe, warum Sie den Test selbst absolvieren sollten. Sie müssen später die **Leistung** erbringen können, die Sie in den Tests gezeigt haben. Können Sie im Assessment-Center und im Job das **reproduzieren**, was Ihr Testergebnis suggeriert? Man wird Sie möglicherweise mit der Erwartung einstellen, dass Sie exzellent analytisch denken können, was gar nicht der Fall ist. Ihr Arbeitgeber wird enttäuscht sein und Sie auch, wenn Ihre Karriere dadurch nicht den erhofften Verlauf nimmt. Zeigen Sie im Test also Ihre eigene Leistung inklusive Ihrer Schwächen.

Mit welchen Tests ist außerdem zu rechnen?

In manchen Berufen oder in besonders intensiven Auswahlverfahren können Ihnen außer den gängigen Persönlichkeits- und Leistungstests weitere Tests begegnen. Diese stelle ich Ihnen im Folgenden kurz vor.

Biografische Fragebögen

Neben den üblichen datenbezogenen Fragen zum Werdegang werden hier prägende Bereiche des Lebens intensiv beleuchtet. Dazu gehören Fragen nach der familiären Herkunft, Erfahrungen in der Kindheit, der Motivation für die Berufswahl sowie eine Selbsteinschätzung zu den Stärken, Schwächen und der Leistungsfähigkeit. Dieser Fragebogen wird oft als Personalfragebogen tituliert, ist aber ein Persönlichkeitstest. Biografische Fragebögen werden in der Regel in Kombination mit anderen Persönlichkeitstests eingesetzt.

Allgemeinwissen

Allgemeinwissenstests werden heutzutage selten genutzt. Sie sind insbesondere für bestimmte Berufsgruppen relevant, z. B. journalistische Berufe. Dort sind ein breites Allgemeinwissen und Kenntnisse der gesellschaftlichen, historischen oder politischen Gegebenheiten wichtig.

Fachwissen

Eine Prüfung Ihres Fachwissens kommt häufiger vor als ein Allgemeinwissenstest. Insbesondere bei Berufs- oder Quereinsteigern wird das Fachwissen in einem standardisierten Test abgefragt. Dadurch werden die durch die Ausbildung oder Praxiserfahrung erlangten Kenntnisse überprüft. Bei erfahrenen Berufstätigen oder Führungskräften wird Fachwissen – wenn überhaupt – indirekt im Rahmen anderer Aufgaben getestet, z. B. über eine Fachpräsentation.

Intelligenz

Klassische Intelligenztests kommen in der Assessment-Center-Praxis selten vor. Tests, die als Ergebnis den allgemein bekannten IQ-Wert liefern, sind für die Berufspraxis von geringer Relevanz, da sie theoretisch orientiert sind. In dem meisten Fällen entscheiden sich die Arbeitgeber dafür, über kognitive Leistungstests praxisrelevantere Aspekte abzuprüfen.

Fremdsprachen

Sofern Fremdsprachen in Ihrem Berufsfeld relevant sind, können diese über Aufgaben zum Lese-, Hör- oder Sprachverständnis geprüft werden. Solche Tests kommen v. a. bei Einstiegspositionen oder in bestimmten Branchen zum Tragen, z. B. bei international geprägten Vertriebspositionen, für die verhandlungssichere Sprachkenntnisse nötig sind. Die häufig geforderten Englischkenntnisse können gut in einem kurzen englischen Gesprächsteil im Interview getestet werden, ohne dass dafür ein separater Eignungstest nötig wird. Auch eine indirekte Prüfung durch eine englischsprachige Fallstudie oder Präsentation ist denkbar.

Rechtschreibung

Mit Rechtschreibungstests müssen Sie heutzutage in Ihrem AC kaum noch rechnen. Zum einen hat die Bedeutung von Rechtschreibkenntnissen durch automatische Textkorrektur in Schreibprogrammen abgenommen, zum anderen fokussiert man sich im aufwendigen Testverfahren Assessment-Center lieber auf zentralere Aspekte. Nichtsdestotrotz können Ihnen Rechtschreibtests in Einstellungstests für bestimmte Branchen begegnen, z. B. im redaktionellen Bereich.

Zusammenfassung «

- In **Persönlichkeitstests** werden Ihre beruflich relevanten Charaktereigenschaften und Persönlichkeitsmerkmale erfasst, um ein Profil Ihrer Person zu erstellen.
- Die Tests zielen auf Ihre Einstellungen, Neigungen und Werte ab. Auf einer Skala beurteilen Sie Ihre Zustimmung zu Aussagen.
- Bei Persönlichkeitstests gibt es kein Richtig oder Falsch. Antworten Sie daher auf diese Fragen spontan, offen und ehrlich.
- **Kognitive Leistungstests** umfassen eine Vielzahl möglicher Tests, die Ihre kognitiven Fähigkeiten wie logisches Denken, Auffassungsgabe oder Sprachverständnis messen.
- Die Antworten wählen Sie in der Regel aus mehreren Alternativen aus (Multiple Choice).
- Absolvieren Sie die Tests, wenn Sie ausgeruht und konzentriert sind. Schaffen Sie dafür ein störungsfreies Umfeld.
- Sie können Ihr Ergebnis in kognitiven Leistungstests durch Übung schnell verbessern.
- Machen Sie sich mit den wichtigsten Leistungstest-Arten vertraut und bauen Sie sich über Übungsaufgaben ein Repertoire an Lösungsstrategien auf.

Eine Zusammenfassung dieses Kapitels mit persönlichen Empfehlungen des Autors finden Sie im Video-Begleitmaterial: stark-verlag.de/qrcode/b20701_13

Übungsaufgaben

Die folgenden Übungsaufgaben ermöglichen Ihnen, häufig eingesetzte Testverfahren kennenzulernen und auszuprobieren. Da bei Persönlichkeitstests kein Lerneffekt durch Üben eintritt, beschränken wir uns in den Übungsaufgaben auf kognitive Leistungstests. Nutzen Sie zum Ausprobieren von Persönlichkeitstests und zum Üben weiterer Leistungstests z. B. folgende Anbieter:

Anbieter von Übungstests

Kostenlose Persönlichkeitstests:
https://bigfive-test.com/de
https://www.16personalities.com/de/
https://www.thepersonalitylab.org

Kostenlose kognitive Leistungstests:
https://eligo.de
https://www.shl.com/shldirect/de/ (Übungstest auf Englisch)
https://www.assessmentcenteracademy.de/tests/

Übersicht über die Bandbreite an möglichen Testarten mit einzelnen Beispielen:
https://www.hr-diagnostics.de/tests/alle-testverfahren

Außerdem werden in den App-Stores zahlreiche Apps angeboten, mit denen Sie auf Ihrem Smartphone kognitive Tests üben können.

Vielfältige Übungsaufgaben in Buchform zu allen gängigen Leistungstest-Arten und zusätzliche Online-Aufgaben bietet Testtraining 2000plus von Hesse/Schrader aus dem STARK Verlag.

Numerisches Schlussfolgern aus Zahlenreihen

Setzen Sie die folgenden Zahlenreihen sinnvoll fort. Sie haben 5 Minuten Zeit.

N. 1	16 – 10 – 12 – 6 – ?
N. 2	9 – 8 – 10 – 9 – ?
N. 3	9 – 63 – 43 – 301 – ?
N. 4	3 – 8 – 14 – 21 – ?
N. 5	5 – 7 – 10 – 12 – ?
N. 6	9569 – 29 – 11 – ?
N. 7	12 – 24 – 6 – 12 – ?

N. 8	15 – 21 – 26 – 30 – ?
N. 9	2 – 5 – 11 – 23 – ?
N. 10	99 – 101 – 98 – 100 – ?

Die Lösungen können Sie auf Seite 323 nachlesen.

Numerisches Schlussfolgern aus Grafiken und Tabellen

Beantworten Sie die Fragen. Sie dürfen einen Taschenrechner und einen Notizzettel benutzen. Sie haben 15 Minuten Zeit.

1. Aufgabe: Börsenhandel

	Preis pro Aktie (in €)	
	Tag 1	**Tag 2**
Unternehmen A	63,2	63,7
Unternehmen B	45,1	44,8
Unternehmen C	20,4	20,5
Unternehmen D	31,8	31,4
Unternehmen E	54,9	55,2

	Währungsumrechnung	
	Tag 1	**Tag 2**
EUR/GBP	0,8881	0,8898
EUR/USD	1,2116	1,2075

Frage N. 11:
Wie viele britische Pfund (GBP) benötigt ein Käufer, um von Unternehmen C 250 Anteile und von Unternehmen D 300 Anteile an Tag 1 zu kaufen (gerundet auf Tausend GBP)?

A 10 000 GBP
B 13 000 GBP
C 16 000 GBP
D 19 000 GBP

Frage N. 12:
Wie viele US-Dollar erhält man an Tag 2 für 25 GBP (gerundet auf ganze $)?

A Keine Angabe möglich
B 14 $
C 24 $
D 34 $

Frage N. 13:
Um wie viel Prozent verändert sich der Wert von 1 GBP zu Dollar von Tag 1 zu Tag 2?

A +0,351%
B –0,218%
C +0,165%
D –0,535%

Frage N. 14:
Käufer, die an Tag 2 Unternehmensanteile kaufen, müssen eine Kaufgebühr von 5 % des Wertes in EUR der gekauften Unternehmensanteile entrichten. Wenn ein Käufer von Unternehmen E an Tag 2 für 13 000 USD Anteile kauft, wie viele Unternehmensanteile weniger erhält er dann – gerundet auf ganze Anteile – von Unternehmen E, weil die Kaufgebühr fällig wurde?

A 10 **B** 20

C 30 **D** Keine Angabe möglich

2. Aufgabe: Automobilvertrieb

Autohändler – Verkäufe im letzten Jahr, in Millionen €

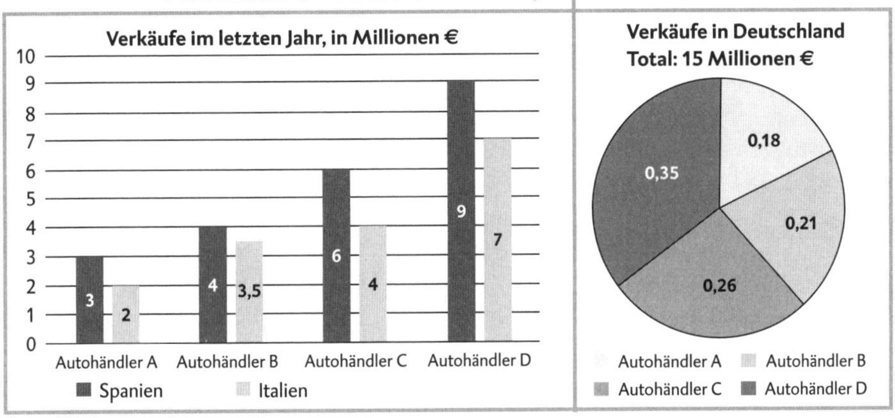

Frage N. 15:
Welcher Anteil der Umsätze von Autohändler B wurde letztes Jahr in Italien erzielt, vorausgesetzt er verkaufte ausschließlich in den aufgeführten Ländern?

A ≈ 46,67 % B ≈ 38,13 %

C ≈ 32,86 % D ≈ 27,54 %

Frage N. 16:
Unter Berücksichtigung aller aufgeführten Länder: Um wie viel Prozent waren die Einnahmen des Autohändlers mit den höchsten Einnahmen höher als die des Autohändlers mit den niedrigsten Einnahmen?

A ≈ 104 % B ≈ 131 %

C ≈ 155 % D ≈ 176 %

Frage N. 17:
Die Autohändler haben im Jahr 2022 gemeinsam 750 Autos in Spanien verkauft.
Wie viel Prozent dieser Autos hat Autohändler C verkauft?

A Keine Angabe möglich B ≈ 27 %
C ≈ 15 % D ≈ 31 %

Frage N. 18:
Im aktuellen Jahr werden die Einnahmen des Autohändlers A in Spanien um 15 % zunehmen, während seine Einnahmen in Italien und Deutschland gleich bleiben. Um wie viel Prozent steigen die Gesamteinnahmen des Autohändlers A im Vergleich zum Vorjahr?

A ≈ 2,7 % B ≈ 6,3 %
C ≈ 3,5 % D ≈ 5,8 %

Die Lösungen können Sie auf Seite 324 f. nachlesen.

Logisches Denkvermögen

Die folgenden Symbole in der 3×3-Felder-Matrix stehen in einer logischen Beziehung zueinander. Welches Symbol aus der Auswahl a–d passt als einziges in das freie Kästchen? Sie haben 30 Sekunden Zeit.

L. 1

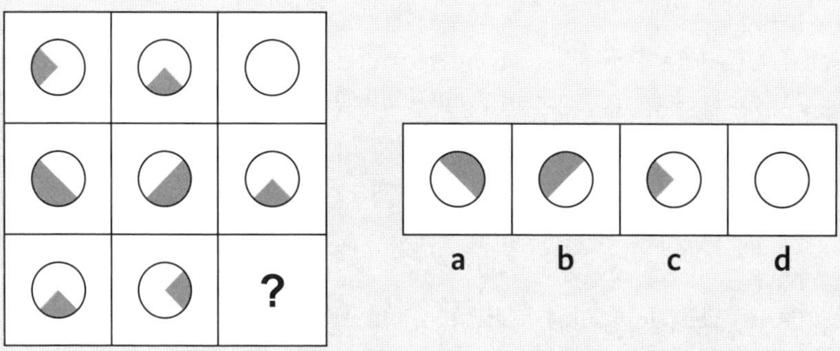

L. 2

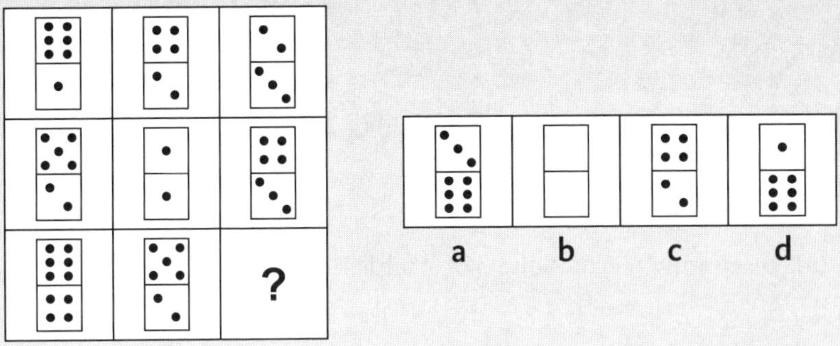

L. 3

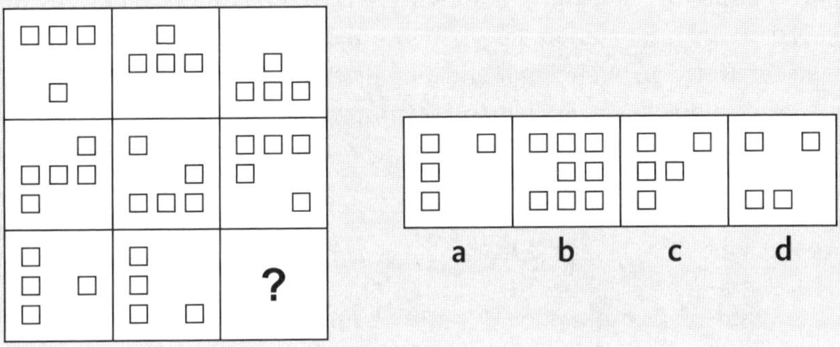

Die Lösungen können Sie auf Seite 325 f. nachlesen.

Konzentrationstest

Rechnen Sie zunächst jede Zeile im Kopf einzeln aus. Merken Sie sich die Ergebnisse; Notizen sind nicht erlaubt.
Vergleichen Sie dann die Ergebnisse der beiden Zeilen miteinander. Wenn das Ergebnis der ersten Zeile größer ist als das der zweiten Zeile, wird der zweite Wert vom ersten abgezogen. Ist das zweite Ergebnis größer als das erste oder genauso groß, werden beide Werte addiert.
Rechnen Sie das korrekte Endergebnis aus. Hilfsmittel sind nicht gestattet. Sie haben 5 Minuten Zeit.

K. 1	3 + 7 − 9	**K. 6**	43 − 36 + 13
	4 − 3 + 6		12 + 37 − 18
K. 2	8 + 13 − 4	**K. 7**	22 − 17 + 21
	19 − 12 + 3		9 + 17 − 11

K. 3	4+9−7 9−4+7	**K. 8**	5+11−9 8+9−11
K. 4	10−9+26 11+21−17	**K. 9**	19+11−17 46+59−34
K. 5	9+17−8 11−9+21	**K. 10**	6+17−12 9−8+23

Die Lösungen können Sie auf Seite 326 nachlesen.

Wortanalogien

Drei Wörter sind vorgegeben, von denen die ersten beiden in einer bestimmten Relation zueinander stehen. Fügen Sie dem dritten Wort einen Begriff hinzu, der dieser Relation weitestgehend entspricht. Das Lösungswort ist eines der vier Lösungsvorschläge. Sie haben 5 Minuten Zeit.

W. 1 Huhn : Küken = Kuh : ?
a) Filet b) Fell c) Kalb d) Milch

W. 2 Wahlen : Demokratie = Unterdrückung : ?
a) Diktatur b) Politik c) Meinungsfreiheit d) Volk

W. 3 Berlin : Deutschland = Paris : ?
a) Europa b) Frankreich c) Hauptstadt d) Staat

W. 4 Zuneigung : Liebe = Verachtung : ?
a) Hass b) Verrat c) Krieg d) Freundschaft

W. 5 hell : dunkel = nass : ?
a) feucht b) schwarz c) trocken d) rutschig

W. 6 Baustelle : Schaufel = Büro : ?
a) Besen b) Computer c) Chef d) Hochhaus

W. 7 Email : Brief = schnell : ?
a) Laptop b) Strom c) schneller d) langsam

W. 8 Liter : Volumen = Kilogramm : ?

a) schwer b) Höhe c) Gewicht d) Einheit

W. 9 Holz : Brett = Wolle : ?

a) Seide b) Faden c) Pullover d) Schaf

W. 10 Blatt : Baum = Haar : ?

a) Kopf b) Frisur c) Busch d) wirr

Die Lösungen können Sie auf Seite 326 nachlesen.

Rückschlüsse ziehen

Prüfen Sie den Wahrheitsgehalt jeder Aussage. Dabei geht es nicht um die Sinnhaftigkeit des Inhalts, sondern rein um die Logik. Welche der folgenden Aussagen sind auf Basis der gegebenen Informationen logisch richtig? Sie haben 5 Minuten Zeit.

R. 1 Alle Dackel fressen Tauben. Tauben können schwimmen.
Daraus folgt: Dackel können schwimmen.

a) richtig b) falsch

R. 2 Alle Kühlschränke sind krank. Jeder Bauer ist ein Kühlschrank.
Daraus folgt: Alle Bauern sind krank.

a) richtig b) falsch

R. 3 Alle Bücher laufen gerne. Jeder Läufer kann im Gegensatz zu allen Büchern hoch springen. Daraus folgt: Kein Buch kann hoch springen.

a) richtig b) falsch

R. 4 Jeder Apfel kann telefonieren. Alle Hühner sind gesattelt, weil sie stets mit Äpfeln telefonieren. Alle Wecker sind Äpfel.
Daraus folgt: Alle Wecker können telefonieren.

a) richtig b) falsch

R. 5 Außerdem folgt daraus: Äpfel sind immer gesattelt.

a) richtig b) falsch

R. 6 Des Weiteren folgt daraus: Hühner telefonieren immer mit Weckern.

a) richtig b) falsch

R. 7 Jede Wand trägt eine Tasche. In der Tasche sind ein Mikrofon und eine Zeitung. Daraus folgt: Wände können sprechen.

a) richtig b) falsch

R. 8 Daraus folgt ebenfalls: Alle Wände haben eine Zeitung und können lesen.

a) richtig b) falsch

R. 9 Und ebenfalls: Jedes Mikrofon hat stets eine Zeitung bei sich.

a) richtig b) falsch

R. 10 Des Weiteren folgt daraus: Wer eine Tasche besitzt, ist eine Wand.

a) richtig b) falsch

Die Lösungen können Sie auf Seite 326 nachlesen.

» Abschlussgespräch und Ausblick

Am Ende Ihrer Assessment-Center-Teilnahme steht nicht die letzte absolvierte Aufgabe, sondern ein Feedbackgespräch. Darin teilt man Ihnen Ihr Assessment-Center-Ergebnis mit. In diesem Kapitel zeige ich Ihnen, wie dieser Prozess abläuft, wie Sie sich im Feedbackgespräch verhalten und wie es nach Ihrem Assessment-Center weitergeht.

Feedback zu Ihrer Leistung

Abschlussgespräch

Nach einem anstrengenden Tag im Assessment-Center steht häufig noch ein **Gespräch** an, in dem Ihnen das Ergebnis Ihres Assessment-Centers mitgeteilt wird. Dieses erfolgt entweder am Ende Ihres Assessment-Centers in Form eines Abschlussgesprächs oder in den darauffolgenden Tagen schriftlich oder telefonisch.

Ob Sie das Feedback bereits am Ende des Assessment-Center-Tages erhalten, können Sie in der Regel bereits der Agenda entnehmen. Diese Entscheidung zum Auswahlprozess wird nicht spontan getroffen, sondern ist Teil des Planungs- und Ablaufprozesses des ACs. Meist wird ein Ergebnisgespräch direkt nach dem Assessment-Center eingeplant, wenn eine schnelle Auswertung möglich ist, beispielsweise bei einem hohen Automatisierungsgrad oder klaren Mindeststandards je Aufgabe. Das ermöglicht auch ein direktes Feedback nach Abschluss der Aufgaben. Besteht ein hoher Abstimmungsbedarf zwischen den Assessorinnen und Assessoren oder erfolgt die Beurteilung der Leistung individuell und differenziert (also nicht automatisiert), ist meist kein unmittelbares Feedback eingeplant.

Die **möglichen Ergebnisse** eines Assessment-Centers sind:

- Uneingeschränkte Empfehlung
- Eingeschränkte Empfehlung
- Keine Empfehlung

Eine eingeschränkte Empfehlung zu erhalten, bedeutet, dass Sie in mindestens einem Bereich einen klaren Entwicklungsbedarf haben, Ihre Leistung in diesem Bereich also noch nicht den Anforderungen an die Stelle genügt. Allerdings ist dieses Defizit nicht so gravierend, dass Sie direkt aus dem Prozess ausscheiden. Ihr Assessment-Center ist bestanden und Sie können die Position antreten, müssen dieses Defizit aber im Rahmen einer Weiterentwicklung ausgleichen. Meist wird das einstellende Unternehmen dies durch ein Training sicherstellen. Bei der Durchführung des Assessment-Centers durch externe Agenturen kann es auch vorkommen, dass eine eingeschränkte Empfehlung dazu führt, dass man einem anderen Kandidaten den Vorzug gibt und Sie die Stelle nicht erhalten – trotz bestandenem AC.

In der Praxis ist die eingeschränkte Empfehlung eher selten. In aller Regel werden Kandidatinnen und Kandidaten mit klaren Defiziten aussortiert, sie würden also keine Empfehlung erhalten. Daher sind die meisten Ergebnisse die uneingeschränkte oder eben keine Empfehlung.

Die Ergebnismitteilung ist in der Regel recht **kurz und knapp**. Rechnen Sie mit einem 10- bis 15-minütigen Gespräch. Bei Einzel-ACs kann dies etwas länger dauern, hier wäre eine halbe Stunde ein realistischer Richtwert.

Bei einem bestandenen Assessment-Center ist das Gespräch meist besonders kurz, nicht selten wird hier nur das positive Ergebnis kommuniziert und Ihnen gratuliert. Bei nicht bestandenen ACs gibt es – zumindest von Seite der Kandidatinnen und Kandidaten – mehr Klärungsbedarf und die Gespräche dauern etwas länger.

Man wird Ihnen Ihr Ergebnis sofort zum Start des Gesprächs mitteilen und Ihnen manchmal auch einige Erklärungen und Beispiele geben, welche Bewertungskriterien oder Aufgaben möglicherweise besonders ins Gewicht gefallen sind.

TIPP: ***Nutzen Sie das Ergebnisgespräch, um Feedback zu Ihrer Leistung zu erfragen.***

Egal, ob die Entscheidung positiv oder negativ ausfällt, für Sie ist dieses Gespräch eine gute Möglichkeit, qualifiziertes Feedback zu Ihrer Leistung zu erhalten. Schließlich wurden Sie soeben einen ganzen Tag lang von geschulten Assessoren beobachtet und bewertet.

Leider bleibt diese Möglichkeit, qualifiziertes Feedback zu erhalten, viel zu oft ungenutzt. Alle Beteiligten sind erschöpft und gerade bei einem positiven Ergebnis haben Sie nach der Erleichterung und Freude meist keine Energie mehr, um sich nach möglichen Verbesserungsmöglichkeiten der eigenen Leistungen zu erkundigen. Bei einem negativen Ergebnis dagegen liegt die Frage nach den Gründen schon näher. Allerdings setzt hier bei den meisten Kandidaten Enttäuschung ein und man möchte die unangenehme Situation im Gespräch schnell hinter sich bringen.

Beide Reaktionen sind verständlich. Dennoch kommen Sie nur selten in Ihrer Karriere so einfach an objektives und qualifiziertes Feedback zu Ihrem Verhalten. Nutzen Sie diese Chance und **fragen Sie sowohl bei einem positiven als auch bei einem negativen Ergebnis nach Feedback zu Ihrer Leistung**.

> ***Beispiele***
>
> ***Bestandenes Assessment-Center:***
> *„Danke, über das Ergebnis freue ich mich sehr! Ich suche immer nach Möglichkeiten, mich zu verbessern. Sie hatten ja nun den ganzen Tag die Möglichkeit, mich zu beobachten. Wo würden Sie sagen, dass ich noch Entwicklungspotenzial habe? Was war gut, was nicht so gut? Woran sollte ich noch arbeiten?"*
>
> ***Nicht bestandenes Assessment-Center:***
> *„Ich verstehe. Danke für Ihre Ausführungen. Welche Aufgaben haben denn zu dieser Entscheidung geführt? Ich möchte die gleichen Fehler in Zukunft gerne vermeiden. Können Sie mir bitte noch ein paar Tipps geben, wie ich mich besser präsentieren kann?"*
>
> *„Das ist sehr schade. Ich akzeptiere die Entscheidung natürlich, auch wenn ich mir etwas anderes erhofft hatte. Wären Sie so freundlich, mir noch ein paar Hinweise zu geben, was ich noch besser machen könnte? An was sollte ich für zukünftige Bewerbungen arbeiten?"*

Meistens werden Sie einige konkrete Tipps und Hinweise bekommen. Haben Sie allerdings nicht allzu große Erwartungen an den Detailgrad der Aussagen oder die Menge an Feedback. In Bewerbungsprozessen, zu denen das Assessment-Center gehört, sind viele Unternehmen notorisch schmallippig. Nicht wenige **Unternehmen nennen keine konkreten Ablehnungsgründe** oder weisen Sie auf Probleme in einzelnen Aufgaben hin. Der Grund dafür ist die **Sorge vor Rechtstreits**, mit denen abgelehnte Bewerber gegen den potenziellen Arbeitgeber vorgehen könnten. Drückt sich der Vertreter der Personalabteilung missverständlich aus, könnten Teilnehmende möglicherweise einen gut gemeinten Rat als unfair oder als Diskriminierung oder anderweitig unzulässiges Verhalten auffassen und gegen das Unternehmen rechtlich vorgehen – auch wenn dieser Sachverhalt gar nicht gegeben war.

Auch wenn ein qualifiziertes Feedback für die Kandidatinnen und Kandidaten nicht per se ein Rechtsrisiko bedeutet, so wählen Personalabteilungen oft den sichersten Weg: nämlich gar keine konkreten Angaben zu den Ablehnungsgründen zu machen. Fragen Sie daher lieber nach Verbesserungspotenzialen und nicht nach Ablehnungsgründen.

> **TIPP:** ***Fragen Sie nach Verbesserungspotenzialen und nicht nach Ablehnungsgründen.***

Wenn Sie Feedback zu Ihrer Leistung erhalten, gehen Sie damit folgendermaßen um:

- Hören Sie aufmerksam zu.
- Unterbrechen Sie Ihr Gegenüber möglichst nicht.
- Rechtfertigen oder erklären Sie Ihr Verhalten nicht.

> **TIPP:** ***Hören Sie sich das Feedback an, ohne es zu kommentieren.***

- Bleiben Sie freundlich und ruhig, bedanken Sie sich für Hinweise.
- Versuchen Sie, so viel wie möglich von Ihrem Gegenüber zu erfahren.

Nichts, was Sie im Feedbackgespräch sagen oder tun, wird die bereits getroffene Entscheidung beeinflussen. Die Entscheidung ist final und wird Ihnen lediglich mitgeteilt. Daher ist es fruchtlos, Ihr Verhalten im Nachhinein zu rechtfertigen oder zu erklären. Selbst wenn es gute Gründe für etwas gibt oder die Beobachter etwas falsch interpretiert haben, lassen Sie es unkommentiert. Sie würden damit nur erreichen, dass man Ihnen aufgrund Ihrer Reaktion keine weiteren Hinweise mehr geben wird und das Gespräch vorzeitig endet.

Legen Sie Ihren Fokus daher lieber darauf, aufmerksam zuzuhören und sich freundlich für jede Information und jeden Hinweis, den man Ihnen gibt, zu bedanken. Sie erfahren so in aller Regel mehr. Ob Sie ein Feedback nachvollziehen und akzeptieren können oder die Situation ganz anders bewerten, können Sie sich später noch in Ruhe überlegen. Im Gespräch selbst geht es lediglich um das Aufnehmen möglichst vieler Informationen aus Sicht der Beobachter.

TIPP: ***Verhalten Sie sich auch bei einem nicht bestandenen Assessment-Center professionell.***

Bedanken Sie sich zum Abschluss des Gesprächs unabhängig von Ihrem Ergebnis für den ganzen Assessment-Center-Tag und die Möglichkeit, sich vorstellen zu dürfen. Auch im Falle eines negativen Ergebnisses sollten Sie sich genauso professionell verhalten wie bei einem positiven Bescheid. Wie das Sprichwort besagt: Man sieht sich immer zweimal im Leben. Sie wissen nicht, ob Sie später in einer ganz anderen Situation noch einmal mit dem Unternehmen oder den gleichen Personen – vielleicht auch in einem ganz anderen Umfeld – zu tun haben werden. Verhalten Sie sich daher stets professionell.

Häufig erhalten Sie das Ergebnis Ihrer Leistung erst **einige Tage nach Ihrem Assessment-Center**. Das ist häufig dann der Fall, wenn in einem Gruppen-AC erst in einer Beobachterkonferenz die unterschiedlichen Perspektiven ausgetauscht und diskutiert werden müssen, sodass ein unmittelbares Feedback nicht möglich ist.

In diesem Fall erhalten Sie Ihr Ergebnis später **per E-Mail oder telefonisch** mitgeteilt. Zeiträume von bis zu einer Woche sind dabei üblich. Positive Entscheidungen werden gerne schnell und einfach telefonisch mitgeteilt, negative eher schriftlich. Die Gründe dafür liegen auf der Hand. Gute Nachrichten überbringt man gerne persönlich und es macht Spaß, die Freude des Gesprächspartners zu hören. Für schlechte Nachrichten dagegen wählt man lieber ein distanzierteres Kommunikationsmittel wie E-Mail. Das heißt natürlich nicht, dass Sie nicht auch einen positiven Bescheid per E-Mail oder die Absage telefonisch erhalten können.

In beiden Fällen sollten Sie, wie bereits oben beschrieben, nach Feedback fragen. Auf telefonischem – also mündlichem – Wege stehen Ihre Chancen besser, relevante Informationen zu erhalten. Es kann sich daher lohnen, auf eine E-Mail hin Ihre Ansprechpartnerin/Ihren Ansprechpartner anschließend für das Feedback anzurufen oder ein kurzes Telefonat anzubieten. Das hat wieder rechtliche Gründe. Schriftliche Kommunikation ist automatisch dokumentiert und kann möglicherweise gegen das Unternehmen verwendet werden. Ein telefonischer Austausch ist unverbindlicher und daher für offenes Feedback besser geeignet. Es kann allerdings schwer sein, Ihren Ansprechpartner zu einem Feedbackgespräch zu bewegen. Fragen Sie aber ruhig. Es kostet Sie nichts und Sie haben nichts zu verlieren. Sie könnten aber wertvolle Hinweise zu Ihrer Leistungsverbesserung bekommen.

Beispiel

„Sehr geehrte Frau Niessläger,

vielen Dank für Ihre Rückmeldung zum Assessment-Center. Ich hatte mir natürlich ein anderes Ergebnis erhofft, aber akzeptiere die Entscheidung der Fahlheim AG.

Um mich zukünftig besser zu präsentieren, möchte ich gerne an meinem Auftreten arbeiten.

Wären Sie bereit, mir ein paar Ihrer Beobachtungen im Assessment-Center mitzuteilen und mir Feedback für zukünftige Bewerbungssituationen zu geben? Gerne können Sie mich dazu jederzeit spontan unter meiner unten angegebenen Mobilnummer anrufen oder mir per E-Mail schreiben. Das wäre mir eine große Hilfe!

Ich freue mich, dass ich die Möglichkeit hatte, mich Ihnen im Assessment-Center vorstellen zu dürfen.

Freundliche Grüße
Anna-Lena Herrmann“

Die Zeit bis zum Feedback

Wenn Ihnen Ihr Assessment-Center-Ergebnis nicht unmittelbar am Ende des AC-Tages mitgeteilt wird, vergehen in der Regel **einige Tage, bis Sie Ihr Feedback bekommen**. Ich werde in Trainings dazu immer wieder gefragt, ob man in dieser Zeit mit dem Unternehmen kommunizieren oder einfach abwarten sollte.

Nach dem Assessment-Center ist von Ihrer Seite keine Aktion mehr erforderlich. Ich empfehle Ihnen allerdings, sich in einer **kurzen E-Mail** bei Ihrem Ansprechpartner in der Personalabteilung für das Assessment-Center zu bedanken. Diese sollte sehr knapp formuliert sein.

Es ist zwar unwahrscheinlich, dass eine solche E-Mail Ihr AC-Ergebnis positiv beeinflusst. Unmöglich ist es allerdings nicht und daher sollten Sie dieses Mittel nutzen, um ein weiteres und vielleicht letztes Mal Ihre Motivation und Ihre Begeisterung für die Stelle und die Inhalte zu kommunizieren.

Im Falle einer positiven Entscheidung stärken Sie mit diesem Verhalten die Beziehung zu Ihren zukünftigen Kolleginnen und Kollegen, im Falle einer negativen Entscheidung verbessern Sie Ihre Chancen, ein qualifiziertes Feedback zu Ihrer Leistung zu erhalten. In jedem Fall treten Sie professionell auf.

Beispiel

„Sehr geehrte Frau Niessläger,

ich bedanke mich für das gestrige Assessment-Center und die Möglichkeit, mich Ihnen vorstellen zu dürfen. Das Assessment-Center und der Tag bei Ihnen in der Firmenzentrale hat mir viel Spaß gemacht und mein Interesse an einem Einstieg bei Ihnen noch weiter vergrößert.

Der Austausch mit den Mitarbeitern aus dem Projekt XY am Nachmittag hat mich besonders beeindruckt. Die Themen dort entsprechen genau meinen Schwerpunkten und sind für mich hochinteressant.

Ich würde mich sehr freuen, das XY-Projektteam als neue Qualitätsbeauftrage zu unterstützen.

Freundliche Grüße
Anna-Lena Herrmann"

Senden Sie die E-Mail ausschließlich an Ihre Ansprechpartner, mit denen Sie bereits vor dem Assessment-Center im Austausch waren. Auch wenn Sie während des ACs die Namen der Assessorinnen und Assessoren erfahren haben, kontaktieren Sie diese nach dem Assessment-Center nicht. Das wäre unprofessionell und könnte als versuchte Einflussnahme auf den Entscheidungsprozess gewertet werden. Ihre Ansprechpartner sind Ihre bisherigen Kontakte.

Der richtige Zeitpunkt für eine solche Dankes-E-Mail ist ein bis zwei Tage nach dem Assessment-Center. Verbinden Sie die Nachricht nicht mit der Frage nach einem Zwischenstand oder dem Ergebnis. Dies würde den Zweck Ihrer Nachricht, Motivation zu vermitteln, komplett verändern und einen falschen, drängelnden Eindruck hinterlassen.

Ein Nachhaken nach dem Ergebnis halte ich erst nach zwei Wochen für angebracht. Nach einem Assessment-Center können Sie davon ausgehen, dass man Sie nicht einfach vergessen hat, sondern die Entscheidung oder die Festlegung der nächsten Schritte für erfolgreiche Bewerber einfach einige Tage Zeit braucht. Vielleicht ist ein wichtiger Entscheider, z. B. Ihre zukünftige Vorgesetzte, gerade für eine Woche im Urlaub oder krank. Geben Sie dem Unternehmen und seinen Vertretern einige Tage Zeit, um das Assessment-Center nachzuarbeiten.

Die Hürde Assessment-Center überwinden – Ihre nächsten Schritte

Nach dem Assessment-Center heißt es erst einmal durchatmen. Sie haben eine sehr intensive Prüfung durchlaufen. Unabhängig von Ihrem Ergebnis sollten Sie sich danach möglichst **ein oder zwei Tage Auszeit nehmen**, um Ihre mentalen Akkus wieder aufzuladen.

Für die Zeit nach Ihrem Assessment-Center möchte ich Ihnen in diesem Abschnitt einige Hinweise geben.

Nach dem Assessment-Center – und jetzt?

Nachdem Sie etwas Abstand und Erholung nach Ihrem Assessment-Center hatten, nehmen Sie sich etwas Zeit und **reflektieren Sie das Erlebte**. Was lief gut, was lief weniger gut? Was würden Sie im nächsten AC anders machen? Welche Erkenntnisse aus dem Assessment-Center können Sie auf Ihren Berufsalltag übertragen?

Wenn Sie ein differenziertes Feedback erhalten haben, beziehen Sie dieses ein. Dazu müssen Sie zunächst entscheiden, ob Sie das erhaltene Feedback auch annehmen. Schließlich kann es sein, dass Sie ein ungerechtfertigtes Feedback erhalten haben oder missverstanden wurden. In solchen Fällen können Sie sich entscheiden, dass dieser Teil des Feedbacks für Sie nicht relevant ist und Sie es ignorieren können. Dies ist allerdings kein Blankoscheck an Sie, nur angenehme Aspekte anzunehmen und unangenehme Kritik als ungerechtfertigt abzutun.

TIPP: ***Nehmen Sie Kritik aus dem Assessment-Center ernst.***

In den meisten Fällen ist das Feedback, das Sie aus einem Assessment-Center erhalten, objektiv und fundiert. Schließlich beruht es auf von mehreren geschulten Beobachtern beobachtetem Verhalten. Es handelt sich also nicht um eine Einzelmeinung, sondern um die Beobachtung und Interpretation von mehreren qualifizierten Personen. Nehmen Sie das

Feedback und insbesondere kritische Anmerkungen auf jeden Fall ernst und sehen Sie es als Chance zur persönlichen Weiterentwicklung.

Hinterfragen Sie sich selbst kritisch. Trete ich wirklich so auf? Wo habe ich mich tatsächlich so verhalten? Wie könnte ich mich anders verhalten? Wie kann ich diesen Eindruck vermeiden? Diese und ähnliche Fragen helfen Ihnen, sich und Ihre Wirkung auf andere besser zu verstehen und die gewonnenen Erkenntnisse zu Ihrem Vorteil zu nutzen. Nur wenn Sie sich selbst kritisch hinterfragen, können Sie wichtige Anpassungen an Ihrem Auftreten sowohl in Bewerbungsprozessen als auch in Ihrem weiteren Berufsleben umsetzen.

Wie es nach Ihrem Assessment-Center weitergeht, hängt stark von Ihrem Ergebnis ab, also ob Sie Ihr AC bestanden haben.

Assessment-Center bestanden

Sie haben Ihr Assessment-Center bestanden? Herzlichen Glückwunsch! Ich hoffe, dieses Buch hat einen wesentlichen Beitrag dazu geleistet.

Nun müssen Sie sich entscheiden, ob Sie die Stelle antreten möchten. Für manche ist dies selbstverständlich, war das Assessment-Center doch eine wichtige Hürde, um die nächste Karrierestufe zu erreichen. Für andere war das AC eines von mehreren, parallel laufenden Bewerbungsverfahren.

Das bestandene Assessment-Center an sich ist noch keine Entscheidungsgrundlage. In aller Regel wird sich die Personalabteilung nach dem erfolgreichen AC mit Ihnen in Verbindung setzen, um die weiteren Schritte zu besprechen. Dies kann die Zusendung eines **Angebots oder Arbeitsvertrags** sein oder die **Vertragsverhandlung**. Dieser Prozess kann sich einige Zeit ziehen, manchmal nach dem AC als letzter Hürde aber auch sehr schnell gehen. Für Ihre neue Position wünsche ich Ihnen alles Gute und viel Erfolg!

Assessment-Center nicht bestanden

Ist Ihr Assessment-Center nicht erfolgreich verlaufen, so **endet für Sie der Bewerbungsprozess** bei diesem Unternehmen oder dieser Institution. Ein nicht bestandenes AC führt zur Ablehnung Ihrer Bewerbung und man wird Ihnen kein Angebot machen. Für Sie beginnt der Bewerbungsprozess auf eine andere Stelle bei einem anderen Arbeitgeber von vorn.

Umso wichtiger ist es, wie oben beschrieben, **selbstkritisch und offen** zu **reflektieren**, was die Gründe für das nicht bestandene Assessment-Center waren. Versuchen Sie nachzuvollziehen, warum die Entscheidung so gefallen ist. Versetzen Sie sich gedanklich in die Lage des Arbeitgebers und der Beobachter im AC. Worauf würden Sie als Unternehmen achten? Was ist für eine solche Position wichtig? Haben Sie diese Eigenschaften wirklich und in einem ausreichenden Maße gezeigt? Nehmen Sie die Erkenntnisse mit in Ihre nächste Bewerbungsrunde.

Ein nicht bestandenes Assessment-Center **heißt nicht, dass Sie für die Position nicht geeignet wären**. Es bedeutet lediglich, dass das Unternehmen bei Ihnen an diesem einen Tag in einer Handvoll von Aufgaben nicht die Verhaltensweisen beobachten konnte, die es für eine Einstellung gerne gesehen hätte. Möglicherweise wäre es an einem anderen Tag, an dem Sie in besserer Form gewesen wären, anders gelaufen.

Das Assessment-Center-Ergebnis ist daher **kein Urteil über Ihre Person** oder Ihren Charakter. Es ist lediglich eine Momentaufnahme und ein Abgleich der Erwartungen dieses Arbeitgebers an diese zu besetzende Stelle mit Ihnen als Bewerber*in. Vielleicht hat es einfach nicht gepasst. Vielleicht hat der Arbeitgeber auch sehr spezifische Erwartungen, die Sie nicht erfüllen. Ich schreibe dies, um Ihnen zu zeigen, dass das Assessment-Center immer eine „Black-Box" ist, dessen genaue Prozesse im Inneren nicht transparent sind.

Somit sollten Sie ein nicht bestandenes AC nicht als persönliches Scheitern, sondern in der Sportanalogie als einen verlorenen Wettkampf sehen. Im nächsten Wettkampf haben Sie eine neue Chance, Ihr volles Potenzial zu zeigen. Wie im Sport müssen Sie allerdings die Verantwortung für Ihre eigene Leistung übernehmen und sich fragen, wie Sie sich auf die nächste Partie optimal vorbereiten und sich bestmöglich präsentieren können. Dafür wünsche ich Ihnen bereits jetzt alles Gute und viel Erfolg!

Eine Zusammenfassung dieses Kapitels mit persönlichen Empfehlungen des Autors finden Sie im Video-Begleitmaterial: stark-verlag.de/qrcode/b20701_14

Weiterführendes Material

Weiterführende Assessment-Center-Materialien vom Autor, wie Trainingsangebote und Videos, finden Sie in der „Assessment Center Academy" unter: *www.assessmentcenteracademy.de*

» Lösungen zu den Übungsaufgaben

Das Rollenspiel (S. 140ff.)

Mitarbeitergespräch „Leistungsschwacher Mitarbeiter“

Rollenspieler-Anweisung – „Leistungsschwacher Mitarbeiter“

Sie sind seit einigen Wochen Mitarbeiter im Bereich Produktion bei einem Maschinenbau-Mittelständler. Sie sind noch in der Probezeit. Zuvor waren Sie längere Zeit arbeitssuchend, weil Ihr voriger Arbeitgeber Insolvenz anmelden musste. Dort galten Sie als zuverlässiger und angesehener Produktionsmitarbeiter. Sie haben hauptsächlich den Maschinentyp DY-14 bedient, wurden aber zeitweise auch auf DY-15 und zuletzt kurz auf DY-16 eingesetzt. Ihre Erfahrung auf der DY-Reihe scheint auch der Grund gewesen zu sein, warum Sie Ihre jetzige Stelle bekommen haben. Sie sind sehr froh, endlich wieder einen Job zu haben und möchten ihn unbedingt behalten.

Leider sind Sie nach der Arbeitslosigkeit etwas aus der Übung. Die Handgriffe sitzen nicht mehr richtig und die Bedienung der neueren Maschinentypen ist in diesem Betrieb anders, als Sie es gewohnt sind. Der Druck hier ist so hoch, dass man Ihnen nur eine kurze Einführung gegeben hat, ohne dass Sie sich ausreichend mit den Besonderheiten der Maschine auseinandersetzen konnten.

Schon nach wenigen Tagen hatten Sie das Gefühl, dass Ihr*e Vorgesetzte*r Ihnen gegenüber sehr kritisch ist. Ihre Arbeit wurde bemängelt und Ihre Bedienung hinterfragt. Jetzt haben Sie das Gefühl, ständig unter Beobachtung zu stehen. Egal, was Sie tun, nichts ist richtig. Das macht Sie nervös und Sie fühlen sich unwohl.

Sie wissen, dass Ihre Leistung momentan noch nicht besonders gut ist. Das liegt an der zu kurzen Einarbeitung und der mangelnden Übung auf dem neueren Maschinentyp DY-16.

Ihr*e Vorgesetzte*r hat Sie zu einem Feedbackgespräch eingeladen. Ihr Ziel ist es, die Probezeit zu überstehen und den Job zu behalten. Sie sind angespannt und haben Angst vor dem Gespräch. Deshalb verhalten Sie sich ruhig, zurückgezogen und geben kurze Antworten. Wenn Sie danach gefragt werden, gehen Sie ehrlich mit Ihrer Leistung um. Sie wissen, dass diese noch nicht Ihrem Potenzial entspricht, und wollen sich verbessern.

Sie fragen aber nicht selbst nach einer besseren Einarbeitung, Schulungen oder etwas Zeit zum Üben auf der Maschine, um nicht als schwierig oder fordernd wahrgenommen zu werden. Sie wissen, dass diese Maßnahmen Ihrer Leistung helfen würden. Fragt Ihr*e Vorgesetzte*r Sie nach eigenen Vorschlägen, dann nennen Sie diese – je Nachfrage einen davon.

Lösungsvorschlag „Leistungsschwacher Mitarbeiter"

Lesen Sie zunächst beide Briefings, also auch das des Rollenspielers, damit Sie beide Seiten kennen.

Briefing analysieren

Ihr Briefing enthält **keine Vorgabe, welches Ziel zu erreichen ist**. Aus den Anforderungen an die Stelle ist offensichtlich, dass Sie einen **guten Bediener für die Maschine DY-16 benötigen**. Das kann der Mitarbeiter sein, sofern sich seine Leistung verbessern lässt, oder alternativ ein Ersatz. Ihre selbst zu identifizierende **Aufgabe** besteht also unter anderem darin, **herauszufinden, ob der Mitarbeiter das Potenzial hat**, dieser gute Bediener zu werden. Eine Entscheidung über eine Auflösung des Arbeitsverhältnisses muss zu diesem Zeitpunkt noch nicht getroffen werden. Erkennen Sie Potenzial und Entwicklungsbereitschaft in dem Mitarbeiter, besteht der weitere Teil der Aufgabe darin, **konkrete Schritte zur Verbesserung der Situation** zu vereinbaren. Für beide Aspekte müssen Sie zunächst **herausfinden, warum die Leistung des Mitarbeiters aktuell so schwach ist**.

Offene Fragen stellen

Fragen Sie den Mitarbeiter, was ihn bewegt, wie es ihm gefällt und wie er die ersten Wochen beurteilt (offene Fragetechnik). Hören Sie genau zu und **haken Sie bei auffälligen Kommentaren nach**. Nennt der Mitarbeiter zum Beispiel Probleme, Stress, eine hohe Fehlerquote oder Ähnliches, fragen Sie: *„Woran liegt das?"* Erwarten Sie keine ausführlichen Beschreibungen, wenn es um für Mitarbeiter so kritische Themen geht. **Signalisieren Sie Offenheit**, wertfrei nach Lösungen zu suchen. Das gelingt einfacher, wenn Sie **nicht kritisieren**, sondern nur auf die Aussagen des Mitarbeiters reagieren.

Im Briefing des Mitarbeiters steht, dass er von sich aus keine Schwierigkeiten ansprechen soll. Das bedeutet, er wird nicht sagen: *„Toll, dass ich endlich die Gelegenheit habe, ein paar Probleme mit meiner Einarbeitung anzusprechen! Folgende Ideen habe ich mitgebracht …"* Auf eine offene Frage wie *„Was bewegt Sie gerade?"* wird er in einer vertrauensvollen Atmosphäre gemäß dem Briefing seine **Defizite anreißen**. Das ist Ihr **Anknüpfungspunkt für Nach-**

fragen: *„Woran liegt das?“* Stellen Sie anschließend **weitere Fragen:** *„Das war mir nicht bewusst. Gibt es noch weitere Gründe dafür?“* So lange, bis Ihr Mitarbeiter signalisiert, dass **alle wesentlichen Aspekte genannt** sind.

Jetzt erhalten Sie erstmals wichtige Informationen: Die **Einarbeitung** war **zu knapp**. Die Kollegen sind davon ausgegangen, der Mitarbeiter habe schon viel Erfahrung auf DY-16, tatsächlich hat er aber viel Erfahrung auf DY-14 und hat nur kurz mit dem neueren Typ gearbeitet. Durch die Pause seitdem ist er **aus der Übung**. Außerdem erfahren Sie möglicherweise, dass der Mitarbeiter **motiviert** ist, **sich zu verbessern**. Auf diesen Informationen können Sie aufbauen. Sie haben jetzt alles, was Sie für eine Lösung des Problems benötigen.

Lösung finden

Statt direkt selbst Vorschläge zu machen, **fragen** Sie besser **nach eigenen Ideen Ihres Mitarbeiters**. So können Sie sicher sein, dass die Maßnahmen zielführend sind und die Probleme des Mitarbeiters wirklich adressieren. **Erkennen Sie die Vorschläge an**, sofern sie passend sind, um den Mitarbeiter zur weiteren Kommunikation zu ermutigen: *„Das finde ich eine gute Idee!“* Fragen Sie auch hier wieder: *„Haben Sie noch andere Vorschläge?“* Nachdem der Mitarbeiter seine Ideen geteilt hat, dürfen Sie **eigene Ansätze vorschlagen**.

Entwickeln und vereinbaren Sie zusammen mit dem Mitarbeiter einen **Maßnahmenplan**. Sie **beide** sollten mit dem Katalog **zufrieden** sein und bestätigen, dass die Aktionen helfen, Ihr gemeinsames Ziel zu erreichen, die Leistung des Mitarbeiters zu steigern. Beenden Sie das Gespräch freundlich, optimistisch und vereinbaren Sie ein **Anschlussgespräch zur Überprüfung** der Maßnahmen nach einiger Zeit.

Kollegengespräch „Räumliche Neuorganisation“

Rollenspieler-Anweisung – „Räumliche Neuorganisation“

Sie sind Frau Suhrbier, Referatsleiterin im Bundesministerium für Gesundheit, und leiten seit vielen Jahren das Referat Buchhaltung mit einem Team von vier Beamtinnen und Beamten.

Das Referat ist im 2. Stock angesiedelt. Direkt neben Ihnen, getrennt durch eine dünne Wand, befindet sich das Referat Softwarelizensierung. Das Team ist deutlich größer als Ihres und ist von ehemals acht Beamtinnen und Beamten auf inzwischen 14 Beamtinnen/Beamte gewachsen. Sie haben von einem Kollegen erfahren, dass dort nun weitere vier Stellen bewilligt worden sind.

Sie verstehen, dass die Softwarelizensierung als Teil des IT-Bereichs in der Behörde eine wichtige Rolle spielt, um das Ziel der Digitalisierung im Verwaltungsbereich voranzubringen. Trotzdem ärgert es Sie, dass der IT-Bereich mit scheinbar endlosen Ressourcen ausgestattet wird, während Ihnen schon drei Anträge auf zusätzliche Mitarbeitende abgelehnt wurden. Zudem steigt der Lärmpegel durch das wachsende Nachbarreferat.

Die zunehmende Anzahl an Softwarelösungen und regelmäßigen Anpassungen der dafür nötigen Lizenzen verursacht auch in Ihrem Referat zusätzliche Buchungsvorgänge. Ganz akut plagt Sie aber etwas ganz anderes: Eine wichtige Schnittstelle zwischen zwei Buchhaltungsprogrammen ist ausgefallen. Darüber werden am Tagesende die aktuellen Buchungen der ganzen Behörde in die zentrale Datenbank eingespielt. Seit mittlerweile zwei Wochen müssen die Beamten in Ihrem Referat diese Buchungen manuell einspielen, was bei allen im Team ein bis zwei Überstunden am Tag erfordert und bereits für Unmut im Referat gesorgt hat. Der verantwortliche Servicemitarbeiter, Herr Gröger, der als Einziger die Schnittstelle reparieren kann, ist im IT-Service ebenfalls dem Referat Softwarelizensierung unterstellt. Sie haben ihn trotz mehrfacher Versuche nicht antreffen können und er hat bisher noch nicht auf Ihre Anfragen und dringenden Rückrufbitten reagiert.

In 15 Minuten treffen Sie die Referatsleitung Softwarelizensierung für ein 15-minütiges Gespräch. Sie wissen aus der Einladung, dass es um eine organisatorische Anfrage geht, kennen aber noch keine Details. Ihr Verhältnis zur Referatsleitung Softwarelizensierung ist freundschaftlich, es gibt aber nur wenige Berührungspunkte. Sie agieren kooperativ, solange Ihre eigenen Belange angemessen berücksichtigt werden und Sie Ihre Ziele erreichen. Aktuell ist das die Reduktion der Arbeitsbelastung für Ihre Referatsmitarbeiter. Zusätzliche, nicht zwingend erforderliche Projekte lehnen Sie in der jetzigen Situation ab, um Ihr Referat vor Überlastung zu schützen. Für kreative Lösungen sind Sie offen.

Ihre Mitarbeitenden schätzen die Nähe Ihres Referats zur Kaffeemaschine im Eingangsbereich der Kantine, nur eine Etage unter Ihnen. Sie nutzen diesen Platz für kurze Erholungspausen.

Lösungsvorschlag „Räumliche Neuorganisation"

Lesen Sie zunächst beide Briefings, also auch das des Rollenspielers bzw. der Rollenspielerin, damit Sie beide Seiten kennen.

Briefing analysieren

In diesem Szenario müssen Sie es **vermeiden, das Gespräch mit Ihrem eigentlichen Anliegen**, dem Umzug des Referats Buchhaltung in den 4. Stock, **zu eröffnen**. Würden Sie dieses ansprechen, würde Frau Suhrbier **ablehnend reagieren**. Schließlich bedeutet ein Umzug eine Unterbrechung des laufenden Betriebs und eine erhebliche Zusatzbelastung für das Referat.

Außerdem ist durch die **schwere Erreichbarkeit von Herrn Gröger**, dem IT-Service-Experten für die defekte Schnittstelle, der Ihrem Referat zugeordnet ist, bereits das **Potenzial für dicke Luft** zwischen Ihnen beiden gegeben. Dieses **Problem ist Ihnen aus Ihrem Briefing noch nicht bekannt**.

Offene Fragen stellen

Am Anfang des Gesprächs müssen Sie zunächst auf der persönlichen Beziehungsebene kommunizieren. Machen Sie etwas **Small Talk** und finden Sie darüber heraus, was Ihr Gegenüber gerade beschäftigt. **Stellen Sie offene Fragen**; zeigen Sie Interesse an Frau Suhrbier und ihrem Referat. Sie werden erfahren, dass dort eine **hohe Arbeitsbelastung** herrscht. **Haken Sie nach**, was die Belastung verursacht. Stück für Stück setzt sich so das Puzzle zusammen: Die hohe Arbeitsbelastung liegt an **vermehrten Buchungen**, aber auch an einer **defekten Schnittstelle**. Der Rollenspieler wird Ihnen **mit jeder offenen Frage weitere Informationen** geben. Sie müssen jedoch danach fragen! Eine defekte Schnittstelle? Woran liegt das? Wieso ist sie über einen längeren Zeitraum defekt? Wie kann man das beheben? Was können Sie tun, um die Kollegen zu unterstützen?

Jetzt werden Sie das ganze Puzzlebild erfassen: Es ist Ihr **Referatskollege**, der die Schnittstelle reparieren kann, aber bisher **nicht zu erreichen** war. Sie haben sicher Möglichkeiten, den **Kollegen** zu **kontaktieren** und ihn anzuweisen, das benachbarte Referat Buchhaltung schnellstmöglich zu unterstützen. Sagen Sie das zu und **lösen Sie** so ein **großes Problem Ihres Gegenübers**. Fragen Sie nach, ob Sie Frau Suhrbier noch auf anderem Wege unterstützen können. Vermutlich wird sie bereits über die Lösung der Schnittstellenprobleme sehr erfreut sein – mehr ist nicht notwendig.

Anliegen vorbringen

Erst jetzt ist der Zeitpunkt gekommen, Ihr **eigenes Anliegen vorzubringen**. **Erläutern Sie kurz**, dass Ihre Abteilung wächst und der vorhandene Platz nicht mehr reicht. Im 4. Stock gibt es Räumlichkeiten, die für Ihr Referat aber nicht ausreichen. Das ist wichtig, damit Frau Suhrbier versteht, dass Sie bereits **nach Alternativen gesucht**, diese **aber nicht gefunden** haben. **Bitten Sie** Frau Suhrbier **um Unterstützung**, konkret um den Umzug Ihres Referats in den 4. Stock. Machen Sie dann eine **bewusste Sprechpause**, um Frau Suhrbiers Reaktion zu hören.

Lösung finden

Bieten Sie gegebenenfalls **Hilfe beim Umzug** und bei der Einrichtung der Arbeitsplätze an. Auch **kreative Ansätze** sind hier willkommen. So könnten Sie dem Referat Buchhaltung einen eigenen **Kaffeeautomaten im 4. Stock** auf Ihre Kostenstelle **sponsern**, als Dankeschön für die Unterstützung. Die einzelnen Vorschläge können je nach Gesprächsverlauf variieren.

Für die Lösung gilt das **Prinzip: Wir helfen uns gegenseitig**. Es ist kein Tausch nach dem Motto: Wenn Sie mir helfen, helfe ich Ihnen. Es geht um eine gegenseitige, freiwillige Unterstützung, unabhängig von Gegenleistungen. Sie müssen allerdings **das erste Angebot machen**. Dadurch lösen Sie die Überlastung des Teams, schaffen Raum für neue Projekte und erhöhen deutlich Frau Suhrbiers Bereitschaft, auch Ihr Anliegen zu unterstützen.

Kundengespräch „Außendienstbesuch“

Rollenspieler-Anweisung – „Außendienstbesuch“

Sie sind Herr Heinzmann, Einkaufsleiter bei der L. K. Heinzmann GmbH, einer Großkonditorei, die Ihr Großvater gegründet hat.

Sie haben heute einen Termin mit dem Außendienst eines Verpackungsherstellers. Sie haben dort bis vor zwei Jahren große Mengen Einschlagpapier für Gebäckteile gekauft, seitdem mit der Firma aber keinen Kontakt mehr gehabt.

Sie haben dort nichts mehr bestellt, weil Sie schlichtweg keinen Bedarf mehr an Einschlagpapier hatten. Sie haben das Geschäft mit Gebäckteilen komplett aufgegeben und sich auf die Produktion von Torten konzentriert, da diese viel profitabler ist.

Torten benötigen kein Einschlagpapier, sondern einen faltbaren Karton und eine rund gestanzte Auf- und Unterlage zur Trennung zwischen Torte und Karton. Die Kartons produzieren Sie in direkter Nachbarschaft zur Konditorei über ein Tochterunternehmen. Die Auf- und Unterlagen kaufen Sie extern ein. Sie sind aktuell aus Kunststoff, könnten aber auch aus beschichtetem Papier bestehen. Wichtig sind die Lebensmittelsicherheit, die leichte Verarbeitung in den automatisierten Maschinen, die exakt runde Ausstanzung und die Kosten.

Sie haben dem Termin mit dem Außendienst zugestimmt, um nach den Preisen für Kunststoff-Tortenauflagen zu fragen. Für das Gespräch sind 15 Minuten angesetzt.

Lösungsvorschlag „Außendienstbesuch"

Lesen Sie zunächst beide Briefings, also auch das des Rollenspielers bzw. der Rollenspielerin, damit Sie beide Seiten kennen.

Briefing analysieren

Ihr Briefing hat **zwei wesentliche Aspekte:**

1. Ein früherer Kunde bestellt kein Einschlagpapier mehr.
2. Sie möchten Ihr **neues Produkt „FreshPaper"** als Alternative zu Einschlagpapier **verkaufen**.

Wenn Sie sich zu Beginn zu sehr auf den Bereich Einschlagpapier oder den Verkauf der Innovation *FreshPaper* konzentrieren, erfahren Sie womöglich nicht, dass der **Kunde das Segment Einschlagpapier komplett verlassen** hat. Für diese Produktart hat er keinen Bedarf mehr, denn die Gebäckteile, für die er es benötigt hat, sind aus dem Sortiment verschwunden. Mit diesem Ansatz wäre das Gespräch schnell in einer Sackgasse. Sie müssen also **herausfinden, was Ihr Gegenüber bewegt**, welche Marktsegmente für ihn interessant sind und an welchen Produkten oder Informationen er Interesse an.

Offene Fragen stellen

Beginnen Sie das Gespräch daher offen und erkundigen Sie sich: *„Wie läuft es bei Ihnen?"* Sie werden beispielsweise erfahren, dass der **Absatz von Torten wächst**. Haken Sie nach: *„Wie kommt das?"* Nun erhalten Sie einige **Hintergrundinformationen**. Daraus geht wahrscheinlich hervor, dass **Torten inzwischen das Hauptprodukt des Kunden** sind. Diese Information ist für Sie hochrelevant. Einerseits können Sie nun nachvollziehen, warum der Kunde kein Einschlagpapier mehr bestellt hat. Andererseits müssen Sie nun **„FreshPaper" im Kontext des veränderten Produktportfolios des Kunden einordnen**. Ob dieser Kunde Bedarf an einem Artikel wie *FreshPaper* hat, bekommen Sie über weitere offen Fragen raus. Noch bevor Sie das neue Produkt angesprochen haben, fragen Sie: *„Wie verpacken Sie denn Ihre Torten?"* Hier erfahren Sie vom Karton und den **Auf- und Unterlagen der Torten** aus Kunststoff.

Angebot machen

Man muss nun nicht mehr viel Fantasie haben, um **„FreshPaper“ als innovative Alternative zu den Auf- und Unterlagen aus Kunststoff** zu positionieren. Hierbei dürfen Sie **kreativ sein**. Nehmen Sie an, dass Ihr Unternehmen das eigentlich als Einschlagpapier konzipierte *FreshPaper* problemlos auch als runde Auf- und Unterlagen herstellen kann. **Vereinbaren Sie die Produktion von Mustern**, einen gemeinsamen Test in geringer Stückzahl oder einen Folgetermin mit mehr Informationen speziell zur Verwendung in Tortenverpackungen. Es zählt hier aufgrund der neuen Situation des Kunden **nicht der direkte Verkaufsabschluss**, sondern der **Beginn einer gemeinsamen Entwicklung von „FreshPaper“**, die sicher auch zu späteren Verkäufen führen wird.

Die Fallstudie (S. 159 ff.)

Lösungsvorschlag Fallstudie „Fünfjahresstrategie“

Die inhaltliche Lösung der Fallstudie hängt stark von der Abteilung und der Branche ab, in der Sie sich bewerben. Diese Art von Fallstudie wird gerne bei Führungskräften genutzt, um zu sehen, ob diese das Umfeld richtig einschätzen und sinnvolle Entscheidungen treffen. Aber auch auf anderen Ebenen ist solch eine **offen-kreativ** gehaltene Fragestellung sinnvoll. Die Beobachter können aus Ihren Vorschlägen ableiten, ob Sie eine ganzheitliche Betrachtungsweise haben und ein Gespür für die wesentlichen Herausforderungen in Ihrer neuen Rolle.

Die **Aufgabe** besteht in der Ausarbeitung einer **Fünfjahresstrategie**. Sie müssen auf jeden Fall auf die genannten **vier Unterthemen** eingehen, sollten aber darüber hinaus auch weitere Aspekte aufnehmen, die Ihnen für Ihren Bereich wichtig erscheinen. Zeigen Sie, dass Sie die Rolle Ihrer Abteilung im **Gesamtkontext des Unternehmens** verstanden haben und Ihren Beitrag zu dessen Zielen leisten. Die Unterthemen der Aufgabe können Ihnen als Strukturierungshilfe dienen.

Gerade bei einer so zukunftsgerichteten Fallstudie werden Sie viele **Annahmen** treffen müssen. Zeigen Sie diese klar auf und erläutern Sie, wie Sie zu diesen Auffassungen gelangen. Setzen sich Wachstumstrends in gleichem Maße fort? Werden Themen in den nächsten Jahren an Bedeutung gewinnen?

Finden Sie die richtige **Balance** aus notwendigen Neuerungen und Beibehaltung von Bewährtem. Verändern Sie Prozesse nur behutsam mit Blick auf Kosten und Dauer der Umsetzung. Treffen Sie aber auch **Entscheidungen**, die die richtigen Weichen für die Zukunft stellen und kommunizieren Sie diese.

Lösungsvorschlag Fallstudie „Krankenhausmanagement"

In dieser **offen-kreativen** Fallstudie müssen Sie **vier unterschiedliche Herausforderungen** angehen: die Schließung von Personallücken in mehreren Bereichen, die Erhöhung der Profitabilität der Kinderklinik, die Verkürzung der Wartezeiten in der Notaufnahme sowie die Stärkung der Zelltherapie-Forschung. Betrachten Sie zunächst alle vier Teilaufgaben, **ordnen Sie sie in den Kontext ein** und **legen Sie Prioritäten fest**.

Prioritäten festlegen

Als wichtige medizinische Einrichtung der Stadt befinden Sie sich in einem **Spannungsfeld:** Auf der einen Seite ist es Ihre gesellschaftliche Aufgabe, die medizinische Versorgung der Bevölkerung zu sichern, auf der anderen Seite fordert der Träger Profitabilität ein. Machen Sie deutlich, dass Sie diesen Kontext verstehen. Treffen Sie nun aber auch eine erste Annahme bzw. Entscheidung: Kurzfristig hat die **Sicherstellung der medizinischen Versorgung** oberste Priorität. Mittel- und langfristig rückt dagegen die **Profitabilität** der Klinik mehr in den Vordergrund, da das Krankenhaus sonst nicht dauerhaft weiterbetrieben werden kann.

Die **Personallücken** und die **Schwierigkeiten in der Notaufnahme** bedrohen beide die Versorgung der Patientinnen und Patienten. Insbesondere die Personalprobleme sollten **schnellstmöglich behoben** oder zumindest gelindert werden, um nicht noch mehr Mitarbeitende durch Krankheit oder Kündigung aufgrund der hohen Belastung zu verlieren. Erst danach sollten die Themen Kinderklinik und Forschung angegangen werden. Diese sind nicht unwichtig, jedoch im speziellen Kontext eines Krankenhauses weniger dringend.

Maßnahmen erläutern

Zu allen vier Bereichen finden Sie im Folgenden einige **Ideen**. Diese lassen sich beliebig erweitern oder anders gestalten. Jeder Punkt sollte knapp **erläutert** und in seiner Wirkung und seinen Kosten **bewertet** werden. Gespräche mit dem Personal sind beispielsweise mit geringem Aufwand umzusetzen und haben einen unmittelbaren Effekt auf die Motivation des Teams. Sie helfen außerdem dabei, die Sorgen und Nöte der Mitarbeitenden besser zu verstehen. Diese Faktoren machen die Maßnahme sehr attraktiv, weshalb sie schnellstmöglich umgesetzt werden sollte.

Kurzfristig:

1. Personalprobleme

a) Personal halten

- *Gespräche mit Personal führen*
- *Zuhören und Verständnis zeigen*
- *Vorschläge zur Verbesserung von Prozessen abfragen und Sinnvolles unbürokratisch umsetzen*
- *Gehaltsanpassungen prüfen*
- *Ggf. Prämien für langjährige Mitarbeitende anbieten*
- *Entlastungen in der Administration schaffen → mehr Zeit für Patienten*
- *Interne Weiterentwicklung fördern*

b) neues Personal einstellen

- *Mit anderen Kliniken vergleichen: Was machen diese im Recruiting besser?*
- *Mehr Budget zur Verfügung stellen*
- *Gezielt Fachpersonal aus anderen Regionen anwerben*
- *Fachpersonal auch im Ausland anwerben*
- *Quereinstieg von medizinischem Personal ermöglichen*
- *Bürokratische Hürden abbauen*
- *Klinik als Arbeitgeber attraktiver machen*

2. Notaufnahme

- *Ursachen für Rückstau herausfinden*
- *Engpässe beheben*
- *Prozessoptimierung über bessere Organisation der Abläufe*
- *Einrichtung eines „First Check", der Patienten direkt nach Ankunft einteilt und ggf. schnellversorgt*
- *Einrichtung einer Notaufnahme-Hotline, damit leichte Fälle telefonisch beraten werden können und gar nicht erst in die Klinik kommen müssen*
- *Neue Prozesse für Standardfälle (z. B. Fieber, Husten, Übelkeit), die keine Notmaßnahmen erfordern, einführen → Steigerung der Effizienz*

Mittel- und Langfristig:

3. Kinderklinik

- *Versorgung hat oberste Priorität*
- *Kosten in der Administration einsparen, z. B. über Automatisierung der Verwaltung*
- *Optionale Zusatzleistungen im nichtmedizinischen Bereich anbieten, z. B. Premium-Familienzimmer*
- *Kostenintensive, nichtzwingende Behandlungen in spezialisierte medizinische Zentren außerhalb der Klinik auslagern*
- *Perspektivenwechsel: Kinderklinik als wichtigen Versorgungsbaustein betrachten, der für den Betrieb einer in anderen Bereichen profitablen Klinik notwendig ist*

4. Forschung

- *Forschungsstarke Medizinerinnen/Mediziner bei der Rekrutierung von Personal (siehe 1.) anwerben*
- *Für vielversprechende Forschungsprojekte um Mittel von Land und Bund bewerben*
- *Klinik bei Fachtagungen und Kongressen vertreten*
- *Anreize für Publikationen schaffen: monetär oder Freistellung von anderen Tätigkeiten*
- *Forschung und Publikation in Ziele aufnehmen*

Geben Sie im Anschluss an die Vorstellung Ihrer Ideen je Bereich eine **ganzheitliche Bewertung** und Empfehlung ab. Zuletzt fassen Sie die wichtigsten Maßnahmen klinikweit zusammen.

Lösungsvorschlag Fallstudie „RealRobots"

Verschaffen Sie sich zunächst einen Überblick. Bei dieser eher **geschlossen-analytischen** Fallstudie steht die Aufgabe erst ganz am Ende. Diese sollten Sie als Erstes lesen, um zu verstehen, welche Informationen überhaupt für die Lösung relevant sind. Gehen Sie nach der **Gesamtdurchsicht** des Materials **Frage für Frage** vor.

Frage 1 – Umsatzprognose

Es ist nicht näher spezifiziert, ob nur der **Gesamtumsatz** oder auch der **Umsatz je Modell** errechnet werden soll. Da in der folgenden Frage zur Produktionsoptimierung die Umsätze pro Modell relevant sind, sollten Sie diese direkt mitberechnen. Es bietet sich an, die **Annahme** zu treffen, dass die Optimierung der Produktion und die sich daraus ergebenden Umsatzeffekte zunächst unberücksichtigt bleiben. Das vereinfacht Ihre Berechnung.

Errechnen Sie zunächst für beide Jahre den Umsatz je Modell und insgesamt, indem Sie die jeweiligen Quartalsumsätze addieren:

Jahr 1

Spider:	45,0 + 55,0 + 85,0 + 75,0	= **260,0**
Allrounder:	105,0 + 126,0 + 105,0 + 150,5	= **486,5**
BigBoy:	35,0 + 55,0 + 100,0 + 20,0	= **210,0**
Summe:	185,0 + 236,0 + 290,0 + 245,5	= **956,5**

Jahr 2

Spider:	77,5 + 82,5 + 87,5 + 92,5	= **340,0**
Allrounder:	210,0 + 210,0 + 241,5 + 217,0	= **878,5**
BigBoy:	50,0 + 95,0 + 65,0 + 80,0	= **290,0**
Summe:	337,5 + 387,5 + 394,0 + 389,5	= **1.508,5**

Berechnen Sie als Nächstes das **Wachstum** je Robotermodell **von Jahr 1 zu Jahr 2** sowie das Gesamtwachstum aller Modelle.

Wachstum *Spider*:	+30,8 %
Wachstum *Allrounder*:	+80,6 %
Wachstum *BigBoy*:	+38,1 %
Gesamt:	+57,7 %

Das Modell *Allrounder* wächst prozentual gesehen am schnellsten. Die Modelle *Spider* und *BigBoy* wachsen ebenfalls signifikant, aber deutlich langsamer.

Schreiben Sie das **Wachstum** nun **drei Jahre** in die Zukunft fort. Ihre Annahme, dass das Wachstum konstant bleibt, hilft Ihnen hier.

Beispiel „Spider":
Der Umsatz in Jahr 2 betrug 340,0 Mio. €. Schreibt man das Wachstum von +30,8 % pro Jahr (auf je eine Nachkommastelle gerundet) fort, ergeben sich 444,7 Mio. € in Jahr 3. Bei weiteren +30,8 % Wachstum (ausgehend von 444,7 Mio. €) sind es in Jahr 4 bereits 581,7 Mio. €.

Jahr	**3**	**4**	**5**
Spider	444,7	581,7	760,9
Allrounder	1.586,6	2.865,4	5.174,9
BigBoy	400,5	553,1	763,8
Summe	**2.431,8**	**4.000,2**	**6.699,6**

Dies entspricht der geforderten Umsatzprognose für die nächsten drei Jahre auf Basis konstanter Wachstumsraten. Mögliche Abweichungen in Ihren eigenen Berechnungen ergeben sich aus der Anzahl an Nachkommastellen, mit denen Sie rechnen.

Frage 2 – Produktionsausbau

Die Aufgabe enthält zwei wichtige Zielvorgaben, die Sie beachten müssen: Die **Lieferrückstände** sollen reduziert und die **Umsatzerlöse** maximiert werden. Das bedeutet, dass alle Roboter kurzfristig lieferbar sein sollen und die Produktion darüber hinaus auf die umsatzstärksten Modelle ausgerichtet werden soll.

Legen Sie die in der Aufgabenstellung genannten **Optionen** kurz dar. Auch weitere Ansätze oder **Kombinationen** der genannten Möglichkeiten sind denkbar. Dafür können Sie eigene Ideen nutzen und kreativ werden oder Fachwissen einbringen. Die folgende Aufstellung zeigt Ihnen eine eigene Formulierung der Handlungsoptionen. Diese sind in einer sinnvollen Präsentations-Reihenfolge aufgeführt, in der die Umsetzung der Maßnahmen empfohlen wird.

Option 1: Ausbau der Produktionsstraßen

- Nur eine zusätzliche Straße in den aktuellen Räumlichkeiten möglich
- Mehr Personal notwendig, um neue Produktionsstraßen zu besetzen
- Bringt eine zusätzliche Produktionsstraße für eines der Robotermodelle

Option 2: Mehr Personal einstellen, um aktuelle Produktion technisch zu 100 % auszulasten

- Aktuell 100 % Personalauslastung (14 Personen) versus 84,5 % technische Auslastung
- Bei +18 % Personal, was 2,5 Mitarbeitenden entspricht, könnte 100 % technische Auslastung erreicht werden.
  Erklärung: Wenn 14 Personen die Technik zu 84,5 % auslasten, fällt auf eine Person ein Vierzehntel davon. Steigert man das Personal um 18 % (das sind 2,5 Personen), dann lasten die jetzt 16,5 Personen den Anteil $\frac{84{,}5}{14} \cdot 16{,}5$ der Technik aus. Das entspricht 99,6 % oder gerundet 100 %.
- Annahme: Vollauslastung ist möglich, keine Umrüst- oder Reinigungszeiten etc.

Option 3: Umbau der Produktionsstraßen

- Erhöhung der Flexibilität in der Produktion
- Es können theoretisch alle drei Produktionsstraßen für die Produktion eines einzigen, besonders stark nachgefragten Robotermodells genutzt werden.
- Der Umbau dauert zwei Monate → so lange kann die Produktionsstraße nicht verwendet werden (zeitlich begrenzte Produktionslimitierung).

Option 4: Größere Produktionshalle

- Teuerste Option, da sowohl Halle als auch Produktionslinien finanziert werden müssen
- Lange Dauer durch Bau der Halle
- Genügend Platz für eine deutliche Ausweitung der Produktion, die der hohen Nachfrage der nächsten Jahre gerecht wird

Sowohl die Flexibilisierung der Produktion als auch die Erweiterung der Kapazitäten würde sich positiv auf die Lieferbarkeit der drei Robotermodelle auswirken. Der für die Entscheidung wesentlichere Faktor ist die Vorgabe der **Umsatzmaximierung**. Die Umsatzprognose aus der vorigen Teilaufgabe zeigt das schnelle Wachstum der Umsätze, insbesondere des *Allrounder*-Modells. Dieses eine Modell wird in den nächsten Jahren den Großteil der Umsätze einfahren und sollte daher auch eigene zusätzliche Produktionslinien erhalten.

Aufgrund des starken Wachstums muss bereits heute in zusätzliche Kapazitäten investiert werden. Der **Neubau der Halle** mit drei zusätzlichen Produktionsstraßen erscheint daher angemessen. Diese können spezifisch auf die Produktion des *Allrounder*-Modells ausgelegt werden. Durch eine **Flexibilisierung** einzelner Produktionsstraßen in der bisherigen Halle könnten diese die beiden anderen Modelle bedienen, notfalls aber ebenfalls die Produktion des *Allrounders* unterstützen.

Mithilfe der gelieferten Zahlen können Sie diverse Szenarien aufzeigen und Ihre Empfehlungen belegen. Auf zwei Themen sollten Sie eingehen:

1. Sind die dauerhaft hohen Wachstumszahlen **realistisch** und vertraut die Firma darauf? Wenn ja, sollte schnellstmöglich in einen massiven Ausbau der Produktionskapazitäten investiert werden.
2. Es droht ein Engpass an **qualifizierten Mitarbeitenden**, wenn so schnell neue Produktionskapazitäten aufgebaut werden. Es sollte parallel zu Baumaßnahmen mit dem Ausbau des Teams und der Ausbildung neuer Mitarbeiter für die zusätzlichen Linien begonnen werden.

Geben Sie abschließend Ihre klare Handlungsempfehlung ab.

Frage 3 – Chancenanalyse

Diese Frage ergänzt die Fallstudie um eine **offene Komponente**. Hier dürfen Sie eigene Ideen und kreative Ansätze einbringen, die Ihnen während der Bearbeitung der Fallstudie eingefallen sind.

Nachfolgend einige Ideen für Ansätze und neue Wachstumsfelder:

- Analyse der möglichen Einsatzkategorien wie Bau, Instandhaltung, Transport, Lieferung, Service, Fertigung, Rettung oder Militär. In welchen Kategorien ist RealRobots bisher noch nicht oder unterproportional vertreten?
- Regionale Ausweitung: In welchen Ländern oder Regionen ist RealRobots noch nicht oder nur unterproportional vertreten?
- Etablierung eines Marketing- und Vertriebsteams speziell für einzelne Märkte
- Weiterentwicklung der Robotermodelle, um weitere Kategorien zu erschließen
- Fokussierung auf attraktive Add-on-Verkäufe, z. B. Spezialkameras oder Greifer, aber auch Software-Upgrades

Ihrer Kreativität sind hier keine Grenzen gesetzt. Denken Sie außerhalb der vorgegebenen Rahmenbedingungen, bleiben Sie aber **realistisch**. Beispielsweise geht die Fallstudie nicht auf einzelne Ländermärkte ein, aber natürlich würde ein internationaler Absatz der Roboter Sinn ergeben. Die Entwicklung Dutzender neuer Spezialmodelle wäre dagegen bei den ohnehin schwierigen Produktionsbedingungen nicht durchführbar.

Die Präsentation (S. 192 ff.)

Lösungsvorschlag „Herausforderungen“

Eine Aufgabenstellung wie diese ist häufig im Assessment-Center anzutreffen. Neben Struktur und Kommunikation sind hier auch die Inhalte für die Assessoren interessant, da Sie sich **in Ihre neue Rolle hineinversetzen** müssen. Es wird erkennbar, ob Sie die Herausforderungen richtig einschätzen, eine **realistische Vorstellung** von den auf Sie zukommenden Aufgaben haben und sich diese **zutrauen**. Zeichnen Sie daher ein möglichst umfassendes Bild der wesentlichen zu lösenden Probleme in Ihrer neuen Rolle. Geben Sie eine realistische Einschätzung und vermitteln Sie den Eindruck, dass Sie sich die Rolle als Problemlöser zutrauen. Da in der Aufgabe bereits konkrete Fragen genannt sind, übernehmen Sie diese als Kapitel in Ihre Struktur.

Auf große Themen konzentrieren

Gehen Sie nicht auf kleinere Probleme im Tagesgeschäft ein, sondern **fokussieren Sie sich auf die großen Themen**, die durch Veränderungen der Kundenbedürfnisse, gesetzliche Anforderungen, gesellschaftliche Entwicklungen oder Umstrukturierungen und Prozessveränderungen entstehen. Sprechen Sie zunächst über die gesamtunternehmerischen Themen und zeigen Sie im Anschluss daran, welche Auswirkungen diese auf Ihren Bereich haben. Bringen Sie zum Ausdruck, dass Ihre Abteilung aktiv an der Lösung der unternehmensweiten Probleme beteiligt ist.

Beispiel – IT-Abteilung eines großen Energieversorgers

1. *Größte Herausforderungen für das Unternehmen in den nächsten fünf Jahren:*
   - *Ausbau des Anteils erneuerbarer Energien an der Energiegewinnung*
   - *Veränderte Distribution aufgrund neuer Produktionsorte erfordert Ausbau der Netze*
   - *Zunahme von Fotovoltaik, Elektrofahrzeug-Ladestationen und Wärmepumpen führt zu erhöhter Komplexität im Netzbetrieb*
   - *Ausbau der automatisierten Zählerablesung*
   - *Zunehmende Anforderungen an die Abrechnung für Kunden und Dienstleister*
   - …
2. *Größte Herausforderungen für die Abteilung:*
   - *Laufendes IT-System muss den neuen Herausforderungen gerecht werden, was Anpassungen an der Software erforderlich macht*
   - *Trotz notwendiger Anpassungen muss das IT-System durchgängig verlässlich laufen*
   - *Neue Anwendungen – wie flexibles Aufschalten von neuen Netzeinspeisern (Fotovoltaik) oder Verbrauchern (Ladestationen) – müssen erst entwickelt werden*

- *Umstrukturierung der Abteilung, um den neuen Anforderungen gerecht zu werden*
- *Unterstützung der Mitarbeitenden im Veränderungsprozess*
- *...*

Aus den Herausforderungen ergeben sich nach kurzem Brainstorming Ihre Lösungsvorschläge und Herangehensweisen für Frage 3. Achten Sie darauf, dass Sie für alle genannten Problembereiche Lösungsansätze aufzeigen. Es wird nicht erwartet, dass Sie innerhalb der kurzen Vorbereitungszeit die komplexen Praxisprobleme bis ins letzte Detail durchdenken. Zeigen Sie stattdessen, dass Ihrer Liste an Herausforderungen eine Liste an **Lösungsideen** gegenübersteht und Sie zuversichtlich sind, die Probleme zu bewältigen. Gehen Sie auf die Vor- und Nachteile verschiedener Ansätze ein. Machen Sie danach einen konkreten Vorschlag, welche **Maßnahmen** Sie zur Umsetzung empfehlen.

Im Kapitel zu **Ihrer Person** (Frage 4) sollten Sie Bezug auf ähnliche, bereits erfolgreich gelöste Fragestellungen nehmen. Zeigen Sie, dass Sie mit Ihrer **Erfahrung** die richtige Person für die Aufgabe sind. Der Tenor sollte sein: „Ich bin mir bewusst, dass es nicht einfach wird. Ich freue mich aber auf die Herausforderung. Gemeinsam werden wir das Problem lösen."

Im fünften und letzten Teil dürfen Sie konkrete Forderungen nach **Unterstützung, Budget oder anderen Ressourcen** stellen, die Sie für die Umsetzung Ihrer Vorschläge benötigen. Machen Sie von dieser Möglichkeit Gebrauch. Man möchte sehen, dass Sie sich der Schnittstellen zu anderen Bereichen sowie des Ressourcenbedarfs bewusst sind und diesen realistisch einschätzen.

Die eigene Übungspräsentation beurteilen

Nach dem Halten Ihrer Präsentation **hinterfragen Sie kritisch**, ob Sie alle wesentlichen Punkte einer effektiven Präsentation berücksichtigt haben:

- Haben Sie ein klares **Ziel** verfolgt?
- Passten Ihre Ausführungen zu den Bedürfnissen der **Zielgruppe** und war diese klar definiert?
- Was waren Ihre wichtigsten Botschaften, was Ihre **Kernbotschaft**? Kam diese in Ihrem Vortrag deutlich zum Ausdruck?
- Haben Sie die **Argumente** logisch aufeinander aufgebaut und das Publikum mithilfe von Visualisierungen, Beispielen und Daten überzeugt?
- Haben Sie eine einleuchtende **Handlungsempfehlung** abgegeben und die Konsequenzen Ihrer Empfehlung aufgezeigt?
- Endete Ihre Präsentation mit einem **Fazit oder Appell**?

An welchen Stellen fallen Ihnen Möglichkeiten auf, Ihren Vortrag weiter zu verbessern?

Lösungsvorschlag „Frauenquote für Führungspositionen“

Zunächst sollten Sie das Ziel herausarbeiten. Das Thema ist sehr allgemein formuliert, sodass eine **Präzisierung** notwendig ist. Spezifischer könnte die Aufgabenstellung lauten: „Ist eine Quotenregelung das richtige Mittel für eine effektive Frauenförderung und um mehr Frauen in Führungspositionen zu bekommen?“ Die Zielgruppe ist völlig offen. Für diese Fragestellung ist eine **Kombination aus „informieren und überzeugen“** denkbar. Informieren könnten Sie über die möglichen Arten der Frauenförderung und deren Wirkung und überzeugen von Ihrem Fazit, ob die Quote das richtige Mittel ist oder nicht. Die angestrebte Transformation des Publikums ist das bessere Verständnis für die Methoden und Wirkweisen der Frauenförderung.

Ideen für Maßnahmen sammeln

In Ihrer **Recherche** oder Ihrem **Brainstorming** sammeln Sie verschiedene Möglichkeiten. Einige Beispiele sind: bessere Vereinbarkeit von Familie und Beruf; Anwerbung von jungen Frauen in neue Berufsfelder, in denen sie bislang unterproportional vertreten sind; gezielte Förderung von Frauen für Führungspositionen; mehr Fortbildungsangebote; mehr Teilzeitarbeitsmodelle auch in verantwortungsvollen (Führungs-)Positionen; bessere Vergütung und Ausgleich der Lohnlücke; stärkere Sensibilisierung der Gesellschaft für das Thema. **Ordnen** Sie die Vorschläge anschließend thematisch ein, hier z. B. in die Kategorien Arbeitszeit, Arbeitsumfeld, Förderprogramme usw.

Eigene Position und Präsentationsweise festlegen

Entwickeln Sie dann Ihre **eigene Position**, indem Sie das Thema durchdenken. Halten Sie die Quotenregelung für ein geeignetes oder sogar das beste Mittel zur Erreichung des Ziels, mehr Frauen in Führungspositionen zu bringen? Welche Vor- und Nachteile bringt sie mit sich? Sind Sie für oder gegen eine Quotenregelung? Warum? Welche Konsequenzen folgen aus Ihrer Einschätzung? Was empfehlen Sie, entweder zur Umsetzung und Stärkung der Frauenquote oder als Alternative dazu?

Arbeiten Sie Ihre wichtigsten Botschaften und Ihre **Kernbotschaft** aus und formulieren Sie diese prägnant. Anschließend planen Sie, wie Sie diese sinnvoll präsentieren können und entwickeln den **Aufbau** Ihres Vortrags sowie die dazugehörigen **Charts**. Überlegen Sie sich einen **Aufhänger**, mit dem Sie zu Beginn das Publikum auf das Thema neugierig machen. Geben Sie am Ende ein **Fazit** oder einen Appell ab? Legen Sie sich zudem einen **Einführungs- und Schlusssatz** parat.

Lösungsvorschlag „Neues Schulfach“

Hier sind das Ziel und die Zielgruppe bereits klar definiert. Die Herausforderung liegt inhaltlich darin, verschiedene Ideen zu sammeln, sich dann für eine davon zu entscheiden und dafür Argumente zu sammeln. Es sind also **zwei Brainstormings** nötig.

Beispiele für mögliche Fächer

1. **Finanzielle Bildung:** Dieses Fach würde den Schülerinnen und Schülern beibringen, wie sie ihre Finanzen verwalten, Budgets erstellen, Geld sparen und investieren, sowie grundlegende Konzepte wie Zinsen, Kredite und Steuern vermitteln.
2. **Medienkompetenz:** Dieses Fach würde die Jugendlichen dazu anleiten, kritisch mit den Nachrichten und Informationen umzugehen, die sie in den Medien finden. Was sind seriöse Quellen? Es wird vermittelt, wie Nachrichten entstehen, wer welche Interessen verfolgt und wie sich Medien finanzieren. Das Fach deckt sowohl klassische zentrale Medien als auch dezentrale Online- und soziale Medien ab.
3. **Digitale Kompetenz:** Dieses Fach würde den Schülern beibringen, wie man digitale Werkzeuge und Technologien kreativ einsetzt, um innovative Projekte zu erstellen. Es würde Fähigkeiten in der Programmierung, der Gestaltung von Benutzeroberflächen und der Nutzung von Möglichkeiten der Informationstechnologie vermitteln.
4. **Interkulturelle Kompetenz:** Dieses Fach würde in den Jugendlichen Wertschätzung und ein besseres Verständnis für die kulturelle Vielfalt in unserer Welt wecken. Es würde ihnen zudem dabei helfen, Empathie für Menschen mit anderen kulturellen Hintergründen und Lebensweisen zu entwickeln.
5. **Klimawandel:** Dieses Fach würde Verständnis für globale Klimaveränderungen und deren Auswirkungen auf die Umwelt, die Wirtschaft und die Gesellschaft vermitteln. Es würde auch Möglichkeiten aufzeigen, wie sie dazu beitragen können, den Klimawandel zu bekämpfen.
6. **Gesunde Ernährung:** Dieses Fach würde den Schülerinnen und Schülern das Wissen an die Hand geben, das sie benötigen, um gesunde Entscheidungen in Bezug auf ihre Ernährung zu treffen. Es würde Bereiche wie Lebensmittelkunde, Ernährungswissenschaften und Küchentechniken umfassen und es den Jugendlichen ermöglichen, sich bewusster zu ernähren.

Die Präsentation gestalten

Es bietet sich an, in der Präsentation **alle Ideen kurz vorzustellen**. Um sich für ein Fach zu entscheiden, hilft es, wenn Ihr Publikum die Alternativen kennt.

Finden Sie nun eine Möglichkeit, wie Sie die verschiedenen **Fächer vergleichen und bewerten** können. Gehen Sie nach den größten gesellschaftlichen Problemen? Dem individuellen Nutzen für die Schüler*innen? Entscheiden Sie sich für einen Vorschlag. Anschließend überlegen Sie sich, welche Argumente speziell für dieses Fach sprechen. Bereiten Sie Ihre **Argumentationslinie** vor.

Bei diesem Thema bietet es sich an, mit einer **Anekdote** starten, in der genau die Fähigkeit gefehlt hat, die man in Ihrem Schulfach lernen wird. Zeigen Sie in Ihrer Präsentation auch die **Konsequenzen Ihrer Entscheidung** auf: Welchen Nutzen hat das Fach? Welche Herausforderungen gibt es bei der Umsetzung? Sprechen Sie am Ende eine **klare Empfehlung** aus.

Die Gruppendiskussion (S. 229 ff.)

Lösungsvorschlag „Verbesserungsvorschläge“

In dieser Gruppendiskussion erhalten alle Teilnehmenden ein **identisches Briefing**, verfolgen also dasselbe Ziel. Die möglichen Maßnahmen liegen bereits in Form von Vorschlägen aus der Belegschaft vor. Sie müssen also **keine eigenen Ideen** entwickeln.

Lesen Sie zunächst das Briefing einmal durch und verschaffen Sie sich einen Überblick.

Zielsetzung und Kriterien definieren

Die Zielsetzung ist im Briefing vorgegeben: *„die Mitarbeitenden stärker in die Entscheidungsprozesse einbinden, um die Teilhabe und Motivation zu fördern“*. Wichtig ist hier der Aspekt *Motivation der Mitarbeitenden*. Ihre Auswahl muss diesem Ziel gerecht werden.

Als Kriterium zur Beurteilung legen Sie das Kosten-Nutzen-Verhältnis fest. Für die Erläuterung überlegen Sie sich, was in diesem Szenario Kosten und Nutzen bedeuten. Kosten sind hier beispielsweise finanzielle Ausgaben, benötigter Arbeitsaufwand oder Störungen des Betriebsalltags. Der Nutzen gibt an, wie viele Mitarbeitende sich in welchem Maße gehört, gefördert und wertgeschätzt fühlt, wie sehr eine Maßnahme die langfristige Zufriedenheit und Leistungsbereitschaft steigert oder welchen Einfluss eine Idee darauf hat, wie gerne Mitarbeitende in diesem Unternehmen tätig sind.

Einzelne Ideen bewerten

Da die Vorschläge im Briefing enthalten sind, kann Ihr eigenes Brainstorming entfallen. Bewerten Sie stattdessen die vorliegenden Ideen **auf Basis des Kosten-Nutzen-Kriteriums**. In diesem Lösungsvorschlag verwenden wir dazu eine Skala von 1–10, wobei 10 für sehr hohe Kosten oder einen sehr hohen Nutzen steht. Die Bewertung kann individuell variieren; versuchen Sie aber, so objektiv wie möglich vorzugehen.

	Kosten	Nutzen	Nr.
1. *Arbeit an eigenen Projekten*	7	9	5
2. *Kaffeeautomaten*	3	5	3
3. *Neues Spesensystem*	8	4	9
4. *Betriebsfest*	8	3	10
5. *Laptops für alle*	5	6	7
6. *Mentoring-Programm*	2	8	1
7. *Teambuilding*	4	6	4
8. *Kreative Rückzugsräume*	5	5	8
9. *Leistungsbonus je Team*	3	4	6
10. *Weiterbildungsbudget*	5	9	2

Zu jedem Punkt sollten Sie in der Lage sein, Ihre **Bewertung kurz zu erläutern**. Sehen wir uns dazu zwei Beispiele an:

Betriebsfest

„Ein Betriebsfest sieht auf den ersten Blick attraktiv aus. Es ist jedoch aufwendig zu organisieren. Neben den hohen Kosten für das eigentliche Fest (Miete, Essen und Getränke, Personal usw.) werden einige unserer Mitarbeitenden stark in die Planung eingebunden sein, was sie von ihren eigentlichen Aufgaben abhält. Die Kosten insgesamt sind also recht hoch, 8 von 10. Der Nutzen ist dagegen eher gering. Klar, alle freuen sich über ein Betriebsfest. Der Effekt verpufft aber bald. So ein Abend ist schnell rum und gerät im Alltag rasch wieder in Vergessenheit. Daher sehe ich den Nutzen bei 3 von 10. Das Kosten-Nutzen-Verhältnis ist also nicht besonders gut."

Mentoring-Programm

„Im Gegensatz dazu hat das Mentoring-Programm ein sehr gutes Kosten-Nutzen-Verhältnis. Es ist effektiv, um die Mitarbeitermotivation zu steigern. Die Umsetzung ist relativ leicht. Einmal konzipiert, kann es dauerhaft laufen. Men-

*tor*in und Mentee treffen und organisieren sich eigenständig. Es bedarf nur wenig zentraler Steuerung, die Kosten sind also niedrig (2 von 10). Der Effekt ist dagegen sehr hoch (8 von 10). Die Teilnehmenden erhalten Feedback und können sich kontinuierlich verbessern. Das motiviert, macht Spaß und hat durch die erweiterten Fähigkeiten auch noch einen positiven Effekt auf unser Geschäft. Das Kosten-Nutzen-Verhältnis ist hier sehr gut, weshalb die Maßnahme zu meinen Favoriten gehört.“*

Bringen Sie die Ideen nun basierend auf Ihrer Bewertung in eine Reihenfolge. Diese finden Sie beispielhaft in der Liste oben in der rechten Spalte. Unsere **individuellen Top-3-Vorschläge** sind somit:

1. Mentoring-Programm (Vorschlag 6)
2. Weiterbildungsbudget (Vorschlag 10)
3. Kaffeeautomaten (Vorschlag 2)

Je nach Bewertung der jeweiligen Kosten und des Nutzens können sich Verschiebungen ergeben. Sie haben also etwas **Gestaltungsspielraum**. In unserer Beurteilung haben Vorschlag 1 und Vorschlag 9 das gleiche Kosten-Nutzen-Verhältnis, wenn man es mathematisch ausdrückt. Sie können also eine beliebige der beiden Maßnahmen über der anderen einordnen, sofern Sie Ihre Entscheidung begründen können. Beispielsweise könnte Vorschlag 1 über Vorschlag 9 stehen, weil Vorschlag 1 eine viel höhere Abstrahlwirkung auf die Unternehmenskultur und somit einen insgesamt höheren Nutzen hat.

In der Diskussionsrunde Kriterien einführen

In der Diskussionsrunde beteiligen Sie sich von Anfang an. Schlagen Sie frühzeitig die Einführung von Kosten und Nutzen als Bewertungskriterien vor. Helfen Sie der Gruppe und anderen Teilnehmenden, alle Vorschläge zu bewerten.

Es kann hilfreich sein, wenn einzelne Diskussionsteilnehmende zuerst ihre Top 3 vorstellen. Finden Sie dann den richtigen Moment, um die Vorschläge nach dem Effizienzkriterium zu sortieren. Da Sie bereits in Ihrer Vorbereitung Überlegungen zu den Kosten und dem Nutzen jeder Maßnahme angestellt haben, haben Sie stets eine objektiv sinnvolle Bewertung parat.

Eigene Vorschläge vorstellen

Ihre eigenen Vorschläge werden Sie bei Ihren Ausführungen nahezu automatisch mit einordnen. Nennen Sie Ihre Top 3 konkret als Ihre Favoriten, fokussieren Sie Ihre Beiträge aber auf die **sinnvolle Einordnung der** von der Gruppe genannten **Maßnahmen**.

Sollten Gruppenteilnehmer sinnvolle Argumente haben, warum die Kosten oder der Nutzen anders zu beurteilen sind, lassen Sie sich ruhig auf Änderungen ein. Solange die Bewertungsmaßstäbe korrekt sind, ist eine **anderweitige Interpretation in Ordnung** und schadet Ihnen nicht. Ihre Vorschläge werden vermutlich weit oben in der Liste stehen. Sie müssen aber nicht zwingend identisch mit den Top 3 der Gruppe sein.

Auch eine **Kombination von Ideen ist möglich**, z. B. die Platzierung neuer Kaffeemaschinen und Obstkörbe (Vorschlag 2) in kreativen Rückzugsräumen (Vorschlag 8) an zentralen Stellen – solange die Zusammenlegung nach Kosten-Nutzen-Gesichtspunkten sinnvoll ist.

Wenn Sie die Entscheidungsfindung der Gruppe maßgeblich positiv beeinflussen und dabei stets freundlich und kooperativ agieren, werden Sie die Aufgabe erfolgreich meistern.

Lösungsvorschlag „Cornflakes“

In dieser Gruppendiskussion erhalten Sie eine **feste Rolle, die sich vom Auftrag der anderen Teilnehmenden unterscheidet**. Vertreten Sie die in Ihrer Beschreibung genannten Punkte, behalten Sie dabei aber unbedingt das große Ganze im Blick – nämlich die Entwicklung eines erfolgreichen neuen Cornflakes-Produkts.

In diesem Rollenspiel sind **Konflikte bewusst vorgesehen**, da die Teilnehmenden teilweise gegensätzliche Anweisungen erhalten (viel Zucker versus wenig Zucker, mit Nüssen versus ohne Nüsse usw.). Diese Widersprüche werden Sie im Assessment-Center erst in der Diskussionsrunde erkennen. In der Vorbereitung wird Ihnen nur Ihre eigene Rolle zugewiesen; die Inhalte der anderen kennen Sie da noch nicht. Gehen Sie gedanklich aber von Konflikten und Gegensätzen aus. Der **Fokus** der Diskussion wird also auf der **Konfliktlösung in der Gruppe** liegen.

Zielsetzung und Kriterien definieren

Im Briefing steht, dass Sie ein neues Cornflakes-Produkt entwickeln. Es ist anzunehmen, dass das Produkt im Markt erfolgreich sein soll. Dazu muss es mit vorrätigen Inhaltsstoffen produziert, vom Handel im Regal platziert und von der Kundschaft gekauft werden. Je besser die Cornflakes schmecken, desto öfter werden sie gekauft. Es ist nicht definiert, wer mit dem neuen Produkt angesprochen werden soll: eher gesundheitsbewusste Menschen oder eher Genießer? Die **Zielgruppe** hat Einfluss darauf, wie aus Kundensicht die optimale Zusammensetzung aussieht und welcher Bereich möglicherweise Nachteile in Kauf nehmen muss, um das übergeordnete Ziel zu erreichen.

Definieren Sie in Ihrer Vorbereitung Kosten und Nutzen: Kosten sind bei dieser Aufgabe die Nachteile, die eine Abteilung zugunsten einer insgesamt erfolgreichen Produktzusammensetzung in Kauf nehmen muss. Der Nutzen kann auf Bereichsebene in der unkomplizierten Beschaffung und Produktion, in günstigen Preisen oder attraktiven Vermarktungsmöglichkeiten liegen. Wichtig ist jedoch die **Gesamtsicht:** Wie erfolgreich werden die neuen Cornflakes sein, wenn ein Vorschlag umgesetzt wird? Kosten sind somit alle Faktoren, die das Produkt in den einzelnen Unternehmensbereichen schwieriger handzuhaben machen. Nutzen sind alle Faktoren, die die Erfolgswahrscheinlichkeit der Cornflakes im Markt erhöhen.

Überlegen Sie sich in der Vorbereitung zudem, wie Sie mit Konflikten umgehen werden, welche Formulierungen Sie dabei verwenden und an welcher Stelle Sie Ihre Bewertungskriterien vorstellen wollen.

In der Diskussionsrunde das Ziel im Blick behalten

Aufgrund der unterschiedlichen Positionen kann die Diskussion schnell hitzig werden. Bleiben Sie ruhig und sachlich. Tragen Sie zum Erfolg der Gruppe bei, indem Sie unabhängig von Ihrer Rolle eine **objektive Bewertungsposition** einnehmen.

Weisen Sie auf das **gemeinsame Ziel** hin und schlagen Sie Kriterien vor. Anschließend nennen Sie die für Ihre Rolle wünschenswerten Punkte. Ergänzen Sie, dass einige davon ggf. im Gesamtkontext anders zu bewerten sind. Beispiel: In der Finance-Rolle ist es Ihnen aufgrund der besseren Planbarkeit und der Kostenstruktur lieber, wenn keine Bioprodukte verwendet werden. Sollte sich damit aber ein deutlich besser verkäufliches Produkt entwickeln lassen, das den Mehraufwand rechtfertigt, dann würden Sie natürlich auch Biozutaten unterstützen. Sie führen also eine **Nebenbedingung** ein. Diese ist nichts anderes als die **Effektivität:** Wenn der Nutzen für das Unternehmen groß genug ist, nehmen Sie die Kosten für Ihre Abteilung in Kauf. Diesen Ansatz etablieren Sie auf freundliche und kooperative Art auch in der Gruppe.

Stellen Sie Fragen: Warum sind Sie gegen dunkle Schokolade? Welche Konsequenzen hat es für Ihre Abteilung, wenn wir Nüsse hinzufügen? Wie sähe ein optimales Produkt aus Ihrer Sicht aus?

Versuchen Sie, sich gegenseitig zu verstehen. Erst danach können Sie anhand einer ganzheitlichen Kosten- und Nutzenbetrachtung sinnvolle Entscheidungen treffen. Manche Wünsche sind unbedingt zu erfüllen (Artikel verkauft sich sonst nicht), andere dagegen nur optional (verursacht Kosten). Die Kriterien für die Unterscheidung können Sie schon frühzeitig einführen. Hören Sie sich dann aber zunächst als Gruppe alle Bedürfnisse und Begründungen an, bevor Sie in die Bewertung und Abwägung gehen.

Zeigen Sie **Verständnis für negative Konsequenzen:** *„Ich verstehe, dass Nüsse für die Produktion schwierig sind und eine detaillierte Planung der Maschinenbelegung erfordern. Die Kosten sind also in Ihrer Abteilung hoch. Ohne Nüsse würden die Cornflakes allerdings bei der Kundschaft keine Chance haben.*

Daher ist die Bedeutung, sprich der Nutzen von Nüssen sehr hoch. In der Abwägung von Kosten und Nutzen sollten wir aus Gesamtunternehmenssicht Nüsse in den Mix aufnehmen."

Die **Erreichung des Gesamtunternehmensziels** – unter Berücksichtigung möglichst vieler Nebenbedingungen aus den Abteilungen – sollte die Entscheidungen der Gruppe leiten. Gestalten Sie diese Entscheidungsfindung von Anfang an aktiv mit.

Lösungsvorschlag „Klimawandel"

In dieser Gruppendiskussion haben **alle Teilnehmenden die gleiche Aufgabe** und verfolgen dasselbe Ziel. Jede*r wird aber **eigene Ideen** und Ansätze mitbringen, die miteinander konkurrieren.

Zielsetzung und Kriterien definieren

Das Ziel sind *„aus aktueller Sicht sinnvolle Maßnahmen zum Klimaschutz"*, politische Aspekte dürfen vernachlässigt werden. Gemeint sind hier offensichtlich benötigte Mehrheiten im Parlament und dergleichen. Sie können sich somit auf die inhaltliche Gestaltung konzentrieren. Die Einschränkung, dass die **Ideen gesellschaftlich tragbar** sein müssen, kann als **Beurteilungskriterium für Vorschläge** verstanden werden (*Wie groß ist die gesellschaftliche Akzeptanz?*). So wäre ein vollständiges Verbot von CO_2-Ausstößen nicht akzeptabel; eine gesetzlich vorgeschriebene Reduktion von besonders schadstoffreichen Emissionen aber durchaus.

Als Kriterien für die Bewertung von Ideen legen Sie **Kosten und Nutzen** fest. Kosten sind die direkten finanziellen Kosten, aber auch die Schwierigkeit der Umsetzung und Kontrolle, die Einschränkung von Privathaushalten und der Industrie sowie negative Effekte auf die Wirtschaft und das Wohlbefinden der Bevölkerung. Der Nutzen ist beispielsweise die Einsparung von CO_2, die Reduktion des Verbrauchs von fossilen Brennstoffen oder das Wohlbefinden zukünftiger Generationen.

Eigene Vorschläge erarbeiten

Sammeln Sie zunächst eigene Ideen, **wählen** Sie die besten **aus** und **bewerten** Sie Ihre Ansätze nach Kosten und Nutzen (z. B. Skala 1–10 oder niedrig/mittel/hoch). Ihre Auswahl könnte beispielsweise wie folgt aussehen:

1. Klimaneutralitätsziel um fünf Jahre vorziehen (Kosten: 9 / Nutzen: 9)
Das Ziel, klimaneutral zu sein, wird im Vergleich zur aktuellen Planung um fünf Jahre vorverlegt. Fünf Jahre früher die Klimaneutralität zu erreichen, erfordert in allen Bereichen erhöhte Anstrengungen und eine Fokussierung auf die schnelle Umsetzung bereits geplanter Maßnahmen. Die positive Wirkung

auf das Klima und die Umwelt sind sehr hoch, da sich der Effekt der gewonnenen fünf Jahre nachhaltig auf alle Folgejahre auswirkt.

2. Massiver Ausbau erneuerbarer Energien (Kosten: 7/ Nutzen: 8)
Das Programm zum Ausbau erneuerbarer Energien wird deutlich erweitert. Statt eines langsamen Ausstiegs aus fossilen Brennstoffen werden schnell neue Windparks und Solaranlagen installiert. Finanziert werden diese ggf. durch die Aufnahme neuer Schulden.

3. Förderung privater Einsparmaßnahmen (Kosten: 3 / Nutzen: 6)
Ein neues Programm identifiziert automatisch anhand der Daten von Strom- und Wärmelieferanten sowie Smart-Home-Geräten Einsparungen im privaten Energieverbrauch der Haushalte. Die Teilnahme ist freiwillig und es gibt keine verpflichtenden Einsparungen. Wenn der Haushalt seinen Pro-Kopf-Verbrauch im Vergleich zum Vorjahr reduziert, gibt es eine staatlich finanzierte Prämie. Je größer die Einsparung ist, desto höher fällt die Prämie aus.

Die Ideen müssen nicht ausformuliert sein, **Stichpunkte** reichen völlig. Nach der Auswahl und Bewertung legen Sie Ihre individuellen Favoriten fest und dokumentieren diese in Ihren Notizen.

In der Diskussionsrunde Kriterien einführen

Wie in allen vorigen Beispielen führen Sie in der Gruppendiskussion frühzeitig Bewertungskriterien ein. Die komplexe Vielfalt an möglichen Kriterien fassen Sie zu den **Oberthemen Kosten und Nutzen** zusammen.

Erläutern Sie, dass damit eine Komplettbetrachtung und ein Vergleich der Ideen möglich wird. Fragen Sie aktiv nach der Zustimmung der Gruppe, alle Vorschläge anhand ihres Kosten-Nutzen-Profils zu bewerten.

Unterstützen Sie andere **bei der Einordnung der Vorschläge** und stellen Sie auch Ihre eigenen Ansätze anhand Ihrer Kriterien vor. Ihre Vorschläge werden aufgrund Ihrer Vorarbeit ein gutes Kosten-Nutzen-Verhältnis haben und daher zu den sinnvolleren der Gruppe gehören. Haben andere Teilnehmende objektiv bessere Vorschläge entwickelt, befürworten Sie diese Ideen auf Basis der höheren Effizienz.

Die Gruppe zum Erfolg führen

Gestalten Sie die Entscheidungsfindung der Gruppe von Anfang an **aktiv** mit. Fragen Sie nach, ordnen Sie ein und hören Sie aufmerksam zu. Präsentieren Sie sich als kooperativ, strukturiert und ergebnisorientiert.

Die Postkorbübung (S. 250 ff.)

Lösungsvorschlag „Zwischen zwei Dienstreisen“

Bereits nach der ersten groben Durchsicht sollte Ihnen klar sein, dass es deutlich mehr zu tun gibt, als Sie selbst in der verfügbaren Zeit von zwei Stunden erledigen können. Außerdem gibt es eine Reihe von Terminen während Ihres Chinaaufenthalts und für die Zeit danach.

Es gilt die Grundregel, dass Sie **so viel wie möglich an Herrn Jung delegieren**. Dieses Vorgehen verschafft Ihnen Zeit, um sich den Themen zu widmen, die Ihr Sekretär nicht übernehmen kann. Auch das Versenden von Zu- oder Absagen und das Verschieben von Terminen kann Herr Jung erledigen. Die Delegation von Aufgaben an Ihren Mitarbeiter hat zudem den Vorteil, dass insgesamt deutlich mehr Zeit für die Bearbeitung zur Verfügung steht: Herr Jung kann weiter an den Aufgaben arbeiten, während Sie in China sind.

Ziehen Sie die Möglichkeit in Betracht, etwas abzusagen oder nicht zu bearbeiten. **Nicht jede Anfrage muss beantwortet werden**. In dieser Übungsaufgabe betrifft das die Einladung zum Sportfest.

Nicht wichtige **Aufgaben können verschoben werden**, sofern eine Bearbeitung noch nach Ihrer Reise möglich ist. Alles, was sich ohne große Konsequenzen verschieben lässt, sollten Sie auch verschieben. Das schafft Zeit, in der Sie sich wichtigeren Dingen widmen können.

Es verbleiben nun nur noch Dinge, die wichtig und dringend genug sind, dass Sie sie selbst bearbeiten und nicht verschieben oder absagen. Diese notieren Sie auf Ihrer persönlichen **Bearbeitungsliste**.

Zeigen Sie, dass Sie **wichtige Nachrichten erkennen und** die entsprechenden Projekte **priorisieren**. In diesem Postkorb sind das die Präsentation der Schmierölsparte in China, das Angebot für Jürgens, Löffler und Schmidt sowie das Angebot für die Forham Ltd. Aus dem privaten Bereich ist der Termin mit dem Schulleiter zu priorisieren. Alle anderen Aufgaben ordnen sich diesen unten. Auch wenn Sie nicht schaffen, in der Bearbeitungszeit alle Vorgänge im Detail zu klären, sollten Sie in Ihrer Ergebnisvorstellung diese vier Themen deutlich als Prioritäten herausarbeiten. Dadurch zeigen Sie den Beobachtern, dass Sie strukturiert vorgehen und die wesentlichen Aspekte erkannt haben.

Im Folgenden zeige ich Ihnen eine **mögliche Lösung**. Bitte denken Sie daran, dass andere Entscheidungen ebenso richtig sein können, wenn sie nachvollziehbar sind. Die Lösung erhalten Sie in Form der Vorgangsliste, des ausgefüllten Kalenders, der Briefing-Liste an Herrn Jung sowie einer chronologischen Aufzählung der Tätigkeiten, die Sie zwischen 16 und 18 Uhr selbst übernehmen. Mithilfe dieser Dokumente würden Sie in Ihrem Assessment-Center Ihre Ergebnisse darlegen und jeweils mit kurzen Erklärungen versehen.

Vorgangsliste

Nr.	Bezeichnung	Priorität	Bezug	Entscheidung
1	*Präsentation der Schmierölsparte in China*	*9, d/w*		*Potenziell großer Neukunde; unbedingt Recherchezeit einplanen; Präsentationserstellung auf Flug; positive Antwort an Frau Lang*
2	*Kommentierung Quartalszahlen*	*5, d/nw*		*Delegieren, da unproblematisch*
3	*Auto abholen*	*4, d/nw*		*Abholung nach Rückkehr; Werkstatt informieren*
4	*Neue Kreditkarte abholen*	*2, nd/nw*		*Annahme: weitere Karten für die Chinareise; Abholung nach Rückkehr*
5	*Schulleitertermin mit Marion*	*9, d/w*	*17*	*Termin priorisieren, da sehr wichtige Familienangelegenheit; Bestätigung schicken; Terminkonflikt mit Krankengymnastik (#17) managen*
6	*Blumenstrauß Haushaltshilfe*	*5, d/w*		*Wichtig für das Beziehungsmanagement; kann bei Konflikten vernachlässigt und nachgeholt werden; sofern möglich aber erledigen*
7	*Fahrdienst Florian*	*2, d/nw*		*Florian ist alt genug, eine Alternative zu finden; anrufen und bitten, mit Freunden oder dem Bus zu fahren*
8	*Diverse Vorgänge von Clarissa:*			
	8.a Info zu Hecke an Gärtner	*4, d/nw*		*Da schnell zu erledigen, Info geben*
	8.b Schaufel benötigt	*4, d/nw*		*Delegieren (Gärtner, Clarissa, Kind)*
	8.c Nachbarschaftsfest	*2, nd/nw*		*Verschieben; ggf. absagen*
	8.d Fehlende Schuhe für China	*6, d/w*		*Alternative finden, da für China-Trip*
	8.e Auslage Zeitungsabo	*3, nd/w*		*Nach Rückkehr oder delegieren*

9	Diverse Vorgänge von Hr. Jung:			
	9.a Forham Ltd. – bekannt	7, d/w	10	Über #10 erledigt
	9.b Rückruf Fr. Gross	8, d/w		Zurückrufen, da offenbar dringend
	9.c Angebot Jürgens, Löffler und Schmidt	5, nd/w		Termin nach Rückkehr; Deadline erst nächste Woche; ggf. auf Flug lesen
	9.d Mittagessen Hr. Kolb		13	In Kalender eintragen
	9.e Werkstatt-info	5, nd/w	3	Über #3 erledigt
	9.f Urlaubsanträge und Spesen	4, nd/nw		Heute erledigen, da wichtig und motivierend für Team und wenig Zeitaufwand
	9.g Hr. Lohse, Finanzabteilung	2, nd/nw		Intern; daher verschieben
	9.h Monatsreports			Für den Flug mitnehmen; Zusammenfassungen delegieren
10	Angebot Forham Ltd.	9, d/w	9a	Potenziell großer Neukunde; unbedingt priorisiert bearbeiten; Delegation an Hr. Jung
11	Interview „Kunststoff heute“	7, d/w		Wichtig für Außenwirkung, aber zeitlich heute nicht zu schaffen; anbieten, Interview morgen telefonisch vom Flughafen aus zu führen
12	Verkaufszahlen für Hr. Kolb	6, d/w		Delegieren, da unkompliziert; Rückmeldung an Hr. Kolb
13	Anwalt Schadensregulierung	4, nd/w	9d	Terminkonflikt mit #9c; wichtige Erledigung, kann aber auch einzeln beim Anwalt passieren; Info an Anwalt und verschieben

14	*Einladung Handballverein*	*1, nd/nw*	*16*	*Terminkonflikt mit #16, daher ignorieren; sofern aktives Mitglied, ggf. absagen*
15	*Besuch Onkel Thomas*	*4, d/nw*	*16*	*Mehrtägiger Besuch, daher können zwischendurch andere Termine wahrgenommen werden; zur Abholung nicht da; an Michael delegieren*
16	*Hochzeitstag und Sting-Konzert*	*7, d/w*	*14, 15*	*Wichtiger privater Termin; Onkel Thomas ist noch da; kann etwas mit den Kindern unternehmen*
17	*Kalender: Krankengymnastik*	*3, nd/w*	*5*	*Termin verschieben, da Schulleitertermin wichtiger*

Kalender

Aus den Angaben ergibt sich der folgende gefüllte Kalender:

Mittwoch, 09. Mai	**Dienstag, 15. Mai**
Rückkehr aus Frankreich	*China*
Donnerstag, 10. Mai	**Mittwoch, 16. Mai**
8:00 Abflug China	*China* *19:23 Ankunft Onkel Thomas*
Freitag, 11. Mai	**Donnerstag, 17. Mai**
China	*8:00 Ankunft zurück aus China* *11:00 Angebot für Jürgens, Löffler und Schmidt prüfen* *16:00 30 min. Krankengymnastik → wird verlegt (Herr Jung)* *16:00 Mit Marion zum Schulleiter wegen Unterrichtsversäumnis*
Samstag, 12. Mai	**Freitag, 18. Mai**
China	*11:00 Update Herr Kolb vorbereiten* *12:00 Mittagessen Herr Kolb und Update Internetplattform*
Sonntag, 13. Mai	**Samstag, 19. Mai**
China	*Abendessen und Konzert mit Michael*
Montag, 14. Mai	**Sonntag, 20. Mai**
China	

Briefing-Liste Herr Jung

Einige Aufgaben können an Herrn Jung delegiert werden. Dafür werden die ersten 30 Minuten der verfügbaren zwei Stunden genutzt. Diese Themen sind zu besprechen und Herr Jung ist mit den notwendigen Dokumenten und Informationen zu versorgen:

1. Antwort an Frau Lang: Schmierölsparte präsentieren wir gerne; bitte Präsentation fest einplanen – sehr wichtig!
2. Quartalszahlen für Herrn Kolb kommentieren; bitte mit Hinweis, dass ich auf Geschäftsreise und bei Fragen erst ab nächster Woche Donnerstag wieder erreichbar bin (Deadline: Freitag)
3. Krankengymnastik-Termin am 17. Mai um 16:00 Uhr verschieben
4. Kurze Terminbestätigung für den 17. Mai in meinem Namen an den Schulleiter schicken
5. Termin mit Herrn Lohse aus der Finanzabteilung für nächste Woche vereinbaren; schaffe es diese Woche leider nicht
6. Monatsreports für Herrn Kolb zusammenfassen
7. Angebotsformular für Forham Ltd. ausfüllen – sehr wichtig! (15 Minuten)
8. Redakteurin der „Kunststoff heute" zurückrufen und Termin vereinbaren; entweder telefonisch morgen vom Flughafen aus oder nach meiner Rückkehr; ggf. alternativen Ansprechpartner im Haus vorschlagen (z. B. Herr Kolb)
9. Verkaufszahlen Januar–Mai kumuliert und im Vergleich zum Vorjahr für Herrn Kolb aufbereiten (Deadline: Freitag)
10. Termin beim Rechtsanwalt verschieben (Freitag, 12:30 Uhr)

Tätigkeiten zwischen 16:00 und 18:00 Uhr

Es verbleiben die folgenden Aufgaben, die in den nächsten zwei Stunden persönlich abgearbeitet werden müssen oder für die ein kreativer Ansatz gefunden werden muss. Eine mögliche Lösung kann so aussehen:

16:00 Uhr	*Briefing Herr Jung (Inhalte siehe Briefing-Liste, 30 Minuten)*

Dieser Block liegt gleich zu Beginn der Bearbeitungszeit, damit Hr. Jung in der verbleibenden Zeit bereits Aufgaben bearbeiten kann und ich für Rückfragen noch zur Verfügung stehe.

16:30 Uhr	*Telefonat mit Frau Gross von Hammersen & Sohn KG (5 Minuten)*

Falls die Angelegenheit mehr Zeit erfordert, vereinbare ich einen Termin nach meiner Rückkehr. Sofern etwas Dringendes und Wichtiges anliegt, muss ich neu priorisieren. Deshalb führe ich das Telefonat direkt nach dem Briefing mit Hr. Jung.

16:35 Uhr	*Recherche aller benötigten Informationen für die Präsentation der Schmierölsparte in China (45 Minuten)*
17:20 Uhr	*Konsultation von Kolleginnen/Kollegen, die Experten für Schmieröle sind (nach Tipps für die Präsentation fragen, 15 Minuten)*
17:35 Uhr	*Verlassen des Büros, Weiterfahrt zu den Geschäften, Annahme: Freisprecheinrichtung im Auto*
17: 35 Uhr	*Kurzer telefonischer Check-in mit Hr. Jung (Fragen oder Probleme?), Update zu bereits erledigten Aufgaben*
17:40 Uhr	*Schuster: Abholen der Schuhe für Chinareise*
17:45 Uhr	*Blumengeschäft: Kauf eines Blumenstraußes und einer Karte für Clarissa*
17:50 Uhr	• *Bei räumlicher Nähe: Abholung der Kreditkarte bei der Bank oder Tauschen des Autos in der Werkstatt mit Bezahlung für Reparatur* • *Während der Heimfahrt: kurzes Telefonat mit dem Nachbarn Herrn Schambach (5 Minuten)* • *Diese Aufgabe könnte auch ignoriert und später nachgeholt werden. Zur Beziehungspflege mit dem Nachbarn ist es jedoch sinnvoll, ihn kurz persönlich zu informieren, dass ich nach China reise und wir uns erst später treffen können.*
18:00 Uhr	*Ende der Erledigungen*

Persönlichkeitstests und kognitive Leistungstests (S. 275 ff.)

Lösungen „Numerisches Schlussfolgern aus Zahlenreihen"

N. 1	8 (– 6, + 2)
N. 2	11 (– 1, + 2)
N. 3	281 (· 7, – 20)
N. 4	29 (+ 5, + 6, + 7, + 8)
N. 5	15 (+ 2, + 3)
N. 6	2 (Quersummen)
N. 7	3 (· 2, : 4)
N. 8	33 (+ 6, + 5, + 4, + 3)
N. 9	47 (· 2 + 1 in jedem Schritt)
N. 10	97 (+ 2, – 3)

Lösungen „Numerisches Schlussfolgern aus Grafiken und Tabellen“

Aufgabe 1: Börsenhandel

N. 11 B

Um 250 Anteile von Unternehmen C an Tag 1 zu kaufen, benötigt der Käufer
250 Anteile · 20,40 € · 0,8881 GBP/1 EUR = 4 529,31 GBP.

Um 300 Anteile von Unternehmen D an Tag 1 zu erwerben, braucht er
300 Anteile · 31,80 € · 0,8881 GBP/1 EUR ≈ 8 472,47 GBP.

Insgesamt benötigt der Käufer also 13 001,78 ≈ 13 000 GBP.

N. 12 D

Die Umrechnungstabelle zeigt für Tag 2:
1 EUR = 0,8898 GBP = 1,2075 $.

Der Wert für 25 GBP in USD wird daher wie folgt berechnet:
25 · (1,2075 $: 0,8898 GBP) ≈ 34 $.

N. 13 D

An Tag 1 entspricht
1 GBP = 1,2116 $: 0,8881 GBP ≈ 1,3643 $/1 GBP.

An Tag 2 ist
1 GBP = 1,2075 $: 0,8898 GBP ≈ 1,357 $/1 GBP.

Daher ändert sich der Wert von GBP um:
100 % · (1,357 $ − 1,3643 $) :/ 1,3643 $ ≈ -0,535 %.

N. 14 A

Zunächst wird berechnet, wie viel EUR die 13 000 USD an Tag 2 wert sind:
13 000 USD : 1,2075 USD ≈ 10 766 €.

Mit 10 776 € hätte der Käufer ohne die Kaufgebühr von 5 % insgesamt etwa 195 Unternehmensanteile an Tag 2 kaufen können.

Da jedoch zuvor die Kaufgebühr fällig wird, kann der Käufer nur noch für
10 766 € − (10 766 € · 0,05) ≈ 10 228 € Anteile kaufen, was konkret
10 228 € : 55,2 € pro Anteil ≈ 185 Anteilen entspricht.

Daher kann der Käufer durch die Kaufgebühr etwa 10 Anteile weniger kaufen.

Aufgabe 2: Automobilvertrieb

N. 15 C

Zunächst muss der gesamte Umsatz von Autohändler B im letzten Jahr berechnet werden:
Spanien = 4 Mio. €, Italien = 3,5 Mio. €,
Deutschland = 15 Mio. € · 0,21 = 3 150 000 €.

Der Gesamtumsatz von Autohändler B liegt damit bei 10 650 000 €.

Der prozentuale Anteil des Umsatzes aus Italien beträgt demnach:
100 % · 3,5 Mio. € : 10,65 Mio. € ≈ 32,86 %.

N. 16 D

In den Diagrammen ist grafisch eindeutig zu erkennen, wer die höchsten (D) und die niedrigsten (A) Einnahmen erwirtschaftet. Statt für alle vier Autohändler die Gesamteinnahmen zu ermitteln, können Sie Ihre Berechnungen also auf diese beiden beschränken:
Autohändler A = 3 Mio. € + 2 Mio. € + (15 Mio. € · 0,18) = 7 700 000 €
Autohändler D = 9 Mio. € + 7 Mio. € + (15 Mio. € · 0,35) = 21 250 000 €

Die Einnahmen von Autohändler D waren
100 % · (21 250 000 € − 7 700 000 €) : 7 700 000 € ≈ 176 %
höher als die von Autohändler A.

N. 17 A

Diese Frage kann nicht beantwortet werden, da keine Angaben über die Stückzahlen oder die Verkaufspreise der Autos gemacht wurden. Eine Analyse der Anzahl an verkauften Autos nur auf Basis der Umsätze ist nicht möglich.

N. 18 D

Zunächst werden die Gesamteinnahmen des letzten und des aktuellen Jahres von Autohändler A berechnet:

Letztes Jahr:
3 Mio. € + 2 Mio. € + (15 Mio. € · 0,18) ≈ 7 700 000 €

Dieses Jahr:
(3 Mio. € · 1.15) + 2 Mio. € + (15 Mio. € · 0,18) ≈ 8 150 000 €

Demnach werden die Einnahmen des Autohändlers A im aktuellen Jahr um
100 % · (8,15 Mio. € − 7,7 Mio. €) : 7,7 Mio. € ≈ 5,8 % steigen.

Lösungen „Logisches Denkvermögen“

L. 1 d

Die rechte Spalte jeder Reihe enthält nur die Schnittmengen der farbigen Bereiche der beiden vorigen Kreise.

L. 2 d

Der obere Teil jedes Dominosteins in der rechten Spalte enthält so viele Punkte wie die Differenz der Punkte der oberen Teile der vorigen beiden Steine in der Reihe. Der untere Teil jedes Dominosteins entspricht der Summe der vorigen unteren Teile.

L. 3 a

Mit jedem Kästchen der Reihe verschiebt sich das Muster darin um eine Stufe nach unten, wie bei einem Tetris-Spiel. Der unten nicht mehr sichtbare Teil des Musters wird oben wieder hinzugefügt.

Lösungen „Konzentrationstest“

K. 1	8	**K. 2**	7	**K. 3**	18	**K. 4**	12	**K. 5**	41
K. 6	51	**K. 7**	11	**K. 8**	1	**K. 9**	84	**K. 10**	35

Lösungen „Wortanalogien“

W. 1	c	**W. 2**	a	**W. 3**	b	**W. 4**	c	**W. 5**	c
W. 6	b	**W. 7**	d	**W. 8**	c	**W. 9**	b	**W. 10**	a

Lösungen „Rückschlüsse ziehen“

R. 1	falsch	**R. 2**	richtig	**R. 3**	richtig	**R. 4**	richtig	**R. 5**	falsch
R. 6	falsch	**R. 7**	falsch	**R. 8**	falsch	**R. 9**	falsch	**R. 10**	falsch

Stichwortverzeichnis

Abschlussgespräch 283 ff.
Agenda (Präsentation) 173, 182 f., 185, 187, 189
Allgemeinwissen 261, 273
Analytiktest 259
Argumentationskette (Präsentation) 174, 191
Auftreten 21, 25, **27 ff.**, 42, 70 f., 127, 165, 167, 184 f., 191 f., 287, 290
Aufzählungen 35, 82, 87 f., 91, 184, 186, 188, 225

Beispiel (Interview/Präsentation) 7, 15, 20, 25, 67 f., 71 ff., 80 f., 85, 88 ff., 95 ff., 173, 175, 179, 181
Beispielliste (Interview) 25, 71, 73, 75 f., 79, 81, 97
Beschwerdegespräch 99, 127, 138
Bewerbungsgespräch 63, 69
Bewertung 14, 39, 42, 68, 70, 165, 178, 199, 235, 260, 262, 264
Bewertungskriterien (für Ideen in der Gruppendiskussion) 210 ff., 214 f., 218 f., 222 f., 228, 313, 315, 317
Bewertungskriterien (im AC) 20 ff.
Big Five (Persönlichkeitstest) 263
Bochumer Inventar zur berufsbezogenen Persönlichkeitsbeschreibung (BIP) 264
Botschaften (Präsentation) 174 f., 177, 179 ff., 191, 308 f.
Brainstorming 73, 92, 179, 205, 268, 308 ff.
Briefing 101 ff., 111, 139, 148, 196 f., 202, 228, 294, 297, 299, 311 f., 314

Case Study 143
Chart 17, 51 f., 54 f., 154 f., 169, 182 ff., 309
CV 41

Delegationsliste 239 f., 248
Delegieren 234, 240, 244 ff., 250, 318 ff.
Denkvermögen, logisches 259, 261, 268, 278
Dienst, öffentlicher 11 f., 168
DISG-Persönlichkeitstest 265
Diskussion (sh. auch Gruppendiskussion) 176 f., 190, 314 f.
Diskussionsrunde 169, 178, 197 ff., 206 f., 215, 313 ff., 317

Effektivität (Kriterium in der Gruppendiskussion) 203 f., 206, 210 ff., 215, 218 f., 223 f., 315
Eignung 14, 20 f., 43, 55, 64, 66, 69 ff., 84
Einleitung (Präsentation) 172, 186, 191
Einstiegs-AC 195, 228, 249
Einstiegsposition/-stelle 9, 52, 234, 261, 273
Einstiegssatz 49, 60, 174
Einzel-AC 9, 14, 16, 18 f., 53, 144, 195, 228, 284
Eisenhower-Matrix 243 f.
Entscheidung (Ihre Entscheidungen im AC) 34, 84 f., 94, 143 ff., 148, 153 ff., 158, 174, 180, 199,

201 f., 207 f., 215, 217 ff., 226, 228, 233 f., 236 ff., 240, 243 ff., 300 f., 305, 311, 313, 315 f., 318 f.
Entscheidungsliste 238 ff., 249
Erfahrung 25, 73, 84, 87, 308
Ergebnispräsentation 146, 148 f., 155 ff., 165, 167, 240, 247
Ergebnisvorstellung 235 ff., 246, 248, 318

Fachpräsentation 165 ff., 170, 273
Fachwissen 11, 21, 144 ff., 167, 259, 273, 304
Faden, roter 25, 41, **45 ff.**, 154, 169
Fallstudie 9 f., 19, 22, 39 f., 138, **143 ff.**, 166 f., 234, 273, 300 ff.
Fallstudie, geschlossen-analytisch 145, 151 f., 158, 303
Fallstudie, offen-kreativ 145, 151, 158, 300 f.
Feedback(-gespräch) 19, 29, 283 ff.
Flipchart 51 f., 147, 154 f., 168 f., 181, 183, 185, 187, 191
Frage(-stellung), indirekte 68, 71, 84 f., 91
Fragebogen, biografischer 259, 272 f.
Fragekategorien 67, 84, 91
Fragen zur Person 84, 91
Fragen, geschlossene 105 f., 212
Fragen, kritische 29, 157, 169, 177 f., 190 f., 236
Fragen, offene 77 f., 91, 105 ff., 110 ff., 116 ff., 121, 123, 126, 136, 139, 294, 297, 299
Fragen, rhetorische 82, 91, 173
Freiburger Persönlichkeitsinventar (FPI) 264
Fremdsprachen 259, 261, 273
Führungskräfte-AC 9 f., 41, 63, 99, 143, 165, 195 f., 233 f., 259, 262
Führungsposition 9, 137

Gesprächsstrategie 101, 135, 198, 200, 206, 228
Gestik **35**, 38, 184, 186 f., 191, 225
Gruppendiskussion 9, 15 f., 18, 20, 33, 39, **195 ff.**, 311 ff.

Hauptteil (Präsentation) 172, 174, 179, 181
Hierarchie(-unterschied) (Rollenspiel) 127 f., 133 f., 137

Inbox-Simulation 233
Intelligenztest 259, 273
Interview 9 f., 15 f., 18 ff., 23 ff., 29, 39, 41 ff., 51, 53 ff., **63 ff.**, 236, 266, 273
Interview, strukturiertes 63, 65, 77

Ja-/Nein-Fragen 105

Kennenlerngespräch 63
Kernbotschaft 175, 177, 179 f., 191, 308 f.
Kollegengespräch 99, 120, 127, 133 ff., 141, 295
Kompetenzen 13 f., 66, 72 ff., 81, 96 f.
Konzentrationstest 259, 268, 279 f.

Körpersprache **35**, 176, 178, 186 f., 191, 225
Kosten-Nutzen-Verhältnis 203 ff., 210 ff., 222 ff., 311 ff., 317
Kreativitätstest 268
Kundengespräch 19, 99, 120, 127, 133, 136 ff., 142, 298
Kurzvorstellung 41, 51, 53

Lebenslauf 25, 41, 43, 45, 47 ff., 53 f., 56, 67 f., 70, 73, 84, 86
Leistungstest, kognitiv 5, 9 ff., 18 f., 22, 30, 39, **259 ff.**, 323 ff.
Lieferantengespräch 99, 127
Logiktest 259

Medien(-einsatz) 42, 51 f., 55, 154, 168 f., 181 f., 191, 236
Meeting (Gruppendiskussion) 195 ff.
Mimik **35**, 185 ff., 191, 226
Mitarbeitergespräch 18 f., 99, 101, 107, 120, 125, 127 ff., 136 f., 139 f., 293
Moderator*in (Gruppendiskussion) 208, 220, 228
Motivation 31, 42, 46, 48 f., 53, 55, 61 f., 64, 66, 69 ff., 84 f., 87 f., 91, 168, 259, 273, 288
Motivationsfragen 85, 91
Myers-Briggs-Persönlichkeitstest 264 f.

Nervosität 27 f., 42, 71, 174, 184, 189 f.

Online-AC 10 f., 17, 19, 33, 35, **37 f.**, 41, 63, 99, 143, 165 f., 172, 184, 187 f., 195 f., 228, 233, 259

Personalfragebogen 11, 273
Persönlichkeitstest 10 f., 19, **259 ff.**
Planungsaufgabe 233
Politikerantwort 82 f.
Postkorbübung 9 ff., 18, 30, 39, **233 ff.**, 318 ff.
PowerPoint 168, 183 f.
Präsentation 9 f., 14, 18 f., 20, 22, 39 f., 53 ff., 147 f., 152 ff., **165 ff.**, 221, 236, 248, 273, 307 ff.
Priorisierungsaufgabe 233
Problemlösung (Variante des Rollenspiels) 132, 134, 137 f.
Profil 4 f., 7, 25, 34, 41 f., 44, 46 ff., 53 ff., 60, 64, 68, 84, 89, 91, 260, 263, 265 ff., 274
Projektgespräch 127
Protokollant*in 208

Qualifikation 43, 45, 64, 66 f., 69 f., 84, 87, 92 f., 96

Rechtschreibtest 274
Redebeitrag (Gruppendiskussion) 208 ff., 214 f., 225 f.
Ressourcenplanung 233
Rollenanweisung 107
Rollenspiel 8 ff., 14, 16, 19 f., 22, 33, 39, **99 ff.**, 293 ff.
Rückfragen 53, 55, 70, 157, 177, 190, 236
Rückschlüsse ziehen 281 f.

Schluss (Präsentation) 172, 175 f.
Schlussfolgern, numerisches 259, 267, 275 ff.
Schlussfolgern, verbales 268

Schlusssatz 49, 53, 55, 62, 154, 156, 175 f., 178, 189, 191, 309
Schwächen 34, 84, 89 f., 272 f.
Selbstpräsentation 5, 9 f., 18 f., 25, **41 ff.**, 70, 86, 166 f.
Selbstpräsentation, angekündigte 42, 51, 54
Small Talk 30, 36, 42, 297
Soft Skills 14, 86, 119, 133, 135, 139
Standard-AC 9, 11, 41, 63, 99, 143, 165, 195, 228, 233, 249, 259
Stärken 20, 34, 43, 79, 84, 88 f., 273
Startsatz 53
Stationen (im Lebenslauf) 44 f., 55, 58, 60 f., 67 f., 71, 91, 93
Stichworte (Interview/Präsentation) 74 ff., 95 ff., 180, 182 f., 189
Storytelling 97
Stress 30 f., 34, 71, 73, 100, 174, 189 ff., 197
Stressinterview 66
Stressvortrag 190 f.

Team(-arbeit) 39, 68, 73, 94, 96
Terminkalender 233, 240, 247 f.
Themenpräsentation 165 ff., 170

Überzeugung (Variante des Rollenspiels) 132, 134 f., 137 ff.

Vereinbarung treffen (Rollenspiel) 100, 124 ff., 139
Verhaltensfragen 85 f., 88, 91
Verhandlung (Rollenspiel) 99, 127, 137 f.
Verständnisfragen 157, 169, 177, 190
Vertriebsposition 138, 273
Visualisierung 82, 155, 169, 181 ff., 191, 308
Vorbereitungszeit 42, 66, 101, 148, 168, 179, 182, 189 f., 197 f., 200, 207, 213, 308 f., 311
Vorgangsliste 236, 239 f., 244, 247 f., 318 f.
Vorschläge 15, 20, 105, 113, 115 ff., 123, 139, 143, 148, 151, 158, 175, 196 ff., 295, 298, 300, 308, 312 ff.
Vorstellung (Ihrer Person) 41 ff.
Vorstellungsgespräch 14 f., 63 ff., 79, 91
Vorstellungsrunde 18, 41 ff., 51, 53, 55
Vortrag 42, 52 ff., 154, 157, 165 f., 169 ff., 175 ff., 182, 184, 186 f., 190 ff., 308 f.

Werdegang 41, 46, 53, 55 f., 59, 65, 67, 71, 73, 78, 84 f., 90, 92, 94, 272
W-Fragen 105, 107
Wortanalogien 280 f.

Zahlenreihen 261, 267, 275 f.
Zeitmanagement 235
Zeitmanagement-Übung 233
Zeitnehmer*in 208, 220
Ziel – Methode – Ergebnis 77 ff., 82, 90 f.
Zieldefinition 205
Zielgruppe (Präsentation) 166 f., 169 ff., 173, 175, 179, 181, 191, 308 ff.